제5판
증보

대학수학

김선자 · 김동건 지음

calculus

연습문제
해답 수록

KM 경문사

머리말

이 책은 이공계열 대학생을 대상으로 1년 과정의 대학수학 교재로 준비한 책이다.

우리가 접하게 되는 대부분의 현상은 수학적인 도구를 활용하여 체계적으로 다룰 수 있는 대상으로 구체화되어 그에 대한 분석과 해결이 가능하다. 이는 수학이 창의적 사고 능력 및 논리적 사고력의 개발과 문제 해결 방법에 매우 효과적인 도구가 되기 때문이다. 특히, 변화하는 현상에 대한 분석 방법은 뉴턴 이후 미적분과 그에 관련된 이론을 활용함으로써 매우 빠르게 발전하여, 과학기술 발전은 물론 사회현상의 분석에도 그 기여한 바가 매우 크다.

이 책에서는 미적분에 관한 내용을 중심으로 하면서 그 대상이 되는 다양한 함수들의 개념 정립부터 그 함수들의 미분과 적분, 그리고 그 응용을 이해하기 쉽도록 기술하고자 노력하였다. 또한, 이공계열 전공에서 파악하고자 하는 현상들은 주로 초기값이 정해진 미분방정식으로 모델링이 되기 때문에 2학년 전공과목 이수에 필요한 미분방정식과 라플라스 변환을 간략하게 소개하였다.

부족한 부분은 계속 수정·보완해 나갈 것이다. 끝으로 이 책이 완성되기까지 수고해주신 경문사 편집부와 조경희 사장님께 감사의 말씀을 드린다.

2016년 3월

지은이 일동

차례

1장 함 수

2장 미 분

3장 미분의 응용

4장 적 분

5장 정적분의 응용

9장 벡 터

10장 행 렬

11장 미분방정식

12장 라플라스 변환

1 장

함 수

1.1 함수의 정의
1.2 전단사함수와 역함수
1.3 함수의 합성
1.4 삼각함수
1.5 삼각함수의 역함수
1.6 지수함수와 로그함수

이 장에서는 우선 함수의 정의에 대해서 알아보고 전사, 단사, 전단사, 역함수 등에 대해서도 설명한다. 또한 함수의 합성에 대해서도 언급한다. 삼각함수와 그 역함수들도 다루어 볼 것이다. 마지막으로 지수로그함수도 공부할 것이다.

CALCULUS

1.1 함수의 정의

우리는 항상 무언가 대상을 생각하고 또한 대상들 사이의 관계에 대하여 알고자 한다. 예를 들어 투자한 시간에 따라 특정 결과가 어떻게 달라지는지 또는 관심의 정도에 따라 일의 성취도가 어떻게 변하는지 하는 문제 등이다. 구체적인 예로, 시약의 양 x 에 따라 실험 결과값 y가 달라진다면 일반적으로 쓸 수 있는 양 x 에 따라 결과값 y가 반드시 한 개 대응할 것이다. 만약 대응하는 y 값이 두 개 이상이거나 없기도 하다면 x 에 따라 y 값을 분석하는 실험 자체가 매우 다루기 힘든 상황이 될 것이다. 그러므로 함수는 우리가 다룰 수 있는 바람직한 관계인 것이다.

정의 1.1.1 함수

공집합이 아닌 집합 X, Y에 대하여 X 의 임의의 원소 x 에 대하여 반드시 한 개의 Y의 원소 y가 대응될 때 그 대응관계를 X 에서 Y로의 함수라 한다. 그 함수를 f라 표시하면 원소의 대응 관계를 $x \mapsto f(x)$ 또한 그 함수를 $f : X \to Y$라 표현하거나 간단히 $y = f(x)$라 한다. 예로 실수 집합을 $\mathbb{R}$로 표시할 때, 함수 $f : \mathbb{R} \to \mathbb{R}$의 대응 관계가 $x \mapsto x^2$으로 주어진다고 하면 $f(x) = x^2$ 인 2차 함수이다.

정의 1.1.2 함수의 정의역, 치역, 그래프

함수 $f : X \to Y$에 대하여 X 를 f의 **정의역**(domain), Y 를 f의 **공변역**(codomain) 그리고 집합 $\{y \in Y \mid y = f(x),\ x \in X\}$를 f의 **치역**(range)이라 한다. 집합 $\{(x, f(x)) \mid x \in X\}$를 함수 f의 **그래프**(graph)라 한다.

예제 1

함수 $f(x) = x^2$ 의 정의역과 치역을 구하여라.

풀이 모든 실수 x에 대하여 함수값 x^2이 존재하므로 f의 정의역은 실수 전체집합 $\mathbb{R}$이다. 또한 $f(x)=x^2 \geq 0$이고 $y>0$이면 $y=(\sqrt{y})^2$이므로 $\sqrt{y}=x$라 하면 $y=x^2$이다. 그러므로 f의 치역은 $\{y \in \mathbb{R} \mid y \geq 0\}$이다. ■

정의 1.1.3 함수의 항등

두 함수 $f: X_1 \to Y$, $g: X_2 \to Y$가 $X_1 = X_2$이고 모든 $x \in X_1(=X_2)$에 대하여 $f(x)=g(x)$인 조건을 만족하면, 두 함수 f와 g가 항등하다고 하며 $f=g$로 표시한다.

예제 2

$f(x)=x+1$과 $g(x)=\dfrac{x^2-1}{x-1}$일 때 $f=g$인가?

풀이 $x \neq 1$인 모든 x에 대하여 $g(x)=\dfrac{x^2-1}{x-1}=\dfrac{(x-1)(x+1)}{x-1}=x+1=f(x)$이다.

그러나 함수 f의 정의역은 $\mathbb{R}$이고 g의 정의역은 $\mathbb{R}-\{1\}$이므로 $f \neq g$이다. ■

참고 예제 2에서 f의 정의역을 $\mathbb{R}-\{1\}$로 축소하면 g와 항등인 함수가 된다.

정의 1.1.4 기함수, 우함수

함수 $f: X \to Y$의 정의역 X의 모든 $x \in X$에 대하여 $-x \in X$이라 하자.

(1) f : 기함수 $\Leftrightarrow$ 모든 $x \in X$에 대하여 $f(-x)=-f(x)$

: f의 그래프는 원점 대칭 (그림 1.1.1)

(2) f : 우함수 $\Leftrightarrow$ 모든 $x \in X$에 대하여 $f(-x)=f(x)$

: f의 그래프는 y축 대칭 (그림 1.1.2)

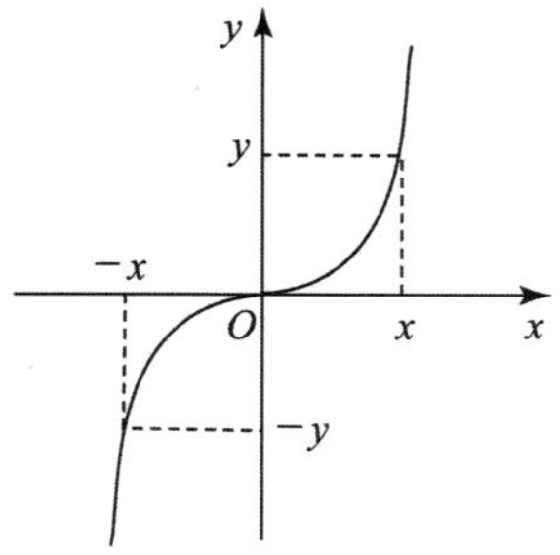

그림 1.1.1

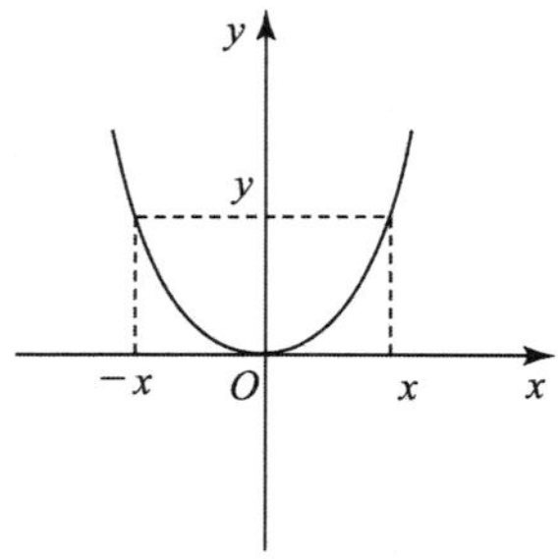

그림 1.1.2

예제 3

함수 $f(x)=x^4+x^2$, $g(x)=2x^3+x$, $h(x)=2x+3$에 대하여 다음 물음에 답하여라.

(1) 함수 f, g, h 중 기함수는 어느 함수인가?

(2) 함수 $f(x)g(x)$는 기함수인가?

(3) 함수 $f(x)+g(x)$는 기함수인가?

풀이

(1) $f(-x)=(-x)^4+(-x)^2=x^4+x^2=f(x)$

그러므로 $f(x)$는 우함수이다.

$g(-x)=2(-x)^3+(-x)=-(2x^3+x)=-g(x)$

그러므로 $g(x)$는 기함수이다.

$h(-x)=2(-x)+3=-2x+3$

그러므로 $h(x)$는 우함수도 기함수도 아니다.

(2) (1)의 풀이에 의하여

$f(-x)g(-x)=f(x)(-g(x))=-f(x)g(x)$

그러므로 $f(x)g(x)$는 기함수이다.

(3) $f(-x)+g(-x)=f(x)-g(x)$

그러므로 $f(x)+g(x)$는 기함수도 우함수도 아니다. ■

참고 기함수×기함수 = 우함수
기함수×우함수 = 기함수
우함수×우함수 = 우함수

연습문제 EXERCISES

01. 다음 함수의 정의역을 구하여라.

(1) $f(x)=x+2$ (2) $f(x)=-x^2+1$

(3) $f(x)=\dfrac{1}{x+1}$ (4) $f(x)=\dfrac{1}{x^2+1}$

(5) $f(x)=\sqrt{2x-3}$ (6) $f(x)=\dfrac{1}{x^2-4x+3}$

02. 다음 함수의 치역을 구하여라.

(1) $f(x)=2x+1$ (2) $f(x)=x^2+3$

(3) $f(x)=-x^2+1$ (4) $f(x)=\dfrac{1}{x^2+1}$

(5) $f(x)=4+\sqrt{x}$ (6) $f(x)=x^3$

03. 다음 함수가 기함수인지 우함수인지 판별하여라.

(1) $f(x)=x^3+2x$ (2) $f(x)=4x^2+1$

(3) $f(x)=x^3+x+1$ (4) $f(x)=\dfrac{1}{x^2+1}$

(5) $f(x)=x\sqrt{x^2+1}$ (6) $f(x)=(x^2+1)^5$

04. 양수 T에 대하여 $f(x+T)=f(x)$이면 f는 주기가 T인 주기함수라 한다. 함수 $f(x)$가 다음의 조건

$$0 \le x \le 1 \text{ 일 때 } f(x)=-x+1,$$
$$f(-x)=f(x),\ f(x+2)=f(x)$$

를 만족할 때 $y=f(x)$의 그래프를 그려보아라.

05. 다음과 같은 함수 $f(x)$의 정의역과 치역을 구하여라.

$$f(x)=\begin{cases}1, & x\text{는 무리수}\\ 0, & x\text{는 유리수}\end{cases}$$

CALCULUS

1.2 전단사함수와 역함수

정의 1.2.1 함수의 전 · 단사

$f : X \to Y$를 함수라 하자. f가 **단사**(one-to-one, injective)라 함은 $x_1 \neq x_2$이면 $f(x_1) \neq f(x_2)$일 때를 말한다. 또한 모든 $y \in Y$에 대하여 $x \in X$가 있어 $y = f(x)$가 될 때, 즉 f의 치역 $= Y$일 때, f는 **전사**(onto, surjective)라 한다. 만약 f가 전사이고 단사이면 f는 전단사 또는 **일대일 대응관계**(one-to-one correspondence, bijective)라 한다.

예제 1

R에서 R로의 함수 $f(x) = x^2$에 대하여 단사성과 전사성을 판별하여라.

풀이

(1) 단사성

$x_1 = 1$, $x_2 = -1$일 때 $x_1 \neq x_2$이면서 $f(x_1) = f(x_2) = 1$이므로 f는 단사가 아니다.

(2) 전사성

$y < 0$이면 $f(x) = x^2 = y$인 x가 존재하지 않으므로 f는 전사가 아니다.

참고 위의 예제1에서 함수 f의 공변역을 치역$= \{y \in \mathbb{R} \mid y \geq 0\}$로 줄이면 f는 전사가 된다.

예제 2

다음 각 함수에 대하여 전사성과 단사성을 판별하여라.

풀이

(1)

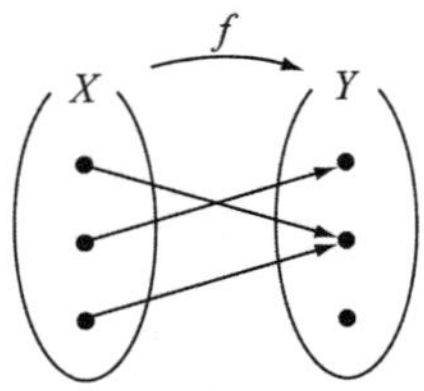

단사(×)
전사(×)

(2)

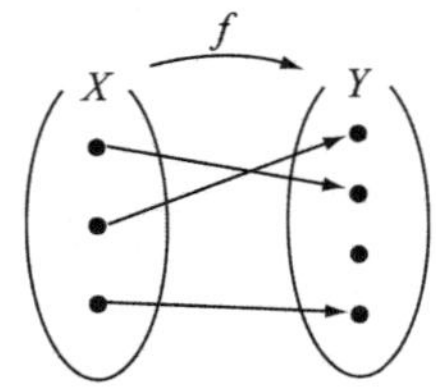

단사(○)
전사(×)

(3)

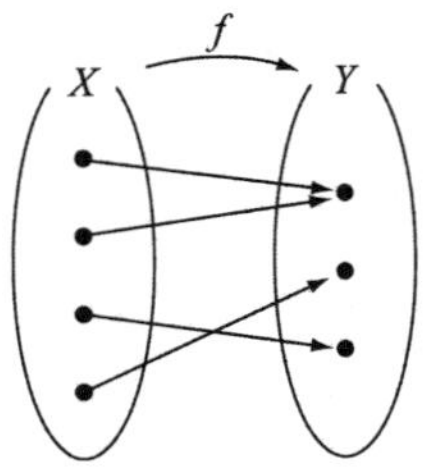

단사(×)

전사(○)

(4)

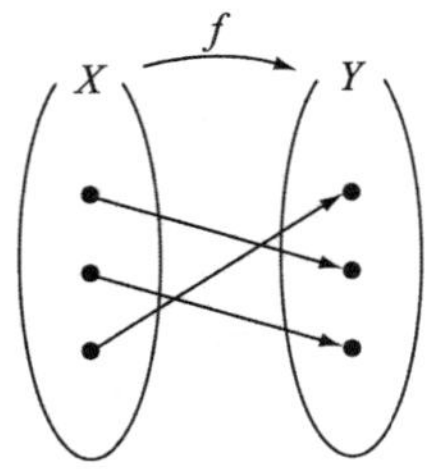

단사(○) 전단사
(일대일 대응)
전사(○)

■

예제 3

함수 $f: I(\subseteq \mathbb{R}) \to \mathbb{R}$ 이 증가함수($x_1 < x_2 \Rightarrow f(x_1) < f(x_2)$)일 때 f는 단사인가?

풀이 $x_1 \neq x_2$ 라고 가정하자. 이때 $x_1 < x_2$ 이거나 또는 $x_1 > x_2$ 이다. 만약, $x_1 > x_2$ 이면 f는 증가함수이므로 $f(x_1) > f(x_2)$이므로 $f(x_1) \neq f(x_2)$이다. 또한 $x_2 > x_1$ 일 때도 같은 방법으로 $f(x_1) \neq f(x_2)$이다. 그러므로 f는 단사이다. ■

참고 함수 $f: I(\subseteq \mathbb{R}) \to \mathbb{R}$ 이 감소함수인 경우에도 f 가 단사가 됨을 알 수 있다.

예제 4

함수의 그래프가 다음과 같이 주어질 때 단사성을 판별하여라.

(1)

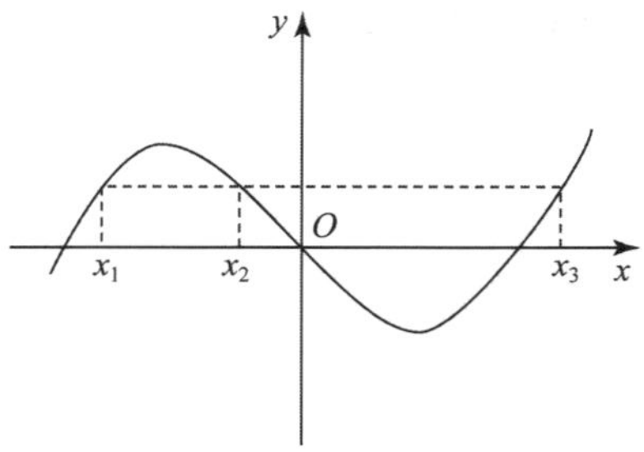

단사(×)

($x_1 \neq x_2$ 이고 $f(x_1) = f(x_2)$)

그림 1.2.1

(2)

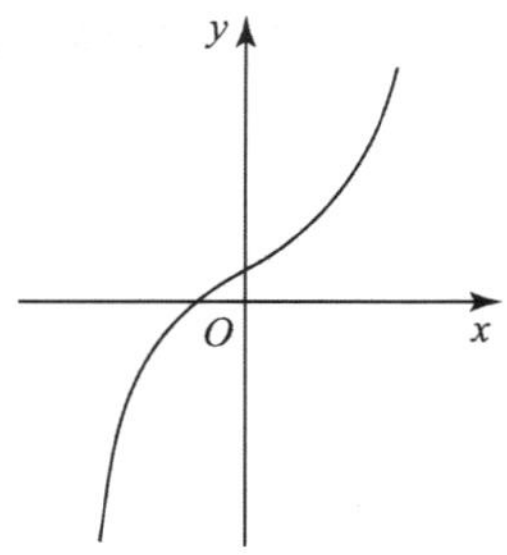

단사(○)

그림 1.2.2

정의 1.2.2 역함수

함수 $f : X \to Y$가 전단사이면, 임의의 $y \in Y$에 대하여 $y = f(x)$인 $x \in X$가 반드시 한 개 존재한다. 그러므로 이와 같은 대응관계는 Y에서 X로의 함수가 되고, 이때 그 함수를 f의 역함수(inverse function)라 하고

$$f^{-1} : Y \to X$$
$$y \mapsto f^{-1}(y) = x$$

로 표현한다. 여기서

$$y = f(x) \Leftrightarrow x = f^{-1}(y)$$

임을 알 수 있다.

예제 5

(1) $y = 3x$ 의 역함수는 $x = \frac{1}{3}y = 3^{-1}y$ 이다.

(2) $y = x^3$ 의 역함수는 $x = y^{\frac{1}{3}}$ 이다.

연습문제 EXERCISES

01. 다음 함수의 단사성을 판별하여라.

(1) $f(x) = 3x + 1$　　(2) $f(x) = 1 - x^2$

(3) $f(x) = \dfrac{1}{3x+1}$　　(4) $f(x) = \sqrt{x+2}$

02. 다음 함수가 일대일 대응함수(전단사함수)인지 결정하여라.

(1) $f(x) = 2x - 3$　　(2) $f(x) = \sqrt{x-1}$

(3) $g(x) = |x+1|$　　(4) $g(x) = x^4 + 25,\ 0 \le x \le 2$

03. 다음 함수의 역함수를 구하여라.

(1) $y = x^2,\ x \ge 0$　　(2) $y = \sqrt{x-1}$

(3) $y = \dfrac{1}{x}$　　(4) $y = 3\sqrt{1-x^2},\ 0 \le x \le 1$

04. 기함수 $y = f(x)$의 역함수 $x = f^{-1}(y)$는 기함수임을 증명하여라.

CALCULUS

1.3 함수의 합성

정의 1.3.1 함수의 합성

두 함수 $f : X \rightarrow Y,\ g : Y \rightarrow Z$에 대하여 다음과 같은 원소대응 관계 $x \rightarrow g(f(x))$로 주어지는 X에서 Z로의 함수를 f와 g의 합성함수(composite function)라 하며 $g \circ f$로 표시한다. 즉 $(g \circ f)(x) = g(f(x))$이다.

예제 1

함수 $f(x)$와 $g(y)$가 다음과 같이 주어질 때 $(g \circ f)(x)$를 구하여라.

(1) $f(x) = x^2 + 1,\ g(y) = \sqrt{y}$

(2) $f(x) = x + \dfrac{1}{x},\ g(y) = y^3 + 1$

풀이

(1) $(g \circ f)(x) = g(f(x)) = g(x^2 + 1) = \sqrt{x^2 + 1}$

(2) $(g \circ f)(x) = g(f(x)) = g\left(x + \dfrac{1}{x}\right) = \left(x + \dfrac{1}{x}\right)^3 + 1$

예제 2

$f(x) = (x^2 - x + 1)^5$는 두 함수 $g(x) = x^2 - x + 1,\ h(y) = y^5$의 합성으로 이해할 수 있음을 보여라.

풀이

$(h \circ g)(x) = h(g(x)) = h(x^2 - x + 1) = (x^2 - x + 1)^5 = f(x)$

정의 1.1.3 항등함수

집합 X에 대하여 $x \in X \mapsto x \in X$인 관계로 주어진 함수를 X 위에서의 **항등항수**(identity function)라 하고 I_X라 표시한다.

예제 3

함수 f와 g가 다음과 같을 때 물음에 답하여라.

(1) 모든 $x \in X$에 대하여 $(g \circ f)(x)$를 구하라.

(2) f의 역함수 $f^{-1} : Y \to X$를 구하라.

(3) $f^{-1} \circ f : X \to X$, $f \circ f^{-1} : Y \to Y$를 구하라.

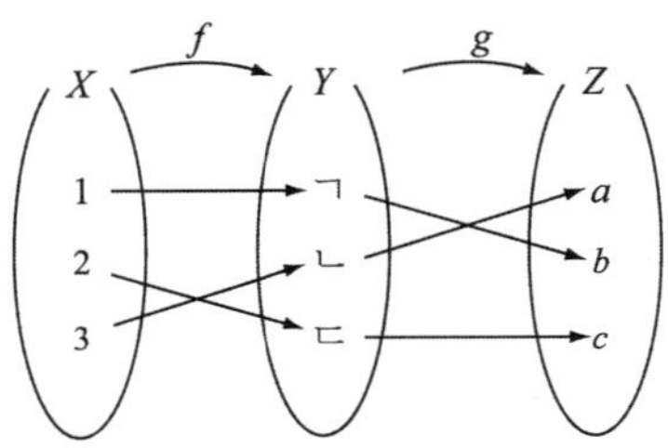

그림 1.3.1

풀이

(1) $(g \circ f)(1) = g(f(1)) = g(ㄱ) = b$

$(g \circ f)(2) = g(f(2)) = g(ㄷ) = c$

$(g \circ f)(3) = g(f(3)) = g(ㄴ) = a$

(2) $f^{-1}(ㄱ) = 1$, $f^{-1}(ㄴ) = 3$, $f^{-1}(ㄷ) = 2$

(3) ① $(f^{-1} \circ f)(1) = f^{-1}(f(1)) = f^{-1}(ㄱ) = 1$

$(f^{-1} \circ f)(2) = f^{-1}(f(2)) = f^{-1}(ㄷ) = 2$

$(f^{-1} \circ f)(3) = f^{-1}(f(3)) = f^{-1}(ㄴ) = 3$

그러므로 $f^{-1} \circ f = I_X$

② 같은 방법으로 $f \circ f^{-1} = I_Y$ 이다.

정리 1.3.3

함수 $f : X \to Y$에 대하여 함수 $g : Y \to X$가 f의 역함수이기 위한 필요충분조건은 $g \circ f = I_X$인 것이다.

증명 생략 □

예제 4

g가 f의 역함수임을 보여라.

(1) $f(x) = x^3$, $g(y) = \sqrt[3]{y}$

(2) $f(x) = x^2$, $x \geq 0$, $g(y) = \sqrt{y}$

풀이 (1) $(g \circ f)(x) = x$ 이고 따라서 g는 f의 역함수이다.

(2) $(g \circ f)(x) = g(x^2) = \sqrt{x^2} = |x|$인데, $x \geq 0$ 이므로

$$(g \circ f)(x) = x = I_X(x)$$

그러므로 $g = f^{-1}$ 이다. ■

연습문제 EXERCISES

01. 함수 $f(x)$와 $g(y)$가 다음과 같이 주어질 때 $(g \circ f)(x)$를 구하여라.

(1) $f(x) = x^2 + 4, \quad g(y) = y + \dfrac{1}{y}$

(2) $f(x) = \sqrt{x}, \quad g(y) = y^3 + y$

(3) $f(x) = 2x + 3, \quad g(y) = \dfrac{1}{y^4}$

02. $f(x) = x + 1,\ g(y) = y^3,\ h(z) = \dfrac{1}{z}$ 일 때 $(h \circ g \circ f)(x)$를 구하여라.

03. 함수 f와 g가 모두 기함수이면 $g \circ f$도 기함수임을 증명하여라.

CALCULUS

1.4 삼각함수

1 호도법

각의 크기를 나타냄에 있어, 미적분을 사용할 때는 육십분법(각도법) 외에 주로 **호도법**을 사용한다. 호도법은 원의 호의 길이에 의하여 각의 크기를 측정하는 방법이다. 그림 1.4.1에서와 같이 단위원에서 원호의 크기 θ에 해당하는 각의 크기를 θ **라디안**(radian)으로 대응하되 반시계 방향을 양의 각으로 하고 시계 방향을 음의 각으로 한다.

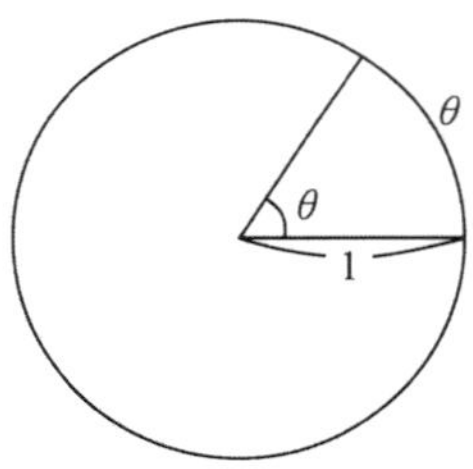

그림 1. 4. 1

그러므로 $90° = \frac{\pi}{2}$ 라디안, $180° = \pi$ 라디안, $360° = 2\pi$ 라디안이다. 앞으로 각의 크기를 호도법으로 나타냄에 있어 '라디안'은 생략하기로 한다.

2 삼각함수

주어진 각 θ에 대하여, 그림 1.4.2와 같이 좌표평면에서 나타내어 보자.

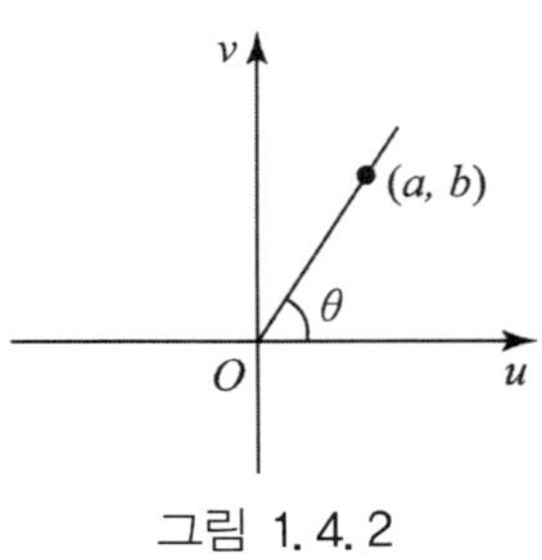

그림 1. 4. 2

각 θ를 결정하는 반직선상의 임의의 점 (a, b)를 선택하여 삼각함수값을 다음과 같이 정의한다.

$$\cos\theta = \frac{a}{\sqrt{a^2+b^2}}, \quad \sin\theta = \frac{b}{\sqrt{a^2+b^2}}$$

여기서 정의한 삼각함수값은 점 $(a,\ b)$의 선택에 대하여 독립이다. 그리고

$$\tan\theta = \frac{\sin\theta}{\cos\theta}, \quad \cot\theta = \frac{\cos\theta}{\sin\theta}$$

$$\sec\theta = \frac{1}{\cos\theta}, \quad \csc\theta = \frac{1}{\sin\theta}$$

로 정의한다.

예제 1

다음 삼각함수값을 계산하여라.

(1) $\sin\frac{\pi}{3}$　　(2) $\cos\frac{2}{3}\pi$　　(3) $\sin\left(-\frac{\pi}{3}\right)$

(4) $\tan\frac{3}{4}\pi$　　(5) $\sin\frac{\pi}{2}$　　(6) $\cos\pi$

풀이

(1)

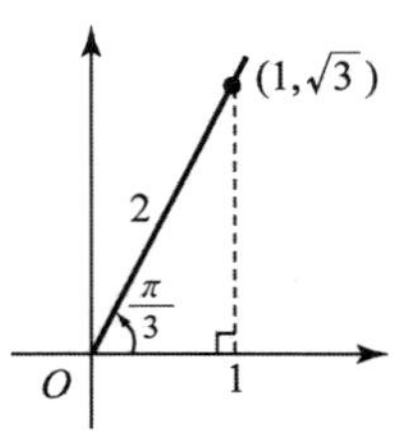

$$\sin\frac{\pi}{3} = \frac{\sqrt{3}}{2}$$

(2)

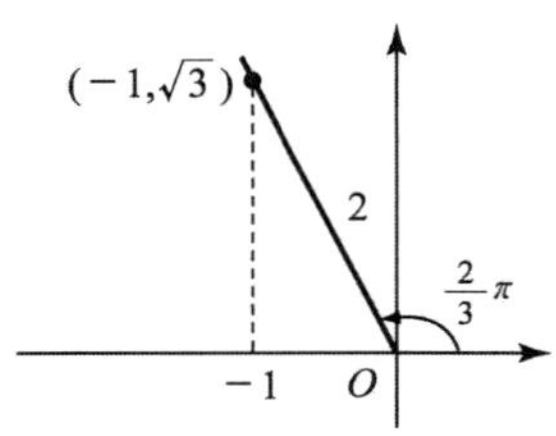

$$\cos\frac{2\pi}{3} = -\frac{1}{2}$$

(3)

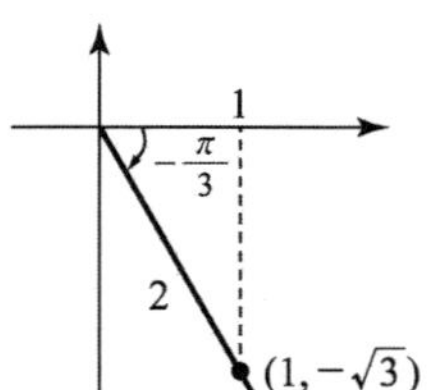

$$\sin\left(-\frac{\pi}{3}\right) = -\frac{\sqrt{3}}{2}$$

(4)

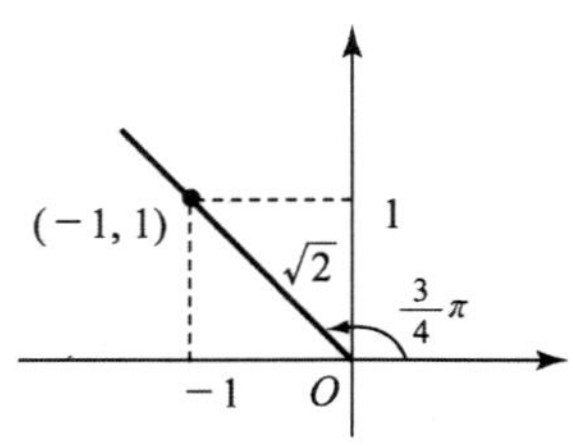

$$\tan\frac{3\pi}{4} = \frac{1}{-1} = -1$$

(5)

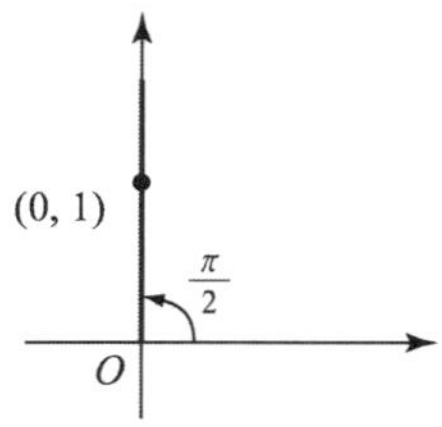

$$\sin\frac{\pi}{2}=\frac{1}{\sqrt{0^2+1^2}}=1$$

(6)

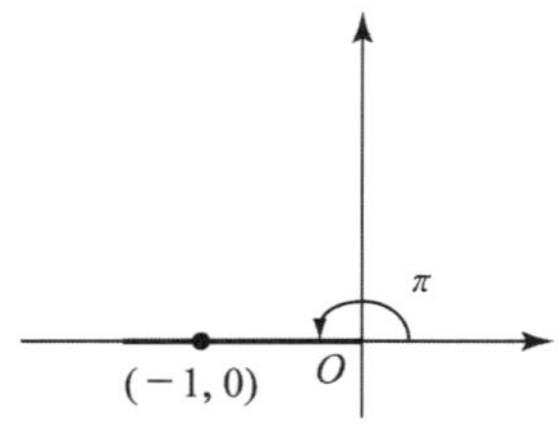

$$\cos\pi=\frac{-1}{\sqrt{(-1)^2+0^2}}=-1$$

■

정리 1.4.1 삼각함수의 기본성질

(1) $\cos(\theta+2\pi)=\cos\theta$ (주기 2π)

(2) $\sin(\theta+2\pi)=\sin\theta$ (주기 2π)

(3) $\cos^2\theta+\sin^2\theta=1$

(4) $1+\tan^2\theta=\sec^2\theta$

(5) $\cos(-\theta)=\cos\theta$ (우함수)

(6) $\sin(-\theta)=-\sin\theta$ (기함수)

증명 (3)과 (5) 그리고 (6)만 증명해 보기로 한다.

$$\cos^2\theta+\sin^2\theta=\left(\frac{a}{\sqrt{a^2+b^2}}\right)^2+\left(\frac{b}{\sqrt{a^2+b^2}}\right)^2$$

$$=\frac{a^2+b^2}{a^2+b^2}=1$$

$$\cos(-\theta)=\frac{a}{\sqrt{a^2+(-b)^2}}=\cos\theta$$

$$\sin(-\theta)=\frac{-b}{\sqrt{a^2+(-b)^2}}=-\sin\theta$$

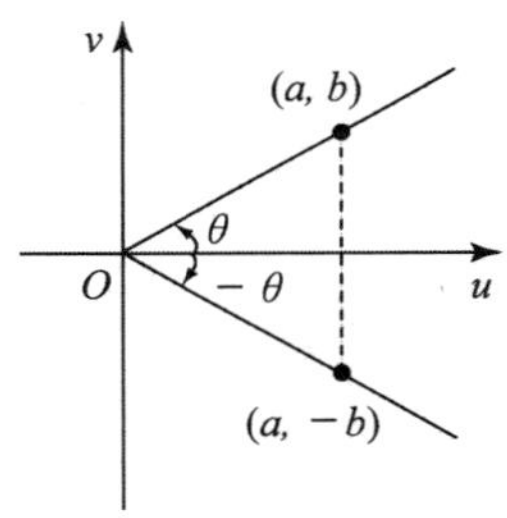

그림 1.4.3

□

삼각함수를 사용할 때 가장 많이 쓰이는 기본공식들을 증명없이 소개해 보기로 한다.

정리 1.4.2 합·차 공식

(1) $\sin(\alpha\pm\beta)=\sin\alpha\cos\beta\pm\cos\alpha\sin\beta$ (복호동순)

(2) $\cos(\alpha\pm\beta)=\cos\alpha\cos\beta\mp\sin\alpha\sin\beta$ (복호동순)

(3) $\tan(\alpha\pm\beta)=\dfrac{\tan\alpha\pm\tan\beta}{1\mp\tan\alpha\tan\beta}$ (복호동순)

정리 1.4.3 배각 및 반각공식

(1) $\sin 2\alpha = 2\sin\alpha\cos\alpha$

(2) $\cos 2\alpha = \cos^2\alpha - \sin^2\alpha = 1 - 2\sin^2\alpha = 2\cos^2\alpha - 1$

(3) $\tan 2\alpha = \dfrac{2\tan\alpha}{1-\tan^2\alpha}$

(4) $\sin^2\dfrac{\alpha}{2} = \dfrac{1-\cos\alpha}{2}$

(5) $\cos^2\dfrac{\alpha}{2} = \dfrac{1+\cos\alpha}{2}$

(6) $\tan^2\dfrac{\alpha}{2} = \dfrac{1-\cos\alpha}{1+\cos\alpha}$

정리 1.4.4 곱을 합·차로 변형

(1) $\sin\alpha\cos\beta = \dfrac{1}{2}\{\sin(\alpha+\beta)+\sin(\alpha-\beta)\}$

(2) $\cos\alpha\sin\beta = \dfrac{1}{2}\{\sin(\alpha+\beta)-\sin(\alpha-\beta)\}$

(3) $\cos\alpha\cos\beta = \dfrac{1}{2}\{\cos(\alpha+\beta)+\cos(\alpha-\beta)\}$

(4) $\sin\alpha\sin\beta = -\dfrac{1}{2}\{\cos(\alpha+\beta)-\cos(\alpha-\beta)\}$

예제 2

다음을 계산하여라.

(1) $\sin\dfrac{3\pi}{8}\cos\dfrac{\pi}{8}$ (2) $\cos\dfrac{5\pi}{8}\cos\dfrac{3\pi}{8}$

풀이

(1)
$$\sin\frac{3\pi}{8}\cos\frac{\pi}{8} = \frac{1}{2}\left\{\sin\left(\frac{3\pi}{8}+\frac{\pi}{8}\right)+\sin\left(\frac{3\pi}{8}-\frac{\pi}{8}\right)\right\}$$
$$= \frac{1}{2}\left(\sin\frac{\pi}{2}+\sin\frac{\pi}{4}\right)$$
$$= \frac{1}{2}\left(1+\frac{\sqrt{2}}{2}\right) = \frac{2+\sqrt{2}}{4}$$

(2)
$$\cos\frac{5\pi}{8}\cos\frac{3\pi}{8} = \frac{1}{2}\left\{\cos\left(\frac{5\pi}{8}+\frac{3\pi}{8}\right)+\cos\left(\frac{5\pi}{8}-\frac{3\pi}{8}\right)\right\}$$
$$= \frac{1}{2}\left(\cos\pi+\cos\frac{\pi}{4}\right)$$
$$= \frac{1}{2}\left(-1+\frac{\sqrt{2}}{2}\right) = \frac{-2+\sqrt{2}}{4}$$

예제 3

다음 삼각함수의 곱을 합·차로 고쳐라.

(1) $\sin 3\theta \cos\theta$

(2) $\sin 2t \cos 4t$

(3) $\cos 3x \cos 5x$

풀이

(1) $\sin 3\theta\cos\theta = \dfrac{1}{2}\{\sin(3\theta+\theta)+\sin(3\theta-\theta)\} = \dfrac{1}{2}(\sin 4\theta + \sin 2\theta)$

(2) $\sin 2t\cos 4t = \dfrac{1}{2}\{\sin(2t+4t)+\sin(2t-4t)\} = \dfrac{1}{2}(\sin 6t - \sin 2t)$

(3) $\cos 3x\cos 5x = \dfrac{1}{2}\{\cos(3x+5x)+\cos(3x-5x)\} = \dfrac{1}{2}(\cos 8x + \cos 2x)$

3 삼각함수의 그래프

$y = \sin x$ 의 그래프

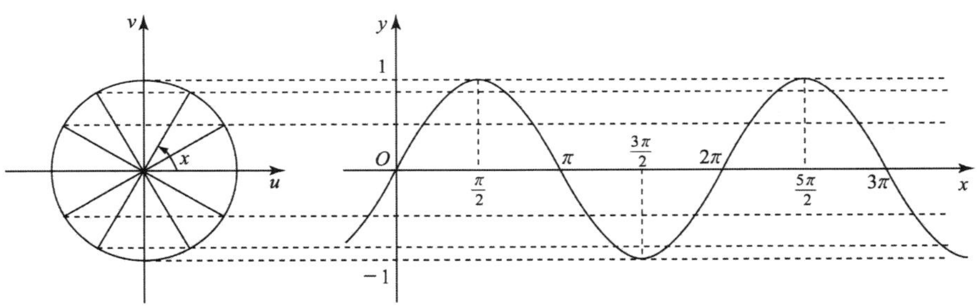

그림 1. 4. 4

$y = \cos x$ 의 그래프

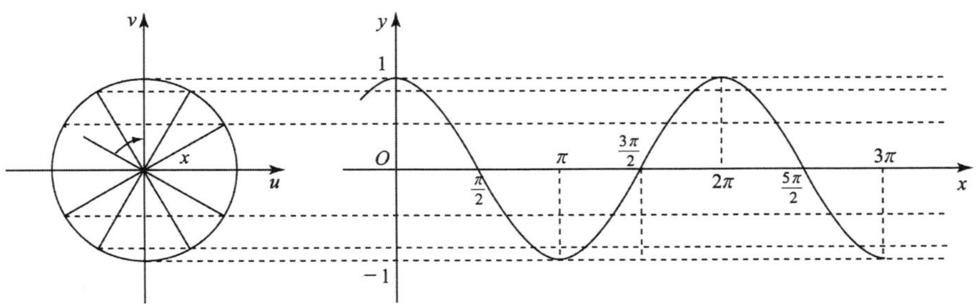

그림 1. 4. 5

$y = \tan x$ 의 그래프

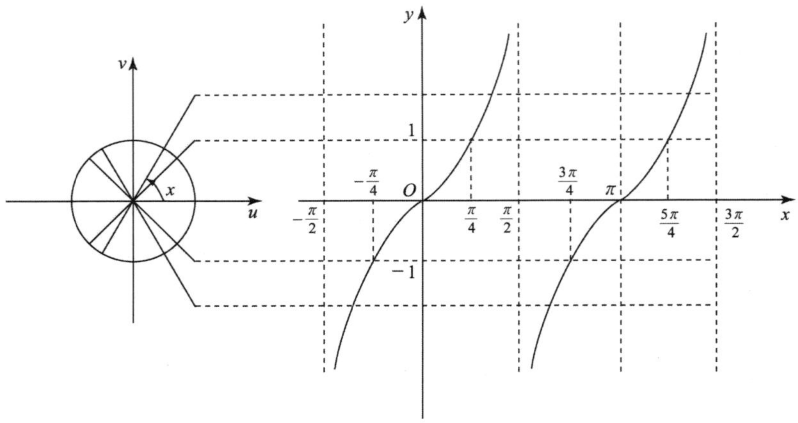

v
u
x
y
1
−1
O
$-\frac{\pi}{2}$
$-\frac{\pi}{4}$
$\frac{\pi}{4}$
$\frac{\pi}{2}$
$\frac{3\pi}{4}$
π
$\frac{5\pi}{4}$
$\frac{3\pi}{2}$

연습문제 EXERCISES

01. 다음 삼각함수 값을 계산하여라.

(1) $\sin\frac{\pi}{4}$ (2) $\sin\pi$

(3) $\cos\frac{7}{6}\pi$ (4) $\cos\frac{\pi}{2}$

(5) $\tan\frac{\pi}{3}$ (6) $\tan\frac{7}{6}\pi$

(7) $\sin\frac{5\pi}{8}\cos\frac{\pi}{8}$ (8) $\sin\frac{5}{12}\pi\sin\frac{\pi}{12}$

02. 다음 조건을 만족하는 θ를 구하여라.

(1) $\cos\theta = \frac{1}{2},\ 0 < \theta < \pi$ (2) $\sin\theta = -\frac{1}{2},\ -\frac{\pi}{2} \le \theta \le \frac{\pi}{2}$

(3) $\tan\theta = 1,\ -\frac{\pi}{2} < \theta < \frac{\pi}{2}$ (4) $\tan\theta = \sqrt{3},\ -\frac{\pi}{2} < \theta < \frac{\pi}{2}$

03. 다음 함수의 그래프를 그려라.

(1) $f(x) = \sin 2x$

(2) $f(x) = \tan 2x$

(3) $f(x) = \cos 2x$

CALCULUS

1.5 삼각함수의 역함수

1 sine과 cosine함수의 역함수

sine함수의 정의역을 $\left[-\frac{\pi}{2}, \frac{\pi}{2}\right]$로 치역을 $[-1, 1]$로 제한하면, 함수

$$\sin : \left[-\frac{\pi}{2}, \frac{\pi}{2}\right] \to [-1, 1]$$

는 전단사함수가 된다. 따라서 역함수

$$\sin^{-1} : [-1, 1] \to \left[-\frac{\pi}{2}, \frac{\pi}{2}\right]$$

가 존재하는데, 이 함수를 **arcsine함수**라 하며 이를 $x = \sin^{-1} y$ 또는 $x = \arcsin y$라 쓰기로 한다. 여기서 역함수의 정의에 의하여

$$y = \sin x \Leftrightarrow x = \sin^{-1} y$$

가 됨을 명심하자. 또한 $y = \sin x$가 기함수이므로 역함수 $x = \sin^{-1} y$도 기함수이다.

예제 1

다음 arcsine 값을 구하여라.

(1) $\sin^{-1} 0$ (2) $\sin^{-1} 1$

(3) $\sin^{-1}\left(\frac{1}{2}\right)$ (4) $\sin^{-1}\left(-\frac{1}{2}\right)$

풀이 (1) $\sin^{-1} 0 = x$라 하면 $\sin x = 0$이다. 그리고 $x \in \left[-\frac{\pi}{2}, \frac{\pi}{2}\right]$이므로 $x = 0$이다. 따라서 $\sin^{-1} 0 = 0$이다.

(2) $\sin^{-1}1 = x$ 라 하면 $\sin x = 1$ 이다. $x \in \left[-\frac{\pi}{2}, \frac{\pi}{2}\right]$ 이므로 $x = \frac{\pi}{2}$,

즉 $\sin^{-1}1 = \frac{\pi}{2}$ 이다.

(3) $\sin^{-1}\frac{1}{2} = x$ 라 하면, $\sin x = \frac{1}{2}$ 이다. $x \in \left[-\frac{\pi}{2}, \frac{\pi}{2}\right]$ 이므로 $x = \frac{\pi}{6}$,

즉 $\sin^{-1}\frac{1}{2} = \frac{\pi}{6}$ 이다.

(4) arcsine함수는 기함수이므로 $\sin^{-1}\left(-\frac{1}{2}\right) = -\sin^{-1}\left(\frac{1}{2}\right) = -\frac{\pi}{6}$ 가 된다. ■

cosine함수의 정의역을 $[0, \pi]$로 치역을 $[-1, 1]$로 제한하면, 함수

$$\cos : [0, \pi] \to [-1, 1]$$

은 전단사함수가 되어 역함수

$$\cos^{-1} : [-1, 1] \to [0, \pi]$$

가 존재하게 된다. 이를 arccosine함수라 하며 이를 $x = \cos^{-1}y$ 또는 $x = \arccos y$ 라 쓰기로 한다.

예제 2

다음 arccosine 값을 구하여라.

(1) $\cos^{-1}0$

(2) $\cos^{-1}1$

(3) $\cos^{-1}\frac{1}{2}$

(4) $\cos^{-1}\left(-\frac{1}{2}\right)$

풀이

(1) $\cos^{-1}0 = x$ 라 하면 $\cos x = 0$ 이다. 그런데 $x \in [0, \pi]$ 이므로 $x = \frac{\pi}{2}$,

즉 $\cos^{-1}0 = \frac{\pi}{2}$ 이다.

(2) $\cos^{-1}1 = x$ 라 하면 $\cos x = 1$ 이다. 그런데 $x \in [0, \pi]$ 이므로 $x = 0$,

즉 $\cos^{-1}1 = 0$ 이다.

(3) $\cos^{-1}\frac{1}{2} = x$ 라 하면 $\cos x = \frac{1}{2}$ 이다. 그런데 $x \in [0, \pi]$ 이므로 $x = \frac{\pi}{3}$,

즉 $\cos^{-1}\frac{1}{2} = \frac{\pi}{3}$ 이다.

(4) $\cos^{-1}\left(-\frac{1}{2}\right)=x$ 라 하면 $\cos x=-\frac{1}{2}$ 이다. 그런데 $x\in[0,\pi]$ 이므로

$x=\frac{2}{3}\pi$, 즉 $\cos^{-1}\left(-\frac{1}{2}\right)=\frac{2}{3}\pi$ 이다. ■

2 tangent함수의 역함수

tangent함수의 역함수는 sine함수나 cosine함수의 역함수보다 유용한 성질들을 갖고 있어서 보다 많이 활용된다. tangent함수의 정의역을 $\left(-\frac{\pi}{2},\frac{\pi}{2}\right)$로 제한하면

$$\tan:\left(-\frac{\pi}{2},\frac{\pi}{2}\right)\to\mathbb{R}$$

가 전단사함수가 되어, 역함수

$$\tan^{-1}:\mathbb{R}\to\left(-\frac{\pi}{2},\frac{\pi}{2}\right)$$

를 갖게 되는데, 이를 arctangent함수라고 한다. $x=\tan^{-1}y$ 또는 $x=\arctan y$로 쓰기로 한다. 역함수의 정의에 의하여 $x=\tan^{-1}y\Leftrightarrow y=\tan x$ 이다. 또한 tangent함수가 기함수이므로 역함수 arctangent함수도 기함수, 즉

$$\tan^{-1}(-x)=-\tan^{-1}x$$

가 된다.

예제 3

다음 arctangent 값을 구하여라.

(1) $\tan^{-1}0$　　(2) $\tan^{-1}1$

(3) $\tan^{-1}\sqrt{3}$　　(4) $\tan^{-1}(-\sqrt{3})$

풀이

(1) $\tan^{-1}0=x$라 하면 $\tan x=0$이다. 그리고 $x\in\left(-\frac{\pi}{2},\frac{\pi}{2}\right)$이므로 $x=0$, 즉 $\tan^{-1}0=0$이다.

(2) $\tan^{-1}1=x$라 하면 $\tan x=1$이다. 그리고 $x\in\left(-\frac{\pi}{2},\frac{\pi}{2}\right)$이므로 $x=\frac{\pi}{4}$, 즉 $\tan^{-1}1=\frac{\pi}{4}$ 이다.

(3) $\tan^{-1}\sqrt{3} = x$ 라 하면 $\tan x = \sqrt{3}$ 이다. 그리고 $x \in \left(-\frac{\pi}{2}, \frac{\pi}{2}\right)$이므로

$x = \frac{\pi}{3}$, 즉 $\tan^{-1}\sqrt{3} = \frac{\pi}{3}$ 이다.

(4) $\tan^{-1}(-\sqrt{3})$는 arctan는 기함수이므로 $\tan^{-1}(-\sqrt{3}) = -\tan^{-1}\sqrt{3} = -\frac{\pi}{3}$

이다. ■

연습문제 EXERCISES

01. 다음 역삼각함수의 값을 구하여라.

(1) $\sin^{-1}(-1)$　　　　(2) $\sin^{-1}\left(-\frac{\sqrt{3}}{2}\right)$

(3) $\cos^{-1}(-1)$　　　　(4) $\cos^{-1}\left(\frac{\sqrt{2}}{2}\right)$

(5) $\tan^{-1}\left(\frac{1}{\sqrt{3}}\right)$　　　　(6) $\tan^{-1}(-1)$

02. $\sin^{-1}\frac{12}{13}=\alpha$라 할 때, $\cos\alpha$와 $\tan\alpha$ 값을 구하여라.

CALCULUS

1.6 지수함수와 로그함수

우리들은 "수학"이라는 단어를 접하는 순간 "기호"를 떠올리게 된다. 그 기호들의 대부분은 세계 공용어이고 또한 많고 복잡한 내용들을 간단하게 표현하는 도구가 된다. 그 중 대표적으로 알고 있는 것이 "지수표현"일 것이다.

양의 정수 m 에 대하여, 수 a 를 m 번 곱하는 것을 a^m 이라 표시하며 이를 지수표현이라 한다. 예로 2를 17번 곱한 수는 2를 17번 곱하는 것을 길게 늘여 쓸 필요 없이 지수를 활용하여 2^{17} 이라고 간단하게 나타낼 수 있다.

지수에 대하여 우리가 이미 알고 있는 사실을 복습해 보기로 한다.

정리 1.6.1 지수의 성질 $a \neq 0$, m, n : 정수

(1) $a^m \cdot a^n = a^{m+n}$ (2) $a^m \div a^n = a^{m-n}$

(3) $(a^m)^n = a^{mn}$ (4) $a^0 = 1$

(1)과 (3)의 성질을 **지수법칙**이라 하며, 이는 지수만이 갖는 유일한 성질이다. 우리는 지수를 확장하는 데 있어 지수법칙이 성립하는 것을 기본으로 한다. 따라서 영이 아닌 수 a 와 양의 정수 p 에 대하여 a 의 p 제곱근을

$$a^{\frac{1}{p}} := A \Leftrightarrow \begin{cases} A^p = a, \ p: \text{ 홀수일 때} \\ A^p = a, \ a > 0, \ p: \text{ 짝수일 때} \end{cases}$$

로 정의하고 $\sqrt[p]{a}$ 로 쓰기도 한다.

예제 1

(1) $\sqrt{9} = 3$ (2) $\sqrt[3]{-8} = -2$

따라서, $a \neq 0$ 에 대하여 $a^{\frac{q}{p}} = a^{q \cdot \frac{1}{p}} = (a^q)^{\frac{1}{p}} = \sqrt[p]{a^q}$ 또는

$$a^{\frac{q}{p}} = a^{\frac{1}{p} \cdot q} = (a^{\frac{1}{p}})^q = (\sqrt[p]{a})^q$$

이 된다. 그러므로 모든 유리수 α 에 대하여 a^α의 값이 존재한다. 여기서 $a \neq 0$ 와 무리수 α 에 대하여

$$a^\alpha := \lim_{\frac{q}{p} \to \alpha} a^{\frac{q}{p}}, \qquad \frac{q}{p}: \text{유리수}$$

으로 정의한다.

결국 모든 실수 α 에 대하여 a^α 의 값을 갖게 된다. 정의 과정을 살펴보면, 모든 실수지수 α, β 에 대하여도 앞의 지수의 성질을 갖게 된다.

정리 1.6.2 지수의 성질 $a \neq 0$, α, β: 실수

(1) $a^\alpha \cdot a^\beta = a^{\alpha+\beta}$ (2) $a^\alpha \div a^\beta = a^{\alpha-\beta}$

(3) $(a^\alpha)^\beta = a^{\alpha\beta}$ (4) $a^0 = 1$

$a > 0$이면 모든 실수 x 에 대하여 a^x 의 값이 존재하므로 다음과 같이 지수함수를 정의할 수 있다.

정리 1.6.3 지수함수

a가 1이 아닌 양의 수일 때, 다음과 같이 정의된 함수

$$\mathbb{R} \to \mathbb{R} : x \quad \mapsto \quad y = a^x$$

를 **지수함수**라 하고, $y = a^x$이라 쓴다.

$a > 0$ 이고 $a \neq 1$일 때,

$$\text{지수함수 } y = a^x \text{ 는 } \begin{cases} a > 1 \text{ 이면 증가함수} \\ 0 < a < 1 \text{ 이면 감소함수} \end{cases}$$

이고, 지수함수의 치역은

$$\{y \in \mathbb{R} \mid y > 0\} \ (=: \mathbb{R}^+)$$

가 된다. 따라서 지수함수의 공변역을 치역 $\mathbb{R}^+$로 제한하면, 즉

$$\mathbb{R} \to \mathbb{R}^+ : x \quad \mapsto \quad y = a^x$$

로 하면 지수함수 $y = a^x$는 전단사함수가 된다. 그러므로 $\mathbb{R}^+$에서 $\mathbb{R}$로의 역함수가 존재하게 되는데, 이를

$$\mathbb{R}^+ \to \mathbb{R} : y \quad \mapsto \quad x = \log_a y$$

로 표현하기로 한다. 즉

$$y = a^x \Leftrightarrow x = \log_a y$$

이다. 독립적으로 그 함수를 $x = \log_a y$라고 쓰며, a를 밑으로 하는 로그함수라 한다.

예제 2

(1) $2^3 = 8$이므로 $\log_2 8 = 3$이다.

(2) $\log_3 81 = 4$이다. 왜냐하면 $3^4 = 8$이기 때문이다.

정의 1.6.4 상용로그

밑이 10인 로그함수 값 $\log_{10} \alpha$를 **상용로그**라 하고 간단히 $\log \alpha$로 쓴다.

미적분을 활용할 때에는 밑이 무리수 e (자연대수)인 지수함수와 로그함수가 매우 중요한 역할을 하게 되며 따라서 많이 사용된다.

정의 1.6.5 자연대수 : e

다음과 같이 정의되는 무리수

$$e := \lim_{n \to \infty} \left(1 + \frac{1}{n}\right)^n$$

를 **자연대수**라고 한다. 밑이 e인 지수함수 $y = e^x$는 $y = \exp(x)$라고 쓰기도 한다.

정의 1.6.6 **자연로그**

밑의 e 인 로그함수의 값 $\log_e \alpha$ 를 **자연로그**라 하고 간단히 $\ln \alpha$ 라 쓴다.

밑이 e 인 자연로그함수 $y=\ln x$ 는 미적분을 활용하는 데 있어 상용로그함수보다 더욱 중요한 역할을 하는 함수이다. 참고로, $y=e^x$ 와 $y=\ln x$ 의 그래프는 아래와 같다.

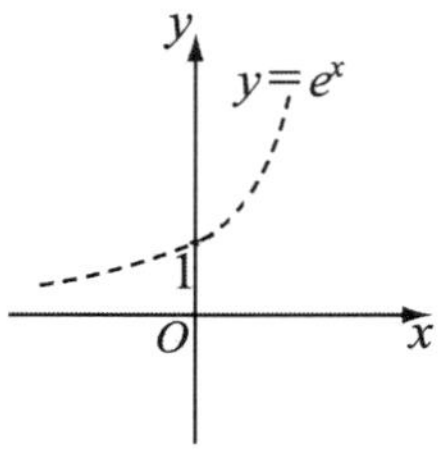

그림 1.6.1

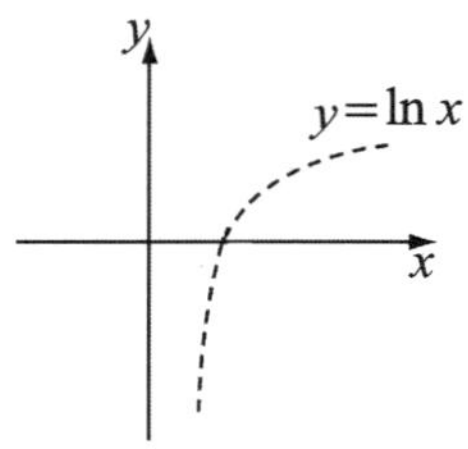

그림 1.6.2

로그함수의 중요한 성질을 살펴보기로 하자.

정리 1.6.7 **로그의 성질** $a, b, c > 0,\ a, b, c \neq 1,\ A, B > 0$

(1) $\log_a AB = \log_a A + \log_a B$　　(2) $\log_a \dfrac{A}{B} = \log_a A - \log_a B$

(3) $\log_a A^{\alpha} = \alpha \log_a A$　　(4) $\log_a 1 = 0$

(5) $\log_a b = \dfrac{\log_c b}{\log_c a}$　　(6) $\log_a a = 1$

위의 성질은 지수의 성질로부터 유도되며 증명은 생략한다.

예제 3

다음을 계산하여라.

(1) $\log_3 54 - \log_3 6$　　(2) $\log 5 + \log 20$

풀이

(1) $\log_3 54 - \log_3 6 = \log_3 \dfrac{54}{6} = \log_3 3^2 = 2$

(2) $\log 5 + \log 20 = \log(5 \times 20) = \log(10^2) = 2$ ■

연습문제 EXERCISES

01. 다음 지수와 로그값을 구하여라.

(1) $\sqrt[3]{27}$ (2) $\sqrt[5]{32}$

(3) $\sqrt[3]{-125}$ (4) $\sqrt[3]{216}$

(5) $\log_2 64$ (6) $\log_{\frac{1}{2}} 64$

(7) $\log_3 \frac{1}{9}$ (8) $\log_{\sqrt{3}} 3$

02. 지수법칙 $a^{\alpha} \cdot a^{\beta} = a^{\alpha+\beta}$를 활용하여

$$\log_a AB = \log_a A + \log_a B$$

가 성립함을 증명하여라.

03. 초삼각함수 $\cosh x = \frac{e^x + e^{-x}}{2}$, $\sinh x = \frac{e^x - e^{-x}}{2}$로 정의한다. 다음 물음에 답하여라.

(1) $\cosh 0$

(2) $\sinh 0$

(3) $\cosh^2 x - \sinh^2 x = 1$이 됨을 보여라.

2장 미분

2.1 함수의 극한과 연속
2.2 변화율
2.3 도함수 공식
2.4 삼각함수의 도함수
2.5 연쇄법칙
2.6 음함수와 역함수의 미분법
2.7 지수함수와 로그함수의 미분법
2.8 고계도함수

이 장에서는 우선 함수의 극한과 연속에 대해서 알아보고, 변화율과 연계해서 도함수를 정의하고 여러 가지 도함수 공식을 알아 볼 것이다. 그리고 삼각함수에 대한 도함수에 대해서 언급하며, 연쇄법칙도 다룰 것이다. 또한 음함수와 역함수의 미분법, 지수함수와 로그함수의 미분법도 다룰 것이다. 마지막으로 여러번 미분을 하여서 얻어지는 고계도함수도 공부할 것이다.

CALCULUS

2.1 함수의 극한과 연속

1 함수의 극한

반비례 함수 $f(x)=\dfrac{1}{x}$ 을 생각해 보자. x가 시간이라고 할 때 시간 x가 커질수록 함수값 $f(x)=\dfrac{1}{x}$ 은 점점 0에 가까이 간다. 즉, x를 충분히 크게 하면 함수값 $\dfrac{1}{x}$ 과 0이라는 값과의 차이가 얼마든지 작아지게 할 수 있다. 이러한 개념을 함수의 극한이라 한다.

정의 2.1.1 함수의 극한

$I \subset \mathbb{R}$이라 하고 함수 $f: I \to \mathbb{R}$에 대하여 "x가 a에 가까이 갈수록 함수값 $f(x)$가 l이라는 값에 충분히 가까이 접근할 때, $x=a$에서의 함수 $f(x)$의 극한값이 l이다"라 하고 $\lim\limits_{x\to a} f(x)=l$이라 표시한다. 구체적인 식으로 정의하면

$$\lim_{x\to a} f(x)=l \Leftrightarrow \forall \epsilon>0 \ \exists \delta \quad \text{s.t.} (0<|x-a|<\delta \Rightarrow |f(x)-l|<\epsilon)$$

이다. (여기서 $\forall$: 임의의, $\exists$: 존재한다, s.t. : such that)

예제 1

다음은 두 함수 $y=f(x)$와 $y=g(x)$의 그래프이다. 주어진 함수의 극한값을 조사하여라.

(1) $\lim\limits_{x\to a} f(x)$ (2) $\lim\limits_{x\to a} g(x)$

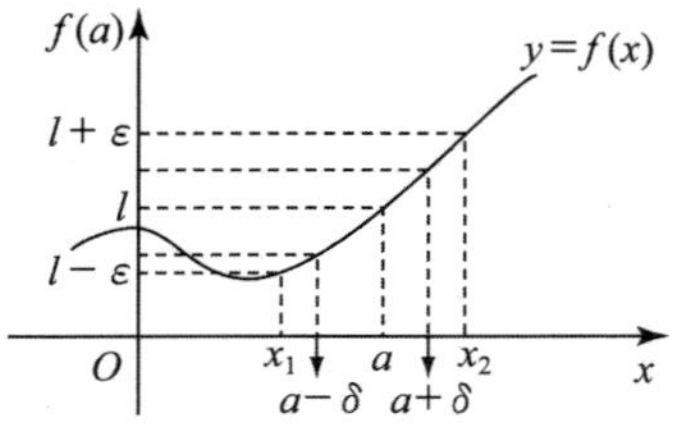

그림 2.1.1

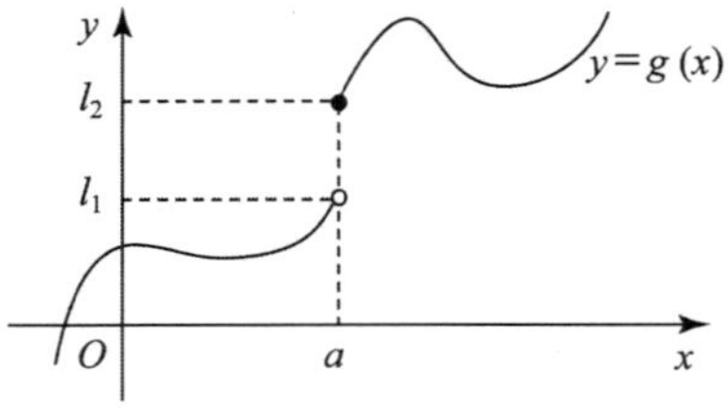

그림 2.1.2

풀이 (1) 임의의 양수 ϵ에 대하여 $f(x_1)=l-\epsilon$, $f(x_2)=l+\epsilon$이 되는 x_1과 x_2를 찾는다. 그리고 $|x_1-a|$와 $|x_2-a|$보다 작은 δ, 즉 $\delta<|x_1-a|$ 그리고 $\delta<|x_2-a|$인 δ를 취한다. 그러면

$$0<|x-a|<\delta \Rightarrow |f(x)-l|<\epsilon$$

이다. 그러므로, $\lim_{x\to a}f(x)=l$ 이다.

(2) 어떤 y값 l을 잡아도 $\frac{l_2-l_1}{2}$보다 작은 양수 $\epsilon>0$에 대하여

$$0<|x-a|<\delta \Rightarrow |g(x)-l|<\epsilon$$

인 조건을 만족하는 δ를 잡을 수 없다. 그러므로 극한값 $\lim_{x\to a}g(x)$의 값은 존재하지 않는다. ■

그러나 위의 예제 중 두 번째 함수 $g(x)$는 임의의 양수 ϵ에 대하여

$$g(x_2)=l_2+\epsilon$$

인 x_2를 찾고 $x_2-a<\delta$인 δ를 취하면

$$0<x-a<\delta \Rightarrow |g(x)-l_2|<\epsilon$$

인 조건을 만족한다. 이를 그래프를 이용하여 해석하면 "x가 a보다 큰 쪽에서 a로 접근하면 $g(x)$는 l_2로 충분히 가까이 간다"라고 할 수 있다. 이를 함수 $g(x)$의 $x=a$에서의 우극한값이라 하고 $\lim_{x\to a^+}g(x)=l_2$라 표시한다. 같은 방법으로 함수 $g(x)$의 $x=a$에서의 좌극한 값이 l_1, 즉 $\lim_{x\to a^-}g(x)=l_1$이라 한다.

정의 2.1.2 **좌 · 우극한값**

함수 $f : \mathrm{I} \to \mathbb{R}$ 에 대하여

$$\forall \epsilon > 0,\ \exists \delta > 0 \ \text{ s.t.}\ 0 < x - a < \delta \Rightarrow |f(x) - l_1| < \epsilon$$

이면, 함수 $f(x)$의 $x = a$에서의 **우극한** 값이 l_1이라 하고 $\lim_{x \to a^+} f(x) = l_1$이라 표시한다. 또한

$$\forall \epsilon > 0, \exists \delta > 0 \ \text{s.t.} - \delta < x - a < 0 \Rightarrow |f(x) - l_2| < \epsilon$$

이면, 함수 $f(x)$의 $x = a$에서의 **좌극한** 값이 l_2라 하고 $\lim_{x \to a^-} f(x) = l_2$라 표시한다.

앞에서 언급한 정의들을 살펴보면

$$\exists \lim_{x \to a} f(x) \Leftrightarrow \exists \lim_{x \to a^+} f(x),\ \exists \lim_{x \to a^-} f(x) \quad \text{그리고} \quad \lim_{x \to a^+} f(x) = \lim_{x \to a^-} f(x)$$

임을 알 수 있다. 또한 x가 무한으로 갈 때의 극한값도 정의한다.

정의 2.1.3

$\mathbb{R}^{>\alpha} = \{x \in \mathbb{R} \mid x > \alpha\}$라 하고, $f : \mathbb{R}^{>\alpha} \to \mathbb{R}$인 함수라 하자.

$$\lim_{x \to \infty} f(x) = l \Leftrightarrow \forall \epsilon > 0,\ \exists B > 0 \ \text{ s.t.}\ (x > B \Rightarrow |f(x) - l| < \epsilon)$$

참고 1장에서 정의한 자연대수 e값은 다음과 같이 정의할 수 있다.

$$e := \lim_{x \to 0} (1 + x)^{\frac{1}{x}} = \lim_{x \to \infty} \left(1 + \frac{1}{x}\right)^x$$

예제 2

다음을 증명하여라.

(1) $\lim_{x \to 1} (2x + 1) = 3$ (2) $\lim_{x \to \infty} \frac{1}{x} = 0$

풀이 (1) 임의의 양수 ϵ에 대하여, $\delta = \frac{\epsilon}{2}$이라 놓자. 그러면

$$0 < |x-1| < \delta \Rightarrow |f(x)-3| = |2x+1-3| = |2x-2| = 2|x-1| < 2\delta = \epsilon$$

을 만족한다. 따라서 $\lim_{x \to 1}(2x+1) = 3$이다.

(2) 임의의 양수 ϵ에 대하여 $B = \frac{1}{\epsilon}$이라 놓자. 그러면

$$x > B \Rightarrow |f(x) - 0| = \left|\frac{1}{x} - 0\right| = \left|\frac{1}{x}\right| < \frac{1}{B} = \epsilon$$

을 만족한다. 따라서 $\lim_{x \to \infty} f(x) = 0$이다. ■

예제 2에서 $x \to 1$이면 $2x+1 \to 3$인 것을 직관적으로 알 수 있고 그것이 성립함을 보였다. 대부분의 극한값을 계산할 때 우리의 직관적인 계산이 가능하면 이를 허용하기로 한다. 그런데 위의 극한의 엄격한 정의를 사용하여 다음의 극한이 갖는 기본적인 성질을 증명할 수 있다(증명 생략).

정리 2.1.5

$\lim_{x \to a} f(x) = l$, $\lim_{x \to a} g(x) = m$이라 하자.

(1) $\lim_{x \to a}(f(x)+g(x)) = l+m$, 즉 $\lim_{x \to a}(f(x)+g(x)) = \lim_{x \to a} f(x) + \lim_{x \to a} g(x)$

(2) $\lim_{x \to a}(\alpha f(x)) = \alpha l$, 즉 $\lim_{x \to a}(\alpha f(x)) = \alpha \lim_{x \to a} f(x)$, $\alpha \in \mathbb{R}$

((1), (2)를 **선형성**(linearity)이라 한다.)

(3) $\lim_{x \to a}(f(x)g(x)) = lm$, 즉 $\lim_{x \to a}(f(x)g(x)) = \left(\lim_{x \to a} f(x)\right)\left(\lim_{x \to a} g(x)\right)$

(4) $\lim_{x \to a}\frac{f(x)}{g(x)} = \frac{l}{m}$, 즉 $\lim_{x \to a}\frac{f(x)}{g(x)} = \frac{\lim_{x \to a} f(x)}{\lim_{x \to a} g(x)}$, 단 $m \neq 0$, $x = a$ 근방에서 $g(x) \neq 0$.

예제 3

다음 극한값을 구하여라.

(1) $\lim_{x\to 0}(x+4)2^x = \lim_{x\to 0}(x+4)\cdot\lim_{x\to 0}2^x = 4\cdot 2^0 = 4$

(2) $\lim_{x\to\frac{\pi}{2}} 2x\sin x = \lim_{x\to\frac{\pi}{2}}(2x)\cdot\lim_{x\to\frac{\pi}{2}}\sin x = \pi\cdot 1 = \pi$

(3) $\lim_{x\to 1}\frac{x^2+x+1}{x+2} = \frac{\lim_{x\to 1}(x^2+x+1)}{\lim_{x\to 1}(x+2)} = \frac{3}{3} = 1$

(4) $\lim_{x\to 1}\frac{x^2-1}{x-1} = \lim_{x\to 1}\frac{(x-1)(x+1)}{x-1} = \lim_{x\to 1}(x+1) = 2$

2 함수의 연속

두 함수 $f(x)=x+1$과 $g(x)=\frac{x^2-1}{x-1}$을 비교하여 보자. 여기서 $g(x)$는 $x=1$에서 함수값이 존재하지 않으므로, 함수 $g(x)$의 정의역은 $\mathbb{R}-1$이 된다. 그리고 정의역에서, 즉 $x\neq 1$이면 $g(x)=f(x)$이다. 두 함수의 그래프를 그려보면

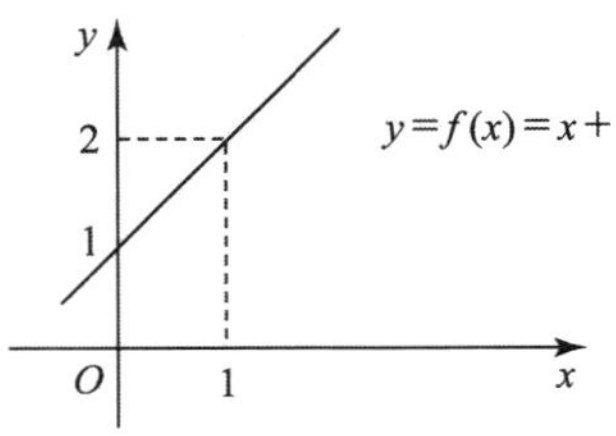

그림 2.1.3

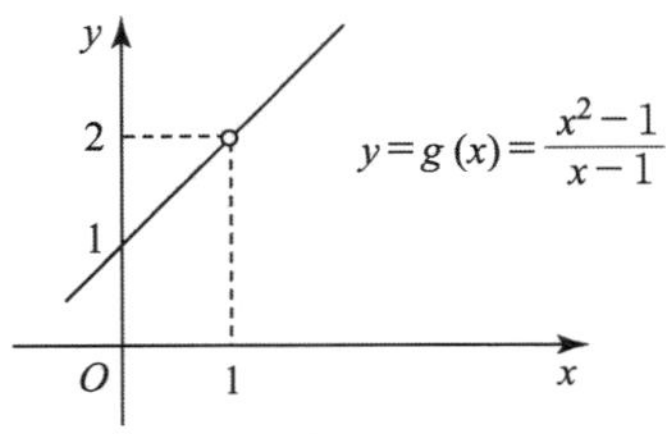

그림 2.1.4

이다. 한편 함수 $h(x)$를 다음과 같이

$$h(x)=\begin{cases}\frac{x^2-1}{x-1}, & x\neq 1\\ 3, & x=1\end{cases}$$

으로 정의하여 보자. $x\neq 1 \Rightarrow f(x)=g(x)=h(x)$가 된다. 함수 $h(x)$의 그래프를 그려보면

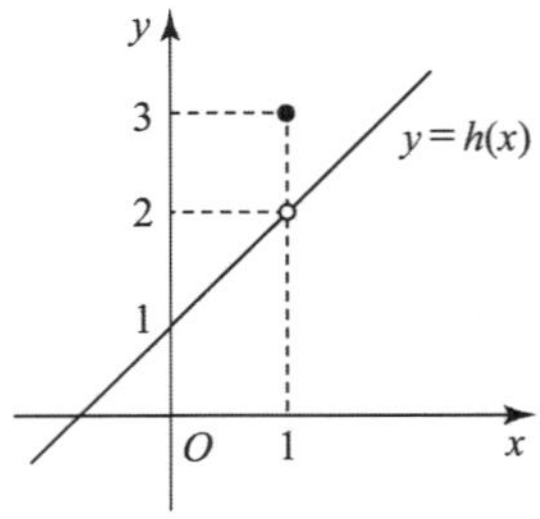

그림 2.1.5

와 같다. 위의 그래프들을 살펴보면 $x=1$에서 함수 $f(x)$의 그래프만 연결되어 있음을 볼 수 있다. 이와 같이 그래프가 그 점 $x=a$에서 연결되어 있을 때 함수가 $x=a$에서 연속이라고 하고 그렇지 못할 때 $x=a$에서 불연속이라 한다. $x=1$에서 그래프가 연결되어 있지 않은 함수 $g(x)$와 $h(x)$의 성질을 살펴보기로 한다. 함수 $h(x)$는 극한값 $\lim_{x\to 1}h(x)$과 $x=1$에서의 함수값이 존재한다. 그러나

$$\lim_{x\to 1}h(x) \neq h(1)$$

이다. 이 경우 $x=1$에서 불연속임을 볼 수 있다. 또한 함수 $g(x)$는

$$\exists \lim_{x\to 1}g(x) \text{ 그러나 } \nexists\, g(1)$$

이다. 이 경우도 $x=1$에서 불연속임을 알 수 있다. 함수의 연속의 구체적인 정의는 다음과 같다.

정의 2.1.6 함수의 연속

함수 $f: \mathrm{I} \to \mathbb{R}$, I: 열린 구간
에 대하여 $x=a\in \mathrm{I}$에서 함수 $f(x)$가 연속(continuous)이라 함은

$$\exists \lim_{x\to a}f(x) \text{ 그리고 } \lim_{x\to a}f(x)=f(a)$$

임을 말한다. 그리고 정의역의 모든 점에서 연속일 때 함수 $f(x)$가 **연속** 또는 **연속함수**라 한다. 그렇지 않은 경우 불연속이라 한다.

예제 4

함수 $f(x)$의 그래프가 그림 2.1.6과 같이 주어질 때 다음과 같다.

(1) $f(6)=2, f(10)=1$

(2) $\lim_{x\to 10} f(x)=4$

(3) $\lim_{x\to 6^+} f(x)=3$

(4) $\lim_{x\to 6^-} f(x)=1$

(5) $\lim_{x\to 6} f(x)$: $\lim_{x\to 6^-} f(x) \neq \lim_{x\to 6^+} f(x)$이므로 존재하지 않는다.

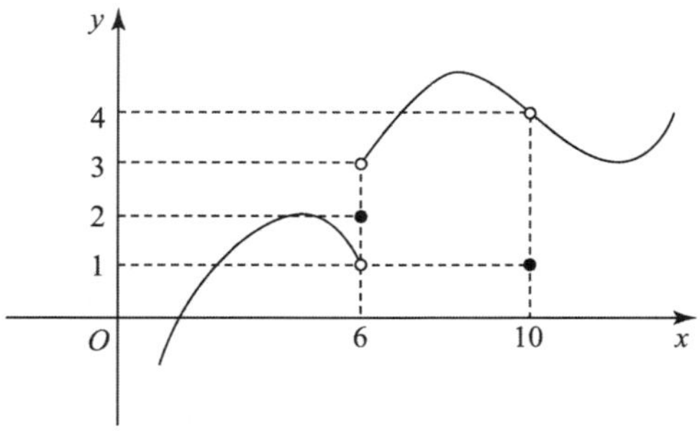

그림 2.1.6

극한의 성질에 의하여 연속함수들의 연산에 관하여 다음 정리가 성립한다.

정리 2.1.7

두 함수 $f(x)$와 $g(x)$가 연속이면 다음 함수들의 연산과 합성이 연속이다.

(1) $f(x)+g(x)$

(2) $\alpha f(x)$

(3) $f(x)\cdot g(x)$

(4) $\dfrac{f(x)}{g(x)}$, $g(x)\neq 0$

(5) $(g\circ f)(x)$

예제 5

모든 다항함수는 연속임을 증명하여라.

증명 임의의 다항함수를

$$f(x)=a_nx^n+a_{n-1}x^{n-1}+\cdots+a_1x+a_0$$

라 놓자. 일차함수 x는 연속이므로, 정리의 성질 (3)에 의하여 모든 자연수 k에 대하여 x^k는 연속이다. 또한 상수함수 a_0도 연속이다. 또한 모든 k에 대하여, 함수 $a_k x^k$도 정리의 성질 (2)에 의하여 연속이다. 그러므로 이 함수들을 더한 함수

$$f(x) = a_n x^n + a_{n-1}x^{n-1} + \cdots + a_1 x + a_0$$

도 정리의 성질 (1)에 의하여 연속이다. □

예제 5를 활용하면 정리의 성질 (4)에 의하여, 모든 유리함수는 분모가 0이 아닌 모든 영역에서 연속이다. 그리고 증명없이 무리함수, 지수함수, 로그함수, 삼각함수, 역삼각함수가 그 정의역에서 연속함수임을 받아들이기로 한다.

연속함수는 불연속함수에 비하여 우리가 다루기에 좋은 특성을 많이 갖고 있다. 그 중에 대표적인 정리들이 다음의 두 정리이다. 이 정리들의 증명은 생략하기로 한다.

정리 2.1.8 최대·최소값 정리

유한 폐구간 $[a, b]$에서 정의된 연속함수 $f : [a, b] \to \mathbb{R}$은 반드시 최대·최소값을 갖는다.

최대·최소값 정리에서 유한 폐구간과 함수의 연속성의 조건은 동시에 만족해야하는 필수조건임을 다음의 예를 통하여 알 수 있다.

예제 6

(1) 함수 $f : (0, 1] \to \mathbb{R}$이 $f(x) = \dfrac{1}{x}$로 주어졌다고 하자. 그러나 $x \to 0^+$이면 $f(x) \to \infty$이므로 이 함수의 최대값이 존재하지 않는다.

(2) 함수 $f : [-1, 1] \to \mathbb{R}$이

$$f(x) = \begin{cases} x^2, & x \neq 0 \\ 1, & x = 0 \end{cases}$$

로 주어졌다고 하자. 불연속 함수 $f(x)$의 최소값은 존재하지 않는다.

정리 2.1.9 중간값 정리

구간 I에 대하여 $[a, b] \subset \mathrm{I}$라 하자. 그리고 함수 $f : \mathrm{I} \to \mathbb{R}$이 연속이고 $f(a) < f(b)$라 하자. 그러면 $f(a) < \alpha < f(b)$인 모든 실수값 α에 대하여 $f(c) = \alpha$인 $c \in (a, b)$가 반드시 존재한다.

따름정리 2.1.10

함수 $f : \mathrm{I} \to \mathbb{R}$이 연속이고 $[a, b] \subset \mathrm{I}$라 하자. 만약 $f(a) \cdot f(b) < 0$이면 방정식 $f(x) = 0$은 구간 (a, b)에서 해를 반드시 한 개 이상 갖는다.

예제 7

$x^7 - 5x^3 + 1 = 0$은 0과 1 사이에 반드시 한 개 이상의 근을 갖게 됨을 증명하여라.

증명 $f(x) = x^7 - 5x^3 + 1$은 실수 전체집합 $\mathbb{R}(\supset [0, 1])$에서 연속이다. 한편 $f(0) = 1 > 0$이고 $f(1) = -3 < 0$이다. 그러므로 따름정리에 의하여 주어진 방정식 $f(x) = 0$은 0과 1 사이에 반드시 한 개 이상의 근을 갖는다. □

예제 8

1과 2 사이에 있는 한 실수가 그 실수의 세제곱보다 2만큼 작을 수 있는가 조사하여라.

풀이 구하는 수를 x라 하면 $x = x^3 - 2$를 만족해야 하므로 구하는 x는 $f(x) = x^3 - x - 2 = 0$의 근이다. 그런데 $f(1) = -2$이고 $f(2) = 4$이므로 구하는 수 x는 1과 2 사이에 있다. ■

연습문제 EXERCISES

01. 다음 극한값을 구하여라.

(1) $\lim_{x \to 2}(x^3 - 2x + 4)$　　(2) $\lim_{x \to 0}(x^2 + 1 + \ln(1 + x^2))$

(3) $\lim_{x \to \infty}\frac{1}{x^4 + 1}$　　(4) $\lim_{x \to \infty} e^{-x}$

(5) $\lim_{x \to 2}\frac{x^2 - x - 3}{x - 2}$　　(6) $\lim_{x \to 1}\frac{x^3 - 1}{x^2 + 2x - 3}$

(7) $\lim_{x \to 0} x \sin\frac{1}{x}$　　(8) $\lim_{x \to \infty} e^{\frac{1}{x}}$

02. 다음 함수의 연속성을 조사하여라.

(1) $f(x) = \begin{cases} x \sin\frac{1}{x}, & x \neq 0 \\ 0, & x = 0 \end{cases}$

(2) $f(x) = \begin{cases} \frac{x^2 - 4}{x - 2}, & x \neq 2 \\ 4, & x = 2 \end{cases}$

(3) $f(x) = \begin{cases} e\ , & x \neq 0 \\ 0, & x = 0 \end{cases}$

03. 다음 방정식이 주어진 구간에서 적어도 한 개 이상의 근을 갖게 됨을 증명하여라.

(1) $x^6 + 2x^5 - 2 = 0$, $(0, 1)$

(2) $1 - 6x \sin x = 0$, $\left(0, \frac{\pi}{6}\right)$

(3) $x^2\sqrt{x^2 + 3} + 2x - 3 = 0$, $(0, 1)$

CALCULUS

2.2 변화율

이 절에서는 극한의 개념을 가지고 함수의 도함수를 소개한다. 함수의 도함수에 대한 소개를 변화율에 대한 논의로 시작해 보자.

1 평균변화율

기호 Δx 는 x 의 변화량을, Δy 는 y 의 변화량을 나타낸다.

정의 2.2.1

함수 $y=f(x)$에서 x에 관한 y의 평균변화율은 x의 변화량에 대한 y의 변화량의 비이다. 특히 x가 a에서 b까지 변할 때 평균변화율은 다음과 같다.

$$x\text{에 관한 } y\text{의 평균변화율} = \frac{\Delta y}{\Delta x} = \frac{f(b)-f(a)}{b-a} \tag{2.1}$$

예제 1

함수 $y=f(x)=x^2$ 에서 x 가 $a=0$ 에서 $b=2$ 까지 변할 때, x 에 관한 y 의 평균변화율을 구하여라.

풀이

먼저 x 의 변화량을 계산하면 $\Delta x = 2-0=2$ 이다. 이에 대응하는 y 의 변화량은 $b=2$ 와 $a=0$ 에서의 $f(x)=x^2$ 의 값의 차이다.

$$\Delta y = f(2)-f(0) = 2^2 - 0^2 = 4-0=4$$

그러므로 x 에 관한 y 의 평균변화율은

$$\frac{\Delta y}{\Delta x}=\frac{f(2)-f(0)}{2-0}=\frac{4}{2}=2$$ ■

2 차분계수

함수 f의 그래프 위에서 두 점 $(a, f(a))$와 $(b, f(b))$를 잇는 직선이 정할선이며, 그것의 기울기 m은

$$m=\frac{f(b)-f(a)}{b-a}$$

이것은 a에서 b까지의 x에 관한 $y=f(x)$의 평균변화율과 같다. 함수 $y=f(x)$의 a에서 b까지의 평균변화율 $\frac{\Delta y}{\Delta x}$을 차분계수라고도 한다. $\Delta x=b-a$로 두면 $b=a+\Delta x$이다. (2.1)의 b 대신 $b=a+\Delta x$를 대입하면,

$$\frac{\Delta y}{\Delta x}=\frac{f(b)-f(a)}{b-a}=\frac{f(a+\Delta x)-f(a)}{\Delta x} \tag{2.2}$$

예제 2

주어진 조건에 따라, 함수 $y=f(x)=x^2+2x$의 차분계수를 계산하여라.

(1) $a=2, \Delta x=1$

(2) $a=0, \Delta x=0.5$

(3) a와 $\Delta x\neq 0$는 임의의 실수

풀이

(1) $a=2, \Delta x=1$에 대해

$f(a)=f(2)=2^2+2\cdot 2=8$

$f(a+\Delta x)=f(2+1)=f(3)=3^2+2\cdot 3=15$

$$\frac{\Delta y}{\Delta x}=\frac{f(a+\Delta x)-f(a)}{\Delta x}=\frac{15-8}{1}=7$$

(2) $a=0, \Delta x=0.5$에 대해

$f(a)=f(0)=0^2+2\cdot 0=0$

$f(a+\Delta x)=f(0+0.5)=f(0.5)$

$\quad=(0.5)^2+2\cdot(0.5)=0.25+1=1.25$

$$\frac{\Delta y}{\Delta x}=\frac{f(a+\Delta x)-f(a)}{\Delta x}=\frac{1.25-0}{0.5}=2.5$$

(3) a와 $\triangle x \neq 0$는 임의의 실수일 때

$$f(a) = a^2 + 2 \cdot a$$

$$\begin{aligned} f(a+\triangle x) &= (a+\triangle x)^2 + 2 \cdot (a+\triangle x) \\ &= a^2 + 2a\triangle x + (\triangle x)^2 + 2a + 2\triangle x \end{aligned}$$

$$\begin{aligned} \triangle y &= f(a+\triangle x) - f(a) \\ &= [a^2 + 2a\triangle x + (\triangle x)^2 + 2a + 2\triangle x] - (a^2 + 2a) \\ &= 2a\triangle x + (\triangle x)^2 + 2\triangle x \end{aligned}$$

$$\begin{aligned} \frac{\triangle y}{\triangle x} &= \frac{f(a+\triangle x) - f(a)}{\triangle x} = \frac{2a\triangle x + (\triangle x)^2 + 2\triangle x}{\triangle x} \\ &= 2a + \triangle x + 2 \end{aligned}$$

3 순간변화율

정의 2.2.2

$s = f(t)$가 시간 t에서 물체의 이동거리를 나타내는 함수이면, 시간 t_0에서 물체의 순간 속도 v는 $\triangle t$가 0에 접근할 때 평균변화율 $\frac{\triangle s}{\triangle t}$의 극한값으로 정의한다. 구체적으로 시간 t_0에서 속도 v는 다음의 극한값이 존재하면

$$v = \lim_{\triangle t \to 0} \frac{\triangle s}{\triangle t} = \lim_{\triangle t \to 0} \frac{f(t_0 + \triangle t) - f(t_0)}{\triangle t} \tag{2.3}$$

이다.

(2.3)에 나오는 극한값은 일반화할 수 있다.

정의 2.2.3

$y = f(x)$가 함수이고 a가 f의 정의역에 있다고 하자. a에서 f의 미분계수 $f'(a)$는 다음의 극한값이 존재하면

$$f'(a) = \lim_{\triangle x \to 0} \frac{f(a+\triangle x) - f(a)}{\triangle x} \tag{2.4}$$

이다.

함수 f의 도함수는 4단계에 걸쳐서 계산한다.

1단계 $f(a+\triangle x)$를 구한다.

2단계 $\triangle y=f(a+\triangle x)-f(a)$를 얻기 위해 $f(a+\triangle x)$에서 $f(a)$를 뺀다.

3단계 $\triangle y$를 $\triangle x$로 나누면 차분계수를 얻는다.

4단계 $\triangle x$가 0에 접근할 때 차분계수 $\dfrac{\triangle y}{\triangle x}$의 극한값(존재하면)을 구한다.

예제 3

$x=a$에서 $f(x)=x^2$의 미분계수를 구하여라.

풀이

$$\begin{aligned}\triangle y&=f(a+\triangle x)-f(a)=(a+\triangle x)^2-a^2\\&=a^2+2a\triangle x+(\triangle x)^2-a^2\\&=2a\triangle x+(\triangle x)^2\\&=\triangle x(2a+\triangle x)\end{aligned}$$

그러므로

$$\frac{\triangle y}{\triangle x}=\frac{\triangle x(2a+\triangle x)}{\triangle x}=2a+\triangle x$$

도함수는

$$f'(a)=\lim_{\triangle x\to 0}\frac{\triangle y}{\triangle x}=\lim_{\triangle x\to 0}(2a+\triangle x)=2a$$

이다. $a=2$이면 $f'(a)=2a=2\cdot 2=4$와 같이 구체적인 미분계수를 얻는다. a를 어떠한 값으로 잡아도 극한값

$$f'(a)=\lim_{\triangle x\to 0}\frac{\triangle y}{\triangle x}=2a$$

이 존재하므로, a대신 변수 x로 바꾸어 쓸 수 있다. 따라서 $f'(x)=2x$로 쓸 수 있다. 일반적으로 함수 f의 x에서의 도함수 $f'(x)$ 자체도 실수 x에 실수 $f'(x)$를 대응하는 규칙이기 때문에 함수가 된다. ■

정의 2.2.4

f 의 도함수는

$$f'(x)=\lim_{\Delta x\to 0}\frac{f(x+\Delta x)-f(x)}{\Delta x} \tag{2.5}$$

로 정의된다. 본래 함수의 정의역에 항상 포함되는 도함수의 정의역은 극한값 (2.5)가 존재하는 모든 x 로 이루어져 있다. 그러한 실수에서 함수 f 는 **미분가능**이라고 한다. 따라서 "f 를 **미분**하여라"와 "f 의 **도함수**를 구하여라"는 것은 같은 의미를 가진다.

예제 4

$f(x)=\frac{1}{x}$ 을 미분하여라.

풀이 f 를 미분하기 위하여 다음과 같이 한다.

$$f'(x)=\lim_{\Delta x\to 0}\frac{f(x+\Delta x)-f(x)}{\Delta x}=\lim_{\Delta x\to 0}\frac{\frac{1}{x+\Delta x}-\frac{1}{x}}{\Delta x}$$

$$=\lim_{\Delta x\to 0}\frac{\frac{x-(x+\Delta x)}{x(x+\Delta x)}}{\Delta x}=\lim_{\Delta x\to 0}\frac{-1}{x(x+\Delta x)}=\frac{-1}{x^2}$$

따라서, $f'(x)=-\frac{1}{x^2}$ 이다. ■

예제 5

$f(x)=\sqrt{x}$ 의 도함수를 구하고 도함수 $f'(x)$의 정의역을 결정하여라.

풀이 먼저 $\frac{\Delta y}{\Delta x}$ 를 계산한다.

$$\frac{\Delta y}{\Delta x}=\frac{f(x+\Delta x)-f(x)}{\Delta x}=\frac{\sqrt{x+\Delta x}-\sqrt{x}}{\Delta x}$$

앞에서처럼 Δx 를 약분할 수 없다. 분자와 분모에 $\sqrt{x+\Delta x}+\sqrt{x}$ 를 곱하여 분자의 유리화를 해야 한다.

$$\frac{\Delta y}{\Delta x} = \frac{\sqrt{x+\Delta x} - \sqrt{x}}{\Delta x} = \left(\frac{\sqrt{x+\Delta x} - \sqrt{x}}{\Delta x}\right)\left(\frac{\sqrt{x+\Delta x} + \sqrt{x}}{\sqrt{x+\Delta x} + \sqrt{x}}\right)$$

$$= \frac{(x+\Delta x) - x}{\Delta x(\sqrt{x+\Delta x} + \sqrt{x})} = \frac{\Delta x}{\Delta x(\sqrt{x+\Delta x} + \sqrt{x})}$$

$\Delta x \neq 0$ 이므로 Δx 를 약분할 수 있다.

$$\frac{\Delta y}{\Delta x} = \frac{1}{\sqrt{x+\Delta x} + \sqrt{x}}$$

이제 Δx 가 0에 접근하면

$$f'(x) = \lim_{\Delta x \to 0} \frac{\Delta y}{\Delta x}$$

$$= \lim_{\Delta x \to 0} \frac{1}{\sqrt{x+\Delta x} + \sqrt{x}} = \frac{1}{2\sqrt{x}}$$

이다. 이 극한값은 $x = 0$ 일 때는 존재하지 않고 f 의 정의역에 있는 다른 점에서는 극한값이 존재한다. 따라서, 함수 f 의 정의역은 모든 $x \geq 0$ 이고 함수 f 는 모든 양수 x 에서 도함수를 가진다. ■

4 기하학적인 설명

도함수는 평균변화율의 극한이기 때문에, 평균변화율 $\frac{\Delta y}{\Delta x}$ 이 f 의 그래프상에 있는 두 점을 연결하는 정할선의 기울기와 같다. $(a, f(a))$를 시점으로 $\Delta x := x - a \neq 0$ 일 때 $(x, f(x))$를 종점으로 고정시키면, 이 정할선(secant line)의 기울기는 다음과 같다.

$$m_{\text{sec}} = \frac{\Delta y}{\Delta x} = \frac{f(x) - f(a)}{x - a}$$

x 가 a 에 접근할 때, 정할선은 a 에서 f 의 그래프에 대한 접선에 접근한다. 그런데 a 에서 f 에 대한 **접선**(tangent line)의 기울기 $m_{\tan}$ 는

$$m_{\tan} = \lim_{x \to a} \frac{f(x) - f(a)}{x - a} = f'(a)$$

이다. 이것이 존재하면, 이 극한값이 a 에서 f 의 미분계수이다.

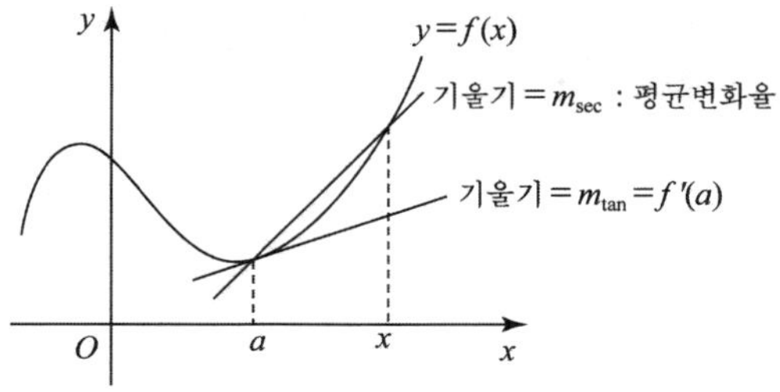

그림 2.2.1

정의 2.2.5

a 에서 f 의 그래프에 대한 접선은 점 $(a, f(a))$를 지나고 기울기가

$$f'(a) = \lim_{x \to a} \frac{f(x) - f(a)}{x - a}$$

인(극한값이 존재할 때) 직선으로 정의한다.

그래프에 대한 **접선**의 방정식은 다음과 같다.

$$y - f(a) = f'(a)(x - a)$$

예제 6

$(1, 1)$에서 $f(x) = x^2$ 의 그래프에 대한 접선의 기울기를 구하고, 접선의 방정식을 구하고, 또 함수의 그래프를 그리고 접선을 그려 보아라.

풀이

$$\begin{aligned} f'(1) &= \lim_{x \to 1} \frac{f(x) - f(1)}{x - 1} \\ &= \lim_{x \to 1} \frac{x^2 - 1}{x - 1} \\ &= \lim_{x \to 1} \frac{(x-1)(x+1)}{x - 1} \\ &= \lim_{x \to 1} (x + 1) = 2 \end{aligned}$$

접선의 방정식을 구하면

$$\begin{aligned} y - 1 &= 2(x - 1) \\ y &= 2x - 1 \end{aligned}$$

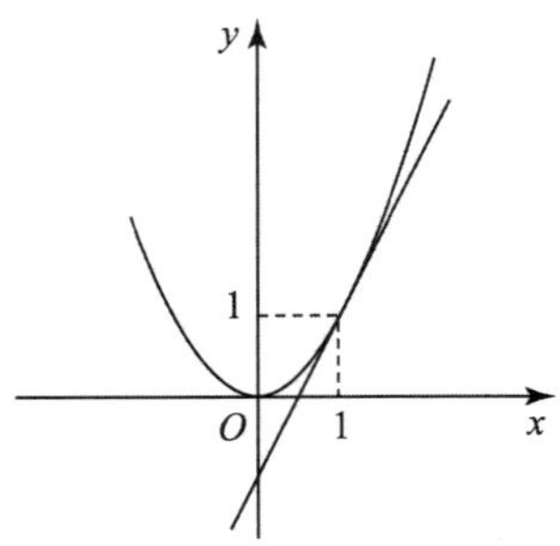

그림 2.2.2

$y = x^2$ 의 그래프와 $(1, 1)$에서 접선은 그림 2.2.2에 나타나 있다.

연습문제 EXERCISES

01. 주어진 실수에서 다음 함수의 미분계수를 구하여라.

(1) $f(x) = 2x + 5$; $x = 0$ 에서

(2) $f(x) = x^2 - 1$; $x = 1$ 에서

(3) $f(x) = \sqrt{x}$; $x = 3$ 에서

02. 다음 각 함수의 도함수를 구하여라.

(1) $f(x) = 2x + 5$

(2) $f(x) = x^2 - 1$

(3) $f(x) = \sqrt{x+1}$

(4) $f(x) = \dfrac{1}{x^2}$

03. 각 함수의 그래프에 대한 접선의 방정식을 구하고, 각 함수의 접선의 그래프를 그려라.

(1) $f(x) = x^2$; $(2, 4)$에서

(2) $f(x) = x^3 - 1$; $(1, 0)$에서

(3) $f(x) = \sqrt{x}$; $(4, 2)$에서

04. 공을 위로 던졌다. t 가 경과한 시간일 때, 공의 높이는 $h(t) = 100t - 16t^2$ 이다.

(1) $t = 0$, $t = 1$, $t = 4$ 일 때의 속도는 얼마인가?

(2) 공이 땅에 떨어질 때까지 걸린 시간은 얼마일까?

(3) 최고로 높은 지점에 도달할 때까지 걸린 시간은 얼마인가?

05. 지상 900m 높이의 꼭대기에서 공을 떨어뜨린다. 이때 다음을 구하여라. (단, 운동방정식은 $f(t) = 4.9t^2$을 사용한다).

(1) 7초 후의 공의 속도는 얼마인가?

(2) 공이 땅에 떨어질 때 얼마나 빨리 움직이고 있었는가?

06. 다음의 접선의 기울기를 구하여라.

(1) $x = a$인 점에서 곡선 $y = \dfrac{1}{x+2}$의 기울기

(2) x 성분이 다음과 같이 주어진 점에서의 기울기

(a) -1　　　　　　(b) 0　　　　　　(c) 1

07. 지하철의 선로를 따라 달리는 전동차는 가역을 출발하여 일정하게 속도를 높여서 t 초 후에는 $x(t) = 5t^2 + 20t\,(\mathrm{m})$의 위치에 있게 된다. 전동차가 가역을 출발한 후 20초 뒤의 속도는 얼마인가?

CALCULUS

2.3 도함수 공식

1 일반적인 미분공식

정리 2.3.1

상수함수 $f(x)=c$ 에 대하여 도함수 $f'(x)=0$ 이다.

증명 4단계 방법을 이용하여 아래와 같이 증명할 수 있다.

1단계 $f(x+h)=c$

2단계 $f(x+h)-f(x)=c-c=0$

3단계 $\dfrac{f(x+h)-f(x)}{h}=\dfrac{0}{h}$

4단계 $f'(x)=\lim\limits_{h\to 0}\dfrac{f(x+h)-f(x)}{h}=0$ □

정리 2.3.2

n 이 양의 정수일 때, 함수 $f(x)=x^n$ 에 대하여 도함수는 $f'(x)=nx^{n-1}$ 이다.

증명 $n=1, 2, 3$ 일 때, 4단계 방법을 이용하여 아래와 같이 증명할 수 있다. $n\geq 4$ 일 때에는 이항정리를 이용하여 같은 방법을 사용하여 증명할 수 있다(생략).

1단계

$n=1$, $f(x)=x$, $f(x+h)=x+h$

$n=2$, $f(x)=x^2$, $f(x+h)=(x+h)^2=x^2+2xh+h^2$

$n=3$, $f(x)=x^3$, $f(x+h)=(x+h)^3=x^3+3x^2h+3xh^2+h^3$

2단계

$n=1,\ f(x+h)-f(x)=(x+h)-x=h$

$n=2,\ f(x+h)-f(x)=(x^2+2xh+h^2)-x^2=2xh+h^2$

$$n=3,\ f(x+h)-f(x)=(x^3+3x^2h+3xh^2+h^3)-x^3 = 3x^2h+3xh^2+h^3$$

3단계

$n=1,\ \dfrac{f(x+h)-f(x)}{h}=\dfrac{h}{h}=1$

$n=2,\ \dfrac{f(x+h)-f(x)}{h}=\dfrac{2xh+h^2}{h}=2x+h$

$n=3,\ \dfrac{f(x+h)-f(x)}{h}=\dfrac{3x^2h+3xh^2+h^3}{h}=3x^2+3xh+h^2$

4단계

$n=1,\ f'(x)=\lim\limits_{h\to 0}\dfrac{f(x+h)-f(x)}{h}=\lim\limits_{h\to 0}1=1$

$n=2,\ f'(x)=\lim\limits_{h\to 0}\dfrac{f(x+h)-f(x)}{h}=\lim\limits_{h\to 0}(2x+h)=2x$

$n=3,\ f'(x)=\lim\limits_{h\to 0}\dfrac{f(x+h)-f(x)}{h}=\lim\limits_{h\to 0}(3x^2+3xh+h^2)=3x^2$ □

$y=f(x)$의 도함수를 표시하는 방법에는 f' 이외에도 다음과 같은 방법이 있다.

$$\frac{df(x)}{dx},\ Df(x),\ y',\ \frac{dy}{dx},\ Dy$$

이러한 방법으로 위의 정리를 다시 표시하면

$$\frac{d}{dx}x^n=nx^{n-1}$$

와 같다.

예제 1

(1) $\dfrac{d}{dx}x^5=5x^4$ (2) $\dfrac{d}{dx}x^{11}=11x^{10}$ (3) $\dfrac{d}{dx}x=1$

정리 2.3.3 함수의 상수 곱에 대한 도함수

만일 f가 미분 가능인 함수이고 $F(x)=kf(x)$(k는 상수)이면, F는 미분가능이고

$$F'(x)=kf'(x)\ \left(\text{즉, } \frac{d}{dx}[kf(x)]=k\left[\frac{d}{dx}f(x)\right]\right)$$

증명 함수 $y=F(x)=kf(x)$를 이용하여 4단계 방법을 이용해 보자.

1단계 $F(x+h)=kf(x+h)$

2단계 $F(x+h)-F(x)=kf(x+h)-kf(x)=k[f(x+h)-f(x)]$

3단계 $\dfrac{F(x+h)-F(x)}{h}=k\dfrac{f(x+h)-f(x)}{h}$

4단계 f가 미분가능이므로, $h\to 0$일 때 $\dfrac{f(x+h)-f(x)}{h}$의 극한 값이 도함수 $f'(x)$이다.

$$\lim_{h\to 0}\frac{F(x+h)-F(x)}{h}=\lim_{h\to 0}\left[k\frac{f(x+h)-f(x)}{h}\right]$$

$$=k\lim_{h\to 0}\left[\frac{f(x+h)-f(x)}{h}\right]=kf'(x) \qquad \square$$

예제 2

(1) $\dfrac{d}{dx}(3x^2)=3\dfrac{d}{dx}x^2=(3)(2x)=6x$

(2) $\dfrac{d}{dx}(-2x^3)=(-2)\dfrac{d}{dx}x^3=(-2)(3x^2)=-6x^2$

(3) $\dfrac{d}{dx}\left(\dfrac{1}{3}x^3\right)=\left(\dfrac{1}{3}\right)\dfrac{d}{dx}x^3=\left(\dfrac{1}{3}\right)(3x^2)=x^2$

(4) $\dfrac{d}{dx}\left(\dfrac{3}{4}x^8\right)=\left(\dfrac{3}{4}\right)\dfrac{d}{dx}x^8=\left(\dfrac{3}{4}\right)(8x^7)=6x^7$

다음 정리는 도함수를 알고 있는 두 함수의 합으로 표시되는 함수의 도함수를 구하는 공식이다.

정리 2.3.4 덧셈에 대한 도함수

만일 f와 g가 미분가능인 함수이고 $F(x)=f(x)+g(x)$ 이면, F는 미분가능이고

$$F'(x)=f'(x)+g'(x)\left(\text{즉, } \frac{d}{dx}[f(x)+g(x)]=\frac{d}{dx}f(x)+\frac{d}{dx}g(x)\right)$$

증명 함수 $F(x)=f(x)+g(x)$를 이용하여 4단계 방법을 이용해 보자.

1단계 $F(x+h)=f(x+h)+g(x+h)$

2단계 $F(x+h)-F(x)=f(x+h)+g(x+h)-[f(x)+g(x)]$

$$=[f(x+h)-f(x)]+[g(x+h)-g(x)]$$

3단계 $\dfrac{F(x+h)-F(x)}{h}=\dfrac{f(x+h)-f(x)}{h}+\dfrac{g(x+h)-g(x)}{h}$

4단계 $F'(x)=\lim\limits_{h\to 0}\dfrac{F(x+h)-F(x)}{h}$

$$=\lim_{h\to 0}\frac{f(x+h)-f(x)}{h}+\lim_{h\to 0}\frac{g(x+h)-g(x)}{h}=f'(x)+g'(x)$$

□

정리 2.3.5

f와 g가 미분가능한 두 함수이고 $F(x)=f(x)-g(x)$이면, $F'(x)=f'(x)-g'(x)$이다. 즉,

$$\frac{d}{dx}[f(x)-g(x)]=\frac{d}{dx}f(x)-\frac{d}{dx}g(x)$$

예제 3

$f(x)=2x^2+1$ 의 도함수를 구하여라.

풀이 f 는 $2x^2$과 1의 합이므로

$$f'(x)=\frac{d}{dx}(2x^2+1)=\frac{d}{dx}(2x^2)+\frac{d}{dx}1$$

$$=2\frac{d}{dx}(x^2)+0=(2)(2x)=4x$$

□

위의 결과들을 둘 이상의 미분가능인 함수의 합(또는 차)에 대해 확장하여 보자. 즉, $f_1, f_2, \cdots, f_n$이 n개의 미분가능인 함수이면 다음 식이 성립한다.

$$\frac{d}{dx}[f_1(x)+f_2(x)+\cdots+f_n(x)]=\frac{d}{dx}f_1(x)+\frac{d}{dx}f_2(x)+\cdots+\frac{d}{dx}f_n(x)$$

■

다음 예제는 이들 결과들이 어떻게 결합되었는가를 보여준다.

예제 4

$f(x)=x^3-3x^2+3x-1$의 도함수를 구하여라.

풀이

$$\begin{aligned} f'(x) &= \frac{d}{dx}(x^3-3x^2+3x-1) \\ &= \frac{d}{dx}(x^3)-\frac{d}{dx}(3x^2)+\frac{d}{dx}(3x)-\frac{d}{dx}1 \\ &= 3x^2-6x+3 \end{aligned}$$

■

다음으로 곱셈과 나눗셈으로 나타나는 함수들을 미분하는 일반공식을 찾고자 한다.

정리 2.3.6 곱셈에 대한 도함수

만일 f와 g가 미분가능인 함수이고 $F(x)=f(x)g(x)$이면, F는 미분가능이고

$$F'(x)=f(x)g'(x)+f'(x)g(x)$$

증명

3단계부터 시작해보자.

$$\frac{F(x+h)-F(x)}{h}=\frac{f(x+h)g(x+h)-f(x)g(x)}{h}$$

이제 분자에서 $f(x+h)g(x)$항을 빼고 더한 다음에 인수분해 한다.

$$\begin{aligned} &\frac{F(x+h)-F(x)}{h} \\ &=\frac{f(x+h)g(x+h)-f(x+h)g(x)+f(x+h)g(x)-f(x)g(x)}{h} \end{aligned}$$

$$= f(x+h)\frac{g(x+h)-g(x)}{h} + \frac{f(x+h)-f(x)}{h}g(x)$$

그래서 $h \to 0$일 때 극한을 취하고 극한의 성질을 응용한다.

$$\begin{aligned}
F'(x) &= \lim_{h\to 0}\frac{F(x+h)-F(x)}{h} \\
&= \lim_{h\to 0}\left\{f(x+h)\frac{g(x+h)-g(x)}{h}\right\} + \lim_{h\to 0}\left\{\frac{f(x+h)-f(x)}{h}g(x)\right\} \\
&= \left\{\lim_{h\to 0}f(x+h)\right\}\left\{\lim_{h\to 0}\frac{g(x+h)-g(x)}{h}\right\} \\
&\quad + \left\{\lim_{h\to 0}\frac{f(x+h)-f(x)}{h}\right\}\left\{\lim_{h\to 0}g(x)\right\}
\end{aligned}$$

위의 식에서 다음을 생각해 보자.

$$\begin{aligned}
\lim_{h\to 0}f(x+h) &= \lim_{h\to 0}[f(x+h)-f(x)+f(x)] \\
&= \lim_{h\to 0}[f(x+h)-f(x)] + \lim_{h\to 0}f(x) \\
&= \lim_{h\to 0}\left[h\frac{f(x+h)-f(x)}{h}\right] + f(x) \\
&= \left[\lim_{h\to 0}h\right]\left[\lim_{h\to 0}\frac{f(x+h)-f(x)}{h}\right] + f(x) \\
&= (0)[f'(x)] + f(x) = f(x)
\end{aligned}$$

네 개의 극한값으로부터 다음이 성립한다.

$$F'(x) = f(x)g'(x) + f'(x)g(x) \qquad \square$$

바꾸어 말하면, 미분가능인 두 함수의 곱에 관한 도함수는 두 번째 함수의 도함수에 첫 번째 함수를 곱하고, 거기에다 첫 번째 함수의 도함수를 두 번째 함수에 곱한 것을 더한 것과 같다. 다르게 표시하면

$$\frac{d}{dx}[f(x)g(x)] = f(x)\left[\frac{d}{dx}g(x)\right] + \left[\frac{d}{dx}f(x)\right]g(x)$$

주의 극한과는 달리, 곱에 대한 도함수는 각 도함수의 곱과는 같지 않음에 주의하여라.

예제 5

$F(x)=(x^2+3x+5)(x^2-1)$의 도함수를 구하여라.

풀이

$$\begin{aligned}F'(x)&=(x^2+3x+5)\left[\frac{d}{dx}(x^2-1)\right]+\left[\frac{d}{dx}(x^2+3x+5)\right](x^2-1)\\&=(x^2+3x+5)(2x)+(2x+3)(x^2-1)\\&=4x^3+9x^2+8x-3\end{aligned}$$

■

다음 정리는 두 함수의 나눗셈에 관한 도함수를 구하는 공식이다.

정리 2.3.7 나눗셈에 대한 도함수

만일 f와 $g\neq 0$가 미분가능인 함수이면, $F(x)=\dfrac{f(x)}{g(x)}$는 미분가능이고

$$F'(x)=\frac{f'(x)g(x)-f(x)g'(x)}{[g(x)]^2}$$

증명 3단계부터 시작해 보자.

$$\begin{aligned}\frac{F(x+h)-F(x)}{h}&=\frac{\dfrac{f(x+h)}{g(x+h)}-\dfrac{f(x)}{g(x)}}{h}\\&=\frac{f(x+h)g(x)-f(x)g(x+h)}{g(x)g(x+h)h}\end{aligned}$$

분자에서 $f(x)g(x)$를 빼고 더한 다음에 인수분해 한다.

$$\begin{aligned}\frac{F(x+h)-F(x)}{h}&=\frac{f(x+h)g(x)-f(x)g(x)+f(x)g(x)-f(x)g(x+h)}{g(x)g(x+h)h}\\&=\frac{[f(x+h)-f(x)]g(x)-f(x)[g(x+h)-g(x)]}{g(x)g(x+h)h}\\&=\left[\frac{f(x+h)-f(x)}{h}\right]\left[\frac{g(x)}{g(x)g(x+h)}\right]\\&\quad-\left[\frac{f(x)}{g(x)g(x+h)}\right]\left[\frac{g(x+h)-g(x)}{h}\right]\end{aligned}$$

$h\to 0$일 때 극한을 취하고 극한의 성질을 응용하면 다음을 얻는다.

$$F'(x) = \frac{f'(x)g(x)}{[g(x)]^2} - \frac{f(x)g'(x)}{[g(x)]^2} = \frac{f'(x)g(x) - f(x)g'(x)}{[g(x)]^2}$$

자세한 것은 생략한다. □

위의 정리를 다르게 나타내면 다음과 같다.

$$\frac{d}{dx}\left[\frac{f(x)}{g(x)}\right] = \frac{g(x)\frac{d}{dx}f(x) - f(x)\frac{d}{dx}g(x)}{[g(x)]^2}$$

예제 6

$F(x) = \dfrac{x^2+1}{x-1}$ 의 도함수를 구하여라.

풀이

$$\begin{aligned} F'(x) &= \frac{d}{dx}\left(\frac{x^2+1}{x-1}\right) \\ &= \frac{\left[\frac{d}{dx}(x^2+1)\right](x-1) - (x^2+1)\left[\frac{d}{dx}(x-1)\right]}{(x-1)^2} \\ &= \frac{(2x)(x-1) - (x^2+1)(1)}{(x-1)^2} \\ &= \frac{2x^2 - 2x - x^2 - 1}{(x-1)^2} = \frac{x^2 - 2x - 1}{(x-1)^2} \end{aligned}$$

■

예제 7

$y = \dfrac{4x-1}{x^2+1}$ 의 도함수를 구하여라.

풀이

$$\begin{aligned} y' &= \frac{\left[\frac{d}{dx}(4x-1)\right](x^2+1) - (4x-1)\frac{d}{dx}(x^2+1)}{(x^2+1)^2} \\ &= \frac{4 \cdot (x^2+1) - (4x-1)(2x)}{(x^2+1)^2} \\ &= \frac{-4x^2 + 2x + 4}{(x^2+1)^2} \end{aligned}$$

■

나눗셈에 관한 도함수를 구하는 정리의 따름정리는 다음과 같다.

정리 2.3.8

만일 $g(x) \neq 0$이 미분가능인 함수이면

$$\frac{d}{dx}\left[\frac{1}{g(x)}\right] = \frac{-g'(x)}{[g(x)]^2}$$

증명 증명은 위의 정리에서 $f(x) = 1$로 두기만 하면 된다. □

예제 8

(1) $\frac{d}{dx}\left(\frac{1}{3x+5}\right) = \frac{-3}{(3x+5)^2}$　　(2) $\frac{d}{dx}\left(\frac{1}{x^2+1}\right) = \frac{-2x}{(x^2+1)^2}$

따름정리 2.3.8을 이용하여 n이 음의 정수일 때, 공식 $\frac{d}{dx}(x^n) = nx^{n-1}$이 성립함을 증명할 수 있다. 여기서 $-n$은 양의 정수이므로

$$\frac{d}{dx}x^n = \frac{d}{dx}\left(\frac{1}{x^{-n}}\right) = \frac{-\frac{d}{dx}(x^{-n})}{(x^{-n})^2} = \frac{-(-n)x^{-n-1}}{x^{-2n}} = nx^{n-1}$$

그러므로 임의의 정수 n에 대해

$$\frac{d}{dx}(x^n) = nx^{n-1}.$$

예제 9

(1) $\frac{d}{dx}(x^{-1}) = -x^{-2} = -\frac{1}{x^2}$

(2) $\frac{d}{dx}\left(\frac{1}{x^2}\right) = \frac{d}{dx}(x^{-2}) = -2x^{-3} = -\frac{2}{x^3}$

(3) $\frac{d}{dx}\left(\frac{1}{x^3}\right) = \frac{d}{dx}(x^{-3}) = -3x^{-4} = -\frac{3}{x^4}$

연습문제 EXERCISES

01. 함수 $f(x)$의 도함수를 구하여라.

(1) $f(x) = 2x + 5$ (2) $f(x) = 2x^{10}$

(3) $f(x) = 4x^3 + 6x^2 + 12x + 12$ (4) $f(x) = (2x+5)(x^3+2)$

(5) $f(x) = x^{-3}$ (6) $f(x) = \dfrac{2x}{x+5}$

(7) $f(x) = \dfrac{1-x^2}{1+x^2}$

02. 다음 각 함수를 미분하여라.

(1) $f(x) = x^{2002} - 2003$ (2) $V(r) = \dfrac{4}{3}\pi r^3$

(3) $g(t) = t^2 - \dfrac{1}{2}st$ (4) $f(x) = \sqrt[3]{x} + \sqrt[4]{x}$

(5) $C(r) = 2\pi r$ (6) $f(x) = \dfrac{1}{x + \dfrac{1}{x}}$

03. 직선 L과 평행인, 곡선 $y = f(x)$의 그래프에 대한 접선의 방정식을 구하여라.

(1) $f(x) = 3 - x^2$, $L:\ y = 5x$

(2) $f(x) = x\sqrt{x}$, $L:\ 3x - y + 6 = 0$

(3) $f(x) = \dfrac{x-1}{x+1}$, $L:\ x - 2y = 1$

04. $\dfrac{dy}{dx}$를 구하여라.

(1) $y = (2x^3 - 5x^2 - 4)(3x^2 + 5)$ (2) $y = \left(\dfrac{x}{x-2}\right)(1-x^2)$

05. 함수 f의 그래프 상에서 수평선을 접선으로 가지는 점 x를 구하여라.

(1) $f(x) = \dfrac{x^2}{x+1}$ (2) $y = \dfrac{x^2+1}{x}$

CALCULUS

2.4 삼각함수의 도함수

삼각함수의 계산법을 표현하는 데는 각의 단위로 라디안(radian)을 이용하는 것이 매우 편리하다. 이런 이유 때문에, 라디안 측도를 이용하고, 꼭 필요한 경우에만 각도를 사용하기로 한다. 다음 정리는 고등학교 때에 이미 배웠으므로 증명없이 사용하기로 하자.

정리 2.4.1

만일 θ가 라디안으로 나타내어지면

$$\lim_{\theta \to 0} \frac{\sin\theta}{\theta} = 1 \qquad (2.6)$$

이 결과는 0에 가까운 θ의 값에 대해, $\frac{\sin\theta}{\theta}$는 1에 가까운 값이 된다고 말할 수 있다. 이것은 0에 가까운 θ의 값에 대해, $\sin\theta \cong \theta$임을 뜻하고 있다.

예제 1

$\lim_{\theta \to 0} \frac{\sin 3\theta}{\theta}$를 계산하여라.

풀이 $\frac{\sin 3\theta}{\theta}$는 (2.6)을 이용하기 위해 필요한 형태로 되어 있지 않기 때문에 바로 이용할 수 없다. 그렇지만, $t = 3\theta$로 치환하면

$$\lim_{\theta \to 0} \frac{\sin 3\theta}{\theta} = \lim_{t \to 0} \frac{\sin t}{\frac{t}{3}}$$
$$= \lim_{t \to 0} \left(3 \frac{\sin t}{t}\right) = 3$$

■

예제 2

다음 식이 성립함을 보여라.

$$\lim_{\theta \to 0} \frac{\cos\theta - 1}{\theta} = 0$$

풀이

$$\frac{\cos\theta - 1}{\theta} = \left(\frac{\cos\theta - 1}{\theta}\right)\left(\frac{\cos\theta + 1}{\cos\theta + 1}\right) = \frac{\cos^2\theta - 1}{\theta(\cos\theta + 1)} = \frac{-\sin^2\theta}{\theta(\cos\theta + 1)}$$

$$= (-\sin\theta)\left(\frac{\sin\theta}{\theta}\right)\left(\frac{1}{\cos\theta + 1}\right)$$

그러므로,

$$\lim_{\theta \to 0} \frac{\cos\theta - 1}{\theta} = \lim_{\theta \to 0} \left[(-\sin\theta)\left(\frac{\sin\theta}{\theta}\right)\left(\frac{1}{\cos\theta + 1}\right)\right]$$

$$= (0)(1)\left(\frac{1}{2}\right) = 0$$

■

1 $y = \sin x$와 $y = \cos x$의 도함수

정리 2.4.1

$y = \sin x$ 의 도함수는 $y' = \cos x$ 이다. 즉,

$$\frac{d}{dx}\sin x = \cos x$$

증명

$$\frac{f(x+h) - f(x)}{h} = \frac{\sin(x+h) - \sin x}{h}$$

$$= \frac{\sin x \cos h + \cos x \sin h - \sin x}{h}$$

$$= \frac{\sin x \cos h - \sin x}{h} + \frac{\cos x \sin h}{h}$$

$$= (\sin x)\left(\frac{\cos h - 1}{h}\right) + (\cos x)\left(\frac{\sin h}{h}\right)$$

그러므로, 예제 2를 이용하면

$$\frac{d}{dx}\sin x = \lim_{h\to 0}\frac{f(x+h)-f(x)}{h}$$

$$= \lim_{h\to 0}(\sin x)\left(\frac{\cos h - 1}{h}\right) + \lim_{h\to 0}(\cos x)\left(\frac{\sin h}{h}\right)$$

$$= (\sin x)(0) + (\cos x)(1) = \cos x$$ □

예제 3

다음에서 y'을 구하여라.

(1) $y = x + \sin x$

(2) $y = x^3 \sin x$

(3) $y = \dfrac{\sin x}{x}$

풀이

(1) 합을 미분하는 공식을 이용하면 다음을 얻는다.

$$y' = 1 + \cos x$$

(2) 곱을 미분하는 공식을 이용하면 다음을 얻는다.

$$y' = 3x^2 \sin x + x^3 \cos x$$

(3) 나눗셈을 미분하는 공식을 이용하면 다음을 얻는다.

$$y' = \frac{x\cos x - \sin x}{x^2}$$ ■

정리 2.4.3

$y = \cos x$ 의 도함수는 $y' = -\sin x$ 이다. 즉,

$$\frac{d}{dx}\cos x = -\sin x$$

증명

$y = \sin x$ 의 도함수를 구하는 방법과 똑같은 방법으로, $y = \cos x$ 의 도함수를 구하여 보자. $f(x) = \cos x$ 이면

$$\frac{f(x+h)-f(x)}{h} = \frac{\cos(x+h) - \cos x}{h}$$

$$= \frac{\cos x\cos h - \sin x \sin h - \cos x}{h}$$

$$= \frac{\cos x \cosh - \cos x}{h} - \frac{\sin x \sinh}{h}$$

$$= (\cos x)\left(\frac{\cosh - 1}{h}\right) - (\sin x)\left(\frac{\sinh}{h}\right)$$

따라서

$$\frac{d}{dx}\cos x = \lim_{h \to 0} \frac{f(x+h) - f(x)}{h}$$

$$= \lim_{h \to 0}(\cos x)\left(\frac{\cosh - 1}{h}\right) - \lim_{h \to 0}(\sin x)\left(\frac{\sinh}{h}\right)$$

$$= (\cos x)(0) - (\sin x)(1) = -\sin x$$ □

예제 4

다음에서 y' 을 구하여라.

(1) $y = x^2 \cos x$ (2) $y = \frac{\cos x}{1 - \sin x}$

풀이

(1) $y' = 2x\cos x + x^2(-\sin x) = 2x\cos x - x^2 \sin x$

(2) $y' = \frac{(1 - \sin x)(-\sin x) - (\cos x)(-\cos x)}{(1 - \sin x)^2}$

$$= \frac{-\sin x + \sin^2 x + \cos^2 x}{(1 - \sin x)^2} = \frac{1 - \sin x}{(1 - \sin x)^2} = \frac{1}{1 - \sin x}$$ ■

2 다른 삼각함수의 도함수

예제 5

다음 식이 성립함을 보여라.

(1) $\frac{d}{dx}\tan x = \sec^2 x$ (2) $\frac{d}{dx}\sec x = \sec x \tan x$

풀이

(1) $\frac{d}{dx}\tan x = \frac{d}{dx}\frac{\sin x}{\cos x} = \frac{\cos x \cos x - \sin x(-\sin x)}{\cos^2 x}$

$$= \frac{\cos^2 x + \sin^2 x}{\cos^2 x} = \frac{1}{\cos^2 x} = \sec^2 x$$

(2) $\frac{d}{dx}\sec x = \frac{d}{dx}\frac{1}{\cos x} = \frac{-\frac{d}{dx}\cos x}{\cos^2 x}$

$$= \frac{\sin x}{\cos^2 x} = \left(\frac{1}{\cos x}\right)\left(\frac{\sin x}{\cos x}\right) = \sec x \tan x$$ ■

예제 6

$f(x) = \frac{\tan x}{1+\sec x}$ 를 미분하여라.

풀이 미분의 나눗셈의 법칙과 $\tan^2 x = \sec^2 x - 1$를 이용하면

$$f'(x) = \frac{\left[\frac{d}{dx}(\tan x)\right](1+\sec x) - \tan x \frac{d}{dx}(1+\sec x)}{(1+\sec x)^2}$$

$$= \frac{\sec^2 x(1+\sec x) - \tan x(\sec x \tan x)}{(1+\sec x)^2}$$

$$= \frac{\sec^2 x(1+\sec x) - (\sec^2 x - 1)\sec x}{(1+\sec x)^2}$$

$$= \frac{\sec x}{1+\sec x}.$$ ■

01. 극한값을 구하여라.

(1) $\lim_{x\to 0}\frac{\sin 3x}{x}$　　(2) $\lim_{x\to 0}\frac{1-\cos x}{\sin x}$

(3) $\lim_{x\to 0}\frac{\sin x^2}{x}$　　(4) $\lim_{x\to 0}\frac{\sin^2 3x}{x^2}$

(5) $\lim_{x\to \pi}\frac{\sin x}{\pi - x}$

02. $\frac{dy}{dx}$ 를 구하여라.

(1) $y=2\sin x+3\cos x$　　(2) $y=2\tan x+\cos x$

(3) $y=x\sin x$　　(4) $y=\cos x\tan x$

(5) $y=\frac{\tan x}{x}$　　(6) $y=\frac{\sec x}{x}$

(7) $y=\frac{\sin x-\cos x}{\sin x+\cos x}$　　(8) $y=\frac{1+\tan x}{1-\tan x}$

(9) $y=(1+\cos x)\sin x$　　(10) $y=\frac{1}{\cos x+\sin x}$

03. 주어진 점에서 곡선 $y=f(x)$의 그래프에 대한 접선의 방정식을 구하여라.

(1) $f(x)=\sin x$, $(0,0)$　　(2) $f(x)=\cos x$, $\left(\frac{\pi}{3}, \frac{1}{2}\right)$

(3) $f(x)=\tan x$, $\left(\frac{\pi}{4}, 1\right)$　　(4) $f(x)=\sin x+\cos x$, $\left(-\frac{\pi}{4}, 0\right)$

04. 다음 식이 성립함을 증명하여라.

(1) $\frac{d}{dx}\cot x=-\csc^2 x$　　(2) $\frac{d}{dx}\csc x=-\csc x\cot x$

05. $f(x)=\sin x$ 라 두면 $f'(0)$을 구하는 것과 $\lim_{x\to 0}\frac{\sin x}{x}$ 를 구하는 것이 같음을 보여라.

06. 다음 함수가 $0 \le x \le 1$ 에서 연속이 되기 위해서는 $f(0)$와 $f(1)$을 어떻게 정의해야 하는지 결정하여라.

$$f(x) = \frac{\sin \pi x}{x(1-x)}$$

07. $\lim_{x \to 0} x \sin \frac{1}{x}$ 을 구하여라.

08. $y = x^2 \cos x$ 를 미분하여라.

09. $f(x) = \frac{\sec x}{1 + \tan x}$ 를 미분하여라.

CALCULUS

2.5 연쇄법칙

미분해야 할 함수가 두 개의 미분가능인 함수의 합성함수일 때, 그것의 도함수는 연쇄법칙(chain rule)이라 부르는 공식을 사용하여 구할 수 있다. 이제 일반적인 합성함수에 대해 생각해 보자. 앞에서 살펴보았듯이 두 함수 f와 g의 합성함수는 $(f \circ g)(x) = f(g(x))$로 정의되었다.

$F(x) = (x+1)^{10}$을 미분할 경우를 생각해 보자. 앞에서 배운 미분공식을 이용하여 $F'(x)$를 구하는 것은 어려운 일이다. 그러나 합성함수의 개념을 사용하여 $u = g(x) = x+1$, $y = f(u) = u^{10}$으로 생각하면 $y = F(x) = f(u) = f(g(x))$, 즉 $y = (f \circ g)(x)$이다. 이때 f와 g는 각각 u와 x에 관하여 미분하는 것이 간단하다.

정리 2.5.1 연쇄법칙

만일 f와 g가 미분가능인 함수이면, 합성함수 $f \circ g$도 미분가능하다. 더욱 $y = f(u)$와 $u = g(x)$이면, $y = (f \circ g)(x)$의 도함수는 다음과 같다.

$$(f \circ g)'(x) = \frac{dy}{dx} = \left(\frac{dy}{du}\right)\left(\frac{du}{dx}\right) = f'(g(x))g'(x)$$

증명

$$\Delta u = g(x + \Delta x) - g(x)$$
$$\Delta y = f(u + \Delta u) - f(u)$$

라고 하자. 여기서 우선 $\Delta u \neq 0$이라 하자. 즉 $u = g(x)$는 미분가능한 구간에서 상수함수가 아니라고 하자. 그러면 $u = g(x)$가 미분가능이므로 연속이고

$$\begin{aligned}
\frac{dy}{dx} &= \lim_{\Delta x \to 0} \frac{\Delta y}{\Delta x} = \lim_{\Delta x \to 0} \frac{\Delta y}{\Delta u} \cdot \frac{\Delta u}{\Delta x} \\
&= \lim_{\Delta x \to 0} \frac{\Delta y}{\Delta u} \cdot \lim_{\Delta x \to 0} \frac{\Delta u}{\Delta x} = \lim_{\Delta u \to 0} \frac{\Delta y}{\Delta u} \cdot \lim_{\Delta x \to 0} \frac{\Delta u}{\Delta x} \\
&\quad (g\text{가 연속이므로 } \Delta x \to 0 \text{이면 } \Delta u \to 0) \\
&= \frac{dy}{du}\frac{du}{dx}
\end{aligned}$$

한편 $\triangle u=0$인 경우, 즉 미분하려는 구간에서 상수함수인 경우에는 $y=F(x)$ $=f(g(x))=f(u)$는 역시 상수함수이므로 $\frac{dy}{du}=0$이다. 따라서

$$\frac{dy}{du}\cdot\frac{du}{dx}=\frac{dy}{du}\cdot 0=0$$

이므로

$$\frac{dy}{dx}=0=\frac{dy}{du}\frac{du}{dx}$$

이다. □

예제 1

$y=(x+1)^{10}$의 도함수를 구하여라.

풀이

$$u=g(x)=x+1$$
$$y=f(u)=u^{10}$$

으로 놓으면

$$f'(u)=\frac{dy}{du}=10u^9$$

$$g'(x)=\frac{du}{dx}=1$$

이므로

$$y'=F'(x)=10u^9\cdot 1=10(x+1)^9$$

■

예제 2

$y=f(u)=u^2-4$이고 $u=g(x)=x^3+1$일 때, 합성함수 $f\circ g$의 도함수를 구하여라.

풀이

$$\frac{dy}{du}=\frac{d}{du}f(u)=\frac{d}{du}(u^2-4)=2u=2(x^3+1)$$
$$\frac{du}{dx}=\frac{d}{dx}g(x)=\frac{d}{dx}(x^3)=3x^2$$

따라서, 연쇄법칙에 의하여

$$\frac{d}{dx}(f \circ g)(x) = \frac{dy}{dx} = \frac{dy}{du}\frac{du}{dx} = \{2(x^3+1)\}(3x^2) = 6x^2(x^3+1)$$ ■

예제 3

다음에서 y'를 구하여라.

(1) $y = \cos x^2$　　(2) $y = \cos^2 x$

풀이

(1) $y = \cos u$ 와 $u = x^2$ 으로 두고 연쇄법칙을 이용하면

$$y' = \frac{dy}{du} = \frac{dy}{du}\frac{du}{dx} = (-\sin u)(2x) = -2x\sin x^2$$

(2) $y = \cos^2 x = (\cos x)^2$ 이므로, $y = u^2$, $u = \cos x$ 로 두고 연쇄법칙을 사용하면

$$y' = \frac{dy}{dx} = \frac{dy}{du}\frac{du}{dx} = 2u(-\sin x) = -2\cos x \sin x$$

■

예제 4

$F = f \circ g$ 라고 하자. 만약

$$f(1) = 2,\ f'(1) = 3,\ f'(2) = -4$$
$$g(1) = 2,\ g'(1) = -3,\ g'(2) = 5$$

일 때, $F'(1)$을 구하여라.

풀이

$$F'(x) = f'(g(x))g'(x)$$

$x = 1$ 일 때,

$$F'(1) = f'(g(1))g'(1) = f'(2)g'(1) = (-4)(-3) = 12.$$

■

예제 5

$u = 2x^2 - 1$일 때 $y = u^3 + u^2 + 1$이다. $\left.\frac{dy}{dx}\right|_{x=1}$ 를 구하여라.

풀이

$$\frac{dy}{dx} = \frac{dy}{du}\frac{du}{dx} = (3u^2 + 2u)(4x)$$

$x = 1,\ u = 1$이므로

$$\left.\frac{dy}{dx}\right|_{x=1} = (3 \cdot 1^2 + 2 \cdot 1)(4 \cdot 1) = 20.$$

■

예제 6

$f(x) = \sin(\cos(\tan x))$를 미분하여라.

풀이 $y = f(x) = \sin u,\ u = \cos t,\ t = \tan x$ 라고 하면

$$\begin{aligned} f'(x) &= \frac{dy}{dx} = \frac{dy}{du}\frac{du}{dt}\frac{dt}{dx} \\ &= \cos u(-\sin t)\sec^2 x \\ &= \cos(\cos t)(-\sin(\tan x))\sec^2 x \\ &= \cos(\cos(\tan x))(-\sin(\tan x))\sec^2 x \\ &= -\cos(\cos(\tan x))\sin(\tan x)\sec^2 x. \end{aligned}$$

■

연습문제 EXERCISES

01. 연쇄법칙을 이용하여 다음 함수를 미분하여라.

(1) $y=(1-x^2)^{2002}$ (2) $y=\left(\dfrac{x+1}{x-1}\right)^5$

(3) $y=\sqrt{2x+1}$ (4) $y=\sin 5x+\cos 5x$

(5) $y=2\tan 3x+\sec 3x$ (6) $y=x\sin^2 2x$

(7) $y=\cos(\tan x)$ (8) $y=x\sin\dfrac{1}{x}$

02. 연쇄법칙을 이용하여 $\dfrac{dy}{dx}$를 구하여라.

(1) $y=u^3,\ u=x^2+1$

(2) $y=\dfrac{u}{u+1},\ u=x^3$

(3) $y=w+w^{-1},\ w=\sqrt{2x+1}$

(4) $y=\dfrac{t-1}{t+1},\ t=\sqrt{x^2+1}$

(5) $y=\tan^3 t,\ t=2x$

03. $h=f\circ g$ 라고 하자. $f'(2)=3, f(1)=2, g'(1)=-2, g(1)=2$ 일 때 $h'(1)$을 구하여라.

04. $\dfrac{d}{dx}\sin x=\cos x$ 와 $\cos x=\sin\left(\dfrac{\pi}{2}-x\right)$을 이용하여, $\dfrac{d}{dx}\cos x=-\sin x$ 임을 증명하여라.

CALCULUS

2.6 음함수와 역함수의 미분법

1 음함수의 미분법

지금까지는 대응관계가 $y=f(x)$꼴로 나타나는 함수만을 다루었다. x와 y 사이의 관계식을 종속변수 y에 대해 풀었기 때문에, 양함수 형태라고 한다. 독립변수 x와 종속변수 y 사이의 관계가

$$f(x,\ y)=0$$

으로 주어질 때 x와 y를 **음함수** 관계라고 한다. 예를 들어, 다음과 같이 주어질 때, x와 y를 음함수 관계라고 한다.

$$x+y-1=0,\quad xy-1=0,\quad \cos xy=1$$

그러면 x와 y 사이의 함수 관계가 음함수로 주어질 때, x에 관한 y의 도함수를 구하는 과정을 살펴보기로 하자.

예제 1

$x+y-1=0$일 때 $\dfrac{dy}{dx}$를 구하여라.

풀이 관계식으로부터 미분가능인 함수 $y=f(x)$가 존재한다고 가정해 본다. 즉, 다음 식은 항등식이 된다.

$$x+f(x)-1=0$$

x에 관해 항등식의 양변을 미분한다.

$$\frac{d}{dx}[x+f(x)-1]=\frac{d}{dx}(0)$$

따라서

$$\frac{d}{dx}(x)+\frac{d}{dx}[f(x)]-\frac{d}{dx}(1)=\frac{d}{dx}(0)$$

$$1+\frac{d}{dx}f(x)=0$$

$$\frac{d}{dx}f(x)=\frac{dy}{dx}=-1$$ ■

위의 예제에서, 존재한다고 가정했던 함수 $y=f(x)$는 y에 대해 풀면 구할 수 있다. 즉

$$y=-x+1$$

따라서 $\frac{dy}{dx}=-1$을 얻는데, 이것은 음함수 미분법을 이용하여 구한 답과 일치한다. 그러나 y를 x로 나타내는 것 자체가 실제로 매우 어렵거나 아예 불가능할 경우가 종종 생긴다. 다음 예제가 이런 어려움을 보여준다. 그렇지만 음함수식으로부터 미분가능인 함수가 존재한다는 가정은 여전히 유효하다.

예제 2

다음에서 $\frac{dy}{dx}$를 구하여라.

(1) $xy^2-x+y^3x+y=1$ (2) $\sin(xy)=x$

풀이

(1) $\frac{d}{dx}(xy^2)-\frac{d}{dx}x+\frac{d}{dx}(y^3x)+\frac{d}{dx}y=\frac{d}{dx}1$

$$\left[\left(\frac{dx}{dx}\right)y^2+x\frac{d}{dx}y^2\right]-1+\left[\left(\frac{d}{dx}y^3\right)x+y^3\frac{d}{dx}x\right]+\frac{dy}{dx}=0$$

$$\left[y^2+x\left(2y\frac{dy}{dx}\right)\right]-1+\left[\left(3y^2\frac{dy}{dx}\right)x+y^3\right]+\frac{dy}{dx}=0$$

$$(2xy+3xy^2+1)\frac{dy}{dx}=1-y^2-y^3$$

따라서 $2xy+3xy^2+1\neq 0$ 이면

$$\frac{dy}{dx}=\frac{1-y^2-y^3}{2xy+3xy^2+1}$$

(2) 음함수 미분법과 연쇄법칙을 이용하면

$$\frac{d}{dx}[\sin(xy)]=\cos(xy)\left[\frac{d}{dx}xy\right]$$

$$=\cos(xy)\left[\left(\frac{d}{dx}x\right)y+x\frac{dy}{dx}\right]$$

이다. 그러므로

$$[\cos(xy)]\left(y + x\frac{dy}{dx}\right) = 1$$

$$x\cos(xy)\frac{dy}{dx} + y\cos(xy) = 1$$

따라서 $x\cos(xy) \neq 0$ 이면

$$\frac{dy}{dx} = \frac{1 - y\cos(xy)}{x\cos(xy)}$$

다음은 음함수로 정의된 함수의 그래프에 대한 접선의 기울기를 구하는데 음함수 미분법이 어떻게 이용되는가를 보여준다.

예제 3

점 $(1, 2)$에서 $x^2 + xy + y^2 = 7$ 의 그래프에 대한 접선의 기울기를 구하여라.

풀이 x 에 관하여 미분하면 다음을 얻는다.

$$2x + x\frac{dy}{dx} + y + 2y\frac{dy}{dx} = 0$$

$$(x + 2y)\frac{dy}{dx} = -(2x + y)$$

$x + 2y \neq 0$ 이면

$$\frac{dy}{dx} = -\frac{2x + y}{x + 2y}$$

이다. 따라서 점 $(1, 2)$에서의 그래프에 대한 접선의 기울기는

$$\frac{dy}{dx} = -\frac{4}{5}$$

2 역함수의 도함수

정리 2.6.1

$y=f(x)$가 미분가능하고 역함수 $x=f^{-1}(y)$가 존재한다고 하자. $f'(x)\neq 0$이면 그 역함수 $x=f^{-1}(y)$는 미분가능하고

$$\frac{dx}{dy}=\frac{d}{dy}f^{-1}(y)=\frac{1}{\frac{d}{dx}f(x)}=\frac{1}{\frac{dy}{dx}}$$

증명 증명은 생략하기로 한다. □

예제 4

n이 양의 정수일 때 $y=x^{\frac{1}{n}}$의 도함수를 구하여라.

풀이 $y=x^{\frac{1}{n}}$이라 하면 $x=y^n$이다. 따라서

n

$$\frac{dy}{dx}=\frac{1}{\frac{dx}{dy}}=\frac{1}{\frac{d}{dy}(y^n)}=\frac{1}{ny^{n-1}}$$

$$=\frac{1}{\left(x^{\frac{1}{n}}\right)^{n-1}}=\frac{1}{n}x^{\frac{1}{n}-1}$$ ■

따라서 모든 유리수 a에 대하여 $(x^a)'=ax^{a-1}$임을 알 수 있다. 역함수 미분법을 역삼각함수에 적용하면 다음과 같은 미분공식을 얻을 수 있다.

정리 2.6.2

(1) $\frac{d}{dx}\sin^{-1}x=\frac{1}{\sqrt{1-x^2}}\quad(-1<x<1)$

(2) $\frac{d}{dx}\cos^{-1}x=-\frac{1}{\sqrt{1-x^2}}\quad(-1<x<1)$

(3) $\dfrac{d}{dx}\tan^{-1}x=\dfrac{1}{1+x^2}$

(4) $\dfrac{d}{dx}\cot^{-1}x=-\dfrac{1}{1+x^2}$

(5) $\dfrac{d}{dx}\sec^{-1}x=\dfrac{1}{|x|\sqrt{x^2-1}}\quad(|x|>1)$

(6) $\dfrac{d}{dx}\csc^{-1}x=-\dfrac{1}{|x|\sqrt{x^2-1}}$

증명 (1)과 (3)만 증명하고 나머지의 증명은 생략한다.

(1) $y=\sin^{-1}x$는 역함수의 정의에 따라 $x=\sin y\left(-\dfrac{\pi}{2}\le y\le\dfrac{\pi}{2}\right)$이다. 역함수의 미분법을 이용하면

$$\frac{dy}{dx}=\frac{1}{\dfrac{dx}{dy}}=\frac{1}{\dfrac{d}{dy}(\sin y)}=\frac{1}{\cos y}$$

이다. 그런데

$$\cos y=\pm\sqrt{1-\sin^2 y}=\pm\sqrt{1-x^2}$$

이다. 이때 y는 제1, 4 사분면의 각이고 이때 $\cos y\ge 0$이다. 따라서 $\cos y=\sqrt{1-x^2}$이므로 $\dfrac{dy}{dx}=\dfrac{1}{\sqrt{1-x^2}}\,(-1<x<1)$을 얻는다.

(3) $y=\tan^{-1}x$는 $x=\tan y\left(-\dfrac{\pi}{2}<y<\dfrac{\pi}{2}\right)$이다. 따라서

$$\frac{dy}{dx}=\frac{1}{\dfrac{dx}{dy}}=\frac{1}{\sec^2 y}=\frac{1}{1+\tan^2 y}=\frac{1}{1+x^2}$$

을 얻는다. 다른 경우의 증명도 마찬가지 방법으로 한다. □

예제 5

$y=\sin^{-1}(3x)$일 때 $\dfrac{dy}{dx}$를 구하여라.

풀이 $y=\sin^{-1}u,\ u=3x$라 하고 합성함수의 미분법을 이용하여

$$\frac{dy}{dx}=\frac{dy}{du}\cdot\frac{du}{dx}=(\sin^{-1}u)'(3x)'$$

$$= \frac{1}{\sqrt{1-u^2}} \cdot 3 = \frac{3}{\sqrt{1-9x^2}}$$

이다.

예제 6

$y = \tan^{-1}\left(\dfrac{2x}{1-x^2}\right)$일 때 $\dfrac{dy}{dx}$를 구하여라.

풀이

$$\frac{dy}{dx} = \frac{1}{1+\left(\dfrac{2x}{1-x^2}\right)^2} \cdot \left(\frac{2x}{1-x^2}\right)'$$

$$= \frac{(1-x^2)^2}{(1+x^2)^2} \cdot \frac{2 \cdot (1-x^2) - 2x(-2x)}{(1-x^2)^2} = \frac{2}{1+x^2}$$

연습문제 EXERCISES

01. 음함수 미분법을 이용하여 $\dfrac{dy}{dx}$를 구하여라.

(1) $x^2+y^2=1$

(2) $4x^2+2xy-y^2=0$

(3) $\dfrac{1}{y}+\dfrac{1}{x}=1$

(4) $\dfrac{x}{y}+\dfrac{y}{x}=1$

(5) $\sin(xy)+xy=0$

(6) $y=x\sin y$

(7) $y=\sin(x+y)-\cos(x-y)$

(8) $\sin(x+y)=y\cos x$

02. 주어진 점에서 접선의 기울기를 구하고, 접선의 방정식을 구하여라.

(1) $(1,\ 3)$에서 $x^2+y^2=10$

(2) $(4,\ 1)$에서 $x^2-y^2=15$

(3) $(8,\ -1)$에서 $x^{\frac{1}{3}}+y^{\frac{1}{3}}=1$

03. 곡선 $y^2=x^3$을 그리고 $\dfrac{dy}{dx}$를 구하여라. 또, $\dfrac{dy}{dx}$가 존재하지 않는 점을 구하여라.

04. 정리 2.6.2의 2, 4, 5, 6을 증명하여라.

05. $y=\cos^{-1}\left(\dfrac{1-x}{1+x}\right)$일 때 $\dfrac{dy}{dx}$를 구하여라.

06. 다음 함수를 미분하여라. $(a>0)$

(1) $\tan^{-1}(2x)$

(2) $\sin^{-1}\left(\dfrac{1}{2}x\right)$

(3) $\cos^{-1}(1-x)$

(4) $\sec^{-1}\left(\dfrac{1}{3}x\right)$

(5) $\sin^{-1}(\cos x)$

(6) $\tan^{-1}\left(\dfrac{x}{2}\right)+\tan^{-1}\left(\dfrac{2}{x}\right)$

CALCULUS

2.7 지수함수와 로그함수의 미분법

이 절에서는 지수함수 $y=a^x$와 로그함수 $y=\log_a x$의 도함수를 구한다.

정리 2.7.1

(1) $\dfrac{d}{dx}\log_a x=\dfrac{1}{x}\log_a e$

(2) $\dfrac{d}{dx}\ln x=\dfrac{1}{x}$

증명 (1) $y=\log_a x$로 놓으면

$$\triangle y=\log_a(x+\triangle x)-\log_a x=\log_a\left(1+\frac{\triangle x}{x}\right)$$

이다. 여기서 $t=\dfrac{\triangle x}{x}$라 놓으면 $\triangle x=xt$이고 $\triangle x\to 0$일때 $t\to 0$이다.

$$\frac{\triangle y}{\triangle x}=\frac{1}{\triangle x}\cdot\log_a\left(1+\frac{\triangle x}{x}\right)=\frac{1}{x}\cdot\frac{\log_a(1+t)}{t}$$

따라서

$$\frac{dy}{dx}=\lim_{\triangle x\to 0}\frac{\triangle y}{\triangle x}=\lim_{t\to 0}\frac{1}{x}\cdot\frac{\log_a(1+t)}{t}=\frac{1}{x}\lim_{t\to 0}log_a(1+t)^{\frac{1}{t}}$$

그런데 $\lim_{t\to 0}(1+t)^{\frac{1}{t}}=e$이므로

$$\frac{dy}{dx}=\frac{1}{x}\log_a e$$

를 얻는다.

(2) (1)에서 $\dfrac{d}{dx}\ln x=\dfrac{1}{x}\log_e e=\dfrac{1}{x}$ □

예제 1

$y = \ln(\cos x)$일때 $\dfrac{dy}{dx}$를 구하여라.

풀이 연쇄법칙에 의하여

$$\frac{dy}{dx} = \frac{1}{\cos x} \cdot \frac{d}{dx}(\cos x) = -\frac{\sin x}{\cos x} = -\tan x$$

■

지수에 관한 다음 성질을 이용하면, 지수와 관련된 함수의 미분을 보다 쉽게 계산할 수 있다. 지수와 로그함수의 역함수 관계에 의하여

$$e^{\alpha \ln a} = e^{\ln a^{\alpha}} = a^{\alpha}$$

즉, $a^{\alpha} = e^{\alpha \ln a}$로 표현될 수 있다.

예제 2

$y = x^a$ (a는 실수)일때 $\dfrac{dy}{dx} = ax^{a-1}$임을 보여라.

풀이 $y = x^a = e^{a\ln x}$이므로 연쇄법칙에 의하여

$$\frac{dt}{dx} = e^{a\ln x}\frac{d}{dx}(a\ln x) = e^{a\ln x} \cdot \frac{a}{x} = x^a \cdot \frac{a}{x} = ax^{a-1}$$

■

예제 3

$y = x^x$ 일 때 $\dfrac{dy}{dx}$를 구하여라.

풀이 $y = x^x = e^{x\ln x}$이므로 연쇄법칙에 의하여

$$\frac{dy}{dx} = e^{x\ln x}\frac{d}{dx}(x\ln x) = e^{\ln x}(\ln x + x \cdot \frac{1}{x}) = x^x(\ln x + 1)$$

■

정리 2.7.2

(1) $\frac{d}{dx}a^x = a^x \ln a$ (2) $\frac{d}{dx}e^x = e^x$

증명 (1) $a^x = e^{x\ln a}$이므로 연쇄법칙에 의하여

$$\frac{d}{dx}(a^x) = \frac{d}{dx}(e^{x\ln a}) = e^{x\ln a} \cdot (x\ln a)' = a^x \ln a$$

이다.

(2) (1)에서 $a = e$ 로 놓으면 된다. □

예제 4

(1) $y = 3^{3x}$ 일 때 $\frac{dy}{dx} = \frac{d}{dx}((3^3)^x) = (3^3)^x(\ln 3^3) = 3^{3x} \cdot (3\ln 3) = 3^{3x+1} \cdot \ln 3$ 이다.

(2) $y = e^{\tan x}$ 이면 $\frac{dy}{dx} = e^{\tan x}\frac{d}{dx}(\tan x) = e^{\tan x}\sec^2 x$

예제 5

다음 함수의 도함수를 구하여라.

$$y = \sqrt{e^x + 1}$$

풀이 $u = e^x + 1$ 이라 하면, $y = \sqrt{u}$ 이다.

$$\frac{dy}{dx} = \frac{dy}{du}\frac{du}{dx} = \frac{1}{2\sqrt{u}}e^x = \frac{e^x}{2\sqrt{e^x + 1}}$$

■

예제 6

$y = \ln x^2\sqrt{\frac{x+1}{x-1}}$ 일 때, $\frac{dy}{dx}$ 를 구하여라.

풀이

우선 로그의 성질로부터

$$y = 2\ln|x| + \frac{1}{2}\ln|x+1| - \frac{1}{2}\ln|x-1|$$

그러므로

$$\frac{dy}{dx} = \frac{2}{x} + \frac{1}{2(x+1)} - \frac{1}{2(x-1)}.$$

■

연습문제 EXERCISES

01. $\dfrac{dy}{dx}$를 구하여라.

(1) $y = 2e^{3x}$

(2) $y = e^{-3x}\ln(2x)$

(3) $y = e^{-x^2}$

(4) $y = x^2 \ln x$

(5) $\ln(\ln y) = e^x$

(6) $y = x\sin y$

(7) $y = x^{\frac{1}{x}}$

(8) $y = \sin(2^x)$

(9) $y = (\sin x)^{\cos x}$, $\sin x > 0$

(10) $y = x^{\ln x}$

02. $y = xe^{-x}$에서 $(0,\ 0)$에서의 접선방정식을 구하여라.

03. $y = \ln(\ln x)$에서 $(e,\ 0)$에서의 접선방정식을 구하여라.

04. 음함수 미분법을 이용하여 $\dfrac{dy}{dx}$를 구하여라.

(1) $x\ln y + y\ln x = 4$

(2) $\ln(x^2 + y^2) = x + y$

(3) $\ln\dfrac{1}{x} - \ln\dfrac{1}{y} = 1$

(4) $\ln(x^2 - y^2) = x - y$

CALCULUS

2.8 고계도함수

미분가능한 함수 $y=f(x)$의 도함수도 역시 함수였는데, 이것을 f'으로 나타내었다. 함수 f'의 도함수(이것이 존재하면)를 f의 2계도함수라 하고, f''으로 표시한다. 예를 들어 $f(x)=x^3-3x^2+3x-1$이면

$$f'(x)=3x^2-6x+3$$
$$f''(x)=\frac{d}{dx}f'(x)=\frac{d}{dx}(3x^2-6x+3)=6x-6$$

이런 방법을 계속하면, f의 n계 도함수(물론 이들 도함수가 존재하면)을 구할 수 있고, 이를 $f^{(n)}$이라 표현한다. 예를 들어

$$f(x)=x^4-4x^3+6x^2-4x+1$$

의 1, 2, 3, 4계도함수는 각각

$$f'(x)=4x^3-12x^2+12x-4$$
$$f''(x)=\frac{d}{dx}f'(x)=12x^2-24x+12$$
$$f'''(x)=\frac{d}{dx}f''(x)=24x-24$$
$$f^{(4)}(x)=24$$

이며, 이 함수의 5계 이상인 도함수는 0이다. 이 예에서 구한 결과를 일반화해보자. n차인 다항함수 f에 대해,

$$f(x)=a_nx^n+a_{n-1}x^{n-1}+\cdots+a_1x+a_0$$
$$f'(x)=na_nx^{n-1}+(n-1)a_{n-1}x^{n-2}+\cdots+a_1$$

이처럼 n차인 다항함수의 1계도함수는 $n-1$차 다항함수이다. 미분을 계속해서 f의 n계도함수를 구해보면

$$f^{(n)}(x) = n(n-1)(n-2)\cdots(3)(2)(1)a_n$$

인데 이것은 0차의 다항함수, 즉 상수함수가 된다. 그러므로, $(n+1)$계 이상의 도함수는 모두 0이다. n계 도함수 $f^{(n)}(x)$는 $\frac{d^n}{dx^n}f(x)$ 또는 $D^n f(x)$로 표현하기도 한다.

예제 1

$f(x) = 4x^3 - 12x^2 + 2$ 일 때, $f'(x) = 0$을 만족하는 x를 구하고, $f''(x) = 0$를 만족하는 x도 구하여라.

풀이

$f'(x) = 12x^2 - 24x = 12x(x-2) = 0$ 이므로, $x = 0$ 또는 $x = 2$이다.
$f''(x) = 24x - 24 = 24(x-1) = 0$ 이므로 $x = 1$ 이다. ■

예제 2

$f(x) = \frac{1}{x}$일 때, $f^{(n)}(x)$를 구하여라.

풀이

$$f(x) = \frac{1}{x} = x^{-1}$$

$$f'(x) = -x^{-2} = \frac{-1}{x^2}$$

$$f''(x) = (-2)(-1)x^{-3} = \frac{2}{x^3}$$

$$f'''(x) = (-3)\cdot 2\cdot 1\cdot x^{-4}$$

$$f^{(4)}(x) = 4\cdot 3\cdot 2\cdot 1\cdot x^{-5} = 4!x^{-5}$$

$$f^{(5)}(x) = -5\cdot 4\cdot 3\cdot 2\cdot 1\cdot x^{-6} = -5!x^{-6}$$

$$\vdots$$

$$f^{(n)}(x) = (-1)^n n\cdot(n-1)\cdot(n-2)\cdots 2\cdot 1\cdot x^{-(n+1)}$$

$$= (-1)^n n!x^{-(n+1)} = (-1)^n\frac{n!}{x^{n+1}}$$ ■

예제 3

$f(x) = \sin x,\ g(x) = \cos x$ 일 때 $f^{(n)}(x),\ g^{(n)}(x)$를 구하여라.

풀이

$$f(x)=\sin x, \qquad g(x)=\cos x$$
$$f'(x)=\cos x, \qquad g'(x)=-\sin x$$
$$f''(x)=-\sin x, \qquad g''(x)=-\cos x$$
$$f'''(x)=-\cos x, \qquad g'''(x)=\sin x$$
$$f^{(4)}(x)=\sin x, \qquad g^{(4)}(x)=\cos x$$
$$\vdots$$

$$f^{(n)}(x)=\begin{cases}\sin x, & n=4k\\ \cos x, & n=4k+1\\ -\sin x, & n=4k+2\\ -\cos x, & n=4k+3\end{cases}, \quad k\in\mathbb{Z}_{\geq 0}$$

$$g^{(n)}(x)=\begin{cases}\cos x, & n=4k\\ -\sin x, & n=4k+1\\ -\cos x, & n=4k+2\\ \sin x, & n=4k+3\end{cases}, \quad k\in\mathbb{Z}_{\geq 0}$$

■

연습문제 EXERCISES

01. 다음 함수의 2계도함수를 구하여라.

(1) $f(x) = x^4 - 4x^3 + 6x^2 - 4x + 2$

(2) $f(x) = e^{-6x}$

(3) $f(x) = \sin x \cos x$

(4) $f(x) = \tan x$

(5) $f(x) = e^{\cos x}$

(6) $f(x) = \ln(x^2 + 1)$

(7) $f(x) = \dfrac{1 - x^2}{1 + x^2}$

02. $f(x) = \cos 2x$ 의 $f^{(n)}(x)$를 일반식으로 표현하여라.

03. $y = e^{2x}$, e^{-2x} 일 때, $y'' - 4y = 0$ 임을 증명하여라.

04. 어떤 입자가 x축을 따라서 움직이는데, 시간 $t > 0$ 에서의 위치가 $x = \sin(e^t)$라 하자.

(1) 시간 t에서의 입자의 속도와 가속도를 구하여라.

(2) 언제 입자의 속도가 처음으로 0이 되는가?

(3) 그때 입자의 가속도는 얼마인가?

05. A, B, w가 상수이고 $y = A\sin wt + B\cos wt$ 일 때, $y'' + w^2 y = 0$ 임을 증명하여라.

3장 미분의 응용

이 장에서는 미분의 기하학적 의미와 1차 근사식에 대해서 알아보고, 주어진 구간에서 함수의 최대값과 최소값을 구하는 방법을 알아본다. 그 다음, 롤의 정리를 이용하여 평균값 정리를 증명하여 보고, 미분을 이용하여 함수의 증감을 알 수 있는 방법에 대해서 언급한다. 또한 이계도함수를 이용하여 함수의 그래프의 오목성을 판단할 수 있고, 극대값, 극소값의 응용문제를 다양하게 접할 수 있으며, 마지막으로 로피탈의 정리를 공부할 것이다.

CALCULUS

3.1 미분의 응용

1 미분의 정의

함수 $y=f(x)$의 도함수를 표현하기 위해 $\frac{dy}{dx}$라는 표기를 사용했다. 이 표기에서 dx, dy를 미분이라 부른다. 우리는 이것들에 의미를 부여할 수 있다. 도함수 f'은 0이 아닌 Δx가 0으로 수렴할 때 x의 변화율에 대한 y 변화율의 극한값이라는 것이다. 다시 말하면, 0에 충분히 가까운 Δx에 대해 $\frac{\Delta y}{\Delta x}$를 원하는 만큼 $f'(x)$에 근사시키도록 할 수 있다는 것이다. 이러한 것을

$$\Delta x \approx 0(\Delta x \neq 0)\text{일 때 } \frac{\Delta y}{\Delta x} \approx f'(x)$$

이라고 표시한다.

정의 3.1.1

f는 미분가능한 함수, Δx는 x의 0에 충분히 가까운 증분을 나타낸다고 하자.

(1) dy로 표시되는 **y의 미분**은 $dy=f'(x)\Delta x$로 정의한다.

(2) dx로 표시되는 **x의 미분**은 $dx=\Delta x$로 정의한다.

따라서 미분기호를 이용하면

$$dy=f'(x)dx$$

이 된다.

예제 1

(1) $y=x^2-1$이면 $dy=2xdx$

(2) $y=\cos x$이면 $dy=-\sin x\,dx$

2 기하학적 의미와 1차 근사식

기하학적으로 함수의 증분과 미분사이의 관계를 다음과 같이 설명할 수 있다. 그림에서 $P(x, y)$와 $Q(x+\Delta x, y+\Delta y)$를 곡선 $y=f(x)$ 위의 두 점이라 하자. 점 P에서 도함수의 값은 접선 $\overline{PT}$의 기울기가 같으므로

$$dy = f'(x)dx = \frac{\overline{RT}}{\overline{PR}} \cdot \overline{PR}$$

를 얻는다. 즉 $dy = \overline{RT}$는 dx에 대응하는 접선의 y좌표의 증분이며 $\Delta y (= \overline{RQ})$는 곡선 y좌표의 증분이다.

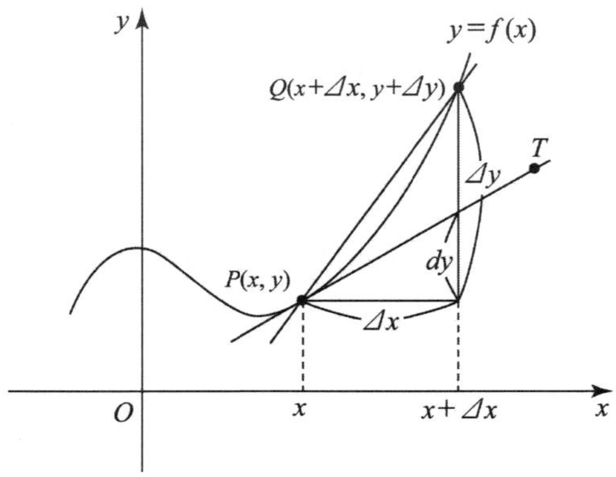

그림 3.1.1

그래프의 접선이 되는 함수를 P근방에서의 **1차 근사식**이라고 부른다. 따라서, 충분히 작은 $dx = \Delta x$에 대해 미분 dy는 dx의 아주 적은 정도밖에 Δy와 다르지 않으므로 dy는 Δy의 근사값이 된다. 즉

$$\Delta x \approx 0 \text{이면 } \Delta y \approx dy$$

이다. 그래서 f의 그래프상의 한 점 $P = (x_0, y_0)$근방에서의 f의 1차 근사식을 얻을 수 있다. $dy = f'(x_0)dx = f'(x_0)\Delta x = f'(x_0)(x - x_0)$이므로

$$\Delta y \approx dy$$

$$f(x) - f(x_0) \approx f'(x_0)(x - x_0)$$

따라서, 1차 근사식

$$f(x) \approx f(x_0) + f'(x_0)(x - x_0)$$

$$f(x_0 + \Delta x) \approx f(x_0) + f'(x_0)\Delta x$$

를 얻는다.

예제 2

$x=1$ 근방에서의 $f(x)=x^2+2x$ 의 1차 근사식을 구하여라. 또, f와 1차 근사식의 그래프를 그려라.

풀이 먼저 $f(1)=3$이고 $f'(x)=2x+2$, $f'(1)=4$ 이다. $x=1$ 근방에서의 f의 1차 근사식은 $f(1)+f'(1)(x-1)$이다. 따라서

$$f(x)\approx 3+4(x-1)=4x-1$$

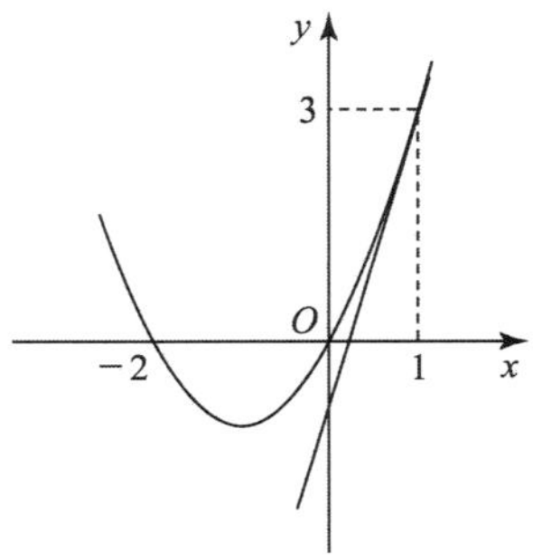

그림 3.1.2

예제 3

$x=0.99$ 근방에서 $y=x^3-2x+1$ 의 근사값을 구하여라.

풀이 우선 $dy=f'(x)dx=(3x^2-2)dx$이다. 여기서 $x_0=1$로 택하면 $dx=\triangle x=-0.01$ 이므로

$$dy=(3-2)(-0.01)=-0.01$$

이며 $x=1$ 일 때 $y=0$ 이므로 $x=0.99$ 에서의 y 의 근사값은

$$f(1)+dy=0-0.01=-0.01.$$

연습문제 EXERCISES

01. x_0 근방에서 f의 1차 근사식을 구하여라.

(1) $f(x) = x^2 - 2x + 1,\ x_0 = 2$

(2) $f(x) = x^3 - 1,\ x_0 = 0$

(3) $f(x) = \sqrt{x},\ x_0 = 4$

(4) $f(x) = \sin x,\ x_0 = \dfrac{\pi}{6}$

02. 다음의 근사값을 구하여라.

(1) $\sqrt{123}$

(2) $\sqrt{15}$

(3) $\sin 31°$

(4) $\sqrt{0.98}$

(5) $\sqrt[3]{28}$

03. 정육면체의 한 변의 길이를 잴 때 오차가 0.02라면 부피를 계산할 때 생기는 오차는 얼마인가?

CALCULUS

3.2 최대값과 최소값

도함수의 응용 중에서 중요한 것은 함수의 최대값 또는 최소값을 구하는 문제이다. 이를 포함하여 여러 곳에 필요한 함수의 극값에 대하여 알아보기로 하자.

정의 3.2.1

$y=f(x)$는 정의역 D에서 정의되고 $a\in D$이다.

(1) 모든 $x\in D$에 대하여 $f(a)\ge f(x)$이면 $f(x)$는 $x=a$에서 **최대값** $f(a)$를 갖는다고 한다.

(2) 모든 $x\in D$에 대하여 $f(a)\le f(x)$이면 $f(x)$는 $x=a$에서 **최소값** $f(a)$를 갖는다고 한다.

정의 3.2.2

$y=f(x)$는 정의역 D에서 정의되고 $a\in D$이다.

(1) $y=f(x)$가 a를 포함하는 어떤 열린 구간 (c, d)가 존재하여 모든 $x\in D\cap(c, d)$에 대하여 $f(a)\ge f(x)$일 때 $f(x)$는 $x=a$에서 **극대값** $f(a)$를 갖는다고 한다.

(2) $y=f(x)$가 a를 포함하는 어떤 열린 구간 (c, d)가 존재하여 모든 $x\in D\cap(c, d)$에 대하여 $f(a)\le f(x)$일 때 $f(x)$는 $x=a$에서 **극소값** $f(a)$를 갖는다고 한다.

(3) $f(a)$가 극대값 또는 극소값일 때 $f(a)$를 **극값**이라 한다.

예제 1

$y=\cos x$는 $x=2n\pi+\pi$, $n=0$, ± 1, ± 2, $\cdots$ 에서 극소값 -1을 가지고 $x=2n\pi$, $n=0$, ± 1, ± 2, $\cdots$ 에서 극대값 1을 가진다.

정리 2.18에 의하면 닫힌구간에서 정의된 연속함수는 최대값과 최소값을 갖는다고 하였다. 이때 그 함수가 미분가능하면 구체적으로 계산할 수 있는데 그 방법에 관하여 살펴보자.

정리 3.2.3

구간 (c, d)에서 정의된 함수 f가 점 $a \in (c, d)$에서 극값을 갖는다면 $f'(a)=0$ 이거나 $f'(a)$가 존재하지 않는다.

증명 f가 $x=a$에서 극대값을 가진다고 가정하자. 그러면 정의에 의해 a를 포함하는 열린 구간 내의 모든 x에 대하여 $f(x) \le f(a)$가 성립한다. 그러므로 $f(x)-f(a) \le 0$이 된다. $x=a$에서 f의 도함수의 값은

$$\lim_{x \to a} \frac{f(x)-f(a)}{x-a}$$

으로 쓸 수 있다. 이 극한값이 존재하지 않으면 $f'(a)$가 존재하지 않고 따라서 증명이 끝이다. 이 극한값이 존재한다면

$$\lim_{x \to a^-} \frac{f(x)-f(a)}{x-a} = \lim_{x \to a^+} \frac{f(x)-f(a)}{x-a}$$

이 된다. 좌변에서 $x<a$이고, $f(x)-f(a) \le 0$이므로

$$\frac{f(x)-f(a)}{x-a} \ge 0$$

이 성립하고, 따라서

$$\lim_{x \to a^-} \frac{f(x)-f(a)}{x-a} \ge 0$$

이 성립한다. 우변에서 $x>a$이고, $f(x)-f(a) \le 0$이므로

$$\frac{f(x)-f(a)}{x-a} \le 0$$

이 성립하고, 따라서

$$\lim_{x \to a^+} \frac{f(x)-f(a)}{x-a} \le 0$$

이 성립한다. 두 개의 극한값은 꼭 같아야 하므로

$$\lim_{x \to a} \frac{f(x) - f(a)}{x - a} = f'(a) = 0$$

이 되어야 한다. f가 극소값을 가질 때의 증명방법도 비슷하므로 연습문제로 남긴다. □

예제 2

$f(x) = |x|$은 $x = 0$에서 도함수가 존재하지 않으나 최소값을 갖는다.

$f'(x) = 0$ 혹은 $f'(x)$가 존재하지 않는 모든 점에서 극값이 생기는 것은 아니라고 할지라도 이러한 점들만이 극값이 생길 가능성이 있는 점들이다. 그래서 $f'(x) = 0$ 혹은 $f'(x)$가 존재하지 않는 점에 대해 임계점이라는 특별한 이름을 붙인다.

정의 3.2.4

f의 정의역에 있는 점 a에서 $f'(a) = 0$이거나 $f'(a)$가 존재하지 않을 때 a를 f의 **임계점**이라 한다.

예제 3

다음 함수들의 임계점을 구하여라.

(1) $f(x) = 1 - x^2$

(2) $f(x) = x^3 - 6x^2 + 9x + 1$

(3) $f(x) = \dfrac{1}{x-2}$

풀이

(1) $f(x) = 1 - x^2$에 대해 도함수 $f'(x) = -2x$는 모든 x에 대하여 값을 갖는다. $x = 0$에서만 $f'(x) = 0$이므로 $x = 0$가 유일한 임계점이다.

(2) $f(x) = x^3 - 6x^2 + 9x + 1$에 대해 도함수 $f'(x) = 3x^2 - 12x + 9 = 3(x-1)(x-3)$는 모든 실수에 대해 정의가능하다. $x = 1$과 $x = 3$에서만 $f'(x) = 0$이므로 $x = 1$과 $x = 3$이 유일한 임계점들이다.

(3) $f(x) = \dfrac{1}{x-2}$일 때 도함수 $f'(x) = -\dfrac{1}{(x-2)^2}$은 f의 정의역의 모든 점에서

정의가능하고 그 값이 결코 0이 되지 않는다. 그러므로 임계점이 존재하지 않는다. ■

정리 3.2.5 임계점 정리

$f(x)$가 닫힌 구간 $[c, d]$에서 연속함수이면 다음 점들 중에서 최대값과 최소값을 가진다.

(1) 닫힌 구간의 끝점

(2) $f(x)$의 임계점

따름정리 3.2.6

$f(x)$가 닫힌 구간 $[c, d]$에서 정의된 연속함수이고 열린 구간 (c, d)에서 도함수를 가지면, $f(x)$의 최대값과 최소값을 갖는 점들은 $f'(x)=0$ 인 (c, d)내의 점이거나 $x=c$ 혹은 $x=d$이다.

증명 $f(x)$가 (c, d)에서 미분가능하므로 f의 특이점은 존재하지 않는다. 따라서 위의 임계점 정리에 의해 최대값과 최소값은 끝점이나 임계점에서 일어난다. □

예제 4

함수 $f(x)=|1-x^2|$, $-2 \le x \le 3$의 최대값과 최소값을 구하여라.

풀이 $f(x)$는 다음과 같이 생각할 수 있다.

$$f(x)=\begin{cases} 1-x^2, & 1 \ge x^2 \text{ (즉, } -1 \le x \le 1) \\ x^2-1, & 1 < x^2 \text{ (즉, } x > 1 \text{ 또는 } x < -1) \end{cases}$$

이고 $f(x)$의 도함수는

$$f'(x)=\begin{cases} -2x, & -1 \le x \le 1 \\ 2x, & x > 1 \text{ 또는 } x \leftarrow 1 \end{cases}$$

이고

(i) 끝점 : $x=-2$, $x=3$

(ii) 임계점 : $x=0$, $x=1$, $x=-1$

이다. 따라서 각 끝점과 임계점에서의 함수값 $f(x)$를 비교하면 $x=3$에서 최대값 $f(3)=8$을 갖고 $x=\pm 1$에서 최소값 $f(\pm 1)=0$을 갖는다. ■

예제 5

함수 $f(x)=x^3-3x^2+1$ 의 구간 $[-2, 4]$에서의 최대값과 최소값을 구하여라.

풀이

$$f'(x)=3x^2-6x=3x(x-2)$$

로부터 f의 임계점은 $f'(x)=0$, 즉 $x=0, 2$ 이다. 따라서 이들 임계점에서의 함수값들과 구간의 양 끝점에서의 함수값들

$$f(-2)=-19,\ \ f(0)=1,\ \ f(2)=-3,\ \ f(4)=17$$

로부터 최대값 17과 최소값 -19를 얻는다. ■

연습문제 EXERCISES

01. 주어진 함수들의 임계점을 모두 구하여라.

(1) $f(x) = x^2 - 4x$

(2) $f(x) = 4 - 2x - x^2$

(3) $f(x) = x^{\frac{1}{3}}$

(4) $f(x) = x^2\sqrt{2-x}$

(5) $f(x) = \dfrac{x}{x^2-1}$

(6) $f(x) = \sin^2 2x$

(7) $f(x) = (x+3)^2(x-1)^{\frac{1}{3}}$

02. 표시된 구간 $[a, b]$에서 주어진 함수들의 최대값과 최소값을 구하여라.

(1) $f(x) = x^2 - 4x$, $[-1, 3]$

(2) $f(x) = 4 - 2x - x^2$, $[0, 3]$

(3) $f(x) = x^4 - 4x^3 - 8x^2 + 4$, $[-1, 2]$

(4) $f(x) = 1 - 2\tan^{-1}x$, $x \in [-2, 2]$

(5) $f(x) = \dfrac{x}{x^2-1}$, $[2, 4]$

(6) $f(x) = x + \cos 2x$, $\left[0, \dfrac{\pi}{2}\right]$

(7) $f(x) = (x+3)^2(x-1)^{\frac{1}{3}}$, $[0, 3]$

(8) $f(x) = \begin{cases} x+3, & -1 \le x \le 2 \\ 2x+1, & 2 < x \le 4 \end{cases}$

(9) $f(x) = \begin{cases} x^2, & -2 \le x \le 1 \\ x^3, & 1 \le x \le 2 \end{cases}$

03. 함수 $f(x) = Ax^2 + Bx + C$는 $x = 0$에서 극소값을 가지며, 함수의 그래프는 $(0, 2)$와 $(1, 8)$을 지난다. 함수를 구하여라.

04. 함수 $f(x) = [x+1]$에서 모든 정수가 임계점임을 증명하여라. 단 $[x]$는 x를 넘지 않는 최대정수이다.

05. $f(x) = \sqrt{1+x^2} + |x-2|$라 하자. $[0, 3]$에서 f의 최대값과 최소값을 구하여라.

CALCULUS

3.3 평균값 정리

정리 3.3.1 Rolle의 정리

함수 $f(x)$가 닫힌 구간 $[a, b]$ 위에서 연속이고 열린 구간 (a, b)에서 미분가능하며, $f(a)=f(b)$이면 $f'(c)=0$이 되는 c가 a와 b사이에 존재한다.

증명 $f(x)$가 상수함수인 경우에는 자명하다. 또 $f(x)$ 대신에 $-f(x)$에 대하여 증명해도 되므로 a, b 사이에서 $f(x)>0$이 되는 x가 있는 경우에 대해서만 증명하면 충분하다.

$f(x)$는 닫힌 구간 $[a, b]$에서 연속이므로 $f(x)$는 $[a, b]$에서 최대값을 가진다. 최대값을 M이라 하고 $f(c)=M$이라 하자. 그러면

$$a \le c \le b$$

이다. 가정에서 $M>0$이므로

$$a < c < b$$

이다. $f(c)$는 구간에서 최대값이므로 임의의 수 h에 대하여

$$f(c+h)-f(c) \le 0$$

이다. 그러므로

$$h>0\text{일 때는 } \frac{f(c+h)-f(c)}{h} \ge 0$$

$$h<0\text{일 때는 } \frac{f(c+h)-f(c)}{h} \le 0$$

이므로

$$\lim_{h\to 0^+}\frac{f(c+h)-f(c)}{h} \le 0$$

$$\lim_{h\to 0^-}\frac{f(c+h)-f(c)}{h}\ge 0$$

이다. 그런데 $f(x)$는 구간 $[a, b]$ 위에서, 특별히 c에서 미분가능하므로 c에서의 좌극한값과 우극한값은 같아야 한다. 따라서

$$f'(c)=\lim_{h\to 0}\frac{f(c+h)-f(c)}{h}=0$$

이다. □

예제 1

함수 $f(x)=x^2-4x+3$에서 두 x절편을 구하고 이 두 절편 사이의 어떤 점에 대해 $f'(x)=0$임을 보여라.

풀이 x절편을 구하기 위해 $f(x)=0$라 놓고

$$f(x)=x^2-4x+3=(x-1)(x-3)$$

을 얻는다. 따라서 $f(1)=0$이고 $f(3)=0$이다. f가 Rolle의 정리의 조건을 만족하므로 $f'(c)=0$가 되는 c는 구간 $(1, 3)$에 존재한다는 사실은 보장된다. c를 구체적으로 구해보면 다음과 같다.

$$f'(x)=2x-4=0 \Rightarrow x=2$$

2는 구간 $(1, 3)$에 있으며 $f'(2)=0$이므로 구하는 점은 $c=2$이다. ■

정리 3.3.2 평균값 정리

함수 $f(x)$가 닫힌 구간 $[a, b]$에서 연속이고 열린 구간 (a, b)에서 미분가능이면

$$\frac{f(b)-f(a)}{b-a}=f'(c)$$

인 c가 a와 b 사이에 존재한다.

증명 함수

$$F(x)=f(x)-\frac{f(b)-f(a)}{b-a}(x-a)$$

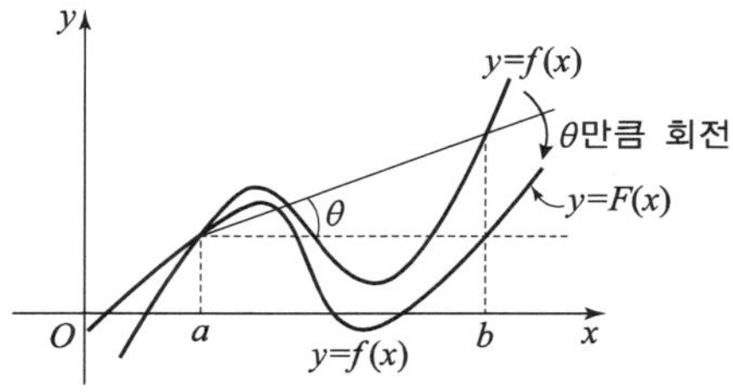

그림 3.3.1

를 생각해 보면 $F(x)$는 Rolle의 정리의 모든 조건을 만족하므로 $F'(c)=0$이 되는 c가 a와 b 사이에 존재한다.

$$F'(x)=f'(x)-\frac{f(b)-f(a)}{b-a}$$

이므로

$$F'(c)=f'(c)-\frac{f(b)-f(a)}{b-a}=0$$

즉

$$f'(c)=\frac{f(b)-f(a)}{b-a}$$

이다. □

예제 2

구간 $[-1, 1]$에서 정의된 함수 $f(x)=x^3-3x+1$는 평균값 정리의 조건들을 만족함을 증명하고 $(-1, 1)$에서

$$f'(c)=\frac{f(1)-f(-1)}{1-(-1)}$$

을 만족하는 c를 구하여라.

풀이 f는 다항식이므로 $[-1, 1]$에서 연속, $(-1, 1)$에서 미분가능함을 알 수 있다. 따라서

$$f'(x)=3x^2-3,\ f'(c)=3c^2-3$$

이 되고, 또한

$$f(1) = -1,\quad f(-1) = 3$$

이 된다. 평균값 정리에 따르면 $(-1, 1)$내의 어떤 점 c에서

$$f'(c) = \frac{f(1) - f(-1)}{1-(-1)} \quad \text{혹은} \quad 3c^2 - 3 = \frac{-1-3}{2}, \text{ 즉 } 3c^2 = 1$$

이 되어야만 한다. 이 조건을 만족하는 점이 구간 $(-1, 1)$내에 두 개 있다. 즉 $-\frac{1}{\sqrt{3}}$와 $\frac{1}{\sqrt{3}}$이다. ■

예제 3

임의의 두 수 a, b에 대하여

$$|\cos b - \cos a| \leq |b - a|$$

임을 보여라.

풀이 임의의 두 수 $a, b(a < b)$에 대하여 함수 $f(x) = \cos x$와 구간 $[a, b]$에 평균값 정리를 적용하면

$$\left|\frac{f(b) - f(a)}{b-a}\right| = \left|\frac{\cos b - \cos a}{b-a}\right| = |f'(c)| = |-\sin c|$$

인 c가 a와 b 사이에 존재한다. 항상 $|\sin x| \leq 1$이므로

$$\left|\frac{\cos b - \cos a}{b-a}\right| \leq 1$$

이다. ■

예제 4

$s = f(t)$를 어떤 입자가 시간 t에서 움직여 온 거리를 나타내는 함수라고 하자. f가 $[a, b]$에서 연속이고 (a, b)에서 미분가능하면 평균값 정리에 의해 어느 순간 $t = c\,(a < c < b)$에서의 속도 $f'(c)$는 a에서 b까지의 평균속도 $\frac{f(b) - f(a)}{b-a}$와 같아진다고 말할 수 있다. 예를 들어, 자동차가 5시간에 300km를 움직였다면 어느 순간에 속도계가 시속 60km를 가리켜야만 한다.

정리 3.3.3

구간 (a, b)내의 모든 x에 대하여 $f'(x)=0$이면, f는 (a, b)에서 상수이다.

증명 x_1, x_2를 $x_1 < x_2$인 (a, b)내의 점이라고 하자. f가 (a, b)에서 미분 가능하므로 (x_1, x_2)에서 미분가능하고 $[x_1, x_2]$에서 연속이다.

구간 $[x_1, x_2]$에서 f에 평균값 정리를 적용하면 $x_1 < c < x_2$이고

$$f(x_2) - f(x_1) = f'(c)(x_1 - x_2)$$

인 점 c를 얻는다.

모든 x에 대하여 $f'(x)=0$이므로 $f'(c)=0$이다. 따라서 $f(x_2)-f(x_1)=0$ 또는 $f(x_2)=f(x_1)$이다. 그러므로 f는 구간 (a, b)내의 임의의 두 점 x_1, x_2에서 같은 값을 갖는다. 즉 구간 (a, b)에서 f가 상수이다. □

따름정리 3.3.4

구간 (a, b)내의 모든 x에 대하여 $f'(x)=g'(x)$이면 $f-g$는 (a, b)에서 상수, 즉 $f'(x)=g'(x)+c$이다. 여기서 c는 상수이다.

증명 $F(x)=f(x)-g(x)$로 놓고 위의 정리를 적용하면 된다. □

연습문제 EXERCISES

01. 표시된 구간 $[a, b]$에서 아래의 함수들은 Rolle의 정리를 만족한다. $f'(c)=0$가 되는 (a, b) 상의 c를 모두 구하여라.

(1) $f(x)=x^2-4x$, $[0, 4]$

(2) $f(x)=x^3-x$, $[-1, 1]$

(3) $f(x)=x^4-3$, $[-2, 2]$

(4) $f(x)=\sin 2x$, $[0, \pi]$

(5) $f(x)=\sin x+\cos x$, $[0, 2\pi]$

02. 표시된 구간 $[a, b]$에서 아래의 함수들은 평균값 정리를 만족한다.

$f'(c)=\dfrac{f(b)-f(a)}{b-a}$가 되는 $\{a_n\}$ 상의 c를 모두 구하여라.

(1) $f(x)=x^2$, $[-1, 2]$

(2) $f(x)=\sqrt{x}$, $[0, 4]$

(3) $f(x)=x^4+3$, $[0, 1]$

(4) $f(x)=\dfrac{x^2}{x+1}$, $[0, 1]$

(5) $f(x)={}^3\sqrt{x^2}$, $[1, 8]$

03. 방정식 $x^5+10x+3=0$은 정확히 하나의 실근을 가짐을 보여라.

04. $\dfrac{1}{9}<\sqrt{66}-8<\dfrac{1}{8}$임을 평균값 정리를 이용하여 보여라.

05. 모든 x에 대하여 $|\cos x-1|\le|x|$임을 평균값 정리를 이용하여 보여라.

CALCULUS

3.4 증가함수와 감소함수

1계도함수 판정법

정의 3.4.1 증가함수와 감소함수

(1) 구간 I 내에서 $x_1 < x_2$ 인 임의의 x_1, x_2 에 대해 항상 $f(x_1) < f(x_2)$일 때 f는 구간 I 에서 증가한다고 한다.

(2) 구간 I 내에서 $x_1 < x_2$ 인 임의의 x_1, x_2 에 대해 항상 $f(x_1) > f(x_2)$일 때 f는 구간 I 에서 감소한다고 한다.

정리 3.4.2 증가함수와 감소함수의 판정법

f를 닫힌 구간 $[a, b]$에서 정의된 함수라고 하자. f는 $[a, b]$에서 연속, (a, b)에서 미분가능하다고 하자.

(1) 전구간 (a, b)에서 $f'(x) > 0$ 이면 f는 $[a, b]$에서 증가한다.

(2) 전구간 (a, b)에서 $f'(x) < 0$ 이면 f는 $[a, b]$에서 감소한다.

증명

(1) 구간 $[a, b]$내의 임의의 두 점을 x_1, $x_2(x_1 < x_2)$라 하면 함수 $f(x)$는 구간 $[x_1, x_2]$에서 평균값 정리를 만족한다. 그래서 (x_1, x_2)내의 어떤 점 c가 존재하여

$$\frac{f(x_2) - f(x_1)}{x_2 - x_1} = f'(c)$$

를 만족한다. 가정에 의하여 $f'(c) > 0$ 이므로

$$f(x_2) - f(x_1) = (x_2 - x_1)f'(c) > 0$$

이다. 즉 구간 $[a, b]$내의 임의의 두 점 x_1, x_2 $(x_1 < x_2)$에 대하여 $f(x_1) < f(x_2)$ 이므로 $f(x)$는 구간 $[a, b]$에서 증가한다.

(2) (1)과 마찬가지 방법으로 증명할 수 있다. □

하나의 함수를 예로 들어 어디에서 증가하고 어디에서 감소하는지를 조사해 보자.

예제 1

함수 $f(x) = 2x^3 - 9x^2 + 12x - 5$가 증가 또는 감소하는 구간을 구하여라.

풀이 $f(x)$의 도함수 $f'(x)$를 구하면

$$f'(x) = 6x^2 - 18x + 12 = 6(x-1)(x-2)$$

$f'(x) = 6(x-1)(x-2) > 0$ 을 풀면

$$x > 2 \text{ 또는 } x < 1$$

따라서 $(-\infty, 1]$ 또는 $[2, \infty)$에서 $f(x)$는 증가한다. 또한 구간 $[1, 2]$에서 $f(x)$는 감소한다. ■

정리 3.4.3 1계도함수 판정법

함수 f가 $[a, b]$에서 연속이고 c가 f의 임계점이라 하자.

(1) x가 c를 지날 때 $f'(x)$의 부호가 $+$에서 $-$로 변하면 $f(c)$는 f의 극대값이다.

(2) x가 c를 지날 때 $f'(x)$의 부호가 $-$에서 $+$로 변하면 $f(c)$는 f의 극소값이다.

(3) x가 c를 지날 때 $f'(x)$의 부호가 변하지 않으면 $f(c)$는 f의 극값이 아니다.

증명 증명은 연습문제로 남긴다. □

예제 2

$f(x) = x^3 - 3x^2$의 극값들을 구하고 f의 그래프를 그려라.

풀이

$$f'(x) = 3x^2 - 6x = 3x(x-2)$$

이므로 $f'(x) = 0$ 이로부터 $x = 0, 2$ 들이 임계점이다. 위의 임계점에 대하여 다음 표를 얻을 수 있다.

x	$-\infty$	$\cdots$	0	$\cdots$	2	$\cdots$	∞
$f'(x)$		$+$	0	$-$	0	$+$	
$f(x)$		↗	극대	↘	극소	↗	

따라서 위 정리로부터 f는 0에서 극대값을 갖고 극대값은 $f(0)=0$이다. 또한 f는 2에서 극소값을 갖고, 극소값은 $f(2)=-4$이다. ■

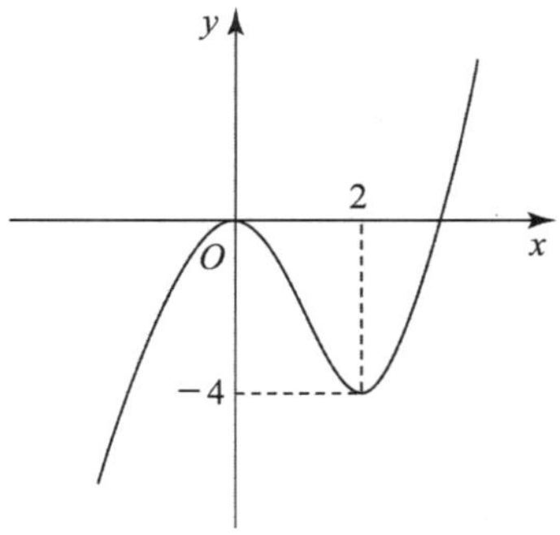

그림 3.4.1

예제 3

$f(x)=x(1-x)^{\frac{2}{3}}$의 극대값과 극소값을 구하여라.

풀이

$$f'(x)=(1-x)^{\frac{2}{3}}+x\frac{2}{3}(1-x)^{-\frac{1}{3}}(-1)=\frac{1}{3}(3-5x)(1-x)^{-\frac{1}{3}}$$

따라서 $f'\left(\frac{3}{5}\right)=0$이고 $x=1$에서는 f가 미분가능하지 않다.

따라서 $f(x)$의 임계점은 $x=\frac{3}{5},\ 1$이다. $f'(x)$는 $\left(-\infty,\ \frac{3}{5}\right)$에서 $+$, $\left(\frac{3}{5},\ 1\right)$에서 $-$이므로 $x=\frac{3}{5}$에서 극대값 $f\left(\frac{3}{5}\right)=\frac{3}{5}\left(\frac{2}{5}\right)^{\frac{2}{3}}$을 갖는다. 또, $f'(x)$는 $\left(\frac{3}{5},\ 1\right)$에서 $-$, $(1,\ \infty)$에서 $+$이므로 $x=1$에서 극소값 $f(1)=0$을 갖는다. ■

예제 4

구간 $\left(0,\ \frac{\pi}{2}\right)$에서 $\tan x > x$임을 보여라.

풀이 $f(x)=\tan x - x$ 이라 하자. 그때 $f(0)=0$이 된다. 그러면 구간 $\left(0,\ \frac{\pi}{2}\right)$에서

$$f'(x)=\sec^2 x - 1 = \frac{1-\cos^2 x}{\cos^2 x} = \frac{\sin^2 x}{\cos^2 x} = \tan^2 x > 0$$

이다. 그러므로 $f(x)>0$ 이다. ■

예제 5

$x>0$이고 $n>1$일 때 부등식 $(1+x)^n > 1+nx$를 증명하여라.

풀이 $f(x)=(1+x)^n-(1+nx)$라 놓자.

$$f'(x)=n(1+x)^{n-1}-n=n[(1+x)^{n-1}-1]$$

그런데 $x>0$이고 $n>1$이므로 $(1+x)^{n-1}>1$. 따라서 $f'(x)>0$이다. 그러므로 f는 $[0,\ \infty)$에서 증가한다. 특히 $x>0$일 때 $f(x)>f(0)$이고 $f(0)=0$이므로

$$0<(1+x)^n-(1+nx)$$

따라서 $x>0$일 때 $(1+x)^n>1+nx$가 성립한다. ■

연습문제 EXERCISES

01. 다음 함수 f가 증가하거나 감소하는 구간을 결정하고, f의 극대값, 극소값을 구하여라.

(1) $f(x)=x^2-2x-2$

(2) $f(x)=x^3-6x^2+2$

(3) $f(x)=x(x^2+1)$

(4) $f(x)=x^{\frac{2}{3}}+x^{\frac{1}{3}}$

(5) $f(x)=\sin 2x$

02. 다음 부등식들을 증명하여라.

(1) $(1+x)^n > 1+nx,\ x>0,\ n>1$

(2) $\sin x > x-\dfrac{x^3}{6},\ x>0$

(3) $\sin x \le x,\ \ 0\le x\le 2\pi$

03. 시간 t 에서 어떤 입자의 원점부터의 거리 s 가 $s=t^3+ct^2-9t+3$ 으로 주어져 있다고 하자. 입자가 오른쪽으로 움직이는 시간대와 왼쪽으로 움직이는 시간대를 구하여라.

04. $f(x)=ax^3+bx^2+cx+d,\ a\neq 0$ 일 때, f가 0에서 극소값, 4에서 극대값을 가지며 그래프가 $(0,5)$와 $(4,33)$을 지나도록 $a+b+c+d$의 값을 정하여라.

CALCULUS

3.5 오목성
2계도함수 판정법

우리는 앞 절에서 함수의 일계도함수가 함수의 그래프를 그리는 데 사용됨을 보았다. 이 절에서는 이계도함수가 함수의 그래프를 자세하게 나타내는 데 도움을 주는 것을 알아보기로 한다.

정의 3.5.1 아래로 볼록, 위로 볼록

f를 $[a, b]$에서 연속이고 (a, b)에서 미분가능한 함수라고 하자.

(1) (a, b)의 전구간에서 f의 그래프가 접선보다 위에 위치할 때 f는 $[a, b]$에서 아래로 볼록이라 한다.

(2) (a, b)의 전구간에서 f의 그래프가 접선보다 아래에 위치할 때 f는 $[a, b]$에서 위로 볼록이라 한다.

정리 3.5.2 오목성

f를 $[a, b]$에서 연속, (a, b)에서 두 번 미분가능한 함수라고 하자.

(1) (a, b)의 전구간을 통해 $f''(x) > 0$ 라면 f는 $[a, b]$에서 아래로 볼록하다.

(2) (a, b)의 전구간을 통해 $f''(x) < 0$ 라면 f는 $[a, b]$에서 위로 볼록하다.

증명 (1) 아래로 볼록인 미분가능한 함수의 특성을 보면 접선의 기울기를 주는 $f'(x)$가 증가함수이다. 따라서 정리 3.4.2에 의하여 두 번 미분가능한 함수 $f(x)$의 2계도함수 $f''(x) > 0$이다.

(2) (1)과 같은 방법으로 증명할 수 있다. □

한 함수를 예로 들어 아래로 볼록인 구간과 위로 볼록인 구간을 결정해 보자.

예제 1

$f(x)=\frac{1}{3}x^3-x^2+2$ 이 아래로 볼록인 구간과 위로 볼록인 구간을 결정하여라.

풀이

$$f'(x)=x^2-2x,\quad f''(x)=2x-2$$

이므로 $x<1$ 일 때 $f''(x)<0$ 이고 곡선은 위로 볼록하고, $x>1$ 일 때 $f''(x)>0$ 이므로 이 구간에서 곡선은 아래로 볼록하다.

정의 3.5.3

함수 f의 그래프 위의 점 P에서 곡선의 볼록이 변할 때 점 P를 f의 **변곡점**이라 한다.

예제 1의 함수는 $\left(1, \frac{4}{3}\right)$에서 변곡점을 가진다. 왜냐하면 1보다 작은 쪽에서는 위로 볼록이고, 1보다 큰 쪽에서는 아래로 볼록이기 때문이다.

예제 2

(1) 곡선 $y=x^4$ 는 $y''(0)=0$일지라도 원점에서 변곡점이 아니다.

(2) 곡선 $y=f(x)=x^{\frac{1}{3}}$ 에서

$$f'(x)=\frac{1}{3}x^{-2/3}$$
$$f''(x)=-\frac{2}{9}x^{-5/3}$$

이다. 그러므로

$$x<0,\ f''(x)>0$$
$$x>0,\ f''(x)<0$$

이다. 그래서 $(0, 0)$은 변곡점이나 $x=0$에서 $f'(x)$, $f''(x)$는 존재하지 않는다.

(3) 곡선 $y=f(x)=\frac{1}{x}$는 $(-\infty, 0)$에서 위로 볼록이고, $(0, \infty)$에서 아래로 볼록이다. 왜냐하면 $x<0$ 일 때 $f''(x)=\frac{2}{x^3}<0$ 이고 $x>0$ 일 때 $f''(x)=\frac{2}{x^3}>0$이기 때문이다. 하지만 f는 변곡점이 없는데 이것은 f가 0에서 정의되지 않기 때문이다.

정리 3.5.4 2계도함수 판정법

임계점 c를 포함하는 열린구간 (a, b)에서 두 번 미분가능한 함수 f가 있다고 하자. 그리고 $f''(c)$도 존재한다고 가정하자.

(1) $f''(c) < 0$이면 f는 c에서 극대값을 갖는다.

(2) $f''(c) > 0$이면 f는 c에서 극소값을 갖는다.

증명 (1) $f''(c)$가 존재하고 음수이므로

$$f''(c) = \lim_{x \to c} \frac{f'(x) - f'(c)}{x - c} < 0$$

이 된다. 그래서 c를 포함하는 적당한 열린구간에서

$$\frac{f'(x) - f'(c)}{x - c} < 0$$

을 얻는다. 그러나 c가 임계점이므로 $f'(c) = 0$이고

$$\frac{f'(x)}{x - c} < 0$$

이 된다. 이제 이 구간에서 $x < c$일 때 $f'(x) > 0$이고 $x > c$일 때 $f'(x) < 0$가 된다. 1계도함수 판정법에 의해 f는 c에서 극대값을 갖는다.

(2) 이 증명은 연습문제로 남겨둔다. □

이제 1계도함수와 2계도함수를 이용하여 함수의 그래프를 그려보기로 하자.

예제 3

곡선 $y = f(x) = x^4 - 4x^3$의 볼록성, 변곡점, 극값을 알아보고 이들을 이용하여 그래프를 그려라.

풀이 $f'(x) = 4x^3 - 12x^2 = 4x^2(x-3) = 0$으로부터 임계값 $x = 0$, $x = 3$을 얻는다. $f''(x) = 12x^2 - 24x = 12x(x-2)$으로부터 $f''(0) = 0$, $f''(3) = 36 > 0$을 얻는다. 따라서 $x = 3$에서 극소값 $f(3) = -27$을 갖는다. $f''(0) = 0$, $f''(2) = 0$이므로 다음과 같은 표를 이용하자.

x	$\cdots$	0	$\cdots$	2	$\cdots$	3	$\cdots$
$f'(x)$	$-$	0	$-$	$-$	$-$	0	$+$
$f''(x)$	$+$	0	$-$	0	$+$	$+$	$+$
$f(x)$	감소, 아래로 볼록	0	감소, 위로 볼록	-16	감소, 아래로 볼록	-27	증가, 아래로 볼록

따라서 점 $(0, 0)$과 $(2, -16)$은 변곡점이다. 위의 사실들로부터 다음과 같은 그래프를 얻을 수 있다. ■

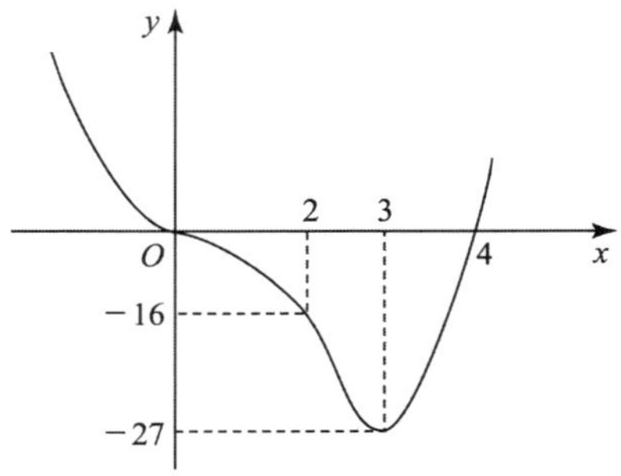

그림 3.5.1

예제 4

$f(x) = x^{\frac{2}{3}}(6-x)^{\frac{1}{3}}$의 그래프를 그려라.

풀이

$f(x)$의 1계, 2계 도함수는 다음과 같다.

$$f'(x) = \frac{2}{3}x^{-\frac{1}{3}}(6-x)^{\frac{1}{3}} + x^{\frac{2}{3}}(6-x)^{-\frac{2}{3}} \cdot (-1) \cdot \frac{1}{3} = \frac{4-x}{x^{\frac{1}{3}}(6-x)^{\frac{2}{3}}}$$

$$f''(x) = \frac{-8}{x^{\frac{4}{3}}(6-x)^{\frac{5}{3}}}$$

이다. 따라서 $f(x)$의 임계값은 0, 4, 6을 얻는다. $x^{\frac{4}{3}} \geq 0$이므로 $x=6$ 주변에서 $f''(x)$의 부호가 변한다.

x	$x<0$	0	$0<x<4$	4	$4<x<6$	6	$x>6$
$f'(x)$	$-$	×	$+$	0	$-$	×	$-$
$f''(x)$	$-$	×	$-$	$-$	$-$	×	$+$
$f(x)$	감소, 위로 볼록	미분 불가능	증가, 위로 볼록	$2^{\frac{5}{3}}$	감소, 위로 볼록	미분 불가능	감소, 아래로 볼록

위 표로부터 다음의 그래프를 그릴 수 있다.

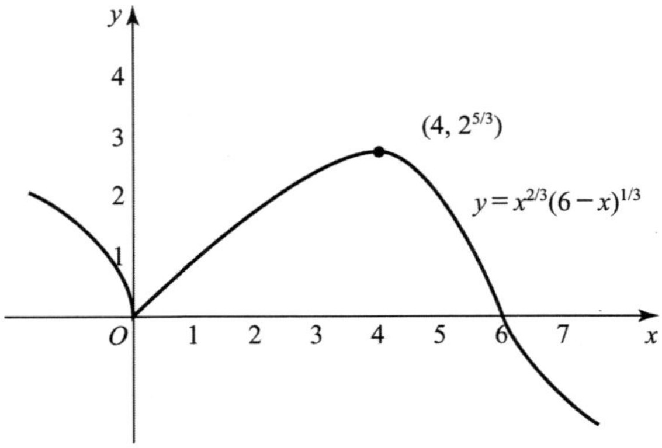

그림 3.5.2

연습문제 EXERCISES

01. 다음 함수 f가 아래로 볼록인 구간, 위로 볼록인 구간을 구하여라. f의 변곡점이 있으면 변곡점도 구하여라.

(1) $f(x) = x^2 - 2x + 5$
(2) $f(x) = x^3 - 4x$
(3) $f(x) = x^4 - 4x^3 + 5$
(4) $f(x) = x\sqrt{1-x}$
(5) $f(x) = 3x + \dfrac{1}{3x}$
(6) $f(x) = x^2 - \dfrac{1}{x}$

02. 다음 함수의 그래프를 그려라.

(1) $f(x) = x^3 + 10x^2 + 25x - 25$
(2) $f(x) = x^3 - 4x$
(3) $f(x) = x^4 - 4x$
(4) $f(x) = \dfrac{\sqrt{x}}{1+x}$
(5) $f(x) = x\sqrt{x+1}$
(6) $f(x) = \dfrac{x}{x^2+1}$

03. $f(x) = ax^3 + bx^2 + cx + d,\ a \neq 0$일 때, $(0,\ 4)$가 임계점, $(1,\ -2)$가 변곡점이 되도록 $a+b+c+d$의 값을 정하여라.

04. 정리 3.5.4 (2)를 증명하여라.

05. $f(x) = x|x|$는 $x=0$에서 $f''(x)$의 부호가 바뀌지만 $f''(0)$은 존재하지 않음을 보여라.

CALCULUS

3.6 극대값, 극소값의 응용

예를 들어 설명하기로 하자.

예제 1

한 변이 30cm로 고정된 정사각형 금속판의 네 모퉁이에서 작은 정사각형 조각을 잘라내고 변을 세워서 뚜껑이 없는 상자를 만들려고 한다. 이때 이 상자의 부피를 최대로 하기 위하여 상자의 각 변의 길이가 얼마나 되어야만 하는가?

풀이

잘라내는 작은 정사각형의 한 변의 길이를 x로 나타내자. 그리고 y를 작은 정사각형을 잘라내고 남은 길이라고 하자. 그러면

$$y = 30 - 2x$$

이고 상자의 높이는 x, 밑변의 면적은 y^2이다. 따라서 부피 V는

$$V = xy^2 = x(30-2x)^2$$

가 최대가 되어야 한다. 그런데 $0 \le x \le 15$ 구간에서의 최대값을 구하면 된다.

$$\begin{aligned} V'(x) &= (30-2x)^2 + 2x(30-2x)(-2) \\ &= (30-2x)(30-6x) = 12(15-x)(5-x) \end{aligned}$$

이제 $V'(x) = 0$이라 놓고 x에 대해 풀면 해는 $x = 15, 5$이다. 그런데 열린 구간 $(0,15)$에 있는 임계점은 $x = 5$이므로

$$V(0) = 0,\ \ V(5) = 5(30-10)^2 = 2000,\ V(15) = 0$$

이 된다. 그러므로 $y = 30 - 2 \cdot 5 = 20$이 구하는 상자의 한 변의 길이이고 이때 부피는 2000cm^3로 최대가 된다.

예제 2

반경 2인 반원에 내접하는 직사각형의 면적이 최대가 되도록 변의 길이를 결정하여라.

풀이

반원의 중심이 원점에 있고 직경이 x축에 있다고 하자. 그러면 직사각형의 한 변의 길이는 $2x$ 높이는 y로 표시할 수 있다. 반지름 $R=2$이므로 $x=2\cos\theta$, $y=2\sin\theta$, $0\le\theta\le\dfrac{\pi}{2}$임을 알 수 있다. 여기에서 θ는 x축과 (x, y)와의 사이각이다.

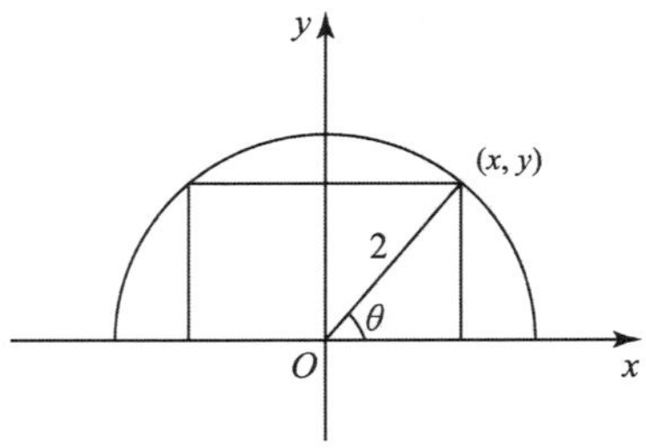

그림 3.6.1

따라서 직사각형의 면적 A는

$$A=2xy=2(2\cos\theta)(2\sin\theta)=8\cos\theta\sin\theta=4\sin2\theta$$

이 된다. 임계점을 구해 보자.

$$A'(\theta)=8\cos2\theta=0$$
$$\cos2\theta=0$$
$$\theta=\frac{\pi}{4}$$

이차도함수 판정법을 이용하면

$$A''(\theta)=-16\sin2\theta$$
$$A''\left(\frac{\pi}{4}\right)=-16\sin\frac{\pi}{2}=-16$$

를 얻게 된다. 그러므로 $\theta=\dfrac{\pi}{4}$일 때 최대면적 $A=4\sin2\dfrac{\pi}{4}=4$가 되고 이때 직사각형의 길이는 $2\sqrt{2}$, 높이는 $\sqrt{2}$가 된다. ■

예제 3

반지름이 r인 구의 체적을 V라 하자. 반지름이 초당 1cm씩 증가한다면 현재 구의 반지름이 5cm일 때 체적은 초당 몇 cm^3씩 증가하는가?

풀이 $V=\dfrac{4}{3}\pi r^3$을 t에 관해 미분하면

$$\frac{dV}{dt}=4\pi r^2\frac{dr}{dt}$$

$r=5$, $\dfrac{dr}{dt}=1$이므로

$$\frac{dV}{dt}=4\pi\cdot 5^2\cdot 1=100\pi\,(\text{cm}^3/\text{초})$$

따라서 부피는 초당 $100\pi\,\text{cm}^3$씩 증가한다. ■

연습문제 EXERCISES

01. 농부가 8000m의 철망으로 강변과 접하고 있는 직사각형 모양의 지역을 둘러싸려 한다. 강변을 따라서는 담장을 치지 않을 때 둘러쌀 수 있는 최대면적은 얼마인가?

02. 반지름이 10인 원에 내접하는 직사각형들 중에서 최대면적을 갖는 직사각형을 구하여라.

03. 반지름이 10인 구에 내접하는 직원기둥들 중에서 최대부피를 갖는 직원기둥을 구하여라.

04. 둘레의 길이가 10인 이등변삼각형이 최대면적을 가지려면 변의 길이가 얼마인가?

05. 밑면이 정사각형이고 뚜껑이 없는 상자의 부피가 1000이 되도록 만들 때 들어가는 재료가 최소가 되도록 하려면 변의 길이들은 얼마가 되어야 하는가?

06. 합이 100이고 곱이 최대가 되는 두 양수를 구하여라.

07. 곡선 $y^2 - x^2 = 10$에서 점 $(3, 0)$에 가장 가까운 점을 구하여라.

08. 둘레의 길이가 같은 직사각형들 중에서 최대면적을 갖는 사각형은 정사각형임을 보여라.

CALCULUS

3.7 부정형과 로피탈의 법칙

먼저 평균값 정리의 일반화된 정리를 먼저 증명하기로 하자.

정리 3.7.1 코시의 평균값 정리

함수 f와 g가 구간 $[a, b]$에서 연속이고 구간 (a, b)에서 미분가능하면

$$(f(b)-f(a))g'(x)=(g(b)-g(a))f'(x)$$

을 만족하는 실수 $x \in (a, b)$가 존재한다.

증명

$$h(x)=f(x)(g(b)-g(a))-g(x)(f(b)-f(a))$$

라 놓으면 h는 $[a, b]$에서 연속이고 (a, b)에서 미분가능이다. 그리고

$$h(a)=f(a)g(b)-g(a)f(b)=h(b)$$

가 되므로 Rolle의 정리에 의하여 $h'(x)=0$을 만족하는 $x \in (a, b)$가 존재한다. 즉

$$f'(x)(g(b)-g(a))=g'(x)(f(b)-f(a))$$ □

따름정리 3.7.2

정리 3.7.1과 같게 가정하고 $g(b) \neq g(a)$, $g'(x) \neq 0$이라고 하면

$$\frac{f(b)-f(a)}{g(b)-g(a)}=\frac{f'(x)}{g'(x)}$$

이번에는 부정형의 극한값을 구하는데 유용한 정리를 소개하자. 다음 정리는 로피탈(L'Hospital)의 정리라고 불린다. 증명은 생략한다.

정리 3.7.3 로피탈의 정리

a를 포함하는 열린 구간 I에서 f와 g가 미분가능하고 $g'(x) \neq 0$이라 하자. 여기서

$$\lim_{x \to a} f(x) = 0, \quad \lim_{x \to a} g(x) = 0$$

이거나

$$\lim_{x \to a} f(x) = \pm\infty, \quad \lim_{x \to a} g(x) = \pm\infty$$

이라고 가정하자(이 경우에 $\lim_{x \to a} \frac{f(x)}{g(x)}$는 각각 $\frac{0}{0}$, $\frac{\infty}{\infty}$ 형태의 부정형이라 부른다). 그러면

$$\lim_{x \to a} \frac{f(x)}{g(x)} = \lim_{x \to a} \frac{f'(x)}{g'(x)}$$

가 성립한다.

예제 1

$\left(\frac{0}{0}\text{형 부정형}\right)$.

$$\lim_{x \to 0} \frac{\sin x}{x} = \lim_{x \to 0} \frac{\cos x}{1} = 1$$

예제 2

$\left(\frac{0}{0}\text{형 부정형, 로피탈의 정리 두 번 적용}\right)$.

$$\lim_{x \to 0} \frac{1 - \cos x}{x^2} = \lim_{x \to 0} \frac{\sin x}{2x} = \lim_{x \to 0} \frac{\cos x}{2} = \frac{1}{2}$$

예제 3

$\left(\frac{\infty}{\infty}\text{형 부정형}\right)$.

$$\lim_{x \to \infty} \frac{e^x}{x^2} = \lim_{x \to \infty} \frac{e^x}{2x} = \lim_{x \to \infty} \frac{e^x}{2} = \infty$$

$\lim_{x \to a} f(x) = 0$이고 $\lim_{x \to a} g(x) = \infty$(또는 $-\infty$)이면 $\lim_{x \to a} f(x) \cdot g(x)$의 값은 명확하지가 않다. 이러한 형태의 극한을 $0 \cdot \infty$형의 부정형이라 한다. 이러한 경우에는 곱 $f \cdot g$를 다음과 같이 분수형태로 바꾸어 로피탈의 정리를 이용한다.

$$fg = \frac{f}{1/g} \text{ 또는 } fg = \frac{g}{1/f}$$

예제 4

($0 \cdot \infty$형 부정형).

$$\lim_{x \to 0^+} x \ln x = \lim_{x \to 0^+} \frac{\ln x}{\frac{1}{x}} = \lim_{x \to 0^+} \frac{\frac{1}{x}}{-\frac{1}{x^2}} = \lim_{x \to 0^+} (-x) = 0$$

또한 $\lim_{x \to a} f(x) = \infty$이고 $\lim_{x \to a} g(x) = \infty$일 때 극한 $\lim_{x \to a} [f(x) - g(x)]$를 $\infty - \infty$형의 부정형이라고 한다.

예제 5

($\infty - \infty$형 부정형).

$$\lim_{x \to 0} \left(\frac{1}{x} - \frac{1}{\sin x}\right) = \lim_{x \to 0} \frac{\sin x - x}{x \sin x} = \lim_{x \to 0} \frac{\cos x - 1}{\sin x + x \cos x}$$

$$= \lim_{x \to 0} \frac{-\sin x}{\cos x + \cos x - x \sin x} = \lim_{x \to 0} \frac{-\sin x}{2\cos x - x \sin x} = 0$$

---

01. 다음 극한을 구하여라.

(1) $\lim_{x \to 0} \frac{x^3 - 3x^2 + 3x}{x^3 - 2x}$　　(2) $\lim_{x \to 1} \frac{x^3 + 2x^2 - 3}{x - 1}$

(3) $\lim_{x \to 0} \frac{e^x - 1}{x}$　　(4) $\lim_{x \to \infty} \frac{x^3}{e^x}$

(5) $\lim_{x \to \infty} \frac{x + \ln x}{x \ln x}$　　(6) $\lim_{x \to 0} \frac{\tan^{-1} x}{x}$

(7) $\lim_{x \to 1} \left(\frac{1}{\ln x} - \frac{x}{\ln x} \right)$　　(8) $\lim_{x \to \frac{\pi}{2}} \left(x \tan x - \frac{\pi}{2} sec x \right)$

(9) $\lim_{x \to 0} (1 + x)^{\frac{1}{x}}$　　(10) $\lim_{x \to 0} (e^x + x)^{\frac{1}{x}}$

02. 임의의 정수 n에 대하여 $\lim_{x \to \infty} \frac{x^n}{e^x} = 0$임을 보여라.

4장 적 분

이 장에서는 우선 미분의 역연산으로서 부정적분을 정의하고 여러 가지 부정적분을 알아 볼 것이고, 분할을 이용하여 정적분을 정의한다. 또한, 정적분의 여러 가지 성질과 평균값 정리 등을 공부할 것이다. 치환적분법, 부분적분법 등과 같은 적분의 방법을 배울 것이며, 이들을 이용하여 삼각함수의 곱에 대한 적분, 삼각치환법, 분수함수의 적분법, 삼각분수함수의 적분, 무리함수의 적분법 등에 대해서도 많은 예제를 통해 상세히 알아본다. 마지막으로 특이적분도 다룰 것이다.

CALCULUS

4.1 부정적분

어떤 구간에서 잘 정의된 함수 $f(x)$에 대하여 그 구간에서 정의된 함수 $F(x)$가 $\dfrac{d(F(x))}{dx}=f(x)$를 만족할 때, $F(x)$를 $f(x)$의 **역도함수**(antiderivative) 또는 **부정적분**(indefinite integral)이라고 하고 기호로는 $\int f(x)dx$ 로 표시한다. 이때 임의의 상수 C에 대하여

$$\frac{d(F(x)+C)}{dx}=\frac{dF(x)}{dx}+\frac{dC}{dx}=\frac{dF(x)}{dx}=f(x)$$

이므로 $F(x)+C$도 $f(x)$의 부정적분이 된다. 일반적으로

$$\int f(x)dx=F(x)+C.$$

즉 $f(x)$의 부정적분은 $f(x)$의 역도함수 $F(x)$에 임의의 상수 C를 더한 값이다. 여기서 c를 **적분상수**(integral constant), $f(x)$를 **피적분함수**(integrand), x를 **적분변수**(integral variable)라 한다.

도함수 공식을 이용하여 부정적분의 공식을 얻을 수 있다. 다음 몇 가지 예를 들어보자.

(1) $\dfrac{d(\sin x)}{dx}=\cos x$이므로 $\int \cos x dx=\sin x+C$를 얻게 된다.

(2) $(a>0,\ a\neq 1)$ $\dfrac{d(a^x)}{dx}=a^x\ln a$ 이므로 $\int a^x \ln a\, dx=a^x+C$이고 이를 정리하면

$\int a^x\, dx=\dfrac{a^x}{\ln a}+\dfrac{C}{\ln a}=\dfrac{a^x}{\ln a}+C'\quad\left(C'=\dfrac{C}{\ln a}\right).$

(3) $\int \dfrac{1}{x}dx$ 에 대하여 생각해 보자.

(i) $x>0$ 일 때, $\dfrac{d(\ln x)}{dx}=\dfrac{1}{x}$ 이므로 미분공식에 의하여 $\int \dfrac{1}{x}dx=\ln x+C$가 된다.

(ii) $x<0$ 일 때, $x=-t\,(t>0)$이라면 양변에 x에 대하여 미분하면 $\dfrac{dx}{dx}=\dfrac{d(-t)}{dx}$이며 좌변

은 1이고, 우변은 연쇄법칙에 의해 $\frac{d(-t)}{dx}=\frac{d(-t)}{dt}\cdot\frac{dt}{dx}=-\frac{dt}{dx}$가 되어 $1=-\frac{dt}{dx}$를 얻게 되고 결과적으로 $dx=-dt$가 된다.

그러므로

$$\int\frac{1}{x}dx=\int\frac{1}{-t}(-dt)=\int\frac{1}{t}dt=\ln t+C=\ln(-x)+C$$

이고, (ⅰ)과 (ⅱ)에 의하여 $\int\frac{1}{x}dx=\ln|x|+C$를 얻게 된다.

다음은 중요한 열 가지의 기본공식을 소개한다.

1. $\int x^n dx=\frac{1}{n+1}x^{n+1}+C\ (n\neq -1)$
2. $\int\frac{1}{x}dx=\ln|x|+C$
3. $\int e^x dx=e^x+C$
4. $\int a^x dx=\frac{a^x}{\ln a}+C$
5. $\int\cos x\,dx=\sin x+C$
6. $\int\sin x\,dx=-\cos x+C$
7. $\int\sec^2 x\,dx=\tan x+C$
8. $\int\mathrm{cosec}^2 x\,dx=-\cot x+C$
9. $\int\sec x\tan x\,dx=\sec x+C$
10. $\int\mathrm{cosec}\,x\cot x\,dx=-\mathrm{cosec}\,x+C$

정리 4.1.1

두 함수 $f(x)$, $g(x)$에 대하여

(1) $\int kf(x)dx=k\int f(x)dx$ (k는 상수)

(2) $\int\{f(x)\pm g(x)\}dx=\int f(x)dx\pm\int g(x)dx$

증명

(1) $\dfrac{d(F(x))}{dx}=f(x)$라 하면 적당한 상수 $\dfrac{C}{k}$에 대하여

$$\int f(x)dx = F(x)+\frac{C}{k}$$

라고 쓸 수 있고

$$\frac{d(kF(x))}{dx}=\frac{kd(F(x))}{dx}=kf(x)$$

를 이용하면 식

$$\int kf(x)dx = kF(x)+C = k\left(F(x)+\frac{C}{k}\right)= k\int f(x)dx$$

을 얻게 된다.

(2) $\dfrac{d(F(x))}{dx}=f(x)$인 함수 $F(x)$와 $\dfrac{d(G(x))}{dx}=g(x)$인 함수 $G(x)$가 존재하므로 두 식

$$\int f(x)dx = F(x)+C_1, \int g(x)dx = G(x)+C_2$$

을 만족한다.

$$\frac{d(F(x)+G(x))}{dx}=\frac{d(F(x))}{dx}+\frac{d(G(x))}{dx}=f(x)+g(x)$$

이므로

$$\begin{aligned}\int \{f(x)+g(x)\}dx &= F(x)+G(x)+C \quad (C=C_1+C_2)\\ &= F(x)+C_1+G(x)+C_2=\int f(x)dx+\int g(x)dx\end{aligned}$$

□

예제 1

다음 부정적분을 구하여라.

(1) $\int 1dx$

(2) $\int x^2 dx$

(3) $\int x^{-\frac{3}{2}}dx$

(4) $\int \dfrac{2}{x^3}dx$

(5) $\int (x^2+2x-3)dx$

풀이

(1) $\int 1dx = \int x^0 dx = \frac{1}{0+1}x^{0+1} + C = x + C$

(2) $\int x^2 dx = \frac{1}{2+1}x^{2+1} + C = \frac{1}{3}x^3 + C$

(3) $\int x^{-\frac{3}{2}} dx = \frac{1}{-\frac{3}{2}+1}x^{-\frac{3}{2}+1} + C = -2x^{-\frac{1}{2}} + C$

(4) $\int \frac{2}{x^3} dx = 2\int \frac{1}{x^3} dx = 2\int x^{-3} dx = 2 \cdot \frac{1}{-3+1}x^{-3+1} + C = -x^{-2} + C$

(5) $$\begin{aligned}\int (x^2 + 2x - 3)dx &= \int x^2 dx + \int 2x dx - \int 3dx \\ &= \int x^2 dx + 2\int x dx - 3\int 1dx \\ &= \frac{1}{3}x^3 + x^2 - 3x + C\end{aligned}$$

■

연습문제 EXERCISES

01. 다음 부정적분을 구하여라.

(1) $\int 2x^2 dx$

(2) $\int -\cos x \, dx$

(3) $\int (2+3\tan^2 x) dx$

(4) $\int x^{-\frac{1}{2}} dx$

(5) $\int (e^x + 2^x) dx$

(6) $\int (x+x^{-1})^2 dx$

(7) $\int 4\sin x \, dx$

(8) $\int \frac{\sin^2 x}{2\cos^2 x} dx$

(9) $\int 3^x dx$

(10) $\int \left(\sqrt{u} - \frac{2}{\sqrt{u}}\right) du$

CALCULUS

4.2 정적분

정적분(definite integral)의 개념은 고대 그리스시대에 평면도형의 넓이를 계산하는 시도로부터 시작되었다. 그 시대에는 도형을 삼각형으로 세분하여 나누어진 각각의 삼각형의 넓이의 합으로 전체 도형의 면적을 계산하였다.

정적분을 이용하여 도형의 넓이 이외에도 곡선의 길이, 곡면의 넓이 및 입체의 부피 등을 계산할 수 있다. 정적분을 정의하기 위하여 먼저 함수 $f(x)$가 폐구간 $[a, b]$에서 유계임을 가정하겠다.

정의 4.2.1

임의의 $x \in [a, b]$에 대하여 함수 $f(x)$의 절대값이 어떤 상수 M보다 작게되는 양수 M이 존재할 때, 함수 f가 구간 $[a, b]$에서 **유계**(bounded)라고 한다.

다음은 정적분을 정의하는데 매우 중요한 역할을 하는 **분할**(partiton)에 대해 설명하겠다.

정의 4.2.2

구간 $[a, b]$의 분할 $p([a, b])$는 양 끝점 a와 b를 포함하면서 그 구간내의 유한 개의 점들로 이루어진 집합을 말하며 기호는 $p = \{x_0, x_1, \cdots, x_n\}$로 표시하고 이때 p의 원소들은 순서가 있는 점들로 구성된 것이다. 즉

$$a = x_0 < x_1 < \cdots < x_n = b.$$

구간 $[0, 1]$에 대하여 $p = \left\{0, \frac{1}{2}, 1\right\}$은 분할이 되며 $\left\{0, \frac{1}{4}, \frac{1}{2}\right\}$은 분할이 아니다.

정의 4.2.3

구간 $[a, b]$에서 서로 다른 두 개의 분할 p와 p'가 있을 때 만일 분할 p'이 p의 모든 원소들을 포함할 때 p'은 p의 **세분**(refinement)이라 하고 기호로는 $p \subset p'$로 표시한다.

구간 $[0, 1]$의 분할 p와 p'가 다음과 같이 정의될 때, 즉 $p = \left\{0, \frac{1}{2}, 1\right\}$, $p' = \left\{0, \frac{1}{4}, \frac{1}{2}, 1\right\}$, $p \subset p'$이다. 다음 곡선 $y = f(x)$와 직선 $x = a$, $x = b$ 그리고 x축으로 둘러싸인 부분 R의 면적 $A(R)$을 구하는 방법을 생각해 보자.

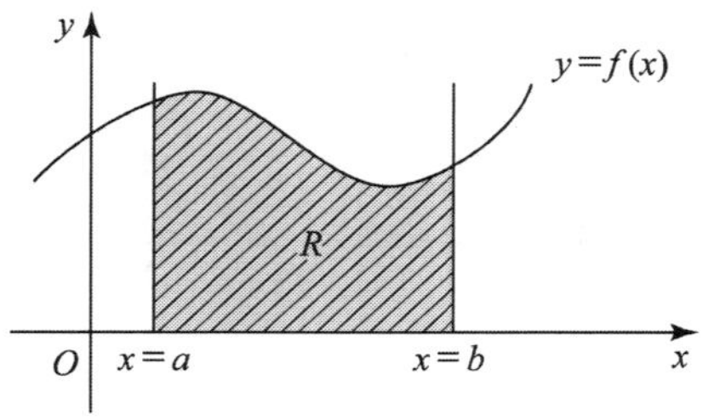

그림 4.2.1

도형 R의 면적을 구하는 방법으로 n등분 분할 p에 의하여 만들어지는 구간들을 밑면으로 하는 n개의 직사각형을 도형 안에 외접 또는 내접시켜서 그들의 면적의 합으로 계산하도록 한다.

먼저 구간 $[a, b]$를 n등분 분할할 때 $p = \{a = x_0, x_1, x_2, \cdots, x_n = b\}$가 만들어지면 Δx_i를 i번째 소구간의 길이로, Δ를 각 구간들 중 최대값으로 놓기로 하자. 즉 $\Delta x_i = x_i - x_{i-1}$, $\Delta = \max\{\Delta x_i \mid 1 \leq i \leq n\}$.

(1) 분할 p에 의한 n개의 직사각형을 도형 위에 외접시킬 때의 그림은 다음과 같다.

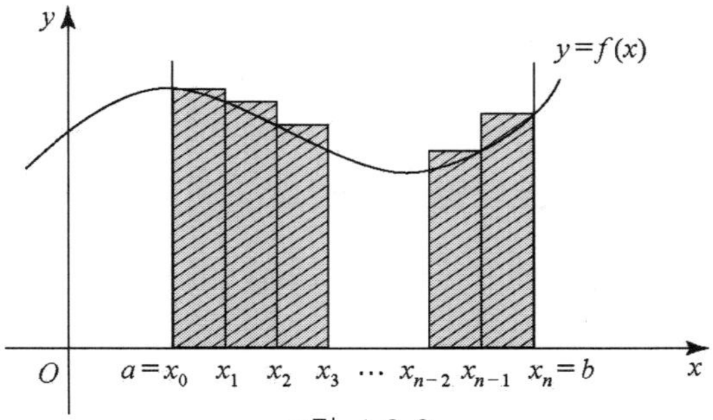

그림 4.2.2

위의 빗금친 부분의 넓이를 수식으로 표현하면

$$\sum_{i=1}^{n} M_i \triangle x_i (M_i = \sup\{f(x) \mid x_{i-1} \le x \le x_i\})$$

로 쓸 수 있고 이를 **상합**(upper sum) $U(f, p)$로 표시한다. 즉 $U(f, p) = \sum_{i=1}^{n} M_i \triangle x_i$이 된다. 이때 부등식 $A(R) \le U(f, p)$이 성립한다.

(2) 분할 p에 의한 n개의 직사각형을 도형 안에 내접시킬 때의 그림은 다음과 같다.

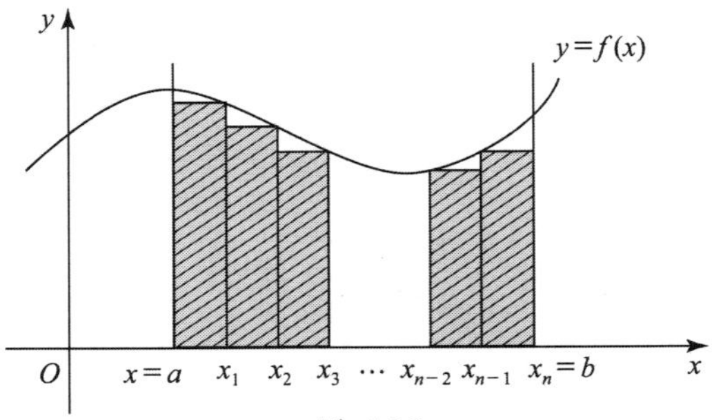

그림 4.2.3

위 그림의 빗금친 부분의 넓이를 수식으로 표현하면

$$\sum_{i=1}^{n} m_i \triangle x_i (m_i = \inf\{f(x) \mid x_{i-1} \le x \le x_i\})$$

로 쓸 수 있고 이를 **하합**(lower sum) $L(f, p)$로 표시한다. 즉 $L(f, p) = \sum_{i=1}^{n} m_i \triangle x_i$이 된다. 이때 R의 면적은 항상 하합 $L(f, p)$ 이상이 된다.

$$L(f, g) \le A(R)$$

위 두 경우 (1), (2)로부터 도형 R의 면적과 상합 및 하합 사이에 다음 관계식을 얻을 수 있다.

$$L(f, p) \le A(R) \le U(f, p)$$

다음은 세분된 분할 p'에 대하여 상합과 하합 그리고 도형 R의 면적에 관한 새로운 부등식을 소개한다.

p와 p'은 폐구간 $[a, b]$에서의 서로 다른 분할이고 $p \subset p'$일 때 다음 성질들을 가진다.

(1) $L(f, p) \le L(f, p') \le A(R)$

(2) $A(R) \le U(f, p') \le U(f, p)$

즉 세분 p'에 대하여 하합은 증가하고 상합은 감소하게 된다.

예제 1

$f(x)=x^2$, $x=0$, $x=1$, x축으로 둘러싸인 부분의 상합, 하합을 주어진 분할에 따라 구하여라.

$$p=\left\{0,\ \frac{1}{2},\ 1\right\},\quad p'=\left\{0,\ \frac{1}{4},\ \frac{1}{2},\ 1\right\}$$

풀이

(1)

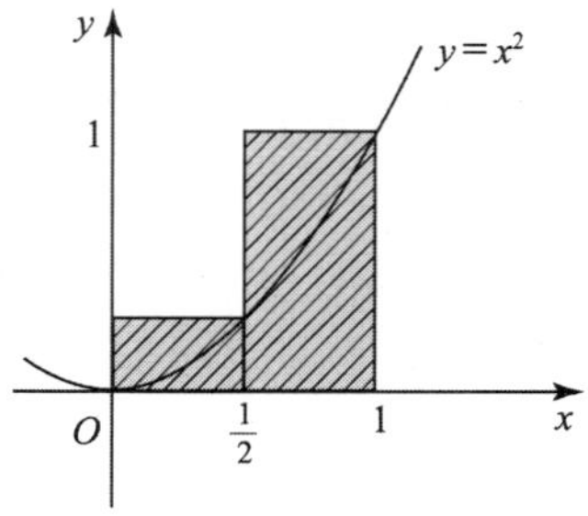

그림 4.2.4

그림 4.2.4의 빗금친 부분의 면적 $U(f, p)$는 다음과 같다.

$$U(f,\ p)=\left(\frac{1}{2}\right)^2\cdot\frac{1}{2}+1^2\cdot\frac{1}{2}=\frac{5}{8}$$

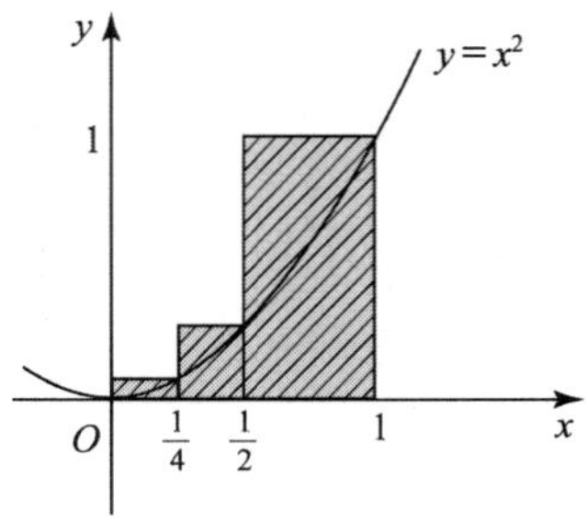

그림 4.2.5

위 그림 4.2.5의 빗금친 부분의 면적 $U(f, p')$은

$$U(f,\ p')=\left(\frac{1}{4}\right)^2\cdot\frac{1}{4}+\left(\frac{1}{2}\right)^2\cdot\frac{1}{4}+1^2\cdot\frac{1}{2}=\frac{1}{64}+\frac{1}{16}+\frac{1}{2}=\frac{37}{64}$$

그러므로 $U(f, p')\le U(f, p)$이다.

(2)

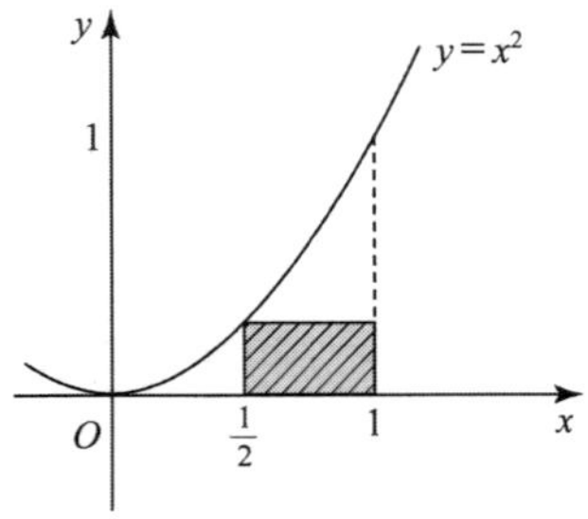

그림 4.2.6

위 그림 4.2.6은 분할 p에 대한 하합으로

$$L(f, p) = 0^2 \cdot \frac{1}{2} + \left(\frac{1}{2}\right)^2 \cdot \frac{1}{2} = \frac{1}{8}$$

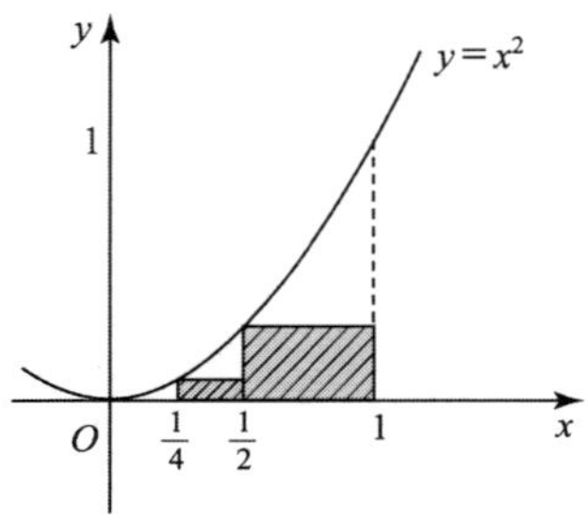

그림 4.2.7

그림 4.2.7의 빗금친 부분의 넓이 $L(f, p')$는 다음과 같이 계산된다.

$$L(f, p') = 0^2 \cdot \frac{1}{4} + \left(\frac{1}{4}\right)^2 \cdot \frac{1}{4} + \left(\frac{1}{2}\right)^2 \cdot \frac{1}{2} = \frac{1}{64} + \frac{1}{8} = \frac{9}{64}$$

그러므로 $L(f, p) \le L(f, p')$임을 알 수 있다. ■

두 예제로부터 $p \subset p'$인 두 개의 서로 다른 분할 p와 p'에 대하여

$$L(f, p) \le L(f, p') \le A(R) \le U(f, p') \le U(f, p)$$

인 부등식을 얻을 수 있다.

만일 분할을 더 세분하게 했을 때의 하합을 계산한다면, 즉 더 많은 세분에 따라 하합은 $A(R)$값으로 아래에서 위로 접근하게 되고 상합도 세분된 분할에 대하여 그 값이 점점 감소하여 $A(R)$값에 근사하게 될 것으로 추측할 수 있다.

만일 Δ가 0에 가까이 접근할 때 상합과 하합의 극한값이 존재하고 두 값이 같게 된다면, 즉

$\lim_{\Delta\to 0} L(f, p) = \lim_{\Delta\to 0} U(f, p)$이면 함수 f가 구간 $[a, b]$에서 **적분가능**(integrable)하다고 말하고 그 극한값을 $\int_a^b f(x)dx$ 로 표현하며 구간 $[a, b]$에서의 함수 f의 **정적분**(definite integral)이라고 정의한다.

예제 2

함수 $f(x) = x$일 때 구간 $[0, 1]$에서 적분 가능한지를 보여라.

풀이 분할 $p = \left\{0, \frac{1}{n}, \frac{2}{n}, \cdots, \frac{n-1}{n}, 1\right\}$에 대하여 하합 $L(f, p) = \sum_{i=1}^{n} m_i \Delta x_i$ 이므로 다음과 같이 계산된다.

$$\begin{aligned} L(f, p) &= \frac{1}{n} \cdot \frac{1}{n} + \frac{2}{n} \cdot \frac{1}{n} + \cdots + \frac{n-1}{n} \cdot \frac{1}{n} \\ &= \frac{1}{n^2}\{1 + 2 + \cdots + (n-1)\} = \frac{1}{n^2} \cdot \frac{n(n-1)}{2} = \frac{n^2 - n}{2n^2} \end{aligned}$$

상합

$$\begin{aligned} U(f, p) = \sum_{i=1}^{n} M_i \Delta x_i &= \frac{1}{n} \cdot \frac{1}{n} + \frac{2}{n} \cdot \frac{1}{n} + \cdots + \frac{n}{n} \cdot \frac{1}{n} \\ &= \frac{1}{n^2}\{1 + 2 + \cdots + n\} = \frac{1}{n^2} \cdot \frac{n(n+1)}{2} = \frac{n^2 + n}{2n^2} \end{aligned}$$

이때 $\Delta = \max\{\Delta x_i \mid i = 1, 2, \cdots, n\}$이므로

$$\lim_{\Delta\to 0} L(f, p) = \lim_{n\to\infty} \frac{n^2 - n}{2n^2} = \frac{1}{2}$$

이고,

$$\lim_{\Delta\to 0} U(f, p) = \lim_{n\to\infty} \frac{n^2 + n}{2n^2} = \frac{1}{2}$$

이 된다. 즉 $\lim_{\Delta\to 0} L(f, p) = \lim_{\Delta\to 0} U(f, p)$이므로 폐구간 $[0, 1]$에서 함수 $f(x) = x$는 적분가능하고 정적분 $\int_0^1 x dx = \frac{1}{2}$이 된다. ■

연습문제 EXERCISES

01. n등분 분할 P에 대한 상합과 하합을 구하고 이 값들을 이용하여 다음 정적분을 구하여라.

(1) $\int_0^1 x^3\,dx$ (2) $\int_1^2 (x^2-1)\,dx$

02. 다음 주어진 분할에 의하여 상합과 하합을 구하여라.

(1) $f(x)=x,\ P=\{-1,1,2\}$

(2) $f(x)=x^2,\ P=\left\{0,\frac{1}{2},1,\frac{3}{2},2\right\}$

(3) $f(x)=\sin x,\ P=\left\{0,\frac{\pi}{4},\frac{\pi}{2}\right\}$

03. 다음을 정적분으로 표시하여라.

(1) $\lim_{n\to\infty}\frac{[\sqrt{1}+\sqrt{2}+\sqrt{3}+\cdots+\sqrt{n}]}{n\sqrt{n}}$

(2) $\lim_{n\to\infty}\left(1+\sqrt{1+\frac{1}{n}}+\sqrt{1+\frac{2}{n}}+\cdots+\sqrt{1+\frac{n-1}{n}}\right)\frac{1}{n}$

(3) $\lim_{n\to\infty}\left(\cos\frac{t}{n}+\cos\frac{2t}{n}+\cdots+\cos\frac{(n-1)t}{n}\right)\frac{1}{n}$

CALCULUS

4.3 정적분의 성질과 기본정리

이 장에서는 정적분의 몇 가지 성질과 정적분의 개념으로부터 도형의 넓이를 계산할 때 필요한 기본정리에 대하여 설명하겠다.

폐구간 $[a, b]$에서 함수 $f(x)$와 $g(x)$가 연속일 때 다음 성질들이 성립한다.

(1) $\int_a^b cf(x)dx = c\int_a^b f(x)dx$ ($c=$상수)

(2) $\int_a^b \{f(x) \pm g(x)\}dx = \int_a^b f(x)dx \pm \int_a^b g(x)dx$

(3) $\int_b^a f(x)dx = -\int_a^b f(x)dx$

(4) $\int_a^a f(x)dx = 0$

(5) $f(x) \le g(x)$이면, $\int_a^b f(x)dx \le \int_a^b g(x)dx$ 이다.

정리 4.3.1

임의의 점 a, b, c에 대하여 $\int_a^b c\,dx = c(b-a)$.

증명 (1) $a < b$인 경우

구간 $[a, b]$의 분할 p를 $\{a = x_0, x_1, \cdots, x_n = b\}$로 놓자. 이 각 소구간에서의 최소값과 최대값이 상수 c와 같으므로 $m_i = M_i = c(i = 1, 2, \cdots, n)$가 된다.

$$\begin{aligned} L(f, p) = U(f, p) &= c\Delta x_1 + c\Delta x_2 + \cdots + c\Delta x_n \\ &= c(\Delta x_1 + \Delta x_2 + \cdots + \Delta x_n) = c(b-a) \end{aligned}$$

(2) $a=b$ 인 경우

$$\int_a^b cdx = \int_a^a cdx = 0 = c(b-a)$$

(3) $a>b$ 인 경우 구간 $[b, a]$의 분할 p를 $\{b=x_0, x_1, \cdots, x_n=a\}$로 놓으면

$$\begin{aligned} L(f, p) = U(f, p) &= c(\triangle x_1 + \triangle x_2 + \cdots + \triangle x_n) \\ &= c(a-b) = \int_b^a cdx \end{aligned}$$

그러므로

$$\int_a^b cdx = -\int_b^a cdx = -c(a-b) = c(b-a)$$

를 얻게 된다. □

정리 4.3.2

함수 $f(x)$가 점 a, b, c를 포함하는 구간에서 연속일 때 다음 등식이 성립한다.

$$\int_a^b f(x)dx = \int_a^c f(x)dx + \int_c^b f(x)dx$$

증명

먼저 $c \in [a, b]$임을 가정하자. 구간 $[a, b]$의 분할 $\{a=x_0 < x_1 < \cdots < x_n = b\}$에 대하여

$$L(f, p) \le \int_a^b f(x)dx \le U(f, p)$$

를 만족하는 $\int_a^b f(x)dx$가 유일하므로

$$\int_a^c f(x)dx + \int_c^b f(x)dx$$

도 하합과 상합 사이에 존재함을 보인다. 분할

$$p' = \{a = x_0 < x_1 < \cdots < x_k < c < x_{k+1} < \cdots < x_n = b\}$$
$$L(f, p) \le L(f, p') \le U(f, p') \le U(f, p)$$

이 성립한다. 이때

$$p_1 = \{a = x_0 < x_1 < \cdots < x_{k-1} < c\}$$
$$p_2 = \{c = x_k < x_{k+1} < \cdots < x_n = b\}$$

라고 하면 정의에 의하여, 두 부등식 $L(f, p_1) \le \int_a^c f(x)dx \le U(f, p_1)$와 $L(f, p_2) \le \int_c^b f(x)dx \le U(f, p_2)$를 얻을 수 있다.

$$\begin{aligned} L(f, p') = L(f, p_1) + L(f, p_2) &\le \int_a^c f(x)dx + \int_c^b f(x)dx \\ &\le U(f, p_1) + U(f, p_2) = U(f, p') \end{aligned}$$

그러므로

$$L(f, p) \le \int_a^c f(x)dx + \int_c^b f(x)dx \le U(f, p)$$

a, b, c의 다른 순서에 대한 증명은 여기서 생략하기로 한다. □

예제 1

$\int_1^4 f(x)dx - \int_1^3 f(x)dx$를 $\int_a^b f(x)dx$ 형태로 표현하여라.

풀이

$$\begin{aligned} \int_1^4 f(x)dx - \int_1^3 f(x)dx &= \int_1^3 f(x)dx + \int_3^4 f(x)dx - \int_1^3 f(x)dx \\ &= \int_3^4 f(x)dx. \end{aligned}$$

정리 4.3.3 적분의 평균값정리

함수 $f(x)$가 구간 $[a, b]$에서 연속일 때, $\int_a^b f(x)dx = f(C)(b-a)$를 만족하는 C가 구간 $[a, b]$에 존재한다.

증명

$f(x)$가 $[a, b]$에서 연속이므로 최대값 M, 최소값 m을 갖는다. 그러므로 $\int_a^b m\,dx \le \int_a^b f(x)dx \le \int_a^b M dx$이며

$$m(b-a) \le \int_a^b f(x)dx \le M(b-a)$$

이 성립한다. $a<b$이므로 $(b-a)$로 나누면

$$m \leq \frac{1}{b-a}\int_a^b f(x)dx \leq M$$

이고 $f(x)$가 $[a, b]$에서 연속함수이므로, 중간값정리에 의하여

$$\frac{1}{b-a}\int_a^b f(x)dx = f(C)$$

를 만족하는 C가 구간 $[a, b]$에 존재한다. 위 정리에서 계산된 값 $\dfrac{\int_a^b f(x)dx}{b-a}$ 를 구간 $[a, b]$에서 f의 평균값이라고 한다. □

예제 2

$f(x)=x$가 구간 $[0, 2]$에서 정의되었을 때 그 구간에서 f의 평균값을 구하여라.

풀이 평균값정리에 의하여

$$\frac{\int_0^2 x dx}{2-0} = \frac{1}{2}\left\{\frac{1}{2}(2^2-0^2)\right\} = 1$$

■

정리 4.3.4

함수 $f(x)$가 구간 $[a, b]$에서 연속이고 $a \leq c \leq b$이면

$$G(x) = \int_c^x f(t)dt \ (a \leq x \leq b)$$

는 (a, b)에서 미분가능하고 $\dfrac{d}{dx}G(x) = f(x)$이다.

증명 $G(x+h) = \int_c^{x+h} f(t)dt$ 이므로

$$\frac{G(x+h)-G(x)}{h} = \frac{1}{h}\left\{\int_c^{x+h} f(t)dt - \int_c^x f(t)dt\right\}$$

$$= \frac{1}{h}\int_x^{x+h} f(t)dt$$

적분의 평균값정리에 의하여

$$\frac{1}{h}\int_x^{x+h} f(t)dt = f(\xi)\,(x \le \xi \le x+h)$$

을 만족하는 ξ가 존재한다. 이때 $h\to 0$ 이면 $\xi\to x$ 이므로

$$\frac{d}{dx}G(x) = \lim_{h\to 0}\frac{G(x+h)-G(x)}{h} = \lim_{\xi\to x} f(\xi) = f(x)$$

을 얻을 수 있다. □

예제 3

다음 함수들의 도함수를 구하여라.

(1) $\int_1^x \sin t\,dt$　　　(2) $\int_0^{x^2}\frac{1}{1+t}dt$

풀이

(1) $\frac{d}{dx}\int_1^x \sin t\,dt = \sin x$

(2) $t = s^2$ 이라 하면 $\frac{dt}{ds} = 2s$ 이고 $dt = 2sds$ 가 된다.

$$\int_0^{x^2}\frac{1}{1+t}dt = \int_0^x \frac{1}{1+s^2}2sds = \int_0^x \frac{2s}{1+s^2}ds$$

이므로 x에 대하여 미분하면

$$\frac{d}{dx}\left\{\int_0^x \frac{2s}{1+s^2}ds\right\} = \frac{2x}{1+x^2}$$

이 된다. ■

다음 정리는 정적분을 계산할 때 이용되는 중요한 정리이다.

정리 4.3.5

함수 $f(x)$가 구간 $[a, b]$에서 연속이라 할 때 $F(x)$가 $f(x)$의 어떤 부정적분이라 하면 $\int_a^b f(t)dt = F(b) - F(a)$가 성립한다.

증명

앞의 정리에 따르면 $G(x) = \int_a^x f(t)dt\ (a \le x \le b)$도 $f(x)$의 부정적분이다. 이

때 $G(a)=\int_a^a f(t)dt=0$ 이고

$$G(b)=\int_a^b f(t)dt$$

이다. 따라서 $F(x)=G(x)+C\,(C:$ 상수)이므로

$$\int_a^b f(t)dt=G(b)-G(a)=\{F(b)-C\}-\{F(a)-C\}=F(b)-F(a).$$

□

위 정리에서 $\int_a^b f(t)dt$ 를 $[F(t)]_a^b$ 로 표현하자.

예제 4

다음을 계산하여라.

(1) $\int_1^2 x^2dx$ (2) $\int_0^\pi \sin x\, dx$

(3) $\int_{-1}^1 |x|dx$ (4) $\int_0^2 e^x dx$

풀이

(1) $\int_1^2 x^2dx=\frac{1}{3}[x^3]_1^2=\frac{1}{3}(2^3-1^3)=\frac{7}{3}$

(2) $\int_0^\pi \sin x\, dx=[-\cos x]_0^\pi=-\cos\pi+\cos 0=2$

(3) $\int_{-1}^1 |x|dx=\int_{-1}^0(-x)dx+\int_0^1 x\,dx=-\frac{1}{2}[x^2]_{-1}^0+\frac{1}{2}[x^2]_0^1$

$=-\frac{1}{2}(0^2-(-1)^2)+\frac{1}{2}(1^2-0^2)=\frac{1}{2}+\frac{1}{2}=1$

(4) $\int_0^2 e^x dx=[e^x]_0^2=e^2-e^0=e^2-1$

■

연습문제 EXERCISES

01. 다음 정적분을 구하여라.

(1) $\int_{1}^{2} 3\,dx$

(2) $\int_{0}^{2} x^3\,dx$

(3) $\int_{-1}^{1} x\,dx$

(4) $\int_{1}^{3} 3x^{\frac{1}{2}}\,dx$

(5) $\int_{-1}^{1} |x|\,dx$

(6) $\int_{-3}^{-1} |x+2|\,dx$

02. 다음 적분을 간단히 표현하여라.

(1) $\int_{-2}^{0} x\,dx + \int_{0}^{1} x\,dx$

(2) $\int_{6}^{1} x^2 dx - \int_{6}^{3} x^2 dx$

(3) $\int_{1}^{5} f(x)\,dx - \int_{3}^{5} f(x)dx$

03. 다음 함수의 도함수를 구하여라.

(1) $f(x) = \int_{1}^{x} (t^2+1)^3 dt$

(2) $f(x) = \int_{0}^{5x+1} \frac{1}{t^2-5} dt$

CALCULUS

4.4 여러 가지 적분법

1 치환적분법

피적분함수에 합성함수가 포함된 경우 단순한 형태로 변형하여 적분하는 방법을 소개한다.

$\int f(g(x))g'(x)dx$ 형태의 적분은 먼저 $g(x)$를 u로 치환해서 양변을 x에 대하여 미분하면, 즉 $u=g(x)$이므로 $\frac{du}{dx}=g'(x)$이고 $du=g'(x)dx$를 얻게 된다.

그러므로 위 적분은

$$\int f(g(x))g'(x)dx=\int f(u)du$$

가 되어서 u에 관한 간단한 적분형태로 변형할 수 있다.

다음은 주어진 부정적분을 치환적분법을 이용한 여러 가지 예이다.

예제 1

$\int (x^2+2x-1)^3(2x+2)dx$를 구하여라.

풀이 $u=x^2+2x-1$로 치환하면 $du=(2x+2)dx$이고, 따라서

$$\begin{aligned}\int (x^2+2x-1)^3(2x+2)dx=\int u^3du&=\frac{1}{4}u^4+c\\&=\frac{1}{4}(x^2+2x-1)^4+c.\end{aligned}$$

■

예제 2

$\int \sqrt{x^2+2x+3}\,(x+1)dx$를 구하여라.

풀이 $u = x^2 + 2x + 3$ 로 치환하면

$$du = (2x+2)dx, \ \frac{1}{2}du = (x+1)dx$$

를 얻는다. 그러므로

$$\begin{aligned} \int \sqrt{x^2+2x+3}\,(x+1)dx &= \frac{1}{2}\int \sqrt{u}\,du \\ &= \frac{1}{2}\int u^{\frac{1}{2}}du = \frac{1}{2}\cdot\frac{2}{3}u^{\frac{3}{2}} + C \\ &= \frac{1}{3}(x^2+2x+3)^{\frac{3}{2}} + C \quad (C : \text{상수}) \end{aligned}$$

■

예제 3

$\int x\sqrt{x+1}\,dx$ 를 구하여라.

풀이 $u = x+1$ 로 치환하면 $du = dx$ 이므로 $dx = du$ 가 되고 $x = u-1$ 로 표현된다. 그러므로

$$\begin{aligned} \int x\sqrt{x+1}\,dx &= \int (u-1)\sqrt{u}\,du = \int u\sqrt{u}\,du - \int \sqrt{u}\,du \\ &= \int u^{\frac{3}{2}}du - \int u^{\frac{1}{2}}du = \frac{2}{5}u^{\frac{5}{2}} - \frac{2}{3}u^{\frac{3}{2}} + C \\ &= \frac{2}{5}(x+1)^{\frac{5}{2}} - \frac{2}{3}(x+1)^{\frac{3}{2}} + C \end{aligned}$$

■

예제 4

$\int e^{3x+1}dx$ 를 구하여라.

풀이 $u = 3x+1$ 로 치환하자. 양변을 미분하면 $du = 3\,dx$ 이고

$$\int e^{3x+1}dx = \int e^u \cdot \frac{1}{3}du = \frac{1}{3}\int e^u du = \frac{1}{3}e^u + C = \frac{1}{3}e^{3x+1} + C$$

■

예제 5

$\int xe^{x^2}dx$ 를 구하여라.

풀이 $u=x^2$ 이라고 하면, $du=2x\,dx$ 이고 $\frac{1}{2}du=x\,dx$ 를 얻게 된다. 그러므로

$$\int xe^{x^2}dx=\frac{1}{2}\int e^u du=\frac{1}{2}e^u+C=\frac{1}{2}e^{x^2}+C$$

■

예제 6

$\int \frac{x^2}{x^3+1}dx$ 를 구하여라.

풀이 $u=x^3+1$ 이라고 하면, $du=3x^2dx$ 이고 $\frac{1}{3}du=x^2dx$ 가 된다. 그러므로

$$\int \frac{x^2}{x^3+1}dx=\frac{1}{3}\int \frac{1}{u}du=\frac{1}{3}\ln|u|+C=\frac{1}{3}\ln|x^3+1|+C$$

■

예제 7

$\int \frac{2x-3}{(x^2-3x-1)^3}dx$ 를 구하여라.

풀이 $u=x^2-3x-1$ 로 치환하면, $du=(2x-3)dx$ 를 얻게 된다. 그러므로

$$\int \frac{2x-3}{(x^2-3x-1)^3}dx=\int \frac{1}{u^3}du=\int u^{-3}du=-\frac{1}{2}u^{-2}+C$$

$$=-\frac{1}{2(x^2-3x-1)^2}+C$$

■

예제 8

$\int \cos(2x)dx$ 를 구하여라.

풀이

$u=2x$ 로 치환하면, $du=2dx$ 이다. 그러므로

$$\begin{aligned}\int \cos(2x)dx &= \frac{1}{2}\int \cos u\, du = \frac{1}{2}\sin u + C \\ &= \frac{1}{2}\sin(2x) + C\end{aligned}$$

■

예제 9

$\int \frac{\cos x}{\sin x}dx$ 를 구하여라.

풀이

$u=\sin x$ 로 치환하면 $du=\cos x\, dx$ 이고

$$\int \frac{\cos x}{\sin x}dx = \int \frac{1}{u}du = \ln|u| + C = \ln|\sin x| + C$$

■

2 부분적분법

피적분함수가 두 함수의 곱의 형태인 경우에 사용하는 적분법이다. 미분가능한 두 함수 $u(x)$와 $v(x)$에 대하여

$$\begin{aligned}\frac{d(u(x)v(x))}{dx} &= \frac{d(u(x))}{dx}v(x) + u(x)\frac{d(v(x))}{dx} \\ &= u'(x)v(x) + u(x)v'(x)\end{aligned}$$

이므로 양변을 x 에 대하여 적분하면

$$u(x)v(x) = \int u'(x)v(x)dx + \int u(x)v'(x)dx$$

를 얻는다. 위 식을 정리하면 다음의 부분적분법 공식을 얻게 된다.

$$\int u(x)v'(x)dx = u(x)v(x) - \int u'(x)v(x)dx$$

$$\int_a^b u(x)v'(x)dx = [u(x)v(x)]_a^b - \int_a^b u'(x)v(x)dx$$

예제 1

$\int xe^x\,dx$ 를 구하여라.

풀이 $u = x,\ v' = e^x$ 로 놓으면 $u' = 1,\ v = e^x$ 이므로

$$\int x\,e^x dx = xe^x - \int e^x\,dx = xe^x - e^x + C$$

■

예제 2

$\int x\ln x\,dx$ 를 구하여라.

풀이 $u = \ln x,\ v' = x$ 로 놓으면 $u' = \dfrac{1}{x},\ v = \dfrac{1}{2}x^2$ 이므로

$$\begin{aligned}\int x\ln x\,dx &= \frac{1}{2}\ln x\cdot x^2 - \frac{1}{2}\int \frac{1}{x}x^2 dx \\ &= \frac{1}{2}x^2\ln x - \frac{1}{4}x^2 + C\end{aligned}$$

■

예제 3

$\int_0^{\frac{\pi}{2}} x\cos x\,dx$ 를 구하여라.

풀이 $u = x,\ v' = \cos x$ 로 놓으면 $u' = 1,\ v = \sin x$ 이므로

$$\begin{aligned}\int_0^{\frac{\pi}{2}} x\cos x\,dx &= [x\sin x]_0^{\frac{\pi}{2}} - \int_0^{\frac{\pi}{2}} \sin x\,dx \\ &= [x\sin x]_0^{\frac{\pi}{2}} + [\cos x]_0^{\frac{\pi}{2}} = \frac{\pi}{2} - 1\end{aligned}$$

■

예제 4

$\int_0^{\pi} e^x \sin x\,dx$ 를 구하여라.

풀이 $u = e^x$, $v' = \sin x$로 놓으면 $u' = e^x$, $v = -\cos x$ 이므로

$$\int_0^{\pi} e^x \sin x\, dx = -[e^x \cos x]_0^{\pi} + \int_0^{\pi} e^x \cos x\, dx$$

두 번째 항 $\int_0^{\pi} e^x \cos x\, dx$를 다시 부분적분법에 의하여 구하자. $u = e^x$, $v' = \cos x$ 로 놓으면 $u' = e^x$ 이고 $v = \sin x$ 이다. 그러므로

$$\int_0^{\pi} e^x \cos x\, dx = [e^x \sin x]_0^{\pi} - \int_0^{\pi} e^x \sin x\, dx$$

를 위 식에 대입하면

$$\int_0^{\pi} e^x \sin x\, dx = -[e^x \cos x]_0^{\pi} + [e^x \sin x]_0^{\pi} - \int_0^{\pi} e^x \sin x\, dx$$

이고,

$$2\int_0^{\pi} e^x \sin x\, dx = 1 + e^{\pi}$$

이므로

$$\int_0^{\pi} e^x \sin x\, dx = \frac{1}{2}(1 + e^{\pi})$$

를 얻게 된다. ■

예제 5

$\int \ln x\, dx$ 를 구하여라.

풀이 $u = \ln x$, $v' = 1$로 놓으면 $u' = \frac{1}{x}$, $v = x$ 이므로

$$\int \ln x\, dx = \ln x \cdot x - \int \frac{1}{x} \cdot x\, dx = x\ln x - \int 1dx = x\ln x - x + c$$

■

예제 6

$\int x^2 e^x\, dx$ 를 구하여라.

풀이 $u = x^2$, $v' = e^x$ 로 놓으면, $u' = 2x$, $v = e^x$ 이므로

$$\int x^2 e^x\, dx = x^2 e^x - 2\int x e^x\, dx .$$

여기서 $\int xe^x\, dx$를 다시 부분적분법에 의하여 구하면, 즉 $u = x$, $v' = e^x$ 로 놓으면 $u' = 1$ 이고 $v = e^x$ 이므로

$$\int xe^x\, dx = xe^x - \int e^x\, dx = x e^x - e^x + C$$

을 얻게 된다. 그러므로 이 식을 위의 원래 식에 대입하면

$$\int x^2 e^x\, dx = x^2 e^x - 2(xe^x - e^x) + C = x^2 e^x - 2xe^x + 2e^x + C$$

■

3 삼각함수의 곱의 적분

여기서는 피적분함수가 삼각함수의 곱으로 표현될 때 다른 함수로 치환하여 적분값을 구하는 방법을 소개하도록 하겠다.

첫 번째로 피적분함수가 $\sin^m x \cos^n x$ $(m,\ n > 0)$ 형태인 경우를 생각해 보자.

예제 1

$\int \sin x \cos x\, dx$ 를 구하여라.

풀이 $u = \sin x$ 로 치환하면 $du = \cos x\, dx$ 이므로

$$\int \sin x \cos x\, dx = \int u\, du = \frac{1}{2}u^2 + C = \frac{1}{2}\sin^2 x + C$$

일 $u = \cos x$ 로 치환하여도 같은 답을 얻게 되는데, $du = -\sin x\, dx$ 이므로

$$\begin{aligned}\int \sin x \cos x\, dx &= -\int u\, du = -\frac{1}{2}u^2 + C_1 = -\frac{1}{2}\cos^2 x + C_1 \\ &= -\frac{1}{2}(1 - \sin^2 x) + C_1 = \frac{1}{2}\sin^2 x - \frac{1}{2} + C_1 \\ &= \frac{1}{2}\sin^2 x + C \quad \left(C = C_1 - \frac{1}{2}\right)\end{aligned}$$

■

예제 2

$\int \sin^2 x \cos x \, dx$ 를 구하여라.

풀이 $u = \sin x$ 로 치환하면 $du = \cos x \, dx$ 이므로

$$\int \sin^2 x \cos x \, dx = \int u^2 \, du = \frac{1}{3}u^3 + C = \frac{1}{3}\sin^3 x + C$$

■

예제 3

$\int \sin^2 x \cos^2 x \, dx$ 를 구하여라.

풀이

$$\begin{aligned}\int \sin^2 x \cos^2 x \, dx &= \int \frac{1-\cos(2x)}{2} \cdot \frac{1+\cos(2x)}{2} dx \\ &= \frac{1}{4}\int (1-\cos^2(2x)) dx \\ &= \frac{1}{4}\int 1 dx - \frac{1}{4}\int \cos^2(2x) dx \\ &= \frac{1}{4}\int 1 dx - \frac{1}{4}\int \frac{1+\cos(4x)}{2} dx\end{aligned}$$

두 번째 항을 적분하면

$$\begin{aligned}\int \frac{1+\cos(4x)}{2} dx &= \frac{1}{2}\int 1 dx + \frac{1}{2}\int \cos(4x) dx \\ &= \frac{1}{2}x + \frac{1}{8}\sin(4x) + C\end{aligned}$$

(적분 계산 때 나타나는 모든 적분 상수들의 합을 C로 쓰겠다)이므로

$$\begin{aligned}\int \sin^2 x \cos^2 x \, dx &= \frac{1}{4}x - \frac{1}{8}x - \frac{1}{32}\sin(4x) + C \\ &= \frac{1}{8}x - \frac{1}{32}\sin(4x) + C\end{aligned}$$

■

예제 4

$\int \sin^2 x \cos^3 x \, dx$ 를 구하여라.

풀이

$$\begin{aligned}\cos^3 x &= \cos^2 x \cdot \cos x = (1-\sin^2 x)\cos x \\ &= \cos x - \sin^2 x \cos x\end{aligned}$$

를 얻을 수 있다. 따라서

$$\begin{aligned}\int \sin^2 x \cos^3 x\, dx &= \int \sin^2 x(\cos x - \sin^2 x \cos x)dx \\ &= \int \sin^2 x \cos x\, dx - \int \sin^4 x \cos x\, dx\end{aligned}$$

를 계산하면 된다. 첫 번째 항의 적분은 위 예제에서 다루었기에 계산과정을 생략하며 사실 두 번째 항의 계산 과정도 동일한 방법으로 풀면 될 것이다. 그래서 $\int \sin^4 x \cos x\, dx$ 를 계산해 보면 $u = \sin x$ 로 치환하고 $du = \cos x\, dx$ 이므로

$$\int \sin^4 x \cos x\, dx = \int u^4 du = \frac{1}{5}u^5 + C = \frac{1}{5}\sin^5 x + C$$

가 된다. 그러므로

$$\int \sin^2 x \cos^3 x\, dx = \frac{1}{3}\sin^3 x - \frac{1}{5}\sin^5 x + C$$

이다. ■

두 번째는 피적분 함수가 $\sec^m x \tan^n x\ (m, n > 0)$형태인 경우이다.

예제 5

$\int \sec x dx$ 를 구하여라.

풀이

분모, 분자에 $\sec x + \tan x$ 를 곱하고 곱한 함수를 u 로 치환하면, 즉 $u = \sec x + \tan x$.

$$du = (\sec x \tan x + \sec^2 x)dx = \sec x(\sec x + \tan x)dx$$

를 얻게 되어서

$$\int \sec x\, dx = \int \frac{\sec x(\sec x + \tan x)}{\sec x + \tan x}dx$$

$$\int \frac{1}{u}du = \ln|\sec x + \tan x| + C$$

■

예제 6

$\int \sec^2 x \tan x \, dx$ 를 구하여라.

풀이 $u = \sec x$ 로 치환하면 $du = \sec x \tan x \, dx$ 이므로

$$\int \sec^2 x \tan x \, dx = \int u du = \frac{1}{2}u^2 + C = \frac{1}{2}\sec^2 x + C$$

또는 $u = \tan x$ 로 치환하면 $du = \sec^2 x \, dx$ 이므로

$$\int \sec^2 x \tan x \, dx = \int u du = \frac{1}{2}u^2 + C = \frac{1}{2}\tan^2 x + C$$

이때 $1 + \tan^2 x = \sec^2 x$ 이므로 첫 번째와 같은 결과를 얻게 된다. ■

예제 7

$\int \sec^3 x \tan x \, dx$ 를 구하여라.

풀이 $\int \sec^2 x \sec x \tan x \, dx$ 로 나누어 생각하자. 이때 $u = \sec x$ 로 치환하면 $du = \sec x \tan x \, dx$ 이므로

$$\int \sec^3 x \tan x \, dx = \int u^2 du = \frac{1}{3}u^3 + C = \frac{1}{3}\sec^3 x + C$$

■

예제 8

$\int \sec x \tan^3 x \, dx$ 를 구하여라.

풀이

$$\int \sec x \tan^3 x \, dx = \int \sec x (\sec^2 x - 1) \tan x \, dx$$

이므로 $u = \sec x$ 라 치환하면 $du = \sec x \tan x \, dx$ 이고

$$\begin{aligned}\int (\sec^2 x - 1) \sec x \tan x \, dx &= \int (u^2 - 1) du \\ &= \frac{1}{3}u^3 - u + C = \frac{1}{3}\sec^3 x - \sec x + C\end{aligned}$$

이다. ■

예제 9

$\int \sec^3 x\,dx$ 를 구하여라.

풀이 $\int \sec^3 x\,dx = \int \sec x \sec^2 x\,dx$ 에서 $u = \sec x$, $v' = \sec^2 x$ 로 놓으면 $u' = \sec x \tan x$, $v = \tan x$ 이므로 부분적분법을 이용하면

$$\begin{aligned}\int \sec^3 x\,dx &= \sec x \tan x - \int \sec x \tan^2 x\,dx \\ &= \sec x \tan x - \int \sec x\,(\sec^2 x - 1)\,dx \\ &= \sec x \tan x - \int \sec^3 x\,dx + \int \sec x\,dx\end{aligned}$$

그러므로

$$\int \sec^3 x\,dx = \frac{1}{2}\sec x \tan x + \frac{1}{2}\int \sec x\,dx\,.$$

앞 예제에서 계산한 $\int \sec x\,dx = \ln|\sec x + \tan x| + C$ 를 위 식에 대입하면

$$\int \sec^3 x\,dx = \frac{1}{2}\sec x \tan x + \frac{1}{2}\ln|\sec x + \tan x| + C$$

를 얻게 된다. ■

4 삼각치환법

삼각치환법은 피적분함수에 $\sqrt{a^2 - x^2}$, $\sqrt{a^2 + x^2}$, $\sqrt{x^2 + a^2}$ $(a > 0)$ 중의 한 형태로 나타나는 경우 이용되는 적분법이다. 이때 피적분함수는 삼각함수로 치환된다.

(가) $\sqrt{a^2 - x^2}$ 형 $(a > 0)$

다음 모양의 직각삼각형을 생각해 보자.

$$0 < \cos\theta = \frac{\sqrt{a^2 - x^2}}{a}\left(0 \le \theta \le \frac{\pi}{2}\right)$$

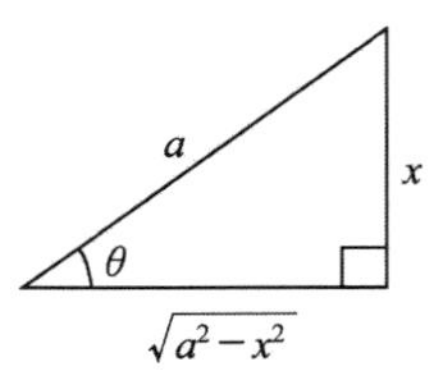

그림 4.4.1

이므로 $a\cos\theta = \sqrt{a^2 - x^2}$ 이고, $x = a\sin\theta$ 이므로

$dx = a\cos\theta\, d\theta$ 이다. 그러므로

$$\int \sqrt{a^2 - x^2}\, dx = \int a\cos\theta \cdot a\cos\theta\, d\theta = \int a^2\cos^2\theta d\theta$$

를 계산하면 된다.

예제 1

$\int \sqrt{1-x^2}\, dx$를 구하여라.

풀이

그림 4.4.2를 이용하면 $\cos\theta = \sqrt{1-x^2}$ 이고 $x = \sin\theta$ 이므로 $dx = \cos\theta\, d\theta$ 이다. 그러므로

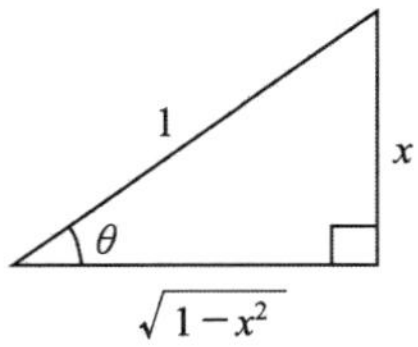

그림 4.4.2

$$\begin{aligned}\int \sqrt{1-x^2}\, dx &= \int \cos\theta \cos\theta\, d\theta \\ &= \int \cos^2\theta\, d\theta = \int \frac{1+\cos(2\theta)}{2} d\theta \\ &= \frac{1}{2}\theta + \frac{1}{2}\int \cos(2\theta) d\theta\end{aligned}$$

$\int \cos(2\theta)\, d\theta$ 를 치환적분법에 의하여 계산하면 $u = 2\theta$ 로 치환하고 $du = 2d\theta$ 이므로

$$\int \cos(2\theta)\, d\theta = \frac{1}{2}\int \cos u\, du = \frac{1}{2}\sin u + C = \frac{1}{2}\sin(2\theta) + C$$

그러므로

$$\begin{aligned}\int \sqrt{1-x^2}\, dx &= \frac{1}{2}\theta + \frac{1}{4}\sin(2\theta) + C \\ &= \frac{1}{2}\theta + \frac{1}{2}\sin\theta\cos\theta + C \\ &= \frac{1}{2}\sin^{-1}x + \frac{1}{2}x\sqrt{1-x^2} + C\end{aligned}$$

($\cos\theta = \sqrt{1-x^2}$ 이므로) ■

예제 2

$\int \sqrt{4-x^2}\, dx$ 를 구하여라.

풀이

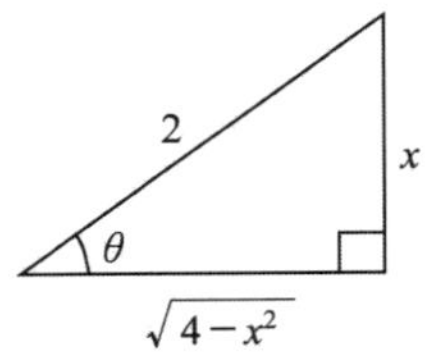

그림 4.4.3

그림 4.4.3을 통해 살펴보면 $\cos\theta = \dfrac{\sqrt{4-x^2}}{2}$ 이므로 $2\cos\theta = \sqrt{4-x^2}$ 이고 $x = 2\sin\theta$ 이다. 그러므로

$$\begin{aligned}\int \sqrt{4-x^2}\,dx &= \int 2\cos\theta \cdot 2\cos\theta\,d\theta \\ &= 4\int \cos^2\theta\,d\theta = 4\int \frac{1+\cos(2\theta)}{2}\,d\theta \\ &= 2\theta + \sin(2\theta) + C = 2\theta + 2\sin\theta\cos\theta + C\end{aligned}$$

여기서 $x = 2\sin\theta$ 이므로

$$\theta = \sin^{-1}\frac{x}{2},\ \cos\theta = \frac{\sqrt{4-x^2}}{2}$$

을 얻는다. 그래서

$$\int \sqrt{4-x^2}\,dx = 2\sin^{-1}\frac{x}{2} + \frac{x\sqrt{4-x^2}}{2} + C$$

■

예제 3

$\int \sqrt{3-2x^2}\,dx$ 를 구하여라.

풀이

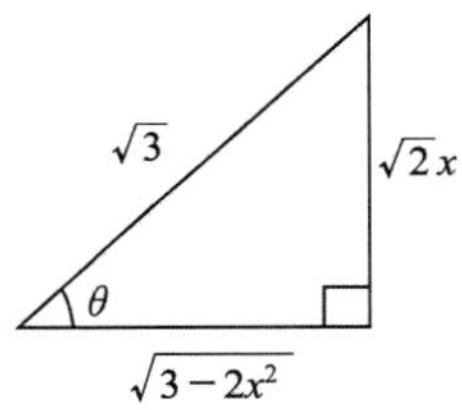

그림 4.4.4

그림 4.4.4와 같은 그림을 생각해보자.

$\cos\theta = \dfrac{\sqrt{3-2x^2}}{\sqrt{3}}$ 이므로 $\sqrt{3}\cos\theta = \sqrt{3-2x^2}$ 이고,

$\sin\theta = \sqrt{\dfrac{2}{3}}\,x$ 이므로 $x = \sqrt{\dfrac{3}{2}}\sin\theta$ 이다. 그러므로

$$\begin{aligned}\int \sqrt{3-2x^2}\,dx &= \int \sqrt{3}\cos\theta\sqrt{\frac{3}{2}}\cos\theta\,d\theta \\ &= \frac{3}{\sqrt{2}}\int \cos^2\theta\,d\theta = \frac{3}{2\sqrt{2}}\int (1+\cos(2\theta))d\theta \\ &= \frac{3\sqrt{2}}{4}\theta + \frac{3\sqrt{2}}{8}\sin(2\theta) + C \\ &= \frac{3\sqrt{2}}{4}\theta + \frac{3\sqrt{2}}{4}\sin\theta\cos\theta + C \\ &= \frac{3\sqrt{2}}{4}\sin^{-1}\sqrt{\frac{2}{3}}\,x + \frac{x}{2}\sqrt{3-2x^2} + C\end{aligned}$$

■

(나) $\sqrt{a^2+x^2}$ **형**

다음 그림을 이용해 보도록 하자.

$\sec\theta = \dfrac{1}{\cos\theta} = \dfrac{\sqrt{a^2+x^2}}{a}$ 이므로 $a\sec\theta = \sqrt{a^2+x^2}$ 이고

$\tan\theta = \dfrac{x}{a}$ 이므로 $x = a\tan\theta$ 이며 $dx = a\sec^2\theta\, d\theta$ 이다. 그러므로

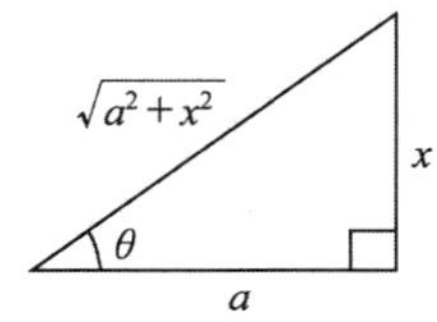

그림 4.4.5

$$\int \sqrt{a^2+x^2}\,dx = \int a\sec\theta \cdot a\sec^2\theta\, d\theta = a^2\int \sec^3\theta\, d\theta$$

를 계산하면 된다. 예제 9에 의하여

$$\int \sec^3\theta d\theta = \frac{1}{2}\sec\theta\tan\theta + \frac{1}{2}\ln|\sec\theta+\tan\theta| + C$$

이다. 그림 4.4.5로부터

$$\begin{aligned}\int \sqrt{a^2+x^2}\,dx &= a^2\int \sec^3\theta d\theta \\ &= a^2\left(\frac{x\sqrt{a^2+x^2}}{2a^2} + \frac{1}{2}\ln\left(\frac{x+\sqrt{a^2+x^2}}{a}\right)\right) + C \\ &= \frac{x\sqrt{a^2+x^2}}{2} + \frac{a^2}{2}\ln\left(\frac{x+\sqrt{a^2+x^2}}{a}\right) + C\end{aligned}$$

예제 4

$\displaystyle\int \frac{1}{\sqrt{3+x^2}}dx$ 를 구하여라.

풀이

$x = \sqrt{3}\tan\theta$ 라 놓으면 $dx = \sqrt{3}\sec^2\theta d\theta$ 이다.

$$\begin{aligned}\int \frac{1}{\sqrt{3+x^2}}dx &= \int \frac{1}{\sqrt{3}\cdot\sec\theta}\sqrt{3}\,sec^2\theta d\theta \\ &= \int \sec\theta d\theta = \ln|\sec\theta+\tan\theta| + C\end{aligned}$$

그림 4.4.5에서 a를 3으로 놓으면

$$\int \frac{1}{\sqrt{3+x^2}}dx = \ln\left(\frac{\sqrt{3+x^2}+x}{\sqrt{3}}\right) + C$$

(다) $\sqrt{x^2-a^2}$ **형**

그림 4.4.6에서 $\cos\theta = \dfrac{a}{x}$ 이므로 $\sec\theta = \dfrac{x}{a}$ 이며, $x = a\sec\theta$ 이다.

또한 $\tan\theta = \dfrac{\sqrt{x^2-a^2}}{a}$ 이므로 $\sqrt{x^2-a^2} = a\tan\theta$ 를 얻는다.

그러므로

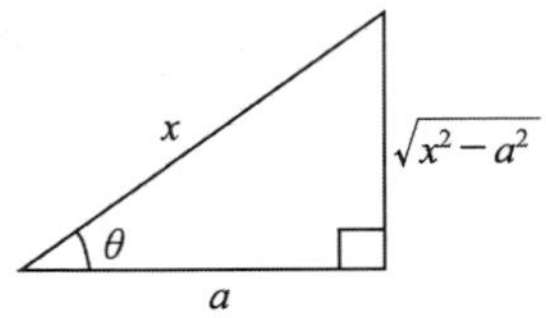

그림 4.4.6

$$\int \sqrt{x^2-a^2}\,dx = \int a\tan\theta \cdot a\sec\theta\tan\theta\,d\theta$$

$$\begin{aligned} a^2\int \sec\theta\tan^2\theta\,d\theta &= a^2\int \sec\theta(\sec^2\theta-1)d\theta \\ &= a^2\int(\sec^3\theta-\sec\theta)d\theta \\ &= \frac{a^2}{2}(\sec\theta\tan\theta+\ln|\sec\theta+\tan\theta|) \\ &\quad -a^2\ln|\sec\theta+\tan\theta|+\widetilde{C} \\ &= \frac{a^2}{2}\sec\theta\tan\theta-\frac{a^2}{2}\ln|\sec\theta+\tan\theta|+\widetilde{C} \end{aligned}$$

그림 4.4.6에 의하여

$$\int \sec\theta\tan^2\theta = \frac{x\sqrt{x^2-a^2}}{2}-\frac{a^2}{2}\ln\left|\frac{x+\sqrt{x^2-a^2}}{a}\right|+C,\ \ C=\frac{\widetilde{C}}{a^2}$$

예제 5

$\displaystyle\int \sqrt{x^2-3}\,dx$ 를 구하여라.

풀이 그림 4.4.7에서 $\sqrt{3}\tan\theta = \sqrt{x^2-3}$ 이고 $\dfrac{x}{\sqrt{3}} = \sec\theta$ 이므로 $x = \sqrt{3}\sec\theta$ 이고 $dx = \sqrt{3}\sec\theta\tan\theta\,d\theta$ 이다. 그러므로

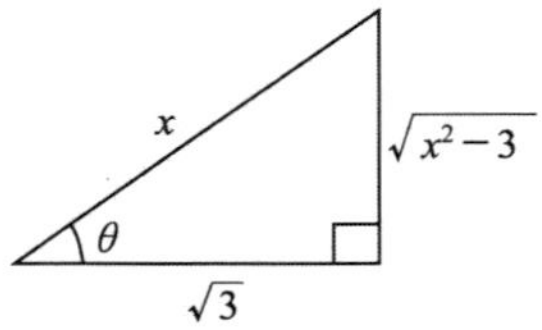

그림 4.4.7

$$\int \sqrt{x^2-3}\,dx = \int \sqrt{3}\tan\theta \cdot \sqrt{3}\sec\theta\tan\theta\,d\theta$$

$$= 3\int \tan^2\theta\sec\theta\,d\theta = \frac{x\sqrt{x^2-3}}{2} - \frac{3}{2}\ln\left|\frac{x+\sqrt{x^2-3}}{\sqrt{3}}\right| + C$$ ■

예제 6

$\int \frac{1}{\sqrt{x^2+2x-1}}dx$ 를 구하여라.

풀이

$\sqrt{x^2+2x-1} = \sqrt{(x+1)^2-2}$ 이므로 그림 4.4.8을 이용하면 $\sqrt{2}\tan\theta = \sqrt{(x+1)^2-2}$ 이고 $\sqrt{2}\sec\theta = x+1$ 이므로 $x = \sqrt{2}\sec\theta - 1$ 이며 $dx = \sqrt{2}\sec\theta\tan\theta\,d\theta$ 를 얻게 된다. 그러므로

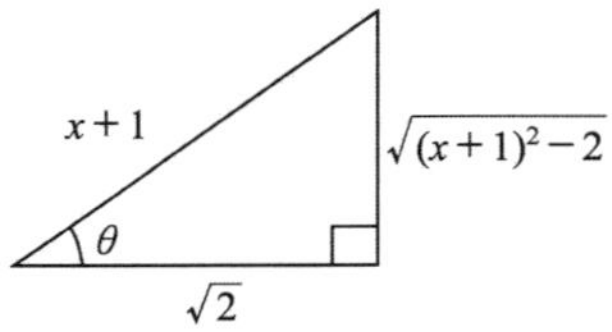

그림 4.4.8

$$\int \frac{1}{\sqrt{x^2+2x-1}}dx = \int \frac{\sqrt{2}\sec\theta\tan\theta}{\sqrt{2}\tan\theta}d\theta$$

$$= \int \sec\theta\,d\theta = \ln|\sec\theta + \tan\theta| + c$$

$$= \ln\left|\frac{x+1}{\sqrt{2}} + \frac{\sqrt{x^2+2x-1}}{\sqrt{2}}\right| + c$$

$$= \ln\left|\frac{(x+1)+\sqrt{x^2+2x-1}}{\sqrt{2}}\right| + c$$

■

5 분수함수의 적분법

함수 $f(x)$와 $g(x)$가 다항식이고, $f(x)$의 차수가 $g(x)$의 차수보다 큰 경우 $\frac{g(x)}{f(x)}$ 형태의 함수를 **분수함수**라 한다. 이와 같이 피적분함수가 분수함수인 경우는 부분분수의 합으로 분해하여 각각을 적분하게 된다. 다음은 부분분수로 분해하는 방법에 대하여 설명하겠다. 분수함수 $\frac{g(x)}{f(x)}$가 기약분수식이라고 가정하자.

첫째, $\frac{g(x)}{f(x)} = \frac{g(x)}{(ax+b)^n(cx^2+dx+e)^m}$ $(n, m \geq 1,\ a,\ b,\ c,\ d,\ e$는 상수)로 인수분해가 되고 cx^2+dx+e가 더 이상 인수분해가 안된다면 위 식은 다음과 같이 부분분수로 분해할 수 있다.

$$\frac{A_1}{(ax+b)} + \frac{A_2}{(ax+b)^2} + \cdots + \frac{A_n}{(ax+b)^n}$$
$$+ \frac{B_1x+C_1}{(cx^2+dx+e)} + \cdots + \frac{B_mx+C_m}{(cx^2+dx+e)^m}$$

둘째, 부분분수식을 통분하여 얻게 되는 분자식과 함수 $g(x)$의 계수를 비교하여 상수 A_i, B_j, C_j $(1 \leq i \leq n,\ 1 \geq j \leq m)$을 얻는다. 이때 적분공식에 의하여 $\int \frac{1}{x}dx = \ln|x| + C$임을 알고 있으므로 $\int \frac{1}{ax}dx$의 적분은 치환적분법에 의하여, 즉 $u = ax$로 치환하면 $du = adx$이므로

$$\int \frac{1}{ax}dx = \frac{1}{a}\int \frac{1}{u}dx = \frac{1}{a}\ln|ax| + C$$

를 얻게 된다. 또한 $\int \frac{1}{ax+b}dx$도 $ax+b$를 u로 치환하여 풀면 $du = adx$이므로 $\int \frac{1}{ax+b}dx = \frac{1}{a}\ln|ax+b| + C$를 얻게 된다. $\int \frac{1}{(ax+b)^n}dx$의 적분도 위와 같은 방법으로 쉽게 계산할 수 있다.

분모가 인수분해 안되는 이차식인 경우는, 즉 $\int \frac{Bx+C}{(cx^2+dx+e)^m}dx$, 분모를 치환하거나 또는 완전제곱형태로 변형하여 삼각치환법으로 적분값을 구할 수 있다. 몇 가지 예를 통하여 자세히 설명하도록 한다.

예제 1

$\int \frac{1}{x(x-1)}dx$를 구하여라.

풀이

$$\frac{1}{x(x-1)} = \frac{A}{x} + \frac{B}{x-1}$$

로 분해되므로 이 식은 $1 = A(x-1) + Bx$를 만족한다. 계수비교법에 의하여 $A+B=0$, $A=-1$이므로 $B=1$이다. 그러므로

$$\int \frac{1}{x(x-1)}dx = -\int \frac{1}{x}dx + \int \frac{1}{x-1}dx$$
$$= -\ln|x| + \ln|x-1| + C$$

예제 2

$\int \frac{1}{x^3+x^2}dx$ 를 구하여라.

풀이

$$\frac{1}{x^3+x^2} = \frac{1}{x^2(x+1)} = \frac{A}{x} + \frac{B}{x^2} + \frac{C}{x+1}$$

로 분해되고

$$\frac{1}{x^2(x+1)} = \frac{Ax(x+1)+B(x+1)+Cx^2}{x^2(x+1)}$$

이 되어야 하므로 $1=(A+C)x^2+(A+B)x+B$ 으로부터 연립방정식 $A+C=0$, $A+B=0$, $B=1$을 풀면 $A=-1$, $C=1$을 얻는다. 그러므로

$$\int \frac{1}{x^3+x^2}dx = -\int \frac{1}{x}dx + \int \frac{1}{x^2}dx + \int \frac{1}{x+1}dx$$
$$= -\ln|x| - \frac{1}{x} + \ln|x+1| + C$$

예제 3

$\int \frac{1}{x(x+1)^2}dx$ 를 구하여라.

풀이

$$\frac{1}{x(x+1)^2} = \frac{A}{x} + \frac{B}{x+1} + \frac{C}{(x+1)^2}$$

로 분해하면 $1=A(x+1)^2+Bx(x+1)+Cx$를 만족하는 A, B, C를 찾자. $1=(A+B)x^2+(2A+B+C)x+A$로부터 연립방정식 $A+B=0$, $2A+B+C=0$, $A=1$을 풀면 $B=-1$, $C=-1$을 얻게 된다. 그러므로

$$\int \frac{1}{x(x+1)^2}dx = \int \frac{1}{x}dx - \int \frac{1}{x+1}dx - \int \frac{1}{(x+1)^2}dx$$
$$= \ln|x| - \ln|x+1| - \frac{1}{x+1} + C$$

예제 4

$\int \frac{1}{1+x^3}dx$를 구하여라.

풀이

$$\int \frac{1}{1+x^3}dx = \int \frac{1}{(1+x)(1-x+x^2)}dx$$

부분분수로 분해를 하면

$$\frac{1}{1+x^3} = \frac{A}{1+x} + \frac{Bx+C}{1-x+x^2}$$

$$1 = A(1-x+x^2) + (1+x)(Bx+C)$$
$$= (A+B)x^2 + (-A+B+C)x + (A+C)$$

이때 계수를 비교하면 $A+B=0, -A+B+C=0$, $A+C=1$을 얻을 수 있고 연립해서 풀면 $A=\frac{1}{3}, B=-\frac{1}{3}, C=\frac{2}{3}$이다.

$$\int \frac{1}{1+x^3}dx = \frac{1}{3}\int \frac{1}{1+x}dx - \frac{1}{3}\int \frac{x-2}{1-x+x^2}dx$$
$$= \frac{1}{3}\ln|1+x| + C_1 - \frac{1}{3}\int \frac{x-2}{1-x+x^2}dx \quad (C_1 : 상수)$$

$\int \frac{x-2}{1-x+x^2}dx$를 A라고 놓고 풀면

$$A = \frac{1}{2}\int \frac{2(x-2)}{1-x+x^2}dx = \frac{1}{2}\int \frac{(2x-1)-3}{1-x+x^2}dx$$
$$= \frac{1}{2}\int \frac{2x-1}{1-x+x^2}dx - \frac{3}{2}\int \frac{1}{1-x+x^2}dx$$

첫 번째 식에서 $1-x+x^2=u$로 치환하면

$$\int \frac{2x-1}{1-x+x^2}dx = \int \frac{1}{u}du = \ln|u| + C_2$$
$$= \ln|1-x+x^2| + C_2 \quad (C_2 : 상수)$$이 된다.

두 번째 식 $\int \frac{1}{1-x+x^2}dx$를 계산해 보자. 먼저 분모를 완전제곱꼴로 변형하면

$$1-x+x^2 = \left(x^2-x+\frac{1}{4}\right)+\frac{3}{4} = \left(x-\frac{1}{2}\right)^2+\frac{3}{4}$$

이고

$$\int \frac{1}{1-x+x^2}dx = \int \frac{1}{\left(x-\frac{1}{2}\right)^2+\frac{3}{4}}dx = \frac{4}{3}\int \frac{1}{\frac{4}{3}\left(x-\frac{1}{2}\right)^2+1}dx$$

$$= \frac{4}{3}\int \frac{1}{\left\{\frac{2}{\sqrt{3}}\left(x-\frac{1}{2}\right)\right\}^2+1}dx$$

$X = \frac{2}{\sqrt{3}}\left(x-\frac{1}{2}\right)$라 놓으면 $dX = \frac{2}{\sqrt{3}}dx$ 이므로

$$\int \frac{1}{\left\{\frac{2}{\sqrt{3}}\left(x-\frac{1}{2}\right)\right\}^2+1}dx = \frac{\sqrt{3}}{2}\int \frac{1}{X^2+1}dX$$

$$= \frac{\sqrt{3}}{2}\tan^{-1}X + C_3 \quad (C_3 : \text{상수})$$

$$= \frac{\sqrt{3}}{2}\tan^{-1}\left[\frac{2}{\sqrt{3}}\left(x-\frac{1}{2}\right)\right] + C_3$$

그러므로

$$\int \frac{1}{1+x^3}dx = \frac{1}{3}\ln|1+x| - \frac{1}{6}\ln|1-x+x^2|$$

$$+ \frac{1}{\sqrt{3}}\tan^{-1}\left(\frac{2}{\sqrt{3}}x - \frac{1}{\sqrt{3}}\right) + C$$

$$\left(C = C_1 - \frac{1}{6}C_2 + \frac{1}{2}C_3\right)$$

■

6 삼각분수함수의 적분

피적분함수가 삼각함수의 분수식으로 주어졌을 때 $u = \tan\frac{x}{2}$ 로 치환하여 적분값을 구한다. 이때 $x = 2\tan^{-1}u$ 이므로 $dx = \frac{2}{1+u^2}du$ 를 얻게 된다.

예제 1

$\int \frac{1}{1+\sin x}dx$ 를 구하여라.

풀이 $\tan\dfrac{x}{2}=u$ 로 치환하면 $x=2\tan^{-1}u$ 이므로 양변을 x 에 대하여 미분하면 $1=\dfrac{2d(\tan^{-1}u)}{dx}$ 이고 좌변을 연쇄법칙에 의하여 계산하면 $1=2\cdot\dfrac{1}{1+u^2}\cdot\dfrac{du}{dx}$ 이므로 $dx=\dfrac{2}{1+u^2}du$ 가 된다.

$$\sin x=\sin\left(2\cdot\frac{x}{2}\right)=2\sin\left(\frac{x}{2}\right)\cos\left(\frac{x}{2}\right)=2\tan\left(\frac{x}{2}\right)\cdot\cos^2\left(\frac{x}{2}\right)$$

$$=\frac{2\tan\left(\frac{x}{2}\right)}{\sec^2\left(\frac{x}{2}\right)}=\frac{2\tan\left(\frac{x}{2}\right)}{1+\tan^2\left(\frac{x}{2}\right)}=\frac{2u}{1+u^2}$$

그러므로

$$\int\frac{1}{1+\sin x}dx=\int\frac{1}{1+\frac{2u}{1+u^2}}\cdot\frac{2}{1+u^2}du$$

$$=\int\frac{1+u^2}{1+2u+u^2}\cdot\frac{2}{1+u^2}du=2\int\frac{1}{(1+u)^2}du$$

이때 $1+u=s$ 라 놓으면 $du=ds$

$$2\int\frac{1}{(1+u)^2}du=2\int\frac{1}{s^2}ds=-\frac{2}{s}+C$$

$$=-\frac{2}{1+u}+C=-\frac{2}{1+\tan\left(\frac{x}{2}\right)}+C$$ ■

예제 2

$\displaystyle\int\frac{1}{1+\tan x}dx$ 를 구하여라.

풀이 $\tan\dfrac{x}{2}=u$ 로 치환하면 $dx=\dfrac{2}{1+u^2}du$ 이고

$$\tan x=\tan\left(2\cdot\frac{x}{2}\right)$$

$$=\frac{\sin\left(2\cdot\frac{x}{2}\right)}{\cos\left(2\cdot\frac{x}{2}\right)}=\frac{2\sin\left(\frac{x}{2}\right)\cos\left(\frac{x}{2}\right)}{\cos^2\left(\frac{x}{2}\right)-\sin^2\left(\frac{x}{2}\right)}$$

로 표현된다. 위 식의 분모, 분자에 $\cos^2\left(\frac{x}{2}\right)$를 나누면

$$\frac{2\sin\left(\frac{x}{2}\right)\cos\left(\frac{x}{2}\right)}{\cos^2\left(\frac{x}{2}\right)-\sin^2\left(\frac{x}{2}\right)}=\frac{2\tan\left(\frac{x}{2}\right)}{1-\tan^2\left(\frac{x}{2}\right)}$$

그러므로 $\tan x=\frac{2u}{1-u^2}$이며

$$\begin{aligned}\int\frac{1}{1+\tan x}dx&=2\int\frac{1-u^2}{1+2u-u^2}\cdot\frac{1}{1+u^2}du\\&=2\int\frac{1-u^2}{(1+2u-u^2)(1+u^2)}du\end{aligned}$$

이다. 부분분수로 분해하면

$$\begin{aligned}\frac{1-u^2}{(1+2u-u^2)(1+u^2)}&=\frac{Au+B}{1+2u-u^2}+\frac{Cu+D}{1+u^2}\\1-u^2&=(Au+B)(1+u^2)+(Cu+D)(1+2u-u^2)\\&=(A-C)u^3+(B+2C-D)u^2+(A+C+2D)u+(B+D)\end{aligned}$$

계수를 비교하면

$$A-C=0,\ (B+2C-D)=-1,\ (A+C+2D)=0$$

그리고 $B+D=1$을 얻게 된다. 네 개의 식을 연립하여 풀면

$$A=-\frac{1}{2},\ B=\frac{1}{2},\ C=-\frac{1}{2},\ D=\frac{1}{2}.$$

$$\begin{aligned}\text{원식}&=2\int\frac{-\frac{1}{2}u+\frac{1}{2}}{1+2u-u^2}du+2\int\frac{-\frac{1}{2}u+\frac{1}{2}}{1+u^2}du\\&=\int\frac{1-u}{1+2u-u^2}du-\int\frac{u-1}{1+u^2}du\\&=\frac{1}{2}\int\frac{2-2u}{1+2u-u^2}du-\int\frac{u}{1+u^2}du+\int\frac{1}{1+u^2}du\end{aligned}$$

첫 번째 식에서 $s=1+2u-u^2$이라 놓을 때 $ds=(2-2u)du$가 되어서

$$\int\frac{2-2u}{1+2u-u^2}du=\int\frac{1}{s}du=\ln|s|+C_1$$

$$= \ln|1+2u-u^2| + C_1$$

을 얻게 되고 두 번째 식에서 $t = 1+u^2$ 이라 놓으면 $dt = 2u\,du$ 이고

$$\int \frac{u}{1+u^2}du = \frac{1}{2}\int \frac{1}{t}dt = \frac{1}{2}\ln|t| + C_2 = \frac{1}{2}\ln|1+u^2| + C_2$$

세 번째 식에서

$$\int \frac{1}{1+u^2}du = \tan^{-1}u + C_3$$

이므로

$$\int \frac{1}{1+\tan x}dx = \frac{1}{2}\ln|1+2u-u^2| - \frac{1}{2}\ln(1+u^2) + \tan^{-1}u + C$$

u 대신에 $\tan\frac{x}{2}$를 대입하면

$$\int \frac{1}{1+\tan x}dx = \frac{1}{2}\ln\left|1+2\tan\left(\frac{x}{2}\right) - \tan^2\left(\frac{x}{2}\right)\right|$$
$$-\frac{1}{2}\ln\left(1+\tan^2\left(\frac{x}{2}\right)\right) + \frac{x}{2} + C$$

■

예제 3

$\int \frac{1}{1+\cos x}dx$ 를 구하여라.

풀이

$u = \tan\frac{x}{2}$ 로 치환하면 $\frac{2}{1+u^2}du = dx$ 를 얻게 된다. 그리고

$$\cos x = \cos\left(\frac{x}{2}+\frac{x}{2}\right) = \cos^2\left(\frac{x}{2}\right) - \sin^2\left(\frac{x}{2}\right)$$

이므로

$$\cos^2\left(\frac{x}{2}\right) - \sin^2\left(\frac{x}{2}\right) = \frac{\cos^2\left(\frac{x}{2}\right) - \sin^2\left(\frac{x}{2}\right)}{\cos^2\left(\frac{x}{2}\right) + \sin^2\left(\frac{x}{2}\right)}$$

에서 분모·분자에 $\cos^2\left(\frac{x}{2}\right)$를 나누면 다음 식을 얻을 수 있다.

$$\cos^2\left(\frac{x}{2}\right)-\sin^2\left(\frac{x}{2}\right)=\frac{1-\tan^2\left(\frac{x}{2}\right)}{1+\tan^2\left(\frac{x}{2}\right)}$$

그러므로

$$\begin{aligned}\int\frac{1}{1+\cos x}dx &= \int\frac{1}{1+\frac{1-u^2}{1+u^2}}\cdot\frac{2}{1+u^2}du\\ &= \int\frac{1+u^2}{2}\cdot\frac{2}{1+u^2}du=\int 1du=u+C\\ &= \tan\frac{x}{2}+C\end{aligned}$$

■

7 무리함수의 적분법

피적분함수에 무리함수가 포함된 경우 사용하는 적분법으로 무리함수를 치환하여 적분값을 구한다.

예제 1

$\int\frac{1}{1+\sqrt{x}}dx$ 를 구하여라.

풀이 $u=1+\sqrt{x}$ 라 할 때 $du=\frac{1}{2\sqrt{x}}dx$ 이므로 $2\sqrt{x}\,du=dx$ 이고 $2(u-1)du=dx$ 를 얻게 된다. 그러므로

$$\begin{aligned}\int\frac{1}{1+\sqrt{x}}dx &= 2\int\frac{1}{u}(u-1)du\\ &= 2\int\left(1-\frac{1}{u}\right)du=2(u-\ln u)+C\\ &= 2(1+\sqrt{x})-2\ln(1+\sqrt{x})+C\\ &= 2\sqrt{x}-2\ln(1+\sqrt{x})+C\end{aligned}$$

■

예제 2

$\int x^2\sqrt{x-1}\,dx$ 를 구하여라.

풀이

$u=\sqrt{x-1}$ 로 치환하면 $du=\dfrac{1}{2\sqrt{x-1}}dx$ 이고 $2u\,du=dx$ 를 얻는다. 피적분함수에 있는 x^2 을 u 에 관한 식으로 바꾸기 위하여 $u=\sqrt{x-1}$ 의 양변을 제곱한다. 그러면 $x=u^2+1$ 이고 $x^2=(u^2+1)^2$ 이 된다. 그러므로

$$\begin{aligned}\int x^2\sqrt{x-1}\,dx &= \int(u^2+1)^2\cdot u\cdot 2u\,du\\ &=2\int(u^2+1)^2u^2\,du=2\int(u^6+2u^4+u^2)du\\ &=2\left\{\frac{1}{7}u^7+\frac{2}{5}u^5+\frac{1}{3}u^3\right\}+C\\ &=\frac{2}{7}(\sqrt{x-1})^7+\frac{4}{5}(\sqrt{x-1})^5+\frac{2}{3}(\sqrt{x-1})^3+C\end{aligned}$$ ■

예제 3

$\int\sqrt{1+e^x}\,dx$ 를 구하여라.

풀이

$u=\sqrt{1+e^x}$ 로 치환하고 미분하면 $dx=\dfrac{2\sqrt{1+e^x}}{e^x}du$ 이므로 $dx=\dfrac{2u}{u^2-1}du$ 를 얻는다. 그러므로

$$\begin{aligned}\int\sqrt{1+e^x}\,dx &= \int u\cdot\frac{2u}{u^2-1}du=2\int\frac{u^2}{u^2-1}du\\ &=2\int\left(1+\frac{1}{u^2-1}\right)du=2\int 1du+2\int\frac{1}{u^2-1}du\end{aligned}$$

$$\begin{aligned}\int\frac{1}{u^2-1}du &= \frac{1}{2}\int\frac{1}{u-1}du-\frac{1}{2}\int\frac{1}{u+1}du\\ &=\int\frac{1}{(u+1)(u-1)}du=\frac{1}{2}\ln|u-1|-\frac{1}{2}\ln|u+1|+C\end{aligned}$$

이므로

$$\int\sqrt{1+e^x}\,dx=2\int 1du+2\int\frac{1}{u^2-1}du$$

$$= 2u + 2\left\{\frac{1}{2}\ln|u-1| - \frac{1}{2}\ln|u+1|\right\} + C$$

$$= 2u + \ln|u-1| - \ln|u+1| + C$$

$$= 2\sqrt{1+e^x} + \ln(\sqrt{1+e^x}-1) - \ln(\sqrt{1+e^x}+1) + C$$

$$= 2\sqrt{1+e^x} + \ln\left(\frac{\sqrt{1+e^x}-1}{\sqrt{1+e^x}+1}\right) + C$$ ■

예제 4

$\int \frac{x^5}{\sqrt{x^3+1}}dx$ 를 구하여라.

풀이

$u = \sqrt{x^3+1}$ 로 치환하면 $du = \frac{3x^2}{2\sqrt{x^3+1}}dx$ 이고 $u^2 - 1 = x^3$이므로 $(u^2-1)^{\frac{5}{3}} = x^5$과 $(u^2-1)^{\frac{2}{3}} = x^2$을 얻을 수 있다. 그러므로

$$\int \frac{x^5}{\sqrt{x^3+1}}dx = \frac{2}{3}\int \frac{(u^2-1)^{\frac{5}{3}}}{u} \cdot \frac{u}{(u^2-1)^{\frac{2}{3}}}du$$

$$= \frac{2}{3}\int (u^2-1)du = \frac{2}{3} \cdot \frac{1}{3}u^3 - \frac{2}{3}u + C$$

$$= \frac{2}{9}(\sqrt{x^3+1})^3 - \frac{2}{3}\sqrt{x^3+1} + C$$ ■

01. 다음을 계산하여라.

(1) $\int x^2(x^3+1)^2\,dx$

(2) $\int x\sqrt{2x^2+1}\,dx$

(3) $\int \sqrt{4x+1}\,dx$

(4) $\int 2^{3x}\,dx$

(5) $\int_0^1 \frac{x}{\sqrt{1+x^2}}dx$

(6) $\int \frac{\ln x}{x}dx$

(7) $\int xe^{2x}\,dx$

(8) $\int x^2e^{2x}\,dx$

(9) $\int x\cos(2x)\,dx$

(10) $\int x\,2^x\,dx$

02. 다음을 계산하여라.

(1) $\int \sin^{-1}x\,dx$

(2) $\int e^{2x}\cos(3x)\,dx$

(3) $\int \sin^3x\cos^3x\,dx$

(4) $\int \cos^2x\,dx$

(5) $\int \tan^3x\sec^3x\,dx$

(6) $\int \sin^3x\cos^2x\,dx$

(7) $\int \tan^4x\,dx$

(8) $\int \tan^3(3x)\sec^3(3x)\,dx$

(9) $\int \cos^3x\,dx$

(10) $\int \tan^3x\,dx$

(11) $\int \sec^2x\tan^2x\,dx$

03. 다음을 계산하여라.

(1) $\int \sqrt{9+x^2}\,dx$

(2) $\int \sqrt{x^2-25}\,dx$

(3) $\int \frac{1}{\sqrt{x^2+16}}dx$

(4) $\int \frac{2}{x\sqrt{x^2-4}}dx$

(5) $\int \sqrt{4-x^2}\,dx$

(6) $\int \sqrt{1-x^2}\,dx$

(7) $\int \frac{1}{x^2-2x}dx$

(8) $\int \frac{x^2}{(x+2)^3}dx$

(9) $\int \frac{x}{(x+1)(x^2+1)}dx$

(10) $\int \frac{1}{x^2-2x+6}dx$

04. 다음을 계산하여라.

(1) $\int \frac{1}{(x-1)(x+1)(x-3)}dx$

(2) $\int \frac{1}{x^2-16}dx$

(3) $\int \frac{x}{(x+1)^2(x^2+x+1)}dx$

(4) $\int \frac{1}{\sin x}dx$

(5) $\int \frac{1}{2+\cos x}dx$

(6) $\int \frac{\sin x}{2+\cos x}dx$

(7) $\int \frac{1}{4\sin x+3\cos x}dx$

(8) $\int \frac{1}{x+\sqrt{x-1}}dx$

(9) $\int \frac{x}{1+\sqrt{x}}dx$

(10) $\int x^3\sqrt{3x-2}\,dx$

(11) $\int \frac{x^5}{\sqrt{x^2+1}}dx$

(12) $\int \sqrt{1-e^x}\,dx$

(13) $\int \frac{1}{1+x^{\frac{2}{3}}}dx$

CALCULUS

4.5 특이적분

정적분 $\int_a^b f(x)dx$ 은 적분구간이 유계이고 이 구간에서 피적분함수가 연속인 경우에 정의되었다. 그러나 적분구간이 유한이 아니거나 유계인 적분구간에서 불연속점이 존재하는 경우에 **특이적분**(improper integral)을 이용하여 적분값을 구한다. 첫째로 적분구간이 유계가 아닌 경우, 즉

$$\int_{-\infty}^{\infty} f(x)dx,\ \int_{-\infty}^{a} f(x)dx,\ \int_{a}^{\infty} f(x)dx$$

이때

$$\begin{aligned}\int_{-\infty}^{\infty} f(x)dx &= \int_{-\infty}^{0} f(x)dx + \int_{0}^{\infty} f(x)dx \\ &= \lim_{t\to-\infty}\int_t^0 f(x)dx + \lim_{s\to\infty}\int_0^s f(x)dx\end{aligned}$$

로 적분한다. 두 번째로 유계인 적분구간 $[a, b]$에서 불연속점이 존재하는 경우 다음과 같이 특이적분을 한다.

(i) $x = a$에서 불연속인 경우: $\int_a^b f(x)dx = \lim_{t\to 0^+}\int_{a+t}^{b} f(x)dx$

(ii) $x = c\ (a < c < b)$에서 불연속인 경우:

$$\int_a^b f(x)dx = \lim_{t\to 0^+}\int_a^{c-t} f(x)dx + \lim_{t\to 0^+}\int_{c+t}^{b} f(x)dx$$

(iii) $x = b$에서 불연속인 경우: $\int_a^b f(x)dx = \lim_{t\to 0^+}\int_a^{b-t} f(x)dx$

특이적분은 극한값을 구하는 문제이므로 그 극한값이 유한한 값을 가지면 특이적분은 수렴한다라고 하고 그렇지 않은 경우에는 발산한다고 말한다.

예제 1

$\int_{-\infty}^{\infty} \frac{1}{1+x^2}dx$ 의 수렴성을 판단하고 수렴할 때 특이적분값을 구하여라.

풀이

함수 $f(x)=\frac{1}{1+x^2}$은 모든 점에서 연속이지만 적분구간이 유계가 아니므로 특이적분법을 이용한다. 함수 $\frac{1}{1+x^2}$이 우함수이므로

$$\begin{aligned}\int_{-\infty}^{\infty} \frac{1}{1+x^2}dx &= 2\int_{0}^{\infty} \frac{1}{1+x^2}dx \\ &= 2\lim_{s\to\infty}\int_{0}^{s} \frac{1}{1+x^2}dx \\ &= 2\lim_{s\to\infty}\left[\tan^{-1}x\right]_0^s \\ &= 2\lim_{s\to\infty}(\tan^{-1}s-\tan^{-1}0) \\ &= 2\lim_{s\to\infty}(\tan^{-1}s) \\ &= \pi\end{aligned}$$

그러므로 수렴하며 특이적분값은 π 이다.

예제 2

$\int_{1}^{\infty} \frac{1}{x^2}dx$ 의 수렴성을 판단하여라.

풀이

$f(x)=\frac{1}{x^2}$은 구간 $[1, \infty)$에서 연속인 함수이므로

$$\begin{aligned}\int_{1}^{\infty} \frac{1}{x^2}dx &= \lim_{t\to\infty}\int_{1}^{t} \frac{1}{x^2}dx = \lim_{t\to\infty}\left[-\frac{1}{x}\right]_1^t \\ &= \lim_{t\to\infty}\left(-\frac{1}{t}+1\right)=1\end{aligned}$$

이므로 수렴한다.

예제 3

$\int_{-1}^{0} \frac{1}{x+1} dx$ 의 수렴성과 수렴할 때 특이적분값을 구하여라.

풀이

적분구간 $[-1, 0]$에서 함수 $f(x)=\frac{1}{x+1}$은 $x=-1$에서 불연속이므로 특이적분법을 이용하면

$$\begin{aligned}\int_{-1}^{0} \frac{1}{x+1} dx &= \lim_{t \to 0^+} \int_{-1+t}^{0} \frac{1}{x+1} dx \\ &= \lim_{t \to 0^+} [\ln|x+1|]_{-1+t}^{0} = \lim_{t \to 0^+} (-\ln t) = \infty\end{aligned}$$

이므로 발산한다. ■

예제 4

$\int_{-2}^{2} \frac{1}{x^2-1} dx$ 의 수렴성을 판단하여라.

풀이

$\frac{1}{x^2-1} = \frac{A}{x-1} + \frac{B}{x+1}$로 분해되므로 이때 A와 B를 구하면 $A=\frac{1}{2}$, $B=-\frac{1}{2}$을 얻는다. 그러므로

$$\int \frac{1}{x^2-1} dx = \frac{1}{2}\ln|x-1| - \frac{1}{2}\ln|x+1| + C$$

이고 $f(x)=\frac{1}{x^2-1}$은 $x=\pm 1$에서 불연속이므로 다음과 같이 적분할 수 있다.

$$\begin{aligned}\int_{-2}^{2} \frac{1}{x^2-1} dx &= \int_{-2}^{-1} \frac{1}{x^2-1} dx + \int_{-1}^{1} \frac{1}{x^2-1} dx + \int_{1}^{2} \frac{1}{x^2-1} dx \\ &= \lim_{t \to 0^+} \int_{-2}^{-1-t} \frac{1}{x^2-1} dx + \lim_{t \to 0^+} \int_{-1+t}^{1-t} \frac{1}{x^2-1} dx \\ &\quad + \lim_{t \to 0^+} \int_{1+t}^{2} \frac{1}{x^2-1} dx \\ &= \frac{1}{2} \lim_{t \to 0^+} [\ln|x-1| - \ln|x+1|]_{-2}^{-1-t}\end{aligned}$$

$$+\frac{1}{2}\lim_{t\to 0^+}[\ln|x-1|-\ln|x+1|]_{-1+t}^{1-t}$$

$$+\frac{1}{2}\lim_{t\to 0^+}[\ln|x-1|-\ln|x+1|]_{1+t}^{2}$$

위 세 항 중에 적어도 하나가 발산하므로 특이적분은 발산한다. ■

연습문제 EXERCISES

01. 다음 특이적분을 계산하여라.

(1) $\int_{0}^{\infty} \frac{1}{x^2+1} dx$

(2) $\int_{0}^{\infty} e^{-x} dx$

(3) $\int_{2}^{\infty} \frac{1}{x^2-1} dx$

(4) $\int_{2}^{\infty} e^{-x} \sin x \, dx$

(5) $\int_{0}^{1} \frac{1}{\sqrt{x}} dx$

(6) $\int_{-2}^{2} \frac{1}{x^2-1} dx$

(7) $\int_{0}^{1} x \ln x dx$

(8) $\int_{0}^{2} \frac{1}{(x^2-1)^{\frac{2}{3}}} dx$

(9) $\int_{0}^{2} \frac{1}{\sqrt{2x-x^2}} dx$

(10) $\int_{-1}^{2} x^{-\frac{1}{3}} dx$

5장 정적분의 응용

이 장에서는 정적분을 이용해서 도형의 넓이, 입체의 체적, 곡선의 길이 및 표면적을 구해본다. 이때, 구하고자 하는 값들이 정적분의 정의에 의하여 정적분으로 수학적 모델링이 되고, 부정적분을 활용하여 주어진 정적분의 값을 구한다.

CALCULUS

5.1 평면도형의 면적

구간 $[a, b]$에서 함수 f와 g가 연속이고 주어진 구간에서 $g(x) \le f(x)$라고 가정하자. 이때 $y=f(x)$, $y=g(x)$, $x=a$, $x=b$로 둘러싸인 도형의 넓이를 A라 하면

$$A = \int_a^b [f(x) - g(x)]dx$$

이다.

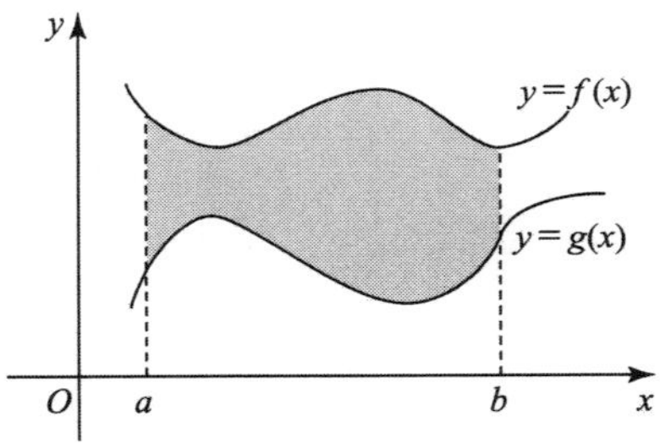

그림 5.1.1

일반적으로 구간 $[a, b]$에서 두 함수 f와 g가 연속이라 할 때 주어진 구간에서 두 곡선에 의하여 둘러싸인 도형의 넓이 A는

$$A = \int_a^b |f(x) - g(x)|dx$$

로 정의할 수 있다. 그러므로 주어진 구간에서 $f \ge g$인 소구간과 $g \ge f$인 소구간을 찾는 것이 중요하다.

만일 그림 5.1.2와 같이 구간 $[a, b]$에서 두 함수가 주어졌다고 할 때 빗금친 부분의 넓이 A를 구하여 보자.

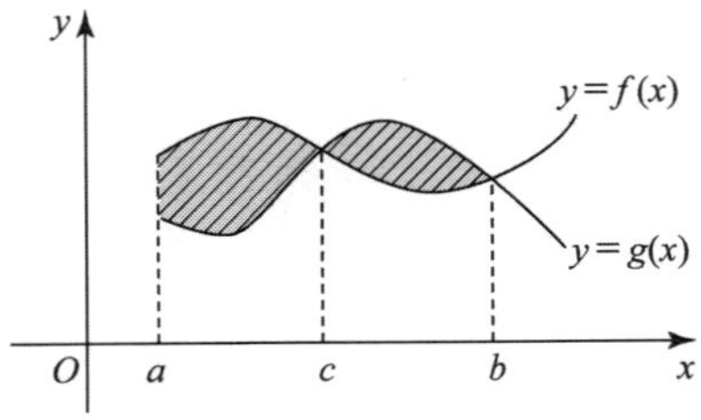

그림 5.1.2

$$A = \int_a^b |f(x) - g(x)|dx = \int_a^c [f(x) - g(x)]dx + \int_c^b [g(x) - f(x)]dx$$

예제 1

$y = x^2$과 $x = 1$, $x = 2$ 그리고 x축으로 둘러싸인 부분의 넓이를 구하여라.

풀이

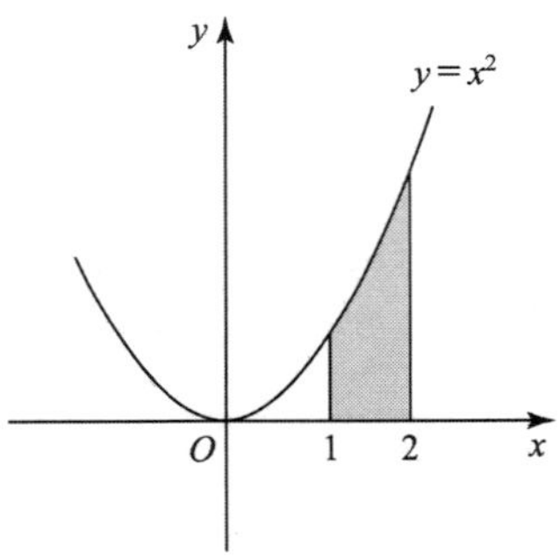

그림 5.1.3

빗금친 부분의 넓이를 A라 하자.

$$A = \int_1^2 [x^2 - 0]dx = \int_1^2 x^2 dx = \frac{7}{3}$$

예제 2

$y = x^3$과 $y = x$로 둘러싸인 부분의 넓이 A를 구하여라.

풀이

두 곡선의 교점을 찾기 위하여 $x^3 = x$를 만족하는 x를 구하면 $x = 0, \pm 1$이 된다. 그러므로

$$A = \int_{-1}^{0} (x^3 - x)dx + \int_{0}^{1} (x - x^3)dx$$

$$= 2\left[\frac{1}{4}x^4 - \frac{1}{2}x^2\right]_{-1}^{0} = \frac{1}{2}$$

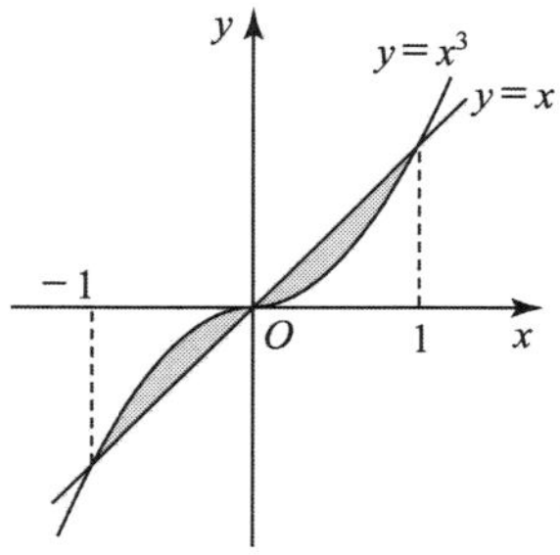

그림 5.1.4

예제 3

$y = x^2$ 과 $y = x + 2$ 로 둘러싸인 도형의 넓이 A 를 구하여라.

풀이

먼저 교점을 구하기 위하여 $x^2 = x + 2$ 인 x 를 찾으면 된다. $x^2 - x - 2 = 0$ 이므로 $(x-2)(x+1) = 0$, 따라서 $x = -1,\ 2$ 이다.

$$A = \int_{-1}^{2} \{(x+2) - x^2\}dx$$

$$= \left[\frac{1}{2}x^2 + 2x - \frac{1}{3}x^3\right]_{-1}^{2}$$

$$= \left(2 + 4 - \frac{8}{3}\right) - \left(\frac{1}{2} - 2 + \frac{1}{3}\right) = \frac{9}{2}$$

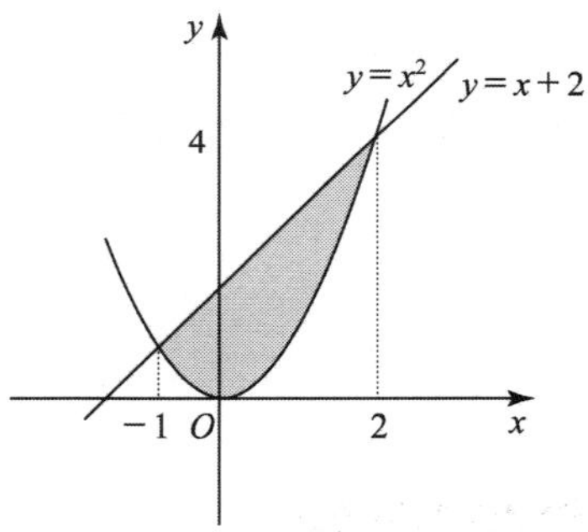

그림 5. 1. 5

예제 4

구간 $\left[0,\ \frac{\pi}{4}\right]$ 에서 두 함수 $y = \cos x$ 와 $y = \sin x$ 로 둘러싸인 부분의 넓이 A 를 구하여라.

풀이

$$A = \int_{0}^{\frac{\pi}{4}} (\cos x - \sin x)dx = [\sin x + \cos x]_{0}^{\frac{\pi}{4}}$$

$$= \left(\sin\frac{\pi}{4} + \cos\frac{\pi}{4}\right) - (\sin 0 + \cos 0) = \sqrt{2} - 1$$

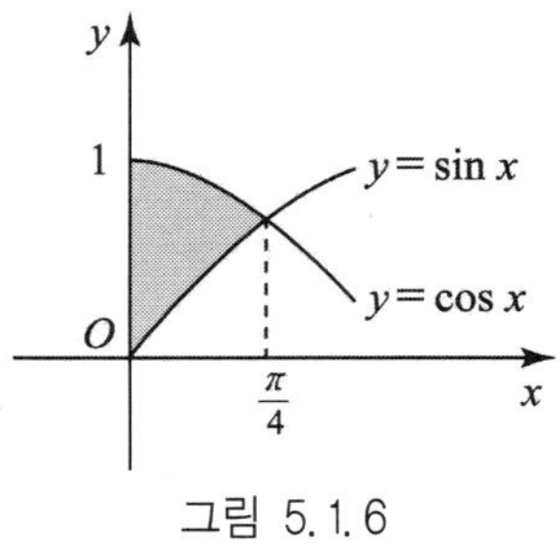

그림 5. 1. 6

다음은 함수가 y에 관한 식으로 주어졌을 때, 즉 y의 구간 $[c, d]$에서 연속인 두 함수 f, g에 대하여 $g(y) \le f(y)$일 때 $x = f(y)$, $x = g(y)$, $y = c$, $y = d$에 의해 둘러싸인 도형의 넓이 A는 다음과 같다.

$$A = \int_c^d [f(y) - g(y)]dy$$

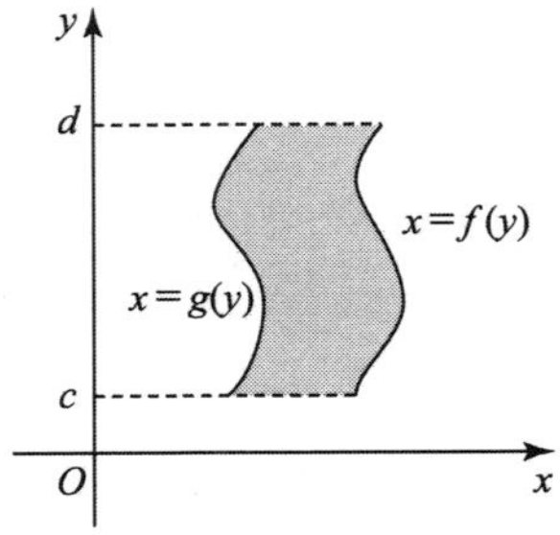

그림 5.1.7

특히 주어진 구간 $[c, d]$에서 $f(y) - g(y) \ge 0$ 또는 $f(y) - g(y) \le 0$에 상관없이 두 곡선에 의하여 둘러싸인 도형의 넓이 A는

$$A = \int_c^d |f(y) - g(y)|dy$$

로 정의된다.

예제 5

$x = y^2$과 $x = y$로 둘러싸인 도형의 넓이를 구하여라.

풀이 두 가지 방법으로 구할 수 있다.

(i)

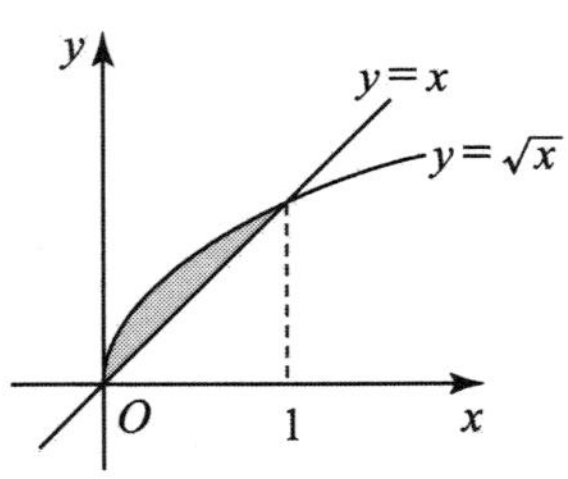

그림 5.1.8

그림 5.1.8과 같이 x에 관한 함수로 생각하여 넓이를 구하는 방법이다. 즉

$$A=\int_0^1(\sqrt{x}-x)dx=\left[\frac{2}{3}x^{\frac{3}{2}}-\frac{1}{2}x^2\right]_0^1=\frac{1}{6}$$

(ii)

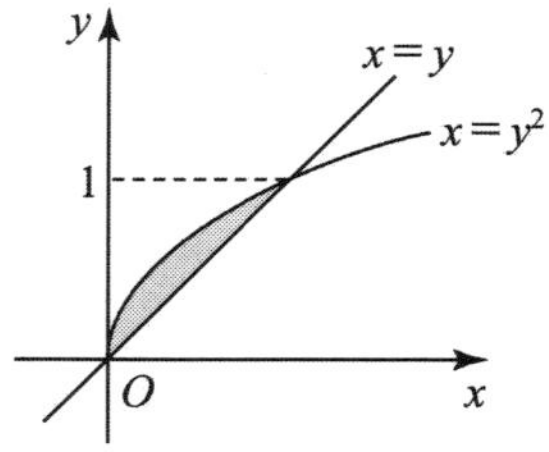

그림 5.1.9

그림 5.1.9와 같이 y에 관한 함수로 생각하여 넓이를 계산할 수 있다.

$$A=\int_0^1(y-y^2)dy=\left[\frac{1}{2}y^2-\frac{1}{3}y^3\right]_0^1=\frac{1}{6}$$

예제 6

$y=-2,\ x=1-y,\ x=e^y$로 둘러싸인 도형의 넓이를 구하여라.

풀이 구간 $[-2,\ 0]$에서 $x=1-y$와 $x=e^y$에 둘러싸인 도형의 넓이를 계산하면

$$A=\int_{-2}^{0}[(1-y)-e^y]dy=\left[y-\frac{1}{2}y^2-e^y\right]_{-2}^{0}=3+e^{-2}$$

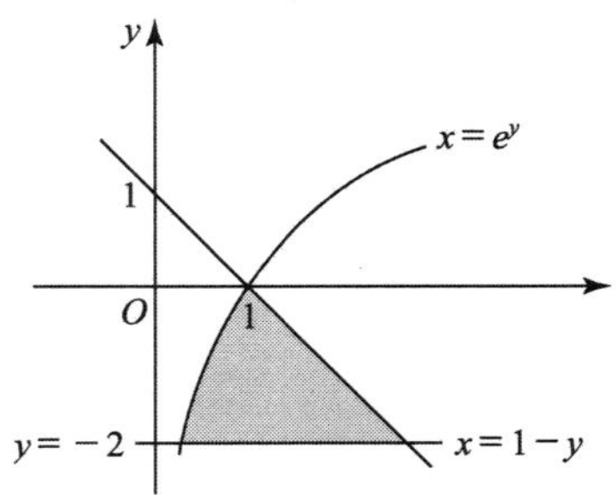

그림 5.1.10

예제 7

반지름이 r인 원의 넓이를 구하여라.

풀이

그림 5.1.11과 같이 원의 넓이는 빗금친 부분의 넓이의 네 배로 계산하면 된다. 이때 원의 방정식은 $x^2+y^2=r^2$ 이고 일사분면의 함수는 $y=\sqrt{r^2-x^2}$ 이므로 도형의 넓이 A 는

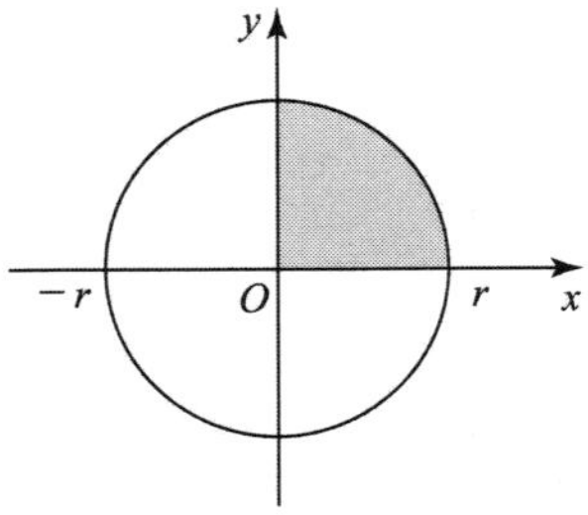

그림 5. 1. 11

$$A=4\int_0^r \sqrt{r^2-x^2}\,dx$$

이다. $x=r\sin\theta\left(0\le\theta\le\frac{\pi}{2}\right)$로 치환하면 $dx=r\cos\theta\,d\theta$ 이고 $x=0$ 일 때 $\theta=0$ 이며 $x=r$ 일 때 $\theta=\frac{\pi}{2}$ 이다. 그러므로

$$A=4r^2\int_0^{\frac{\pi}{2}}\cos^2\theta d\theta=4r^2\int_0^{\frac{\pi}{2}}\frac{1+\cos(2\theta)}{2}d\theta$$

$$=2r^2\left[\theta+\frac{1}{2}\sin(2\theta)\right]_0^{\frac{\pi}{2}}=2r^2\cdot\frac{\pi}{2}=\pi r^2$$

■

연습문제 EXERCISES

01. 다음 주어진 조건에 둘러싸인 도형의 면적을 구하여라.

(1) $y = x^2 - 2x + 2$, x축, $x = -1$, $x = 2$

(2) $y = 2\sin 3x$, x축, $x = 0$, $x = \pi$

(3) $y = 4x - x^2$, x축

(4) $x = 6y - y^2$, y축

(5) $x = y^2 - 1$, y축

02. 다음 곡선들에 의하여 둘러싸인 부분의 면적을 구하여라.

(1) $y = 2x^2$, $y = x$

(2) $x + y^2 = 8$, $x + y = 2$

(3) $y = x^4 - 2x^2$, $y = 2x^2$

(4) $y = x(1-x)$, $y = (x-1)^2$

(5) $y = x^2 - 1$, $y = 2x^2 - x - 3$

CALCULUS

5.2 입체 및 회전체의 체적

3차원 공간에서의 어떤 입체를 생각해 보자. x축 위의 구간 $[a, b]$ 사이에 있는 점 x에서 그 입체에 x축에 수직인 평면으로 자를 때 생기는 단면적을 $A(x)$로 표시하겠다. 이때 단면적 $A(x)$의 정적분을 이용하여 입체의 체적 V를 구하도록 하겠다. 구간 $[a, b]$를 n개의 소구간으로 나누면 분할 p를 얻게 된다. 즉 $p = \{a = x_0 < x_1 < \cdots < x_n = b\}$.

각 점 $x_k\,(1 \le k \le n)$에서 x축에 수직인 평면으로 자르면 n개의 소입체 S_k가 생기는데, 이때 근사적으로 $V \approx \sum_{k=1}^{n} V(S_k)$이다. 구간 $[x_{k-1}, x_k]$ 사이의 임의의 점을 x_k^*라 하면, $V(S_k) \approx A(x_k^*)(x_k - x_{k-1})$인 근사값을 얻을 수 있으며 만일 소구간의 길이를 모두 영으로 가까이 보내면 그 극한으로 다음 식을 얻게 된다.

$$V = \int_a^b A(x)dx$$

또한 x와 y의 역할을 서로 바꾸게 되면 y에 관한 정적분으로 계산된다. 즉

$$V = \int_c^d A(y)dy$$

이며 이때 $A(y)$는 입체를 구간 $[c, d]$ 사이의 임의의 점 y에서 y축에 수직인 평면으로 자를 때 생기는 단면적이다.

예제 1

밑면의 한 변의 길이가 a이고 높이가 h인 피라미드의 체적을 구하여라.

풀이 피라미드의 축을 y축에 놓이도록 하자(그림 5.2.1). 그리고 y축에 수직인 평면으로 자를 때 생기는 단면적을 $A(y)$라 하고 이때 생긴 정사각형의 한 변의 길이를 S라 하면 다음 식을 얻게 된다.

$$\frac{S}{a} = \frac{h-y}{h}$$

그러므로 체적

$$V = \int_0^h A(y)dy = \int_0^h S^2 dy = \int_0^h \frac{a^2}{h^2}(h-y)^2 dy$$
$$= -\frac{a^2}{3h^2}\left[(h-y)^3\right]_0^h = -\frac{a^2}{3h^2}\{0-h^3\} = \frac{a^2h}{3}$$

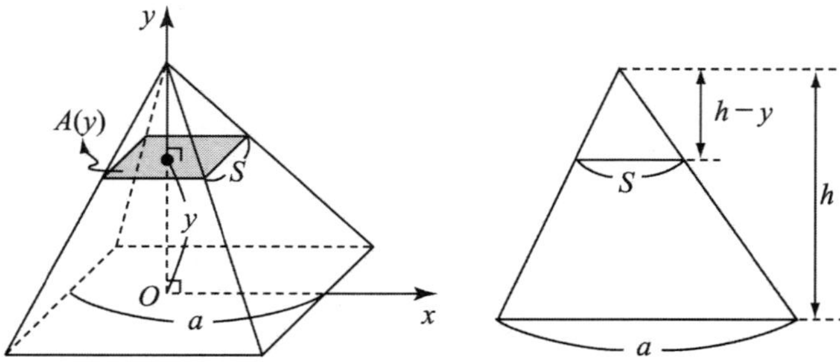

(a) (b)

그림 5.2.1

특히, 구간 $[a, b]$에서 $f(x) \geq 0$이고 연속인 함수 $y = f(x)$를 x축 둘레로 회전시켰을 때 생기는 회전체의 체적을 V라 하고 $[a, b]$ 위의 점 x에서 x축과 수직인 평면으로 자를 때 위 회전체와 만나는 단면 S는 원이므로 S의 면적 $A(S)$는 $\pi[f(x)]^2$이 된다. 그러므로

$$V = \int_a^b A(x)dx = \pi\int_a^b [f(x)]^2 dx$$

이다.

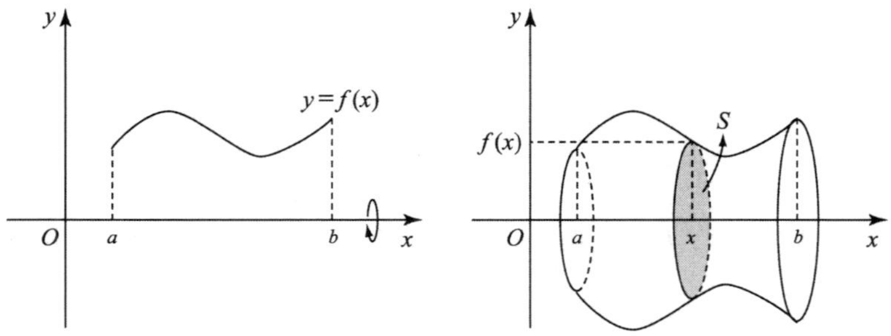

(a) (b)

그림 5.2.2

같은 방법으로 구간 $[c, d]$에서 $g(y) \geq 0$이고 연속인 함수 $x = g(y)$를 y축 둘레로 회전시켰을 때 생기는 회전체의 체적은 $V = \pi\int_c^d [g(y)]^2 dy$이다.

예제 2

$y=\sqrt{x}$ 와 직선 $x=1$, $x=2$, x 축으로 둘러싸인 부분을 x 축 둘레로 회전시켰을 때 생기는 회전체의 체적을 구하여라.

풀이

$$V=\pi\int_1^2(\sqrt{x})^2dx=\pi\int_1^2 x\,dx=\frac{\pi}{2}\left[x^2\right]_1^2=\frac{3}{2}\pi$$

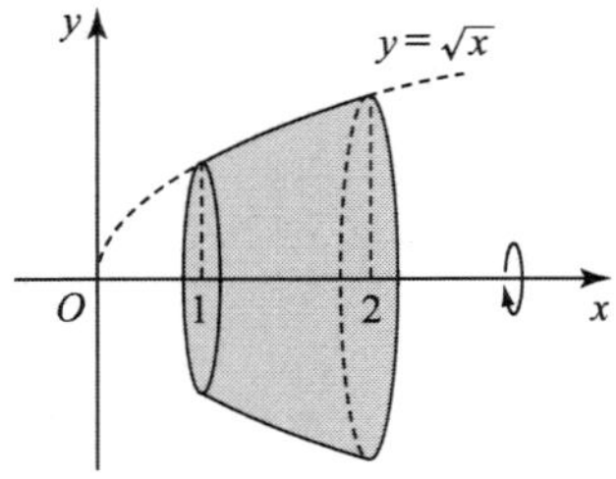

그림 5.2.3

예제 3

$y=\sqrt{x}$ 와 직선 $y=1$, $y=2$ 로 둘러싸인 부분을 y 축 둘레로 회전시켰을 때 생기는 회전체의 체적을 구하여라.

풀이

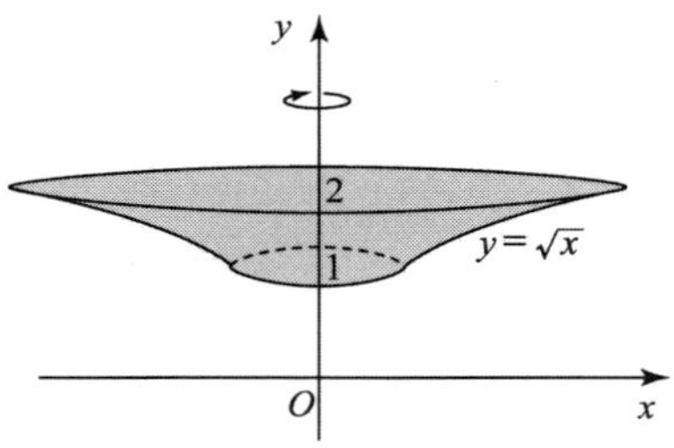

그림 5.2.4

$$V=\pi\int_1^2[g(y)]^2dy=\pi\int_1^2(y^2)^2dy=\frac{\pi}{5}\left[y^5\right]_1^2=\frac{\pi}{5}(32-1)=\frac{31}{5}\pi$$

예제 4

반지름이 r 인 구의 체적을 구하여라.

풀이 반지름이 r인 원의 방정식은 $x^2+y^2=r^2$이므로 $y=\sqrt{r^2-x^2}$을 $x=-r$부터 $x=r$까지 x축 둘레로 회전시키면 구를 얻을 수 있다. 즉

$$V=\pi\int_{-r}^{r}(\sqrt{r^2-x^2})^2dx=\pi\int_{-r}^{r}(r^2-x^2)dx$$

$$=2\pi\int_{0}^{r}(r^2-x^2)dx=2\pi\left[r^2x-\frac{1}{3}x^3\right]_0^r=\frac{4}{3}\pi r^3$$

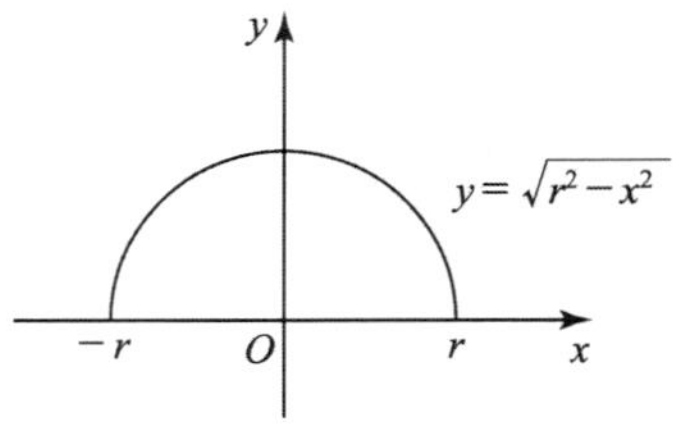

그림 5.2.5

예제 5

$f(x)=3x$이고 $g(x)=x^2$일 때 구간 $[0, 2]$에서 두 함수 사이의 영역을 x축 둘레로 회전시켜서 생기는 입체의 체적을 구하여라.

풀이 구간 $[0, 2]$에서 $g(x)\le f(x)$이므로

$$V=\pi\int_0^2[f(x)]^2dx-\pi\int_0^2[g(x)]^2dx$$

$$=\pi\int_0^2(9x^2-x^4)dx=\pi\left[3x^3-\frac{1}{5}x^5\right]_0^2=\frac{88}{5}\pi$$

연습문제 EXERCISES

01. 다음 주어진 곡선들에 의하여 둘러싸인 도형을 x축 또는 y축으로 회전시켰을 때 생기는 회전체의 체적을 구하여라.

(1) $y=2x^2$, $x=1$, $x=2$, x축

(2) $y=\dfrac{1}{x^2}$, $y=4$, $x=3$, x축

(3) $\dfrac{x^2}{4}+\dfrac{y^2}{9}=1$, x축

(4) $y=e^x$, $x=-1$, $x=1$, $y=0$, x축

(5) $y=\sqrt{x}$, $y=x^3$, y축

(6) $y=x^2$, $y=2x$, y축

(7) $y=\sin x$, $y=\cos x$, $\left[0, \dfrac{\pi}{4}\right]$, x축

(8) $\dfrac{x^2}{9}+\dfrac{y^2}{4}=1$, y축

CALCULUS

5.3 곡선의 길이

함수 f가 구간 $[a, b]$에서 연속인 도함수를 갖는다고 하자. 만일 f의 그래프가 직선이라면 두 점 $(a, f(a))$와 $(b, f(b))$ 사이의 길이는 $\sqrt{(b-a)^2+[f(b)-f(a)]^2}$ 이 될 것이다. 마찬가지로 f의 그래프가 직선이 아닌 곡선인 경우에도 여러 개의 직선의 길이의 합으로 곡선의 길이에 대한 근사값을 계산할 수 있다.

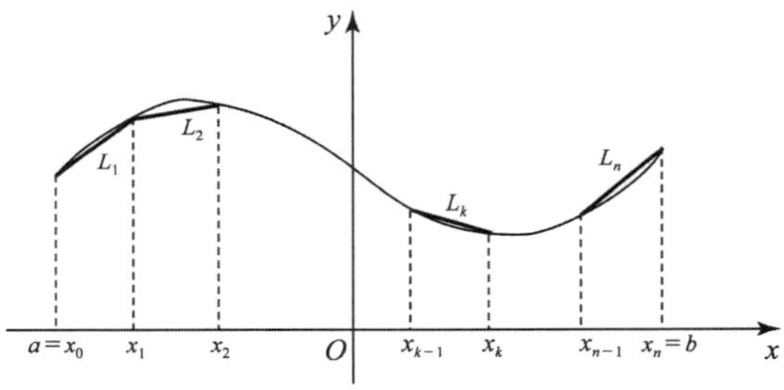

그림 5.3.1

다음은 곡선의 길이를 정적분을 이용하여 구하는 방법이다. 구간 $[a, b]$를 분할하면

$$p=\{a=x_0<x_1<\cdots<x_n=b\}$$

n개의 소구간 $[x_0, x_1], \cdots, [x_{n-1}, x_n]$이 생기고 소구간 $[x_{k-1}, x_k]$에 대한 직선의 길이 L_k는

$$L_k=\sqrt{(x_k-x_{k-1})^2+[f(x_k)-f(x_{k-1})]^2}, \quad k=1, 2, \cdots, n$$

이다. 평균값정리에 의하여 $f(x_k)-f(x_{k-1})=f'(x_k^*)(x_k-x_{k-1})$을 만족하는 $x_k^*\,(x_{k-1}\le x_k^*\le x_k)$가 존재한다. 그러므로

$$\begin{aligned} L_k &= \sqrt{(x_k-x_{k-1})^2+[f'(x_k^*)(x_k-x_{k-1})]^2} \\ &= (x_k-x_{k-1})\sqrt{1+[f'(x_k^*)]^2} \end{aligned}$$

이다. 이때 구간 $[a, b]$에서의 분할 p에 대한 곡선의 길이를 L_p라고 하면

$$L_p \approx \sum_{k=1}^{n} L_k = \sum_{k=1}^{n} \sqrt{1+[f'(x_k^*)]^2}\,(x_k - x_{k-1})$$

이다. 따라서 소구간의 길이를 모두 영에 가깝게 보내면 그 극한으로

$$L = \int_a^b \sqrt{1+[f'(x)]^2}\,dx$$

이 된다.

예제 1

구간 $[1, 2]$에서 곡선 $f(x) = 3x$ 의 길이를 구하여라.

풀이 $f'(x) = 3$ 이므로 구간 $[1, 2]$에서 곡선의 길이 L은

$$L = \int_1^2 \sqrt{1+9}\,dx = \sqrt{10}\int_1^2 1\,dx = \sqrt{10}\,[x]_1^2 = \sqrt{10}$$

■

예제 2

구간 $[1, 2]$에서 곡선 $f(x) = 2x^{\frac{3}{2}} + 1$ 길이를 구하여라.

풀이 $f'(x) = 3x^{\frac{1}{2}}$ 이므로 곡선의 길이 L은 $L = \int_1^2 \sqrt{1+9x}\,dx$, $u = 1+9x$ 로 치환하면 $du = 9dx$ 이고 $x = 1$ 일 때 $u = 10$ 이며 $x = 2$ 일 때 $u = 19$ 이다. 그러므로

$$L = \frac{1}{9}\int_{10}^{19} \sqrt{u}\,du = \frac{2}{27}\left[u^{\frac{3}{2}}\right]_{10}^{19} = \frac{2}{27}\left(19^{\frac{3}{2}} - 10^{\frac{3}{2}}\right)$$

■

예제 3

구간 $\left[0, \frac{1}{2}\right]$에서 곡선 $f(x) = x^2$ 의 길이를 구하여라.

풀이

$f'(x) = 2x$ 이므로 곡선의 길이 L은 $L = \int_0^{\frac{1}{2}} \sqrt{1+4x^2}\,dx$ 이다. $x = \frac{1}{2}\tan\theta$로 치환하면 $dx = \frac{1}{2}\sec^2\theta\, d\theta$이며, $x = 0$일 때 $\theta = 0$이고 $x = \frac{1}{2}$일 때 $\theta = \frac{\pi}{4}$이므로

$$L = \int_0^{\frac{\pi}{4}} \sqrt{1+\tan^2\theta}\ \frac{1}{2}\sec^2\theta\, d\theta = \frac{1}{2}\int_0^{\frac{\pi}{4}} \sec^3\theta\, d\theta$$

여기서 $\int_0^{\frac{\pi}{4}} \sec^3\theta d\theta$를 부분적분법을 이용해서 계산해보자. $f = \sec\theta$, $g' = \sec^2\theta$로 놓으면

$$f' = \sec\theta\tan\theta,\quad g = \tan\theta$$

를 얻는다.

$$\begin{aligned}
\int_0^{\frac{\pi}{4}} \sec^3\theta d\theta &= \int_0^{\frac{\pi}{4}} \sec\theta\sec^2\theta d\theta \\
&= [\sec\theta\tan\theta]_0^{\frac{\pi}{4}} - \int_0^{\frac{\pi}{4}} \sec\theta\tan^2\theta d\theta \\
&= \sqrt{2} - \int_0^{\frac{\pi}{4}} \sec\theta(\sec^2\theta - 1)d\theta \\
&= \sqrt{2} - \int_0^{\frac{\pi}{4}} \sec^3\theta d\theta + \int_0^{\frac{\pi}{4}} \sec\theta d\theta \\
&= \sqrt{2} - \int_0^{\frac{\pi}{4}} \sec^3\theta d\theta + [\ln|\sec\theta + \tan\theta|]_0^{\frac{\pi}{4}} \\
&= \sqrt{2} - \int_0^{\frac{\pi}{4}} \sec^3\theta d\theta + \ln(\sqrt{2}+1)
\end{aligned}$$

이고, 결국

$$\int_0^{\frac{\pi}{4}} \sec^3\theta d\theta = \sqrt{2} - \int_0^{\frac{\pi}{4}} \sec^3\theta d\theta + \ln(\sqrt{2}+1)$$

을 얻게 되고 다시 정리하면

$$\int_0^{\frac{\pi}{4}} \sec^3\theta = \frac{\sqrt{2}}{2} + \frac{1}{2}\ln(\sqrt{2}+1)$$

이다. 그러므로

$$L = \frac{1}{2}\int_0^{\frac{\pi}{4}} \sec^3\theta d\theta = \frac{\sqrt{2}}{4} + \frac{1}{4}\ln(\sqrt{2}+1)$$

■

예제 4

반지름이 r 인 원의 둘레를 구하여라.

풀이

주어진 조건의 원의 방정식은 $x^2+y^2=r^2$ 이므로 양변을 x에 대해 미분하면 $\frac{d(x^2)}{dx}+\frac{d(y^2)}{dx}=0$이다. 계산하면 $2x+2y\frac{dy}{dx}=0$이므로 $\frac{dy}{dx}=-\frac{x}{y}$이다. 그러므로

$$L=4\int_0^r\sqrt{1+\left(\frac{dy}{dx}\right)^2}\,dx=4\int_0^r\sqrt{1+\frac{x^2}{y^2}}\,dx$$
$$=4\int_0^r\sqrt{\frac{r^2}{y^2}}\,dx=4r\int_0^r\frac{1}{\sqrt{r^2-x^2}}dx$$

이다. 이때 $x=r\cos\theta$라 놓으면 $dx=-r\sin\theta\,d\theta$이고 $x=0$일 때 $\theta=\frac{\pi}{2}$이며 $x=r$일 때 $\theta=0$이 되므로

$$L=4r\int_{\frac{\pi}{2}}^0\frac{1}{r\sin\theta}\cdot(-r\sin\theta)d\theta=4r\int_0^{\frac{\pi}{2}}1\,d\theta$$
$$=4r[\theta]_0^{\frac{\pi}{2}}=2\pi r$$

■

연습문제 EXERCISES

01. 다음 주어진 조건에 의한 곡선의 길이를 구하여라.

(1) $y = \frac{2}{3}(x^2+1)^{\frac{3}{2}}$, $[0,\ 2]$

(2) $y = \frac{1}{6}x^3 + \frac{1}{2x}$, $[1,\ 3]$

(3) $y = \ln x$, $[1,\ 3]$

(4) $y^2 = x^3$, $[0,\ 4]$

(5) $x^{\frac{2}{3}} + y^{\frac{2}{3}} = a^{\frac{2}{3}}$ 의 전체 길이

(6) $x = \ln y$, $\left[\frac{3}{4},\ \frac{4}{3}\right]$

CALCULUS

5.4 회전체의 표면적

이 절에서는 회전체의 표면적에 대해서 알아보도록 하겠다. 함수 $f(x)$가 구간 $[a, b]$에서 연속함수인 $f'(x)$를 갖는다고 가정하겠다. 구간 $[a, b]$의 분할 $p = \{a = x_0 < x_1 < \cdots < x_n = b\}$에 대하여

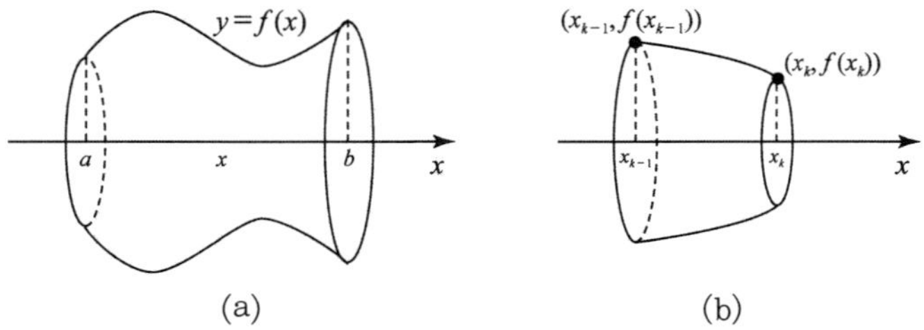

그림 5.4.1

그림 5.4.1의 (b)와 같이 k번째 소구간을 x축 둘레로 회전한 회전체의 표면적을 S_k라 하면 S_k는 다음 그림과 같이 부채꼴 모양의 빗금친 부분의 넓이가 될 것이다.

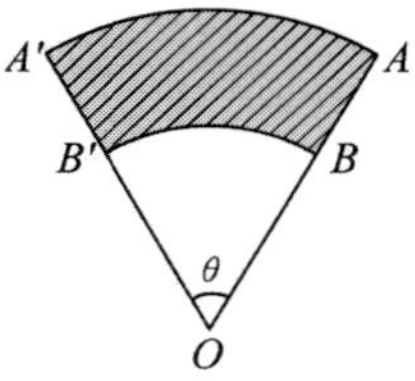

그림 5.4.2

즉

$$\begin{aligned} S_k &= \frac{1}{2}(\overline{OA})^2\theta - \frac{1}{2}(\overline{OB})^2\theta \\ &= \frac{1}{2}\theta(\overline{OA} + \overline{OB})(\overline{OA} - \overline{OB}) \\ &= \frac{1}{2}\theta(\overline{OA} + \overline{OB})\sqrt{(x_k - x_{k-1})^2 + [f(x_k) - f(x_{k-1})]^2} \\ &= \frac{1}{2}(\overline{OA}\theta + \overline{OB}\theta)\sqrt{(x_k - x_{k-1})^2 + [f(x_k) - f(x_{k-1})]^2} \end{aligned}$$

$$= \frac{1}{2}(\overline{AA'} + \overline{BB'}) \sqrt{(x_k - x_{k-1})^2 + [f(x_k) - f(x_{k-1})]^2}$$

$$= \frac{1}{2}(2\pi f(x_{k-1}) + 2\pi f(x_k)) \sqrt{(x_k - x_{k-1})^2 + [f(x_k) - f(x_{k-1})]^2}$$

$$= \pi(f(x_{k-1}) + f(x_k)) \sqrt{(x_k - x_{k-1})^2 + [f(x_k) - f(x_{k-1})]^2}$$

이다. 여기서 평균값 정리를 적용하면

$$\frac{f(x_k) - f(x_{k-1})}{x_k - x_{k-1}} = f'(x_k^*), \quad x_{k-1} \le x_k^* \le x_k$$

을 만족하는 x_k^*가 존재하므로

$$S_k = \pi(f(x_{k-1}) + f(x_k)) \sqrt{1 + [f'(x_k^*)]^2} \, (x_k - x_{k-1})$$

이다. 그러므로 회전체의 표면적 S는

$$S = 2\pi \int_a^b f(x) \sqrt{1 + [f'(x)]^2} \, dx$$

이다. 위와 같은 방법으로 y에 관한 함수 $g(y)$에 대하여 구간 $[c, d]$를 y축 둘레로 회전시켰을 때 생기는 회전체의 표면적 S는

$$S = 2\pi \int_c^d g(y) \sqrt{1 + [g'(y)]^2} \, dy$$

이다.

예제 1

구간 $[1, 2]$에서 곡선 $y = 2x$를 x축 둘레로 회전시켰을 때 생기는 회전체의 표면적을 구하여라.

풀이 S를 회전체의 표면적이라 하면 $\frac{dy}{dx} = 2$이므로

$$S = 2\pi \int_1^2 y \cdot \sqrt{1 + \left(\frac{dy}{dx}\right)^2} \, dx = 6\sqrt{5}\,\pi$$

$$= 2\pi \int_1^2 2x\sqrt{5} \, dx$$

예제 2

구간 $[0, 2]$에서 곡선 $x = 9y + 1$을 y축 둘레로 회전시켰을 때 생기는 회전체의 표면적을 구하여라.

풀이 $\frac{dx}{dy} = 9$ 이므로

$$S = 2\pi \int_0^2 x\sqrt{1 + \left(\frac{dx}{dy}\right)^2}\, dy = 2\pi \int_0^2 (9y+1)\sqrt{82}\, dy$$
$$= 2\sqrt{82}\,\pi \int_0^2 (9y+1)\, dy = 40\sqrt{82}\,\pi$$

예제 3

다음 곡선을 x축 또는 y축 둘레로 회전시켰을 때 생기는 회전체의 표면적을 구하여라.

(1) $y^2 = 4x,\ 0 \le x \le 1$

(2) $x = y^3,\ 0 \le y \le 1$

풀이 (1) $y^2 = 4x$ 로부터 $\frac{dy}{dx} = \frac{2}{y}$ 이므로 표면적 S는

$$S = 2\pi \int_0^1 y \cdot \sqrt{1 + \left(\frac{dy}{dx}\right)^2}\, dx = 4\pi \int_0^1 \sqrt{x}\sqrt{1 + \frac{1}{x}}\, dx$$
$$= 4\pi \int_0^1 \sqrt{x+1}\, dx$$

이다. 여기서 $u = x + 1$로 치환하면 $du = dx$ 이고 $x = 0$일 때 $u = 1$이며 $x = 1$일 때 $u = 2$가 되므로

$$S = 4\pi \int_1^2 \sqrt{u}\, du = \frac{8}{3}\pi \left[u^{\frac{3}{2}}\right]_1^2 = \pi$$

(2) $x = y^3$ 으로부터 $\frac{dx}{dy} = 3y^2$이므로

$$S = 2\pi \int_0^1 x\sqrt{1 + \left(\frac{dx}{dy}\right)^2}\, dy = 2\pi \int_0^1 y^3\sqrt{1 + 9y^4}\, dy$$

이다. 이때 $u = 1 + 9y^4$ 으로 치환하면 $du = 36y^3\, dy$ 이고 $0 \le y \le 1$일 때

$1 \le u \le 10$ 이므로

$$S = \frac{\pi}{18}\int_{1}^{10} \sqrt{u}\, du = \frac{(10\sqrt{10}-1)}{27}\pi$$

예제 4

반지름이 r인 구의 표면적을 구하여라.

풀이

원의 중심을 원점으로 한다면 원의 방정식은 $x^2+y^2=r^2$ 이다. 이때 그림 5.4.3과 같이 반구를 x축 둘레로 회전시켰을 때 전체인 구를 얻을 수 있다. 그리고 $\dfrac{dy}{dx}=-\dfrac{x}{y}$ 이므로 표면적은

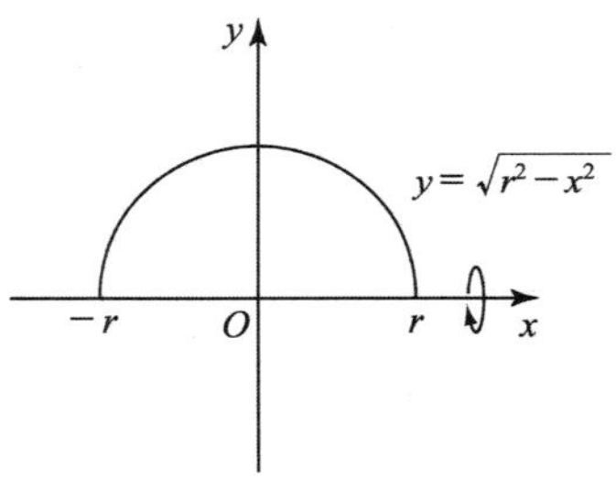

그림 5. 4. 3

$$\begin{aligned} S &= 2\pi\int_{-r}^{r} y \cdot \sqrt{1+\left(\frac{dy}{dx}\right)^2}\, dx \\ &= 4\pi\int_{0}^{r} \sqrt{r^2-x^2}\sqrt{1+\frac{x^2}{r^2-x^2}}\, dx \\ &= 4\pi\int_{0}^{r} \sqrt{r^2-x^2}\,\frac{r}{\sqrt{r^2-x^2}}\, dx = 4\pi\int_{0}^{r} r\, dx = 4\pi r^2 \end{aligned}$$

이다.

연습문제 EXERCISES

01. 다음 주어진 조건에 의한 회전체의 표면적을 구하여라.

(1) $y = \sqrt{x}$, $[0, 1]$, x축

(2) $3y = 4x$, $[0, 3]$, x축

(3) $y = (2x - x^2)^{\frac{1}{2}}$, $[0, 2]$, x축

(4) $y^2 = 4x$, $[0, 2]$, x축

(5) $y = x^2$, $[0, 2]$, y축

(6) $x = y^3$, $[0, 1]$, y축

(7) $y = \dfrac{x^5}{5} + \dfrac{1}{12x^3}$, $[1, 2]$, x축

(8) $y = \sin x$, $\left[0, \dfrac{\pi}{2}\right]$, x축

6장 다변수함수의 미분

이 장에서는 독립변수 두 개 이상을 갖는 다변수함수에 대하여 다루고, 다변수함수의 극한과 연속에 대해서도 알아본다. 또한 이변수함수에 대해서 편미분계수와 편도함수 등도 공부할 것이다. 더 나아가 고계 편도함수도 알아볼 것이다. 또한 전미분에 대해서 공부하고 이미 배운 편도함수와 전미분과의 관계에 대해서도 다룰 것이다. 마지막으로, 이들을 이용하여 다변수함수의 합성함수와 편미분법과 음함수 형태로 나타난 것들의 편미분법도 다룰 것이다.

CALCULUS

6.1 다변수함수

지금까지는 한 개의 독립변수를 갖는 일변수함수 $y=f(x)$에 대하여 공부한 바 있다. 6장에서는 독립변수가 두 개 이상을 갖는 **다변수함수**에 대하여 다루기로 하겠다.

n개의 실수 집합들의 곱집합 $\mathbb{R}^n=\mathbb{R}\times\cdots\times\mathbb{R}$을 n차원 공간이라 한다. 그러므로 실수값을 갖는 n개의 구성원소로 이루어진 순서쌍$(x_1, \cdots, x_n)$은 이 공간의 원소 또는 점이 된다.

$$\mathbb{R}^n=\{(x_1, \cdots, x_n) \mid x_i \in \mathbb{R},\ i=1, 2, \cdots, n\}$$

$n=2$인 경우 $\mathbb{R}^2$의 부분집합 D에 대하여 D의 각 원소 (x, y)에 실수 z를 대응시키는 규칙을 f라 하면 이때 규칙 f를 **이변수함수**라 한다. 즉 $f: D\rightarrow\mathbb{R}$의 대응관계를 갖는 함수 $z=f(x, y)$로 표현한다.

D를 **정의역**(domain)이라 하고 함숫값 $f(x, y)$들의 집합을 f의 **치역**(range)이라 한다. 또한 x, y는 독립변수이며 z는 f에 의한 (x, y)의 **상**(image) 또는 종속변수이다.

함수 f의 **그래프** G_f는 다음과 같이 정의한다.

$$G_f=\{(x, y, z)\in\mathbb{R}^3 \mid (x, y)\in D,\ z=f(x, y)\}$$

일변수함수 $y=f(x)$의 그래프는 평면 위의 곡선으로 표현되고 이변수함수 $z=f(x, y)$의 그래프는 공간 내의 **곡면**(surface)으로 나타내어진다.

예제 1

다음 함수의 정의역과 치역을 구하고 그래프를 그려라.

$$f(x, y)=\sqrt{25-x^2-y^2}$$

풀이 이 함수는 무리함수이므로 정의역 D는 $25-x^2-y^2\geq 0$을 만족하는 점 (x, y)들의 집합이다. 그러므로

$$D=\{(x, y)\in\mathbb{R}^2 \mid x^2+y^2\leq 25\}$$

는 원점이 중심이고 반지름이 5인 원판이다. 치역은 $x^2+y^2=5^2$을 만족하는 (x, y)에 대해 최소값 $z=0$을 가지며 $(x, y)=(0, 0)$일 때 최대값 $z=5$를 가지므로 $\{z\in\mathbb{R}\mid 0\le z\le 5\}$이다. 그러므로 f의 그래프는 그림 6.1.1과 같은 반구 모양이 된다.

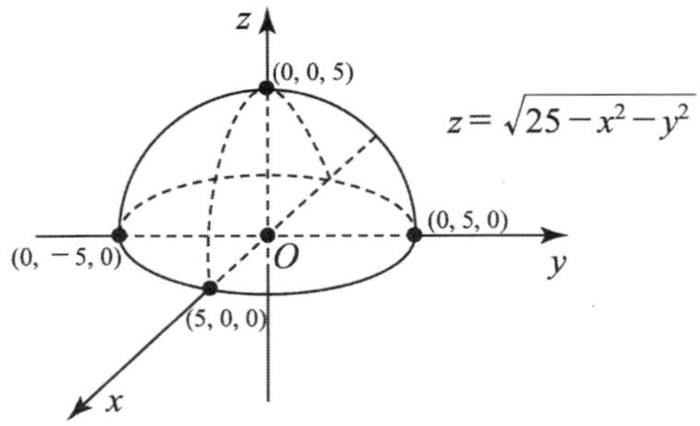

그림 6.1.1

일반적으로 n이 양의 정수라 하면, 정의역 $D\subset\mathbb{R}^n$에 대하여 D의 각 원소 $(x_1, \cdots, x_n)$에 실수 $f(x_1, \cdots, x_n)$을 하나씩 대응시키는 규칙 f를 **n 변수함수**라 한다.

함수 f, g가 n 변수함수라 하고 $x=(x_1, \cdots, x_n)$이라면 두 함수의 사칙연산을 다음과 같이 정의할 수 있다.

(1) $(f+g)(x)=f(x)+g(x)$　　(2) $(f-g)(x)=f(x)-g(x)$

(3) $(f\cdot g)(x)=f(x)\cdot g(x)$　　(4) $\left(\dfrac{f}{g}\right)(x)=\dfrac{f(x)}{g(x)}\ (g(x)\neq 0)$

또한 일변수함수 h에 대하여 n 변수함수 f와의 **합성함수** $h\circ f$를 다음과 같이 정의한다.

(5) $(h\circ f)(x)=h(f(x))$

예제 2

일변수함수 h와 이변수함수 f의 합성함수 $F=h\circ f$가 다음과 같이 정의되었을 때 $F(x, y)=\ln(x^2+y^2-4)$, 함수 f와 h를 찾고 F의 정의역을 구하여라.

풀이 $h(t)=\ln t\ (t>0)$, $f(x, y)=x^2+y^2-4$로 놓으면 두 함수의 합성함수 $F(x, y)=\ln(x^2+y^2-4)$를 얻는다. 함수 F의 정의역은 $\{(x,y)\in\mathbb{R}^2\mid x^2+y^2>4\}$이다. □

연습문제 EXERCISES

01. 다음 함수의 정의역을 구하여라.

(1) $f(x, y) = \sqrt{25 - 4x^2 - y^2}$

(2) $f(x, y) = \sqrt{x^2 + y^2 - 16}$

(3) $f(x, y, z) = \sqrt{1 - x^2 - y^2 - z^2}$

(4) $f(x, y, z) = \dfrac{1}{xyz}$

02. 다음 음함수 관계를 만족하는 곡선의 개형을 그려라.

(1) $f(x, y) = x^2 + y^2 - 4 = 0$

(2) $f(x, y) = x + 2y = 0$

CALCULUS

6.2 다변수함수의 극한과 연속

일변수함수와 같은 방법으로 이변수함수의 극한을 정의하도록 하겠다. xy 평면 위의 점 (a, b)로 (x, y)가 충분히 가깝게 접근할 때 함수 $f(x, y)$가 L값으로 가깝게 접근하면 함수 $f(x, y)$는 점 (a, b)에서 **극한값** L을 갖는다고 하고 기호로는 다음과 같이 표현한다.

$$\lim_{(x, y) \to (a, b)} f(x, y) = L$$

즉, L값이 유한한 값이고 (x, y)가 (a, b)로 접근하는 무수히 많은 경로에 관계없이 $f(x, y)$가 항상 일정한 L값으로 접근함을 말하며, 이와 같을 때 **수렴한다**고 말한다. 그런 L값이 존재하지 않을 때 **발산한다**고 말한다.

예제 1

$\displaystyle\lim_{(x, y) \to (1, 2)} (x^2 + 2xy - y^3)$을 구하여라.

풀이

$$\lim_{(x, y) \to (1, 2)} (x^2 + 2xy - y^3) = \lim_{(x, y) \to (1, 2)} x^2 + 2 \lim_{(x, y) \to (1, 2)} xy - \lim_{(x, y) \to (1, 2)} y^3$$

$$= 1^2 + 2 \cdot 1 \cdot 2 - 2^3 = -3$$

예제 2

$\displaystyle\lim_{(x, y) \to (0, 0)} \frac{x^2 - y^2}{x^2 + y^2}$을 구하여라.

풀이

극한값이 존재하기 위해서 점 (x, y)가 $(0, 0)$으로 접근하는 방법에 상관없이 일정한 값을 가져야 한다. 그러나

$$\lim_{x\to 0}\left(\lim_{y\to 0}\frac{x^2-y^2}{x^2+y^2}\right)=\lim_{x\to 0}\frac{x^2}{x^2}=1$$

이지만

$$\lim_{y\to 0}\left(\lim_{x\to 0}\frac{x^2-y^2}{x^2+y^2}\right)=\lim_{y\to 0}\frac{-y^2}{y^2}=-1$$

이므로 극한값은 존재하지 않는다. ■

예제 3

$\displaystyle\lim_{(x,y)\to(0,0)}\frac{xy}{x^2+y^2}$를 구하여라.

풀이 (x, y)가 점 $(0, 0)$으로 접근하는 방법에 대하여 극한값을 구하여 보자. 첫 번째는 $y=x$를 따라서 원점으로 접근할 때, 즉

$$\lim_{(x,y)\to(0,0)}\frac{xy}{x^2+y^2}=\lim_{\substack{y=x\\(x,y)\to(0,0)}}\frac{xy}{x^2+y^2}=\lim_{x\to 0}\frac{x^2}{x^2+x^2}=\frac{1}{2}$$

이며, 두 번째는 $y=-x$를 따라서 원점으로 접근한다고 하면

$$\lim_{(x,y)\to(0,0)}\frac{xy}{x^2+y^2}=\lim_{\substack{y=-x\\(x,y)\to(0,0)}}\frac{xy}{x^2+y^2}=\lim_{x\to 0}\frac{-x^2}{x^2+x^2}=-\frac{1}{2}$$

이다. 그러므로 원점에 접근하는 방법에 따라 극한값이 다르므로 극한값은 존재하지 않는다. ■

이변수함수 $f(x, y)$가 다음 세 가지 조건을 모두 만족할 때 함수 $f(x, y)$는 점 (a, b)에서 **연속**이라 한다.

(1) 함수값 $f(a, b)$가 존재한다.

(2) 극한값 $\displaystyle\lim_{(x,y)\to(a,b)}f(x, y)$가 존재한다.

(3) 함수값과 극한값이 같다. 즉 $\displaystyle\lim_{(x,y)\to(a,b)}f(x, y)=f(a, b)$.

또한 정의역 D의 임의의 점에서 연속이면 $f(x, y)$는 D에서 연속함수라고 한다.

예제 4

함수 $f(x, y)$가 다음과 같이 정의되었을 때 점 $(0, 0)$에서의 연속성을 조사하여라.

$$f(x,y)=\begin{cases}\dfrac{y^2}{x^2+y^2}, & (x, y) \neq (0,0) \\ 0, & (x, y) = (0,0)\end{cases}$$

풀이

함수값 $f(0, 0)=0$ 이며

$$\lim_{x\to 0}\left(\lim_{y\to 0}\frac{y^2}{x^2+y^2}\right)=0$$

이고

$$\lim_{y\to 0}\left(\lim_{x\to 0}\frac{y^2}{x^2+y^2}\right)=\lim_{y\to 0}\frac{y^2}{y^2}=1$$

이므로 극한값은 존재하지 않는다. 그러므로 점 $(0, 0)$에서 불연속이다. ■

연습문제 EXERCISES

01. 극한값을 구하여라.

(1) $\displaystyle\lim_{(x,y)\to(1,1)}(3xy^2-x^2+2xy^2)$

(2) $\displaystyle\lim_{(x,y)\to(1,2)}\frac{x+y}{x^2+y}$

(3) $\displaystyle\lim_{(x,y)\to(0,0)}\frac{xy}{\sqrt{x^2+y^2}}$

(4) $\displaystyle\lim_{(x,y,z)\to(2,1,-1)}\frac{2x^2y-xz^2}{y^2-xz}$

(5) $\displaystyle\lim_{(x,y)\to(0,1)}\frac{\sin xy}{y}$

(6) $\displaystyle\lim_{(x,y)\to(0,0)}\frac{x^2}{(x^2+1)(y^2+1)}$

02. 다음 함수가 점 $(0, 0)$에서 연속인지를 조사하여라.

(1) $f(x,y)=\begin{cases}\dfrac{xy}{x^2+y^2}, & (x, y)\neq(0,0)\\ 0, & (x, y)=(0,0)\end{cases}$

(2) $f(x,y)=\begin{cases}\dfrac{x^2y^2}{x^2+y^2}, & (x, y)\neq(0,0)\\ 0, & (x, y)=(0,0)\end{cases}$

(3) $f(x,y)=\begin{cases}\dfrac{xy^2}{x^2+y^4}, & (x, y)\neq(0,0)\\ 0, & (x, y)=(0,0)\end{cases}$

03. 함수 $f(x, y)$가 다음과 같이 정의되었을 때 점 $(0, 0)$에서 불연속임을 보여라.

$$f(x,y)=\begin{cases}\dfrac{\sin xy}{x^2+y^2}, & (x, y)\neq(0,0)\\ 0, & (x, y)=(0,0)\end{cases}$$

CALCULUS

6.3 편미분계수와 편도함수

이변수함수 $z=f(x,\ y)$의 정의역을 D라고 하자. D의 원소 $(a,\ b)$에 대하여 f의 x에 관한 **편미분계수** $f_x(a,\ b)$ 또는 $\left.\dfrac{\partial z}{\partial x}\right|_{(a,b)}$는 다음과 같이 정의된다.

$$f_x(a,\ b)=\lim_{\triangle x\to 0}\frac{f(a+\triangle x,\ b)-f(a,\ b)}{\triangle x}$$

$\triangle x=h$라 놓으면 위의 식은 $f_x(a,\ b)=\lim\limits_{h\to 0}\dfrac{f(a+h,\ b)-f(a,\ b)}{h}$으로 표현된다. 또한 점 $(a,\ b)\in D$에서 f의 y에 관한 편미분계수 $f_y(a,\ b)$ 또는 $\left.\dfrac{\partial z}{\partial y}\right|_{(a,b)}$는 다음과 같이 정의된다.

$$\begin{aligned} f_y(a,\ b) &= \lim_{\triangle y\to 0}\frac{f(a,\ b+\triangle y)-f(a,\ b)}{\triangle y} \\ &= \lim_{k\to 0}\frac{f(a,\ b+k)-f(a,\ b)}{k} \quad (\triangle y=k\text{라 놓을 때}) \end{aligned}$$

두 편미분계수 $f_x(a,\ b)$와 $f_y(a,\ b)$가 존재할 때 점 $(a,\ b)$에서 이변수함수 $f(x,\ y)$는 편미분이 가능하다고 말한다.

예제 1

함수 $f(x,\ y)=x^2-y^2$일 때 $f_x(2,\ 1)$, $f_y(1,\ 2)$를 구하여라.

풀이 편미분계수의 정의를 이용하면

$$\begin{aligned} f_x(2,\ 1) &= \lim_{h\to 0}\frac{f(2+h,1)-f(2,1)}{h} \\ &= \lim_{h\to 0}\frac{\{(2+\mathrm{h})^2-1^2\}-\{2^2-1^2\}}{h}=\lim_{h\to 0}\frac{4h+h^2}{h}=4 \end{aligned}$$

$$
\begin{aligned}
f_y(1,\,2) &= \lim_{k\to0}\frac{f(1,2+k)-f(1,2)}{k}\\
&= \lim_{k\to0}\frac{\{1^2-(2+\mathrm{k})^2\}-\{1^2-2^2\}}{k} = \lim_{k\to0}\frac{-4k-k^2}{k}\\
&= \lim_{k\to0}(-4-k) = -4
\end{aligned}
$$

■

예제 2

함수 $f(x,\,y)=2xy^2$일 때, 점 $(1,\,1)$에서의 f의 x와 y에 관한 편미분계수를 구하여라.

풀이

$$
\begin{aligned}
f_x(1,\,1) &= \lim_{h\to0}\frac{f(1+h,\,1)-f(1,\,1)}{h}\\
&= \lim_{h\to0}\frac{2(1+h)\cdot1^2-2\cdot1\cdot1^2}{h} = \lim_{h\to0}\frac{2h}{h} = 2\\
f_y(1,\,1) &= \lim_{k\to0}\frac{f(1,\,1+k)-f(1,\,1)}{k}\\
&= \lim_{k\to0}\frac{2(1+k)^2-2}{k} = \lim_{k\to0}\frac{4k+2k^2}{k} = \lim_{k\to0}(4+2k) = 4
\end{aligned}
$$

■

정의역 안의 임의의 점 $(x,\,y)$에 대한 이변수함수 $f(x,\,y)$의 편미분을 생각해 보자.

이변수함수 $f(x,\,y)$에서 y를 상수로 생각하고 x에 대하여 미분하는 것은 일변수함수를 x에 대하여 미분하는 것과 마찬가지일 것이다. 이때 이것을 x에 관한 **편도함수** f_x 또는 $\dfrac{\partial f}{\partial x}$라 하고

$$
f_x(x,\,y) = \lim_{h\to0}\frac{f(x+h,\,y)-f(x,\,y)}{h}
$$

으로 정의한다. 같은 방법으로 x를 상수로 생각하고 $f(x,\,y)$를 y에 관하여 미분한 값, 즉 y에 관한 편도함수 f_y 또는 $\dfrac{\partial f}{\partial y}$는

$$
f_y(x,\,y) = \lim_{k\to0}\frac{f(x,\,y+k)-f(x,\,y)}{k}
$$

이 된다. 함수 f의 편도함수 f_x, f_y를 구하는 것을 간단히 **편미분**한다고 말한다.

참고로 $z=f(x,\,y)$에서 편도함수를 표현하는 여러 방법들을 소개하겠다. 먼저 x에 관한 f의 편도함수는

$$f_x,\ \frac{\partial f}{\partial x},\ D_x f,\ z_x,\ \frac{\partial z}{\partial x},\ D_x z$$

로 표현되며 y에 관한 f의 편도함수는

$$f_y,\ \frac{\partial f}{\partial y},\ D_y f,\ z_y,\ \frac{\partial z}{\partial y},\ D_y z$$

로 표현한다.

예제 3

$z = x^2 + 2xy - 3y^3$ 의 편도함수를 구하여라.

풀이

$$\frac{\partial z}{\partial x} = 2x + 2y,\ \frac{\partial z}{\partial y} = 2x - 9y^2$$

■

예제 4

$f(x, y, z) = x^3 - 3xy + xyz^2 - z^3$ 의 편도함수를 구하여라.

풀이

$$f_x = 3x^2 - 3y + yz^2,$$
$$f_y = -3x + xz^2,$$
$$f_z = 2xyz - 3z^2$$

■

예제 5

$u = \dfrac{xy}{x^2 + y^2}$ 의 u_x 와 u_y 를 구하여라.

풀이

$$u_x = \frac{y(x^2 + y^2) - xy(2x)}{(x^2 + y^2)^2} = \frac{y^3 - x^2 y}{(x^2 + y^2)^2}$$

$$u_y = \frac{x(x^2 + y^2) - xy(2y)}{(x^2 + y^2)^2} = \frac{x^3 - xy^2}{(x^2 + y^2)^2}$$

■

예제 6

$w=\ln(x^2+y^2+z^2)$ 의 편도함수를 구하여라.

풀이

$$w_x = \frac{2x}{x^2+y^2+z^2},$$
$$w_y = \frac{2y}{x^2+y^2+z^2},$$
$$w_z = \frac{2z}{x^2+y^2+z^2}$$

연습문제 EXERCISES

01. 다음 함수의 편도함수를 구하여라.

(1) $z = x^4 - 3x^2y - y^3$

(2) $z = \dfrac{2y}{x+y}$

(3) $z = x\sin(x-y) + y\cos(y-x)$

(4) $z = (\sin x^3 y)^2$

(5) $z = x^y$

(6) $w = x^2y^4 - 2xz^3$

(7) $w = x(\cos z)e^y$

02. 주어진 점에서 다음 함수의 편미분계수를 구하여라.

(1) $f(x, y) = \sqrt{3x^2 + y^3}$, $(1, 2)$

(2) $f(x, y, z) = xy^3 \sin z$, $(-1, 2, 0)$

(3) $f(x, y) = \begin{cases} \dfrac{xy}{\sqrt{x^2+y^2}}, & (x, y) \neq (0, 0) \\ 0, & (x, y) = (0, 0) \end{cases}$

CALCULUS

6.4 고계편도함수

일변수함수와 마찬가지로 이변수함수 $z = f(x, y)$도 고계편도함수를 가질 수 있다. 함수 z의 편도함수 $\frac{\partial z}{\partial x}$, $\frac{\partial z}{\partial y}$는 x와 y를 변수로 갖는 이변수함수이므로 다시 한 번 편미분하여 얻게 되는 네 개의 편도함수들을 얻게 된다. 여기서 얻어지는 편도함수들을 **이계편도함수**라 한다. 즉

$$\frac{\partial^2 f}{\partial x^2} = f_{xx} = \lim_{h \to 0} \frac{f_x(x+h, y) - f_x(x, y)}{h}$$
$$\frac{\partial^2 f}{\partial y \partial x} = f_{xy} = \lim_{k \to 0} \frac{f_x(x, y+k) - f_x(x, y)}{k}$$
$$\frac{\partial^2 f}{\partial x \partial y} = f_{yx} = \lim_{h \to 0} \frac{f_y(x+h, y) - f_y(x, y)}{h}$$
$$\frac{\partial^2 f}{\partial y^2} = f_{yy} = \lim_{k \to 0} \frac{f_y(x, y+k) - f_y(x, y)}{k}$$

이다.

예제 1

$f(x, y) = \cos(x^2 y)$일 때 f의 이계편도함수를 구하여라.

풀이 먼저 일계편도함수를 구하면

$$f_x = -2xy\sin(x^2y), \quad f_y = -x^2\sin(x^2y)$$

이다. 그러므로 한 번 더 편미분하면 다음 이계편도함수를 얻는다.

$$f_{xx} = -2y\sin(x^2y) - 4x^2y^2\cos(x^2y)$$
$$f_{xy} = -2x\sin(x^2y) - 2x^3y\cos(x^2y)$$
$$f_{yx} = -2x\sin(x^2y) - 2x^3y\cos(x^2y)$$
$$f_{yy} = -x^4\cos(x^2y)$$

정리 6.4.1

f가 이변수함수일 때, f_{xy}와 f_{yx}가 점 (x_0, y_0)에서 연속함수이면 $f_{xy}(x_0, y_0) = f_{yx}(x_0, y_0)$이다. 즉 연속인 이계편도함수인 경우 편미분의 순서에 관계없이 같다.

예제 2

$f(x, y) = x^3 + x^2y^4 + 3y^5$일 때 $f_{xy} = f_{yx}$임을 보여라.

풀이 $f_x = 3x^2 + 2xy^4$, $f_y = 4x^2y^3 + 15y^4$ 이므로 $f_{xy} = 8xy^3 = f_{yx}$ 이다. □

예제 3

$f(x, y) = e^{xy} + x\sin y + \ln(x^2 + y^2)$일 때 이계편도함수를 구하여라.

풀이

$$f_x = ye^{xy} + \sin y + \frac{2x}{x^2 + y^2}$$

$$f_y = xe^{xy} + x\cos y + \frac{2y}{x^2 + y^2}$$

이므로

$$f_{xx} = y^2e^{xy} + \frac{2(y^2 - x^2)}{(x^2 + y^2)^2}$$

$$f_{yy} = x^2e^{xy} - x\sin y + \frac{2(x^2 - y^2)}{(x^2 + y^2)^2}$$

$$f_{xy} = e^{xy} + xye^{xy} + \cos y - \frac{4xy}{(x^2 + y^2)^2}$$

여기서 f의 정의역 내의 모든 점에서 f_{xy}는 연속함수이므로 $f_{yx} = f_{xy}$이다. ■

$z = f(x, y)$의 이계편도함수들이 편미분 가능하면 이때 편미분하여 얻어진 편도함수를 삼계편도함수라 한다. 기호로는

$$f_{xxx} = \frac{\partial^3 z}{\partial x^3},\ f_{xxy} = \frac{\partial^3 z}{\partial y\, \partial x^2},\ \cdots,\ f_{yyy} = \frac{\partial^3 z}{\partial y^3}$$

로 표현하며 2^3 개의 삼계편도함수들이 있다.

일반적으로 이계편도함수 이상의 편도함수를 **고계편도함수**라 하고 이변수함수에서는 n 계편도함수들이 2^n 개 만큼 존재한다.

예제 4

$f(x, y) = (ax^2 + by^2)^2$일 때 $f_{xxy} = f_{yxx}$임을 보여라.

풀이

$$f_x = 4ax(ax^2 + by^2) = 4a^2x^3 + 4abxy^2,$$
$$f_y = 4by(ax^2 + by^2) = 4abx^2y + 4b^2y^3$$

이며

$$f_{xx} = 12a^2x^2 + 4aby^2, \ f_{yx} = 8abxy$$

이므로

$$f_{xxy} = 8aby, \ f_{yxx} = 8aby$$

이다. ■

연습문제 EXERCISES

01. 다음 함수의 이계편도함수를 구하여라.

(1) $z = x^3 y + e^{xy^2}$

(2) $z = 2x^3 - \sqrt{3}\,x^2 y + y^4 + 2$

(3) $z = \dfrac{y}{\sqrt{x^2 + y^2}}$

(4) $w = z \sin xy$

02. $z = e^{-ay} \cos ax$ 일 때 $\dfrac{\partial^2 z}{\partial x^2} = a \dfrac{\partial z}{\partial y}$ 임을 보여라.

03. 다음 함수의 f_{xy} 와 f_{yx} 를 구하여라.

(1) $f(x,\, y) = \sqrt{4 - x^2 - y^2}$

(2) $f(x,\, y) = e^{x - 2y}$

CALCULUS

6.5 전미분과 그래디언트

이변수함수 $z=f(x,\ y)$에 대하여 $\triangle x$를 x의 증가분이라 하고, $\triangle y$를 y의 증가분이라 하면 z의 증가분 $\triangle z$는

$$\triangle z = f(x+\triangle x,\ y+\triangle y) - f(x,\ y)$$

이다.

정리 6.5.1

함수 $z=f(x,\ y)$에 대하여 함수 f와 f_x, f_y가 모든 점 $(x,\ y)$ 근방에서 연속이면

$$\triangle z = \frac{\partial z}{\partial x}\triangle x + \frac{\partial z}{\partial y}\triangle y + \epsilon_1 \triangle x + \epsilon_2 \triangle y$$

이다. 여기서 $\epsilon_i\,(i=1,\ 2)$는 $\displaystyle\lim_{\triangle x,\, \triangle y \to 0} \epsilon_i = 0$을 만족하는 값이다.

증명

$$\begin{aligned}\triangle z &= f(x+\triangle x,\ y+\triangle y) - f(x,\ y)\\ &= f(x+\triangle x,\ y+\triangle y) - f(x,\ y+\triangle y) + f(x,\ y+\triangle y) - f(x,\ y)\end{aligned}$$

이며 $z=f(x,\ y)$의 연속인 일계편도함수가 존재하면 평균값정리를 이용할 수 있다.

$$f(x+\triangle x,\ y+\triangle y) - f(x,\ y+\triangle y) = f_x(x+\theta_1\triangle x,\ y+\triangle y)\triangle x$$
$$f(x,\ y+\triangle y) - f(x,\ y) = f_y(x,\ y+\theta_2\triangle y)\triangle y \quad (0<\theta_1,\ \theta_2<1)$$

그래서

$$\triangle z = f_x(x+\theta_1\triangle x,\ y+\triangle y)\triangle x + f_y(x,\ y+\theta_2\triangle y)\triangle y$$

를 얻는다. 이때 f_x, f_y는 $(x,\ y)$에서 연속이므로

$$f_x(x+\theta_1\Delta x,\ y+\Delta y)=f_x(x,\ y)+\epsilon_1$$
$$f_y(x,\ y+\theta_2\Delta y)=f_y(x,\ y)+\epsilon_2$$

이다. 그러므로

$$\Delta z=f_x(x,\ y)\Delta x+f_y(x,\ y)\Delta y+\epsilon_1\Delta x+\epsilon_2\Delta y$$

이다. □

이때 $\lim_{\Delta x,\Delta y\to 0}\epsilon_1=0$, $\lim_{\Delta x,\Delta y\to 0}\epsilon_2=0$을 만족하므로 Δx와 Δy를 충분히 작게 잡으면 Δz의 근사값

$$\Delta z\approx f_x(x,\ y)\Delta x+f_y(x,\ y)\Delta y$$

를 얻을 수 있다. 이 식의 우변을 $z=f(x,\ y)$의 **전미분**(total differential)이라 하고 기호로는 dz로 표현한다.

$$dz=f_x(x,\ y)dx+f_y(x,\ y)dy.$$

일반적으로 $z=f(x_1,\ \cdots,\ x_n)$일 때 전미분 dz는

$$\begin{aligned}dz&=f_{x_1}dx_1+f_{x_2}dx_2+\cdots+f_{x_n}dx_n\\&=\frac{\partial f}{\partial x_1}dx_1+\cdots+\frac{\partial f}{\partial x_n}dx_n\end{aligned}$$

이다. 여기서 $\left(\frac{\partial f}{\partial x_1},\ \cdots,\ \frac{\partial f}{\partial x_n}\right)$을 $f(x_1,\ \cdots,\ x_n)$의 그래디언트라고 하며 $\nabla f(x_1,\ \cdots,\ x_n)$이라고 한다. 즉,

$$\nabla f(x_1,\ \cdots,\ x_n)=\left(\frac{\partial f}{\partial x_1}(x_1,\ \cdots,\ x_n),\ \cdots,\ \frac{\partial f}{\partial x_n}(x_1,\ \cdots,\ x_n)\right)$$

이다. 위의 관계식들을 통하여 벡터의 내적(참조 9장 2절)을 사용하면,

$$\begin{aligned}\Delta f&=f(x_1+\Delta x_1,\ \cdots,\ x_n+\Delta x_n)-f(x_1,\ \cdots,\ x_n)\\&\approx\nabla f(x_1,\ \cdots,\ x_n)\circ(\Delta x_1,\ \cdots,\ \Delta x_n)\end{aligned}$$

임을 알 수 있다. 보다 효과적인 표현을 위하여

$$(x_1,\ \cdots,\ x_n)=\mathbf{X},\ (\Delta x_1,\ \cdots,\ \Delta x_n)=\Delta\mathbf{X}$$

라 하면

$$\begin{aligned}\triangle z &= f(\mathbf{X}+\triangle\mathbf{X})-f(\mathbf{X})\\ &\approx \nabla f(\mathbf{X})\circ\triangle\mathbf{X}\end{aligned}$$

이다.

예제 1

$z=x^3-x^2y+2y^2$ 의 전미분 dz 를 구하여라.

풀이

$$z_x=3x^2-2xy,\quad z_y=-x^2+4y$$

이므로

$$dz=(3x^2-2xy)dx+(-x^2+4y)dy$$ ■

예제 2

$u=x^2yz^4$ 의 전미분 du 와 ∇u를 구하여라.

풀이

$$du=u_x\,dx+u_y\,dy+u_z\,dz$$

이므로

$$u_x=2xyz^4,\quad u_y=x^2z^4,\quad u_z=4x^2yz^3$$

을 대입하면

$$\begin{aligned}du&=(2xyz^4)dx+(x^2z^4)dy+(4x^2yz^3)dz\\ \nabla u&=(2xyz^4,\ x^2z^4,\ 4x^2yz^3)\end{aligned}$$

이다.

예제 3

$z=\sqrt{5-x^2-y^2}$ 에서 점 $(1,1)$이 $(0.98, 1.01)$로 변화할 때 z의 변화에 대한 근사값을 구하여라.

풀이 $f(x,\ y)=\sqrt{5-x^2-y^2}$ 이라 하면, $dz=df=f_x(1,\ 1)dx+f_y(1,\ 1)dy$이다.

$$dx = -0.02,\ \ dy = 0.01,$$

$$f_x = \frac{-x}{\sqrt{5-x^2-y^2}},\ \ f_y = \frac{-y}{\sqrt{5-x^2-y^2}}$$

이므로

$$\begin{aligned} dz &= f_x(1,1)dx + f_y(1,1)dy \\ &= \frac{-1}{\sqrt{3}}(-0.02) + \frac{-1}{\sqrt{3}}(0.01) = \frac{0.01}{\sqrt{3}} \end{aligned}$$

이다. 그러므로 Δz의 근사값은 $\dfrac{0.01}{\sqrt{3}}$이다. ■

예제 4

$\sqrt{(5.01)^3-(1.98)^2}$의 근사값을 구하여라.

풀이 $z = \sqrt{x^3-y^2}$ 일 때 $x=5,\ y=2$ 그리고

$$dx = 0.01,\ \ dy = -0.02$$

라고 놓자. 이때 점 $(5, 2)$에서 점 $(5.01, 1.98)$로 변할 때 z의 증분에 대한 근사값을 전미분 dz를 이용하여 구해보면, 즉

$$dz = \sqrt{(x+dx)^3-(y+dy)^2} - \sqrt{x^3-y^2}$$

이므로

$$\sqrt{(5.01)^3-(1.98)^2} = z + dz$$

를 구하면 된다.

$$\begin{aligned} dz &= \frac{3\cdot 5^2}{2\sqrt{5^3-2^2}}\cdot(0.01) + \frac{-2}{\sqrt{5^3-2^2}}\cdot(-0.02) \\ &= \frac{75}{22}\cdot(0.01) + \frac{2}{11}\cdot(0.02) \fallingdotseq 0.038 \end{aligned}$$

그러므로

$$\sqrt{(5.01)^3-(1.98)^2} \fallingdotseq 11 + 0.038 = 11.038$$

■

연습문제 EXERCISES

01. 다음 함수의 전미분과 그래디언트를 구하여라.

(1) $z = 3x^2y^3 + xy^2$

(2) $z = \dfrac{x-y}{x+y}$

(3) $z = x^3 \sin(3y)$

(4) $z = e^{3x} \sin(x^3 y)$

(5) $w = \sqrt{1 - x^2 - y^2 - z^2}$

(6) $z = y^{\cos x}$

02. $\sqrt{2 \cdot (3.99)^3 + (2.98)^2}$ 의 근사값을 구하여라.

CALCULUS

6.6 합성함수의 편미분법

편미분가능한 함수 $z=f(x, y)$에서 x와 y가 t에 의하여 미분가능한 함수 $x=\alpha(t)$, $y=\beta(t)$로 표현된다고 하자. 그러면 x, y, z는 모두 t에 관한 함수이다.

$$\Delta z = f_x \Delta x + f_y \Delta y + \epsilon_1 \Delta x + \epsilon_2 \Delta y$$

이므로 양변을 Δt로 나누면

$$\frac{\Delta z}{\Delta t} = f_x \frac{\Delta x}{\Delta t} + f_y \frac{\Delta y}{\Delta t} + \epsilon_1 \frac{\Delta x}{\Delta t} + \epsilon_2 \frac{\Delta y}{\Delta t}$$

이다. $\Delta t \to 0$일 때 $\Delta x \to 0$, $\Delta y \to 0$이므로 $\epsilon_1 \to 0$, $\epsilon_2 \to 0$이다. 그러므로

$$\frac{dz}{dt} = f_x \frac{dx}{dt} + f_y \frac{dy}{dt} \quad \text{또는} \quad \frac{dz}{dt} = \frac{\partial z}{\partial x}\frac{dx}{dt} + \frac{\partial z}{\partial y}\frac{dy}{dt}$$

를 얻게 된다. 여기서 $\frac{dz}{dt}$를 z의 t에 관한 **전도함수**(total derivative)라 한다. 일반적으로 n변수 함수 $u=f(x_1, \cdots, x_n)$에 대해서도 같은 결과를 얻게 된다. 만일 변수 $x_i\,(i=1,2, \cdots, n)$가 모두 t에 관한 함수라면 다음 식을 얻을 수 있다.

$$\frac{du}{dt} = \frac{\partial u}{\partial x_1}\frac{dx_1}{dt} + \frac{\partial u}{\partial x_2}\frac{dx_2}{dt} + \cdots + \frac{\partial u}{\partial x_n}\frac{dx_n}{dt}$$

예제 1

함수 $z=x^2y-3y^2$, $x=\cos t$, $y=e^{-t}$일 때 $\frac{dz}{dt}$를 구하여라.

풀이

$$\frac{\partial z}{\partial x} = 2xy, \quad \frac{\partial z}{\partial y} = x^2-6y, \quad \frac{dx}{dt} = -\sin t, \quad \frac{dy}{dt} = -e^{-t}$$

이므로

$$\frac{dz}{dt} = 2xy(-\sin t) + (x^2 - 6y)(-e^{-t})$$
$$= -2xy\sin t - (x^2 - 6y)e^{-t}$$

예제 2

함수 $z = 2y^2 - x^2$, $y = x^2 + 2x - 5$ 일 때 $\frac{dz}{dx}$ 를 구하여라.

풀이

$$\frac{\partial z}{\partial x} = -2x, \quad \frac{\partial z}{\partial y} = 4y, \quad \frac{dy}{dx} = 2x + 2$$

이므로

$$\frac{dz}{dx} = \frac{\partial z}{\partial x}\frac{dx}{dx} + \frac{\partial z}{\partial y}\frac{dy}{dx} = \frac{\partial z}{\partial x} + \frac{\partial z}{\partial y}\frac{dy}{dx}$$
$$= -2x + 4y \cdot 2(x+1) = -2x + 8xy + 8y$$

함수 $z = f(x, y)$이고 $x = \phi(u, v)$, $y = \psi(u, v)$로 표현될 때 z는 u와 v에 관한 함수이므로 z의 u와 v에 관한 전도함수를 구해야 된다.

$$\frac{\partial z}{\partial u} = \frac{\partial z}{\partial x}\frac{\partial x}{\partial u} + \frac{\partial z}{\partial y}\frac{\partial y}{\partial u}, \qquad \frac{\partial z}{\partial v} = \frac{\partial z}{\partial x}\frac{\partial x}{\partial v} + \frac{\partial z}{\partial y}\frac{\partial y}{\partial v}.$$

예제 3

함수 $z = x^2 - y^2$, $x = 2u + v^2$, $y = u^2 - 3uv + v^3$ 일 때 $\frac{\partial z}{\partial u}$와 $\frac{\partial z}{\partial v}$를 구하여라.

풀이

$$\frac{\partial z}{\partial x} = 2x, \quad \frac{\partial z}{\partial y} = -2y, \quad \frac{\partial x}{\partial u} = 2, \quad \frac{\partial x}{\partial v} = 2v,$$

$\frac{\partial y}{\partial u} = 2u - 3v$, $\frac{\partial y}{\partial v} = -3u + 3v^2$ 이므로

$$\frac{\partial z}{\partial u} = 2x \cdot 2 + (-2y)(2u - 3v) = 4x + 2y(3v - 2u)$$

$$\frac{\partial z}{\partial v} = 2x \cdot 2v + (-2y)(-3u + 3v^2) = 4xv + 6y(u - v^2)$$

예제 4

함수 $z=f(x,y)$, $x=g(s)$, $y=h(s)$일 때 $\dfrac{d^2z}{ds^2}$을 구하여라.

풀이 $\dfrac{dz}{ds}=\dfrac{\partial z}{\partial x}\dfrac{dx}{ds}+\dfrac{\partial z}{\partial y}\dfrac{dy}{ds}$이므로 이 식의 양변을 s에 대하여 편미분을 할 때 $\dfrac{d^2z}{ds^2}$을 얻을 수 있다.

$$\begin{aligned}\frac{d^2z}{ds^2}&=\left\{\frac{\partial}{\partial x}\left(\frac{\partial z}{\partial x}\right)\frac{dx}{ds}\frac{dx}{ds}+\frac{\partial}{\partial y}\left(\frac{\partial z}{\partial x}\right)\frac{dx}{ds}\frac{dy}{ds}+\left(\frac{\partial z}{\partial x}\right)\frac{dx^2}{ds^2}\right\}\\&\quad+\left\{\frac{\partial}{\partial x}\left(\frac{\partial z}{\partial y}\right)\frac{dy}{ds}\frac{dx}{ds}+\frac{\partial}{\partial y}\left(\frac{\partial z}{\partial y}\right)\frac{dy}{ds}\frac{dy}{ds}+\left(\frac{\partial z}{\partial y}\right)\frac{d^2y}{ds^2}\right\}\\&=\left\{\frac{\partial^2z}{\partial x^2}\left(\frac{dx}{ds}\right)^2+\frac{\partial^2z}{\partial y\partial x}\frac{dx}{ds}\frac{dy}{ds}+\frac{\partial z}{\partial x}\frac{dx^2}{ds^2}\right\}\\&\quad+\left\{\frac{\partial^2z}{\partial x\partial y}\frac{dx}{ds}\frac{dy}{ds}+\frac{\partial^2z}{\partial y^2}\left(\frac{dy}{ds}\right)^2+\frac{\partial z}{\partial y}\frac{d^2y}{ds^2}\right\}.\end{aligned}$$

■

연습문제 EXERCISES

01. 다음 함수의 전도함수를 구하여라.

(1) $z = x^2 - 3y^3,\ x = \sqrt{t},\ y = e^{3t}$

(2) $w = \ln(x^2 + y^2 + z^2),\ y = x\cos x,\ z = x^2\sin x$

(3) $u = r^2\cos 2\theta,\ r = \sqrt{x^2 + y^2},\ \theta = \tan^{-1}\left(\dfrac{y}{x}\right)$

02. 다음 함수에서 $\dfrac{\partial f}{\partial x}, \dfrac{\partial f}{\partial y}$를 구하여라.

(1) $f(u, v) = u^2 + 2v - 3,\ u = x^2 + y^2,\ v = 2x - y^3$

(2) $f(u, v) = u^2 - v^2,\ u = 2x - y + 1, v = x - 2y$

(3) $f(u, v) = u^2 - \cos v,\ u = \dfrac{y}{x},\ v = xy$

CALCULUS

6.7 음함수의 미분법

x 의 함수 y 가 방정식 $f(x, y)=0$ 형태인 **음함수**(implicit function)로 정의되었을 때 $\dfrac{dy}{dx}$ 는 다음과 같이 구할 수 있다. 먼저 $f(x, y)=0$ 의 양변을 x 에 관하여 미분하면 $f_x\dfrac{dx}{dx}+f_y\dfrac{dy}{dx}=0$ 이다. 만일 $f_y \neq 0$ 이면, $f_x+f_y\dfrac{dy}{dx}=0$ 으로부터 $\dfrac{dy}{dx}=-\dfrac{f_x}{f_y}$ 를 얻는다.

예제 1

$x^3-3xy+y^2=0$ 에서 $\dfrac{dy}{dx}$ 를 구하여라.

풀이 $f_x=3x^2-3y,\ f_y=-3x+2y$ 이므로

$$\frac{dy}{dx}=-\frac{f_x}{f_y}=\frac{3(x^2-y)}{3x-2y}.$$

□

정리 6.7.1

x, y의 함수 z 가 방정식 $f(x, y, z)=0$에 의해서 음함수로 정의되었을 때 $f(x, y, z)$의 편도함수가 존재하면 다음 식이 성립한다.

(1) $\dfrac{\partial z}{\partial x}=-\dfrac{f_x}{f_z}$ (2) $\dfrac{\partial z}{\partial y}=-\dfrac{f_y}{f_z}$ $(f_z \neq 0)$

증명 $f(x, y, z)=0$ 에서 x, y 는 독립변수이고 z 는 x 와 y 에 관한 함수이다.

(1) $f(x, y, z)=0$ 의 양변을 x 에 관하여 편미분하자. 그러면

$$f_x\frac{dx}{dx}+f_y\frac{dy}{dx}+f_z\frac{\partial z}{\partial x}=0$$

이고 $\dfrac{dy}{dx}=0$ 이므로 $f_x+f_z\dfrac{\partial z}{\partial x}=0$을 정리하면 $\dfrac{\partial z}{\partial x}=-\dfrac{f_x}{f_z}$ 이다.

(2) $f(x, y, z)=0$의 양변을 y에 관하여 편미분하자.

$$f_x\frac{dx}{dy}+f_y\frac{dy}{dy}+f_z\frac{\partial z}{\partial y}=0$$

이고 $\dfrac{dx}{dy}=0$ 이므로 $f_y+f_z\dfrac{\partial z}{\partial y}=0$을 정리하면 $\dfrac{\partial z}{\partial y}=-\dfrac{f_y}{f_z}$ 이다. □

예제 2

$x^2+y^2+z^2-2xyz=0$ 에 대하여 $\dfrac{\partial z}{\partial x}, \dfrac{\partial z}{\partial y}$를 구하여라.

풀이 $f(x, y, z)=x^2+y^2+z^2-2xyz$ 이라 놓자.

$$f_x=2x-2yz,\quad f_y=2y-2xz,\quad f_z=2z-2xy$$

이므로

$$\frac{\partial z}{\partial x}=-\frac{f_x}{f_z}=\frac{x-yz}{xy-z},\quad \frac{\partial z}{\partial y}=-\frac{f_y}{f_z}=\frac{y-xz}{xy-z}$$

이다. ■

정리 6.7.2

음함수 $f(x, y, z)=0,\ g(x, y, z)=0$ 에 대하여 다음 식이 성립한다.

(1) $\dfrac{dy}{dx}=\dfrac{f_zg_x-f_xg_z}{f_yg_z-f_zg_y}$

(2) $\dfrac{dz}{dx}=\dfrac{f_xg_y-f_yg_x}{f_yg_z-f_zg_y}$

$(f_yg_z-f_zg_y\neq 0)$

증명 $f(x, y, z)=0,\ g(x, y, z)=0$ 에서 x는 독립변수이고 y와 z는 x에 관한 함수이므로 두 함수의 양변을 x에 관하여 편미분하자.

$$f_x\frac{dx}{dx}+f_y\frac{dy}{dx}+f_z\frac{dz}{dx}=0,$$

$$g_x \frac{dx}{dx} + g_y \frac{dy}{dx} + g_z \frac{dz}{dx} = 0$$

을 정리하면 다음 식을 얻는다.

$$f_x + f_y \frac{dy}{dx} + f_z \frac{dz}{dx} = 0,$$

$$g_x + g_y \frac{dy}{dx} + g_z \frac{dz}{dx} = 0$$

위 두 식을 연립하여 풀면 $\frac{dy}{dx}$ 와 $\frac{dz}{dx}$ 를 얻을 수 있다. □

예제 3

$x^3 - 2xy + y^2 - 3z^2 = 1$, $x^2 + y^2 + z^2 = 0$ 일 때 $\frac{dy}{dx}$, $\frac{dz}{dx}$ 를 구하여라.

풀이 $f(x, y, z) = x^3 - 2xy + y^2 - 3z^2 - 1$, $g(x, y, z) = x^2 + y^2 + z^2$ 이라 놓자. 그러면

$$f_x = 3x^2 - 2y,\ f_y = -2x + 2y,\ f_z = -6z \text{과}$$
$$g_x = 2x,\ \ g_y = 2y,\ \ g_z = 2z$$

을 정리 6.7.2의 결과에 대입하면

$$\frac{dy}{dx} = \frac{(-6z)(2x) - (3x^2 - 2y)(2z)}{(-2x + 2y)(2z) - (-6z)(2y)} = \frac{-6x - 3x^2 + 2y}{4(4y - x)z},$$

$$\frac{dz}{dx} = \frac{(3x^2 - 2y)(2y) - (-2x + 2y)(2x)}{(-2x + 2y)2z - (-6z)(2y)}$$
$$= \frac{3x^2y - 2y^2 + 2x^2 - 2xy}{4(4y - x)z}.$$

■

연습문제 EXERCISES

01. 음함수 미분법에 의하여 $\dfrac{dy}{dx}$를 구하여라.

(1) $x^3+2xy^2-3x^2y+3y^3-2=0$

(2) $e^x \sin y - e^y \cos x = 1$

(3) $x^{\frac{3}{2}}+y^{\frac{3}{2}}=1$

02. 다음 함수의 $\dfrac{d^2y}{dx^2}$ 을 구하여라.

(1) $\ln\sqrt{x^2+y^2}-\tan^{-1}\dfrac{y}{x}=0$

(2) $x^2-xy+y^2=1$

7장 다변수함수의 적분

이 장에서는 다변수함수의 적분을 소개하고자 한다. 다변수 함수의 적분에서는 직교좌표 이외에도 평면의 극좌표, 3차원 공간의 원주좌표 또는 구면좌표 등을 활용하는 문제들이 많이 등장한다. 따라서 이와 같은 다양한 좌표계를 소개하고, 이들에 대하여 직교좌표계와의 관계를 살펴본다.

CALCULUS

7.1 2차원 평면의 극좌표

정의 7.1.1 극좌표

평면 상에 극점(pole) O과 극축(polar axis)을 주고 극점이 아닌 점 P에 대하여 극점으로부터 떨어진 거리가 $r(>0)$이고 극축으로부터 $\overline{OP}$가 θ 만큼 회전한다고 할 때 (r, θ)를 점 P의 극좌표라고 한다. 편의상 극점 O의 좌표는 $(0, 0)$으로 한다.

일반적으로 $r<0$ 인 경우에는 $(r, \theta)=(-r, \theta+\pi)$로 정의할 수 있다. 따라서 $r<0$에 대하여도 극좌표 (r, θ)를 허용하기로 한다.

정리 7.1.2 극좌표와 직교좌표

직교좌표의 원점과 극점을, 직교좌표의 x축의 양의 방향과 극축을 겹치면, 점 P의 직교좌표 (x, y)와 극좌표 (r, θ)는 다음의 관계식을 만족한다.

(1) $x=r\cos\theta,\ \ y=r\sin\theta,\ \ x^2+y^2=r^2$

(2) $r=\sqrt{x^2+y^2},\ \ \tan\theta=\dfrac{y}{x}\ (x\neq 0)$ 또는 $\cot\theta=\dfrac{x}{y}\ (y\neq 0)$

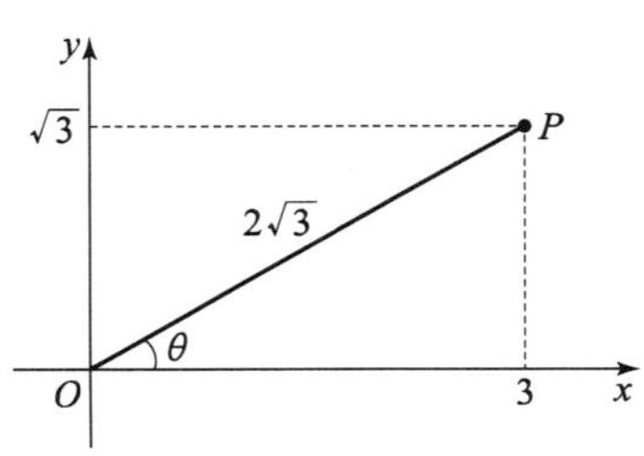

그림 7.1.1

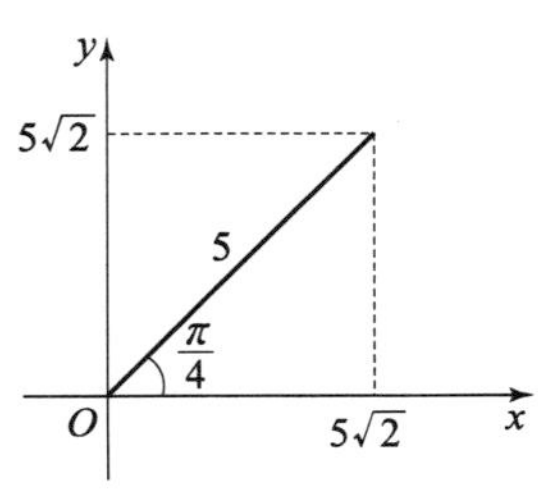

그림 7.1.2

예제 1

(1) P의 직교좌표가 $(3, \sqrt{3})$의 극좌표 (r, θ)는 $\left(2\sqrt{3}, \frac{\pi}{6}\right)$이다(그림 7.1.1 참조).

(2) P의 극좌표가 $(5, \frac{\pi}{4})$일 때 직교좌표 (x, y)는 $(5\sqrt{2}, 5\sqrt{2})$이다(그림 7.1.2 참조).

예제 2

다음의 식으로 주어지는 곡선을 그려라.

(1) $r=3$

(2) $r=\theta$, $\theta \geq 0$ (아르키메데스의 나선)

(3) $r=1+\sin\theta$

풀이

(1) $r=3$

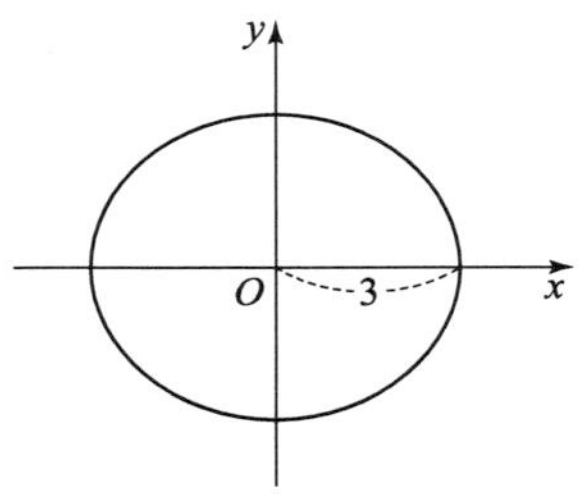

그림 7.1.3

(2) $r=\theta$

θ	0	$\frac{\pi}{6}$	$\frac{\pi}{4}$	$\frac{\pi}{3}$	$\frac{\pi}{2}$	$\frac{3}{4}\pi$	π	$\frac{3}{2}\pi$	2π
r	0	$\frac{\pi}{6}$	$\frac{\pi}{4}$	$\frac{\pi}{3}$	$\frac{\pi}{2}$	$\frac{3}{4}\pi$	π	$\frac{3}{2}\pi$	2π

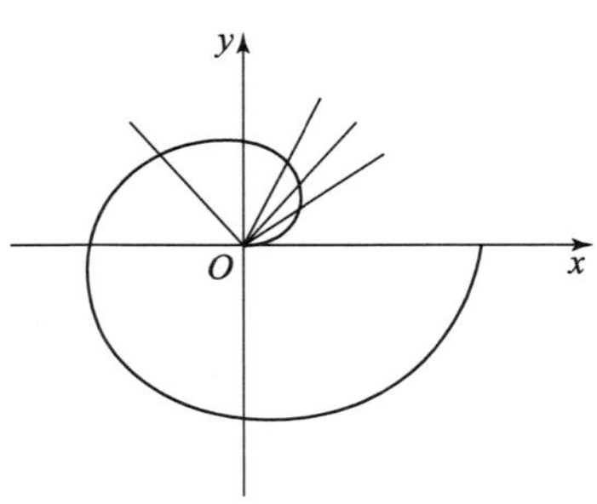

그림 7.1.4

(3) $r = 1 + \sin\theta$

θ	0	$\frac{\pi}{6}$	$\frac{\pi}{4}$	$\frac{\pi}{3}$	$\frac{\pi}{2}$	$\frac{3}{4}\pi$	π	$\frac{5}{4}\pi$	$\frac{3}{2}\pi$	$\frac{7\pi}{4}$	2π
r	1	$1+\frac{1}{2}$	$1+\frac{\sqrt{2}}{2}$	$1+\frac{\sqrt{3}}{2}$	$1+1$	$1+\frac{\sqrt{2}}{2}$	$1+0$	$1-\frac{\sqrt{2}}{2}$	0	$1-\frac{\sqrt{2}}{2}$	1

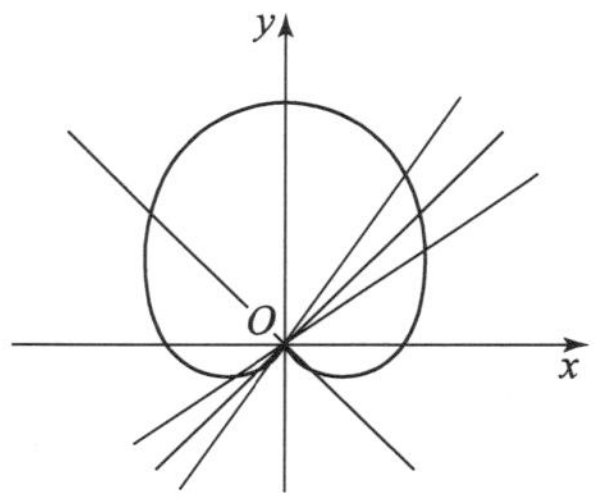

그림 7.1.5

정리 7.1.3 극좌표와 넓이

구간 $[\alpha, \beta]$, $\beta \le \alpha + \pi$ 에서 정의된 연속함수 함수 $r = f(\theta) \ge 0$ 에 의하여 주어진 곡선과 두 직선 $\theta = \alpha$, $\theta = \beta$ 에 의하여 둘러싸인 도형의 넓이 A 는 다음과 같이 주어진다.

$$A = \int_{\alpha}^{\beta} \frac{[f(\theta)]^2}{2} d\theta$$

증명 위의 공식은 부채꼴의 넓이 공식과 정적분의 정의에 의하여 증명된다. □

예제 3

관계식 $r = 1 - \cos\theta$ 로 만들어지는 도형의 넓이를 구하여라.

풀이 넓이공식에 의하여

$$A = \int_0^{2\pi} \frac{[1-\cos\theta]^2}{2} d\theta = \int_0^{2\pi} \frac{1 - 2\cos\theta + \cos^2\theta}{2} d\theta$$

$$= \int_0^{2\pi} \frac{2 - 4\cos\theta + 1 + \cos 2\theta}{4} d\theta = \int_0^{2\pi} \frac{3 - 4\cos\theta + \cos 2\theta}{4} d\theta$$

$$= \frac{3}{4}[\theta]_0^{2\pi} = \frac{3\pi}{2}$$

연습문제 EXERCISES

01. 극좌표로 다음과 같이 주어진 점의 직교좌표를 구하여라.

(1) $(4, -\frac{\pi}{2})$ (2) $\left(-3, \frac{2\pi}{3}\right)$

(3) $\left(2, -\frac{4\pi}{3}\right)$

02. 직교좌표로 다음과 같이 주어진 점의 극좌표를 구하여라.

(1) $(-4, 0)$ (2) $(-4, 4)$

(3) $(-4, 4\sqrt{3})$

03. 극좌표로 주어진 다음의 방정식을 직교좌표로 바꾸고 그래프의 개형을 그려라.

(1) $r = \sin\left(\theta + \frac{\pi}{3}\right)$ (2) $r^2 = \sin 2\theta,\ r \geq 0$

04. 다음의 극좌표로 주어진 곡선의 개형을 그리고, 그 곡선으로 둘러싸인 도형의 넓이를 구하여라.

(1) $r = \sin 2\theta$ (2) $r = \theta,\ \frac{\pi}{4} \leq \theta \leq \frac{\pi}{2}$

(3) $r = \sqrt{1 - \sin\theta}$

CALCULUS

7.2 3차원 공간 좌표계

정의 7.2.1 원주좌표

(r, θ, z)가 직교좌표 (x, y, z)에 대하여

$$x = r\cos\theta,\ y = r\sin\theta,\ z = z$$

를 만족할 때 (r, θ, z)를 (x, y, z)의 **원주좌표**(cylindrical coordinate)라 한다.

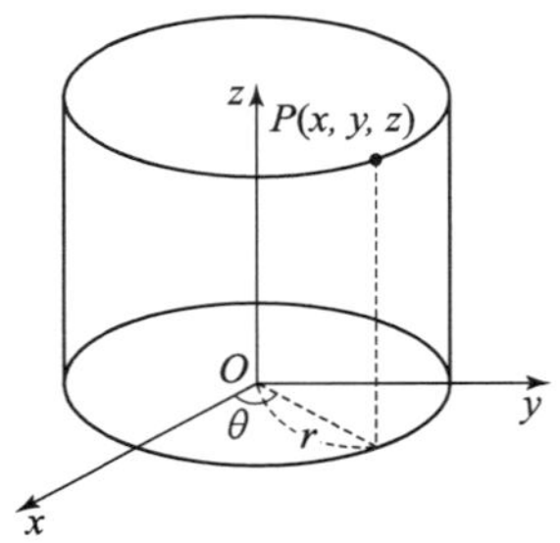

그림 7.2.1

정리 7.2.2 직교좌표와 원주좌표의 관계식

$r > 0$이라 가정하자.

(1) $x = r\cos\theta,\ y = r\sin\theta,\ x^2 + y^2 = r^2$

(2) $r = \sqrt{x^2 + y^2},\ \tan\theta = \dfrac{y}{x}\ (x \neq 0)$ 또는 $\cot\theta = \dfrac{x}{y}\ (y \neq 0)$

예제 1

(1) 직교좌표 $(5, 5, 8)$의 원주좌표는 $\left(5\sqrt{2},\ \frac{\pi}{4},\ 8\right)$이다.

(2) 원주좌표 $\left(4,\ \frac{2}{3}\pi,\ -2\right)$의 직교좌표는 $(-2,\ 2\sqrt{3},\ -2)$이다.

정의 7.2.3 구면좌표

(ρ, ϕ, θ)가 직교좌표 (x, y, z)에 대하여 다음 관계식

$$x = \rho\sin\phi\cos\theta,\ y = \rho\sin\phi\sin\theta,\ z = \rho\cos\phi$$

단, $\rho \ge 0,\ 0 \le \phi \le \pi$를 만족할 때 (ρ, ϕ, θ)를 (x, y, z)의 **구면좌표**(spherical coordinate)라고 한다.

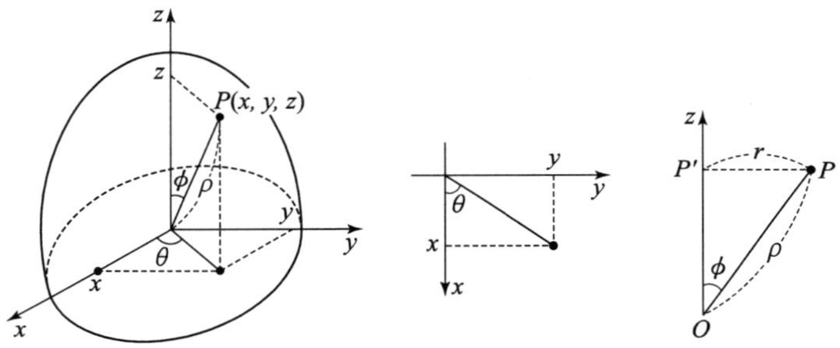

그림 7.2.2

정리 7.2.4 구면좌표와 직교좌표 관계식

$\rho > 0$이라 가정하자.

(1) $x = \rho\sin\phi\cos\theta,\ y = \rho\sin\phi\sin\theta,\ z = \rho\cos\phi$

(2) $\rho = \sqrt{x^2 + y^2 + z^2},\ \phi = \cos^{-1}\frac{z}{\sqrt{x^2 + y^2 + z^2}}$,

$\tan\theta = \frac{y}{x}\ (x \ne 0)$ 또는 $\cot\theta = \frac{x}{y}\ (y \ne 0)$

증명 위의 관계식은 정의 7.2.3에 의하여 자명하지만, 다음의 경우만 생각해보자. 먼저 z축과 $\overline{\mathrm{OP}}$에 의한 평면에서 보면, cosine 함수의 정의에 의하여

$$\cos\phi = \frac{z-\text{좌표}}{\overline{\text{OP}}\text{의 길이}} = \frac{z-\text{좌표}}{\rho}$$

이다. 따라서 $z=\rho\cos\phi$ 가 된다. 한편 $0 \le \phi \le \pi$이므로 $\sin\phi$의 정의에 의하여 $r := \text{PP}'$의 길이$=\rho\sin\phi$이다.

□

예제 2

다음을 구하여라.

(1) 직교좌표 $(1,\ -1,\ 1)$의 구면좌표 $(\rho,\ \phi,\ \theta)$, $-\frac{\pi}{2} < \theta < \frac{\pi}{2}$

(2) 구면좌표 $\left(4,\ \frac{\pi}{3},\ \frac{\pi}{4}\right)$의 직교좌표 $(x,\ y,\ z)$

(3) $x^2+y^2+z^2=3$에 대응되는 구면좌표 방정식

(4) $z=e^{-\sqrt{x^2+y^2}}$에 대응되는 원주좌표 방정식

---

(1) $\rho=\sqrt{1^2+(-1)^2+1^2}=\sqrt{3}$ 이고, $\phi=\cos^{-1}\frac{1}{\sqrt{3}}$ 이다.

$\tan\theta=\frac{-1}{1}=-1$ 이고 $-\frac{\pi}{2}<\theta<\frac{\pi}{2}$ 이므로 $\theta=-\frac{\pi}{4}$ 이다.

따라서 극좌표가 $\left(\sqrt{3},\ \cos^{-1}\frac{1}{\sqrt{3}},\ -\frac{\pi}{4}\right)$이다.

(2) $x=4\sin\frac{\pi}{3}\cos\frac{\pi}{4}=\sqrt{6}$, $y=4\sin\frac{\pi}{3}\cos\frac{\pi}{4}=\sqrt{6}$, $z=4\cos\frac{\pi}{3}=2$이다.

따라서 직교좌표가 $(\sqrt{6},\ \sqrt{6},\ 2)$이다.

(3) $x^2+y^2+z^2=\rho^2$이므로, 구면좌표 방정식은 $\rho=\sqrt{3}$ 이다.

(4) 관계식 $x^2+y^2=r^2$에 의하여 $z=e^{-\sqrt{x^2+y^2}}=e^{-r}$이다.

연습문제 EXERCISES

01. 다음을 구하여라.

(1) 직교좌표 $(3,\ -\sqrt{3},\ 2)$의 원주좌표와 구면좌표

(2) 원주좌표 $(2,\ \pi,\ -2)$의 직교좌표와 구면좌표

(3) 구면좌표 $(5,\ \frac{3}{4}\pi,\ \frac{5}{6}\pi)$의 직교좌표와 원주좌표

02. 다음 관계식을 만족하는 해집합의 개형을 그려라.

(1) $r=5,\ 0 \le \theta \le \pi,\ 1 \le z \le 4$ (원주좌표)

(2) $\rho=5,\ 0 \le \phi \le \frac{\pi}{2},\ 0 \le \theta \le 2\pi$ (구면좌표)

CALCULUS

7.3 다중적분

1 이중적분

$R=\{(x,\ y)\in\mathbb{R}^2 \mid a\le x\le b,\ c\le y\le d\}$인 사각형을 $R=[a,\ b]\times[c,\ d]$라 표현한다. 이중적분을 정의하기 위하여, 우선 $f:\ R\to\mathbb{R}$가 연속함수라 가정한다. $\mathbb{R}$ 위에서의 함수 $f(x,\ y)$의 이중적분을 정의하기 위하여 R을 세분을 다음과 같이 한다.

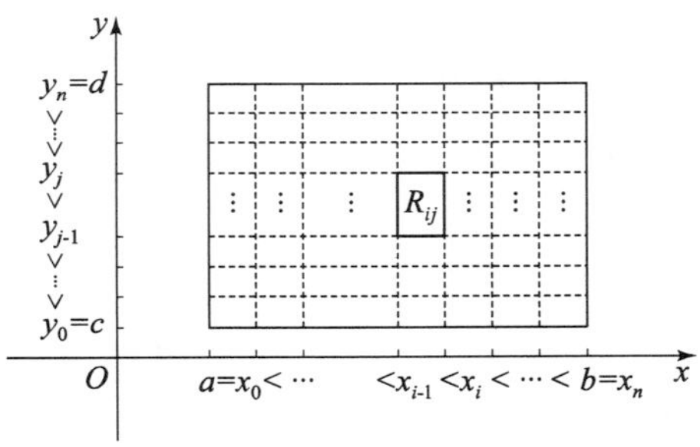

그림 7.3.1

$f(x,\ y)$가 연속이므로 모든 $R_{ij}=[x_{i-1},\ x_i]\times[y_{j-1},\ y_j]$에서 $f(x,\ y)$의 최대값과 최소값이 존재한다. 이들을 각기 $Maxf_{ij},\ \min f_{ij}$라 쓰기로 하자.

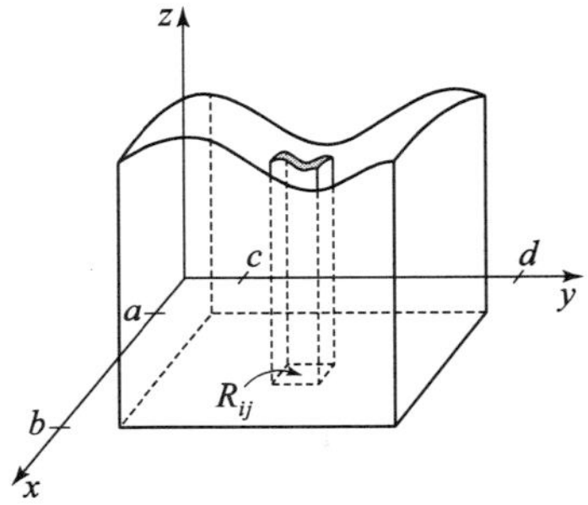

그림 7.3.2

$$\sum_{j=1}^{m}\sum_{i=1}^{n}\max f_{ij}\Delta x_i\Delta y_j\le\sum_{j=1}^{m}\sum_{i=1}^{n}\min f_{ij}\Delta x_i\Delta y_j$$

이고, 세분할수록 좌, 우변의 값의 차이가 영으로 수렴하게 됨을 연속성에 의하여 보일 수가 있다. 이때, 좌, 우변이 갖게 되는 극한값을

$$\iint_R f(x, y)dA$$

라 쓰고 $f(x, y)$의 R 위에서의 **이중적분**이라고 하며 $\iint_R f(x, y)\,dx\,dy$로 쓰기로 한다. 함수 $f(x, y)$가 연속이 아니더라도 유계이면 최대값, 최소값 대신 상한(sup), 하한(inf)의 개념을 사용하여

$$\sum_{j=1}^{m}\sum_{i=1}^{n} sup f_{ij}\triangle x_i \triangle y_j \leq \sum_{j=1}^{m}\sum_{i=1}^{n} inf f_{ij}\triangle x_i \triangle y_j$$

와 같은 등식을 갖게 된다. 따라서 R 위에서 정의된 유계인 함수 $f(x, y)$가 R을 세분할수록 위의 부등식의 좌, 우변의 극한값이 같아질 때 $f(x, y)$가 R 위에서 이중적분 가능하다고 하며 $\iint_R f(x, y)dA$로 그 값을 표현한다.

평면 $\mathbb{R}^2$ 상의 직사각형이 아닌 영역 D에서 정의된 함수 $f(x, y)$의 이중적분도 다음과 같이 정의할 수 있다. $f(x, y)$가 D 위에서 이중적분 가능하다 함은 D를 포함하는 직사각형 R에 대하여 다음과 같이 정의된 함수

$$\tilde{f} : R \longrightarrow \mathbb{R}$$

$$(x, y) \longrightarrow \tilde{f}(x, y) = \begin{cases} f(x, y), & (x, y) \in D \\ 0 & (x, y) \in R - D \end{cases}$$

가 R 위에서 이중적분 가능하면 $f(x, y)$가 D 위에서 이중적분 가능하다고 하며, 그 값을

$$\iint_D f(x, y)dA$$

또는 $\iint_D f(x, y)dxdy$로 표현한다.

예제 1

$$\iint_R x^2 + y^2 dA,\ R = [-1, 1] \times [-1, 1]$$

주어진 이중적분값은 xy-평면 상의 R을 밑면으로 하는 사각기둥과 $z = x^2 + y^2$으로 주어진 포물면이 만들어내는 입체의 체적이다.

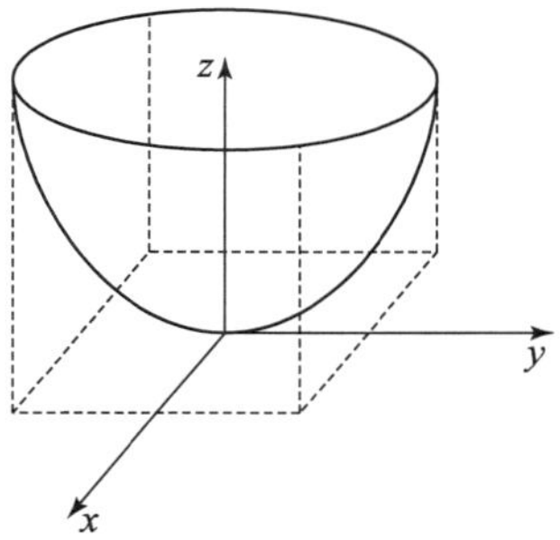

그림 7.3.3

2 반복적분

함수 $f(x, y)$가 $R=[a, b]\times[c, d]$ 위에서 정의된 함수라고 하자. 만일 $f(x, y)$가 x에 관한 함수로서 구간 $[a, b]$에서 적분가능하다고 하면 $\int_a^b f(x, y)\,dx$값은 변수 y만의 함수이다. 만일 $\int_a^b f(x, y)\,dx$가 y에 관하여 $[c, d]$에서 적분가능하다고 하면

$$\int_c^d \left(\int_a^b f(x, y)dx\right)dy$$

값이 존재한다. 이를 $f(x, y)$의 R 위에서의 **반복적분**이라 하고, 간단하게

$$\int_c^d \int_a^b f(x, y)dxdy$$

라고 표현한다. 물론 적분순서를 바꾼

$$\int_b^a \int_c^d f(x, y)dydx$$

도 동일한 방법으로 정의한다.

예제 1

$$\int_{-1}^1 \int_{-1}^1 x^2+y^2\,dxdy=\int_{-1}^1 2\left[\frac{x^3}{3}+y^2x\right]_0^1 dy=\int_{-1}^1 2\left(\frac{1}{3}+y^2\right)_0^1 dy$$
$$=2\int_0^1 2\left(\frac{1}{3}+y^2\right)dy=4\left[\frac{y}{3}+\frac{y^3}{3}\right]_0^1=\frac{8}{3}$$

예제 2

$$\int_0^2\int_0^1 e^{x+y}\,dx\,dy = \int_0^2\int_0^1 e^x e^y\,dx\,dy = \int_0^2\left(\int_0^1 e^x\,dx\right)e^y\,dy$$

$$= \int_0^2 e^y\,dy\int_0^1 e^x\,dx = (e^2-1)(e-1)$$

예제 3

$$\int_1^2\int_{-1}^3 x^2y^3\,dx\,dy = \int_1^2\left(\int_{-1}^3 x^2\,dx\right)y^3\,dy = \int_1^2\left[\frac{x^3}{3}\right]_{-1}^3 y^3\,dy$$

$$= \int_1^2 \frac{28}{3}y^3\,dy = \frac{7}{3}\left[y^4\right]_1^2 = \frac{7}{3}(2^4-1) = 35$$

또는

$$\int_1^2\int_{-1}^3 x^2y^3\,dx\,dy = \int_1^2\left(\int_{-1}^3 x^2dx\right)y^3\,dy = \int_1^2 y^3dx\int_{-1}^3 x^2dx$$

로 계산할 수 있다.

참고 일변수함수의 경우처럼 반복적분 $\int_c^d\int_a^b f(x,\ y)\,dx\,dy$에서 $a,\ b,\ c,\ d$들이 무한으로 가는 경우도 생각할 수 있다. 예를 들어서 $\int_c^d\int_a^\infty f(x,\ y)\,dx\,dy$는 $\int_a^\infty f(x,\ y)dx$에 의하여 정의할 수 있다.

예제 4

$$\int_1^2\int_0^\infty \frac{1}{x^2+y^4}dx\,dy = \int_1^2\left[\frac{1}{y^2}\tan^{-1}\frac{x}{y^2}\right]_0^\infty dy = \int_1^2\frac{1}{y^2}\left(\frac{\pi}{2}-0\right)dy$$

$$= \frac{\pi}{2}\left[\frac{-1}{y}\right]_1^2 = \frac{\pi}{4}$$

정리 7.3.1

함수 $f(x,\ y)$가 $\mathbb{R} = [a,\ b]\times[c,\ d]$ 위에서 적분가능하다고 하자. 또한 반복적분값 $\int_c^d\int_a^b f(x,\ y)dx\,dy$이 존재한다고 하자. 그러면 $\int_{\mathbb{R}} f(x,\ y)dA = \int_c^d\int_a^b f(x,\ y)dx\,dy$이다.

증명 증명은 가장 간단한 경우인 $f(x, y) \ge 0$이고 $f(x, y)$가 연속인 경우에 다음의 그림을 활용하여 개략만 보고자 한다.

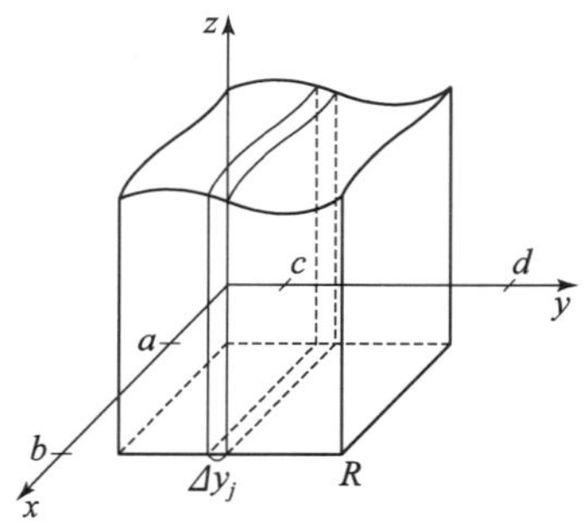

그림 7.3.4

$\int_{\mathbb{R}} f(x, y)dA$는 입체의 체적이라 볼 수 있다.

y의 구간 $[c, d]$를 $c = y_0 < y_1 < y_2 < \cdots y_n = d$로 분할하고 $\Delta y_j = y_j - y_{j-1}$이라고 하자. 그러면 판의 두께가 Δy_j인 S_j들이 생기고, 체적은 그 넓이들의 합의 극한으로 주어지게 된다. 여기서

$$S_j\text{의 부피} \approx \left(\int_a^b f(x, y_j)dx\right)\Delta y_j$$

가 되므로,

$$\sum_{j=1}^{n} S_j \approx \sum_{j=1}^{n}\left(\int_a^b f(x, y_j)dx\right)\Delta y_j$$

이다. 따라서, 모든 Δy_j를 극한 0으로 보내면 그 극한이 체적 $\iint_{\mathbb{R}} f(x, y)dA$가 된다. 즉,

$$\iint_{\mathbb{R}} f(x, y)dA = \int_c^d \int_a^b f(x, y)dx\, dy$$

가 된다. ■

참고 정리 1에서의 관계식은 $\iint_{\mathbb{R}} f(x, y)dA = \int_a^b \int_c^d f(x, y)dy\, dx$로도 계산가능하다. 이와 같은 등식에 대응되는 증명에서의 그림은 다음과 같이 바뀐다.

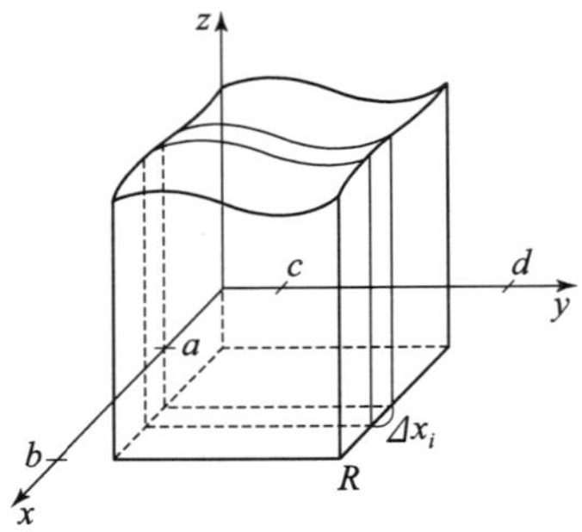

그림 7.3.5

예제 5

$\mathbb{R}=[0,\ 2]\times[1,\ 3]$ 위에서의 이중적분 $\iint_{\mathbb{R}} x^3+xy\,dA$를 구하여라.

풀이

$$\iint_{\mathbb{R}} x^3+xy\,dA=\int_0^2\int_1^3 x^3+xy\,dy\,dx=\int_0^2\left[x^3y+x\frac{y^2}{2}\right]_1^3 dx$$

$$=\int_0^2 2x^3+4x\,dx=\left[\frac{x^4}{2}+2x^2\right]_0^2=16$$

예제 6

영역 $D=\{(x,\ y)\,|\,y\geq x^2,\ y\leq -x+2\}$ 위에서의 이중적분 $\iint_D x^2+2y+3dA$를 구하여라.

풀이

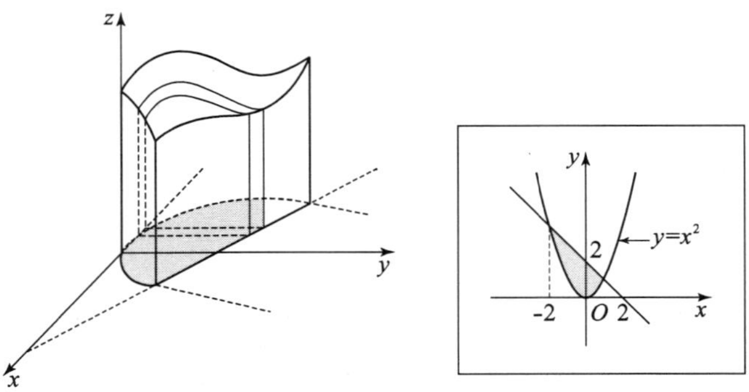

그림 7.3.6

를 생각해본다.

$y=x^2$과 $y=-x+2$의 교점의 x좌표는 -2와 1이다.

$$\iint_D x^2+2y+3dA=\int_{-2}^{1}\int_{x^2}^{-x+2} x^2+2y+3\ dy\ dx$$
$$=\int_{-2}^{1}\left[x^2y+y^2+3y\right]_{x^2}^{-x+2} dx$$
$$=\int_{-2}^{1}-x^3+2x^2+x^2-4x+4-3x+6-2x^4-3x^2dx$$
$$=\int_{-2}^{1}-2x^4-x^3-7x+10\ dx$$
$$=\left[\frac{-2}{5}x^5-\frac{x^4}{4}-\frac{7}{2}x^2+10x\right]_{-2}^{1}$$
$$=-\frac{2}{5}-\frac{1}{4}-\frac{7}{2}+10-\frac{64}{5}+4+14+20$$
$$=-13-\frac{1}{5}-3-\frac{3}{4}+48=32-\frac{19}{20}=31\frac{1}{20}$$ ■

예제 7

$$\int_0^1\int_x^1\sqrt{1+y^2}\ dy\ dx=\iint_D\sqrt{1+y^2}\,dA,$$
$$=\int_0^1\int_0^y\sqrt{1+y^2}\,dx\ dy$$
$$=\int_0^1\left[x\sqrt{1+y^2}\,\right]_0^y dy$$
$$=\frac{1}{2}\int_1^2\sqrt{u}\,du=\frac{1}{2}\left[\frac{2}{3}u\sqrt{u}\right]_1^2=\frac{1}{3}(2\sqrt{2}-1)$$
↑

$1+y^2=u$로 치환하면 $\begin{bmatrix}2ydy=du\\ y=0\Rightarrow u=1\\ y=1\Rightarrow u=2\end{bmatrix}$

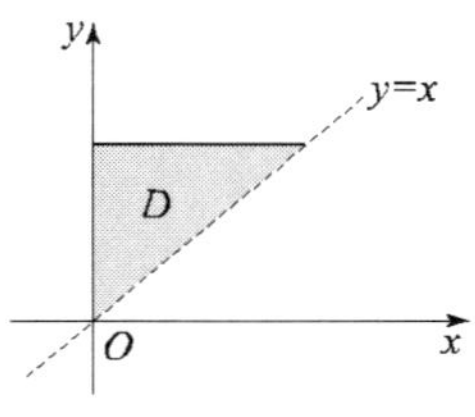

그림 7.3.7

연습문제 EXERCISES

01. 다음 반복적분을 계산하여라.

(1) $\int_0^{\frac{\pi}{2}}\int_0^1 e^x \sin y \, dx \, dy$

(2) $\int_0^1\int_0^y x^2 y + y^3 \, dx \, dy$

(3) $\int_1^2\int_{-2}^2 x^5 \sin y + 2y \, dy \, dx$

(4) $\int_0^\infty\int_0^\infty e^{-x-3y} \, dx \, dy$

02. 이중적분 $\iint_D x + 2y \, dA$를 계산하시오.

여기서, $D = \{(x, y) \mid 0 \le y \le \sin x, \ 0 \le x \le \pi\}$

03. 반복적분 $\int_0^1\int_y^1 3y + e^{-x^2} \, dx \, dy$를 계산하여라.

7.4 극좌표와 이중적분

이중적분을 계산함에 있어서 극좌표를 활용해보고자 한다. 이를 위해서 극좌표의 $(r,\ \theta)$를 직교축으로 하는 $\mathbb{R}^2$ 공간과 직교좌표 $(x,\ y)$의 $\mathbb{R}^2$ 공간 다음의 변환 F를 살펴보고자 한다.

$$F:\ \mathbb{R}^2 \to \mathbb{R}^2,\ F(r,\ \theta) = (r\cos\theta,\ r\sin\theta)$$

$R = \{(r,\ \theta) \mid a \le r \le b,\ \alpha \le \theta \le \beta\}$라 하면 변환 F에 의하여

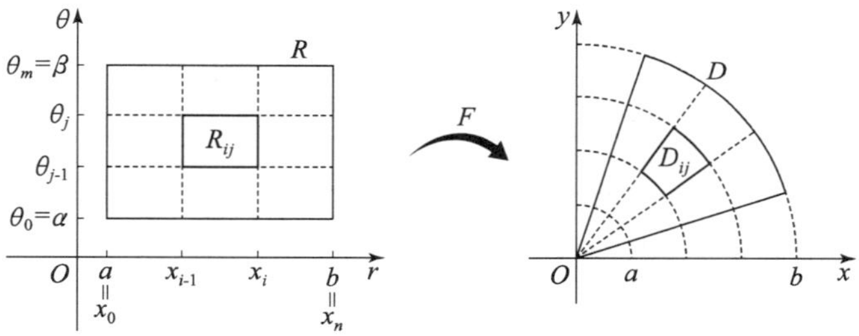

그림 7.4.1

위의 그림에서

$$R = \{(r,\ \theta) \mid a \le r \le b,\ \alpha \le \theta \le \beta\}$$
$$D = F(\mathbb{R})$$

이고, $\mathbb{R}$의 분할 $\{R_{ij}\}$에 대하여 D는 부채꼴들, 즉 $\{D_{ij}\}$로 분할을 갖게 된다. 이들의 면적을 살펴보면

$$R_{ij}\text{의 넓이} = \Delta r_i \Delta\theta_j,\ \begin{cases} \Delta r_i = r_i - r_{i-1} \\ \Delta\theta_j = \theta_j - \theta_{j-1} \end{cases}$$

$$D_{ij}\text{의 넓이} = \frac{1}{2}r_i^2\Delta\theta_j - \frac{1}{2}r_{i-1}^2\Delta\theta_j = \frac{1}{2}(r_{i-1}+\Delta r_i)^2\Delta\theta_j - \frac{1}{2}r_{i-1}^2\Delta\theta_j$$
$$\approx r_i\Delta r_i\Delta\theta_j = r_i \times (R_{ij}\text{의 넓이})$$

이다. 위의 관계식과 이중적분 정의에 의하여

$$\iint_D f(x, y)dx\,dy = \iint_R f(r\cos\theta,\ r\sin\theta)r\,dr\,d\theta$$

가 된다. 위의 등식은 R이 직사각형이 아닌 임의의 영역이어도 성립하며, 증명은 생략한다.

정리 7.4.1

위의 변환 F에 의하여 $F(R) = D$라고 하면

$$\iint_D f(x, y)dA = \iint_R f(r\cos\theta,\ r\sin\theta)r\,dr\,d\theta$$

이다.

예제 1

$D = \{(x, y) \mid 1 \le x^2 + y^2 \le 4\}$일 때 $\iint_D \frac{1}{\sqrt{x^2+y^2}}dA$를 구하여라.

풀이

$R = \{(r, \theta) \mid 1 \le r \le 2,\ 0 \le \theta \le 2\pi\}$라고 하면, $F(\mathbb{R}) = D$이다.
따라서

$$\begin{aligned}\iint_D \frac{1}{\sqrt{x^2+y^2}}\,dA &= \iint_R \frac{1}{r}\times r\,dr\,d\theta \\ &= \int_0^{2\pi}\int_1^2 1\,drd\theta = \int_0^{2\pi}[r]_1^2\,d\theta \\ &= \int_0^{2\pi} 1\,d\theta = 2\pi\end{aligned}$$

■

예제 2

다음 반복적분 $\int_{-\infty}^{\infty}\int_{-\infty}^{\infty} e^{-x^2-y^2}dxdy$를 계산하여라.

풀이

$\int_{-\infty}^{\infty}\int_{-\infty}^{\infty} e^{-x^2-y^2}dxdy = \iint_{\mathbb{R}^2} e^{-(x^2+y^2)}dA$ 이다.

$\mathbb{R}^2 = F(\{(r, \theta) \mid r \in \mathbb{R},\ 0 \le \theta \le 2\pi\})$이므로

$$\int_{-\infty}^{\infty}\int_{-\infty}^{\infty} e^{-(x^2+y^2)}dxdy = \int_0^{2\pi}\int_0^{\infty} e^{-r^2} r\,dr\,d\theta$$

$$= \int_0^{2\pi}\left[\frac{-1}{2}e^{-r^2}\right]_0^{\infty} d\theta = \int_0^{2\pi}\frac{1}{2}d\theta = \pi$$

그러므로 $\int_{-\infty}^{\infty}\int_{-\infty}^{\infty} e^{-(x^2+y^2)}dx\,dy = \pi$이다. ■

예제 3

$\int_{-\infty}^{\infty} e^{-x^2}dx = \sqrt{\pi}$ 임을 증명하여라.

증명 $A = \int_{-\infty}^{\infty} e^{-x^2}dx$ 라고 놓자.

$$A^2 = A\int_{-\infty}^{\infty} e^{-x^2}dx = \int_{-\infty}^{\infty} A\,e^{-x^2}dx = \int_{-\infty}^{\infty}\left(\int_{-\infty}^{\infty} e^{-y^2}dy\right)e^{-x^2}dx$$

$$= \int_{-\infty}^{\infty}\int_{-\infty}^{\infty} e^{-(x^2+y^2)}dy\,dx = \pi$$

그러므로

$$\int_{-\infty}^{\infty} e^{-x^2}dx = \sqrt{\pi}$$

이다. ■

연습문제 EXERCISES

01. 다음 이중적분을 계산하여라.

(1) $\iint_D x + y dA,\ D = \{(x,\ y) \mid x^2 + y^2 \le 1,\ x \ge 0\}$

(2) $\iint_D \ln(x^2 + y^2) dA,\ D = \{(x,\ y) \mid 1 \le x^2 + y^2 \le 2^2\}$

02. 다음 반복적분을 계산하여라.

$$\int_0^\infty \int_0^\infty \frac{1}{(1 + x^2 + y^2)^2} dx\, dy$$

CALCULUS

7.5 곡면의 넓이

$\mathbb{R}^2$ 상의 영역 D 위에서 정의된 연속함수

$$f : D \to \mathbb{R}\text{의 그래프로 주어진 곡면 } S$$

의 넓이를 생각해 보고자 한다.

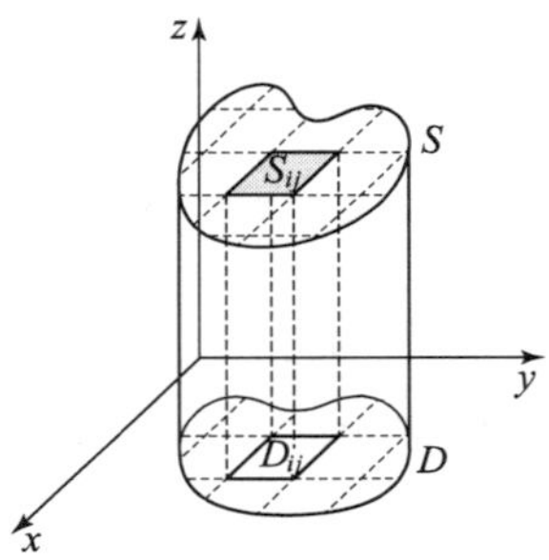

그림 7.5.1

S 중에서 D의 분할 중

$$D_{ij} = \{(x,\ y) \mid x_{i-1} \le x \le x_i,\ y_{j-1} \le y \le y_j\}$$

에 대응되는 부분 S_{ij}의 네점

$$\begin{aligned} P_1 &= (x_{i-1},\ y_{j-1},\ f(x_{i-1},\ y_{j-1})) \\ P_2 &= (x_i,\ y_{j-1},\ f(x_i,\ y_{j-1})) \\ P_3 &= (x_{i-1},\ y_j,\ f(x_{i-1},\ y_j)) \\ P_4 &= (x_i,\ y_j,\ f(x_i,\ y_j)) \end{aligned}$$

라 하면 S_{ij}의 넓이는 $\overline{P_1P_2}$, $\overline{P_1P_3}$에 의하여 만들어지는 평행사변형의 넓이와 근사해진다. $\triangle x_i = x_i - x_{i-1}$, $\triangle y_j = y_j - y_{j-1}$이라 하자.

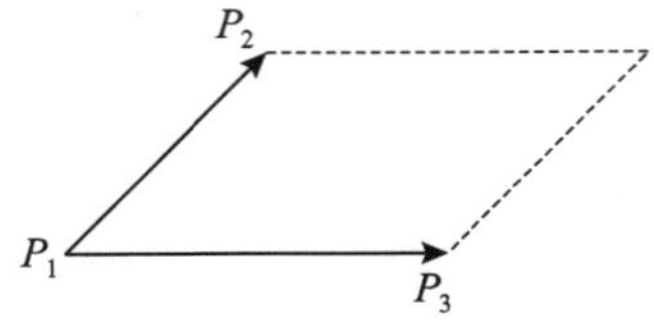

그림 7.5.2

$$f(x_i,\ y_{j-1}) = f(x_{i-1}+\triangle x_i,\ y_{j-1})$$
$$\approx f(x_{i-1},\ y_{j-1}) + D_1 f(x_{i-1},\ y_{j-1}) \times \triangle x_i$$
$$f(x_{i-1},\ y_i) = f(x_{i-1},\ y_{j-1}+\triangle y_j)$$
$$\approx f(x_{i-1},\ y_{j-1}) + D_2 f(x_{i-1},\ y_{j-1}) \times \triangle y_j$$

그러므로

$$\overrightarrow{P_1P_2} \approx (\triangle x_i,\ 0,\ D_1 f(x_{i-1},\ y_{j-1})\triangle x_i)$$
$$\overrightarrow{P_1P_3} \approx (0,\ \triangle y_j,\ D_2 f(x_{i-1},\ y_{j-1})\triangle y_j)$$

한편, 두 vector $\boldsymbol{a}, \boldsymbol{b} \in \mathbb{R}^3$에 대하여 $\boldsymbol{a}, \boldsymbol{b}$의 외적의 크기 $|\boldsymbol{a}\times\boldsymbol{b}|$는 $\boldsymbol{a}, \boldsymbol{b}$가 만드는 평행사변형의 넓이다. 연속함수 $f(x, y)$가 편미분가능하다고 하면 다음과 같은 관계식들을 얻을 수 있다.

$$S_{ij}\text{의 넓이} \approx |(\triangle x_i,\ 0,\ D_1 f(x_{i-1},\ y_{j-1})\triangle x_i) \times (0,\ \triangle y_j,\ D_2 f(x_{i-1},\ y_{j-1})\triangle y_j)|$$
$$= |(D_1 f(x_{i-1},\ y_{j-1})\triangle x_i \triangle y_j,\ D_2 f(x_{i-1},\ y_{j-1})\triangle x_i \triangle y_j,\ \triangle x_i \triangle y_j)|$$
$$= \sqrt{1 + D_1 f(x_{i-1},\ y_{j-1})^2 + D_2 f(x_{i-1},\ y_{j-1})^2}\ \triangle x_i \triangle y_j$$

그러므로

$$\sum_{j=1}^{m}\sum_{i=1}^{n} S_{ij} = \sum_{j=1}^{m}\sum_{i=1}^{n} \sqrt{1 + D_1 f(x_{i-1},\ y_{j-1})^2 + D_2 f(x_{i-1},\ y_{j-1})^2}\ \triangle x_i \triangle y_j$$

가 된다. 만약 $D_1 f(x, y)$와 $D_2 f(x, y)$가 연속이면, D를 세분할수록 $\sum_{j=1}^{m}\sum_{i=1}^{n} S_{ij}$는 S의 표면적에 가까이 간다. 그러므로 다음의 정리를 얻는다.

정리 7.5.1

D를 $\mathbb{R}^2$의 폐영역이라 하고, 함수 $f : D \to \mathbb{R}$가 연미분가능하고 $D_1 f(x, y)$, $D_2 f(x, y)$가 연속이라고 하자. S를 $f(x, y)$의 그래프로 주어진 곡면이라 할 때,

$$S\text{의 넓이} = \iint_D \sqrt{1 + D_1 f(x, y)^2 + D_2 f(x, y)^2}\, dA$$

이다.

예제 1

포물면 $z=x^2+y^2$ 중에서 $x^2+y^2 \le 1$을 만족하는 영역의 넓이를 구하여라.

풀이

$D=\{(x, y)\in \mathbb{R}^2 | x^2+y^2 \le 1\}$, $f(x, y)=x^2+y^2$이라고 하자.
위의 정리 1에 의하여

$$\text{표면적}=\iint_D \sqrt{1+D_1f(x, y)^2+D_2f(x, y)^2}\, dA$$
$$=\iint_D \sqrt{1+4x^2+4y^2}\, dA$$

이다. 극좌표 변환에 관한 정리 7.1.7을 사용하면

$$\text{표면적} = \int_0^{2\pi}\int_0^1 r\sqrt{1+4r^2}\, dr\, d\theta$$

$1+4r^2=t$로 치환하면 $rdr=\frac{1}{8}dt$이고 $\begin{pmatrix} r=0 \\ r=1 \end{pmatrix}$은 $\begin{pmatrix} t=1 \\ t=5 \end{pmatrix}$이다. 따라서

$$\text{표면적}=\int_0^{2\pi}\int_1^5 \sqrt{t}\,\frac{1}{8}dt\, d\theta=\frac{1}{8}\int_0^{2\pi}\left[\frac{2}{3}t\sqrt{t}\right]_1^5 d\theta$$
$$=\frac{1}{12}\int_0^{2\pi} 5\sqrt{5}-1\, d\theta=\frac{(5\sqrt{5}-1)\pi}{6}$$

이다. ■

연습문제 EXERCISES

01. $z = x + y^2$으로 주어진 곡면 중에서 $0 \le x \le 1$, $0 \le y \le 2$에 해당되는 영역의 넓이를 구하여라.

02. $z = \sqrt{a^2 - x^2 - y^2}$ 으로 주어진 곡면의 넓이를 구하여라.

CALCULUS

7.6 삼중적분

삼중적분도 이중적분과 비슷한 방법으로 정의된다. 우선 영역 R이 다음과 같다고 하자.

$$R=\{(x,\ y,\ z)|a\le x\le b,\ c\le y\le d,\ e\le z\le f\}$$

ℝ은 $[a,\ b]\times[c,\ d]\times[e,\ f]$과 같이 카티젼곱으로 표현하기도 한다.

함수 $f:R\to\mathbb{R}$이 유계인 함수라 하자. $[a,\ b]$, $[c,\ d]$, $[e,\ f]$의 다음과 같이 분할한다.

$$\begin{Bmatrix} a=x_0<x_1<\ldots<x_{i-1}<x_i<\ldots<x_n=b \\ c=y_0<y_1<\ldots<y_{j-1}<y_j<\ldots<y_m=d \\ e=z_0<z_1<\ldots<z_{R-1}<z_R<\ldots<z_\ell=f \end{Bmatrix}$$

그러면

$$\sum_{k=1}^{\ell}\sum_{j=1}^{m}\sum_{i=1}^{n} supf_{ijk}\triangle x_i\triangle y_j\triangle z_k\le\sum_{k=1}^{\ell}\sum_{j=1}^{m}\sum_{i=1}^{n} inff_{ijk}\triangle x_i\triangle y_j\triangle z_k$$

이 성립한다. 여기서

$$\triangle x_i=x_i-x_{i-1},\ \ \triangle y_j=y_j-y_{j-1},\ \ \triangle z_k=z_k-z_{k-1}$$
$$sup f_{ijk}=swp\{f(x,\ y,\ z)\,|\,x_{i-1}\le x\le x_i,\ y_{j-1}\le y\le y_j,\ z_{k-1}\le z\le z_k\}$$

이며, $inff_{ijk}$도 같은 방법으로 정의한다.

만약 $\triangle x_i\to 0$, $\triangle y_i\to 0$, $\triangle z_k\to 0$으로 보낼 때

$$\sum_k\sum_j\sum_i sup f_{ijk}\triangle x_i\triangle y_j\triangle z_k\text{와 }\sum_k\sum_j\sum_i inff_{ijk}\triangle x_i\triangle y_j\triangle z_k$$

가 같은 값으로 수렴한다면, 그 값을

$$\iiint_R f(x,\ y,\ z)\,dV$$

로 또는

$$\iiint_R f(x, y, z)dx\,dy\,dz$$

으로 쓰며, 함수 $f(x, y, z)$이 영역 R 위에서 삼중적분 가능하다고 한다.

이중적분의 경우와 마찬가지로 유계인 영역 $D \subset \mathbb{R}^3$에서의 3중적분은 다음과 같이 정의된다. 유계인 영역 D를 포함하는 $R=[a, b]\times[c, d]\times[e, f]$ 위에서의 f의 확장함수

$$\tilde{f}(x, y, z)=\begin{cases} f(x, y, z) \text{ if } (x, y, z)\in D \\ 0(x, y, z) \text{ if } (x, y, z)\in R-D \end{cases}$$

에 대하여, $\iiint_R \tilde{f}(x, y, z)dV$가 존재하면 그 값을 $\iiint_D f(x, y, z)dV$로 정의한다.

이중적분의 경우와 같이 $\mathbb{R}=[a, b]\times[c, d]\times[e, f]$일 때

$$\iiint_R f(x, y, z)dV=\int_e^f\int_c^d\int_a^b f(x, y, z)dx\,dy\,dz$$

이다.

예제 1

$$\iiint_R 3x^2y+z^3dV,\ R=[0, 1]\times[0, 2]\times[1, 3]$$

풀이

$$\begin{aligned}\iiint_R 3x^2y+z^3dV &= \int_1^3\int_0^2\int_0^1 3x^2y+z^3dx\,dy\,dz \\ &= \int_1^3\int_0^2 [x^3y+z^3x]_0^1 dy\,dz \\ &= \int_1^3\int_0^2 y+z^3\,dy\,dz=\int_1^3\left[\frac{y^2}{2}+z^3y\right]_0^2 dz \\ &= \int_1^3 2+2z^3\,dz=\left[2z+\frac{z^4}{2}\right]_1^3 \\ &= 6+\frac{81}{2}-2-\frac{1}{2}=44\end{aligned}$$

연습문제 EXERCISES

01. 다음 삼중적분을 계산하여라.

(1) $\iiint_R xe^{y+z}dx\,dy\,dz$, $R=[0, 1]\times[0, 2]\times[1, 2]$

(2) $\iiint_R e^x\cos y\,dx\,dy\,dz$, $R=[0, 1]\times[0, \pi]\times[0, 1]$

CALCULUS

7.7 삼중적분과 좌표변환

3차원 공간 사이에 다음과 같은 변환

$$
\begin{aligned}
F: \ \ D \quad &\to \mathbb{R}^3, \qquad D \subset \mathbb{R}^3 \\
(u, v, w) &\mapsto F(u, v, w)
\end{aligned}
$$

가 주어졌다고 해보자. 공변역의 좌표를 (x, y, z)으로 하고, $F=(f_1, f_2, f_3)$라 하자. F의 모든 성분함수 $f_i : D \to \mathbb{R}$가 미분가능하다고 가정하자. 그러면

$$
\begin{aligned}
\triangle x &= f_1(u+\triangle u, v+\triangle v, w+\triangle w) - f_1(u, v, w) \\
&\approx \frac{\partial f_1}{\partial u}\triangle u + \frac{\partial f_1}{\partial v}\triangle v + \frac{\partial f_1}{\partial w}\triangle w, \\
\triangle y &= f_2(u+\triangle u, v+\triangle v, w+\triangle w) - f_2(u, v, w) \\
&\approx \frac{\partial f_2}{\partial u}\triangle u + \frac{\partial f_2}{\partial v}\triangle v + \frac{\partial f_2}{\partial w}\triangle w, \\
\triangle z &= f_3(u+\triangle u, v+\triangle v, w+\triangle w) - f_3(u, v, w) \\
&\approx \frac{\partial f_3}{\partial u}\triangle u + \frac{\partial f_3}{\partial v}\triangle v + \frac{\partial f_3}{\partial w}\triangle w
\end{aligned}
$$

이다.

즉,

$$
\begin{pmatrix} \triangle x \\ \triangle y \\ \triangle z \end{pmatrix} = \begin{pmatrix} \frac{\partial f_1}{\partial u} & \frac{\partial f_1}{\partial v} & \frac{\partial f_1}{\partial w} \\ \frac{\partial f_2}{\partial u} & \frac{\partial f_2}{\partial v} & \frac{\partial f_2}{\partial w} \\ \frac{\partial f_3}{\partial u} & \frac{\partial f_3}{\partial v} & \frac{\partial f_3}{\partial w} \end{pmatrix} \begin{pmatrix} \triangle u \\ \triangle v \\ \triangle w \end{pmatrix} \text{ 이다.}
$$

여기서

$$\begin{vmatrix} \frac{\partial f_1}{\partial u} & \frac{\partial f_1}{\partial v} & \frac{\partial f_1}{\partial w} \\ \frac{\partial f_2}{\partial u} & \frac{\partial f_2}{\partial v} & \frac{\partial f_2}{\partial w} \\ \frac{\partial f_3}{\partial u} & \frac{\partial f_3}{\partial v} & \frac{\partial f_3}{\partial w} \end{vmatrix} = \frac{\partial(f_1, f_2, f_3)}{\partial(u, v, w)} = \frac{\partial(x, y, z)}{\partial(u, v, w)}$$

라고 표현하며 F의 **Jacobian 행렬식**이라 한다. 또한, $\mathbb{R}^3$ 상의 3개의 벡터 $\mathbf{a}$, $\mathbf{b}$, $\mathbf{c}$가 만드는 입체

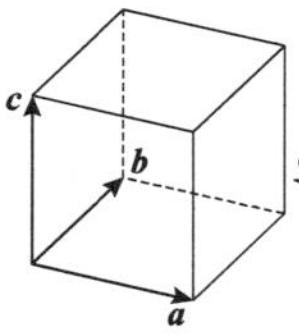

의 체적을 V라고 하면, 벡터의 외적과 내적의 성질에 의하여

$$V = \left| \det \begin{pmatrix} \mathbf{a} \\ \mathbf{b} \\ \mathbf{c} \end{pmatrix} \right|$$

이다. 따라서

$$\iiint_{F(D)} f(x, y, z)\,dx\,dy\,dz = \iiint_D f(F(w)) \left| \frac{\partial(x, y, z)}{\partial(u, v, w)} \right| du\,dv\,dw$$

가 된다. 위의 결과에 의하여, 다음의 정리들을 얻는다.

정리 7.7.1 구면좌표의 변환

$$\iiint_D f(x, y, z)\,dx\,dy\,dz = \iiint_{D^*} f(\rho\sin\phi\cos\theta,\ \rho\sin\phi\sin\theta,\ \rho\cos\phi)\rho^2\sin\phi\,d\rho\,d\phi\,d\theta$$

증명

다음의 변환

$$F : D^* \to D$$
$$(e, \phi, \theta) \mapsto (\rho\sin\phi\cos\theta,\ \rho\sin\phi\sin\theta,\ \rho\cos\phi)$$

에 대하여,

$|F$의 Jacobian 행렬식$| = \rho^2\sin\phi$가 되므로 위의 결과를 얻는다. □

정리 7.7.2 원주좌표

$$\iiint_D f(x, y, z)\,dx\,dy\,dz = \iiint_{D^*} f(r\cos\theta,\ r sin\theta,\ z)\,r\,dr\,d\theta\,dz$$

증명 다음의 변환

$$F : D^* \to D$$
$$(r, \theta, z) \mapsto (r\cos\theta,\ r\sin\theta,\ z)$$

에 대하여 $|F$의 Jocobian 행렬식$| = r$이 되므로 위의 결과를 얻는다. □

참고 이중적분에서의 극좌표 변환에 관한 관계식도 위와 같은 변환의 Jacobian 행렬식에 의한 증명으로도 얻어질 수 있다.

예제 1

$D = \{(x, y, z) \mid 1 \le x^2 + y^2 + z^2 \le 4\}$ 위에서의 다음 삼중적분
$\iiint_D \frac{1}{\sqrt{x^2+y^2+z^2}}\, dx\, dy\, dz$을 구하여라.

풀이

$$\iiint_D \frac{1}{\sqrt{x^2+y^2+z^2}}\, dx\, dy\, dz = \iiint_R \rho \sin\phi d\rho d\phi d\theta$$

(여기서 $\mathbb{R} = [1,\ 2] \times [0,\ \pi] \times [0,\ 2\pi]$이다.)

$$= \int_0^{2\pi} \int_0^{\pi} \int_1^2 \rho \sin\phi\, d\rho d\phi\, \theta$$
$$= \int_0^{2\pi} \left(\int_1^2 \rho d\rho \int_0^{\pi} \sin\phi d\phi \right) d\theta$$
$$= \int_0^{2\pi} \left[\frac{\rho}{2} \right]_1^2 \times [-\cos\phi]_0^{\pi}\, d\theta = \int_0^{2\pi} \frac{3}{2} \times 2 d\theta$$
$$= 3\,[\theta]_0^{2\pi} = 6\pi$$

이다. ■

연습문제 EXERCISES

01. 다음 삼중적분을 계산하여라.

(1) $\iiint_D ze^{x^2+y^2}dV,\ D=\{(x,y,z)\mid x^2+y^2\le 4,\ 0\le z\le 3\}$

(2) $\iiint_D 3x+y\,dV,\ D=\{(x,y,z)\in\mathbb{R}^3\mid 1\le x^2+y^2\le 4,\ x\ge 0,\ y\ge 0,\ 1\le z\le 3\}$

(3) $\iiint_D \ln(1+x^2+y^2+z^2)dV,\ D=\{(x,y,z)\mid x^2+y^2+z^2\le 4\}$

8장 수열과 급수

이 장에서는 함수의 한 형태인 수열에 대해서 설명하고 수열의 극한을 이용하여 무한개의 실수의 합으로 표현되는 무한급수의 수렴성에 대해서 언급하겠다. 또한 여러 가지 판정법을 이용해서 급수의 수렴성을 조사할 것이고 수열과 변수 x로 이루어진 멱급수를 정의하고 이 급수의 수렴구간과 수렴반경을 구하는 방법을 소개하겠다.

마지막으로 어떤 함수가 다항식으로 표현될 수 있음을 보이고 이때 직접 계산하기 쉽지 않은 함수의 근사값을 테일러급수를 이용하여 얻는 방법을 소개하겠다.

CALCULUS

8.1 수열

정의 8.1.1

수열(sequence)은 정의역이 자연수인 함수이다.

수열은 자연수 n 에 대하여 $f(n)=a_n$ 으로 정의된 함수이다. 기호로는 $\{a_n\}$ 으로 표현한다. 함수의 극한에서 정의한 것과 같은 방법으로 수열에 대한 극한을 정의하겠다.

임의의 $\epsilon>0$ 에 대하여 자연수 N 이 존재해서 $n\geq N$ 인 n 에 대하여 $|a_n-L|<\epsilon$ 을 만족할 때 수열 $\{a_n\}$ 의 극한을 L 이라 하고 기호로는 $\lim_{n\to\infty}a_n=L$ 이라 표현한다. 이때 L 이 유한확정값이면 수열 $\{a_n\}$ 은 L 로 **수렴한다**고 하고, 그런 L 이 존재하지 않으면 수열 $\{a_n\}$ 은 **발산한다**고 한다.

예제 1

$\lim_{n\to\infty}\frac{1}{n}=0$ 임을 보여라.

풀이 임의의 $\epsilon>0$ 에 대하여 N 을 $\frac{1}{\epsilon}$ 보다 큰 정수로 잡는다면 $n\geq N$ 일 때 $\left|\frac{1}{n}-0\right|=\frac{1}{n}\leq\frac{1}{N}<\epsilon$ 이므로 수열 $\left\{\frac{1}{n}\right\}$ 은 0으로 수렴한다. ■

정리 8.1.2

모든 자연수 n 에 대하여 $a_n\leq c_n\leq b_n$ 이고 $\lim_{n\to\infty}a_n=L=\lim_{n\to\infty}b_n$ 일 때 $\lim_{n\to\infty}c_n=L$ 이 성립한다.

예제 2

$\lim_{n\to\infty}\dfrac{\cos n}{n}$ 을 구하여라.

풀이 모든 자연수 n에 대하여 $-1 \le \cos n \le 1$이고

$$\frac{-1}{n} \le \frac{\cos n}{n} \le \frac{1}{n}$$

이므로 $\lim_{n\to\infty}\dfrac{1}{n}=0$을 이용하면 $\lim_{n\to\infty}\dfrac{\cos n}{n}=0$이다. ■

정리 8.1.3

수열 $\{a_n\}$이 a로 수렴한다고 하자. 만일 모든 $x=a_n$에 대하여 함수 $f(x)$가 잘 정의되었고 특히 $x=a$에서 연속인 함수일 때 다음 식이 성립한다.

$$\lim_{n\to\infty} f(a_n) = f\left(\lim_{n\to\infty} a_n\right)$$

예제 3

$\lim_{n\to\infty}\dfrac{\ln n}{n}=0$ 임을 보여라.

풀이 모든 자연수 n에 대하여 $\dfrac{\ln n}{n}$은 잘 정의되었고

$$\ln n = \int_1^n \frac{1}{x}dx \le \int_1^n \frac{1}{\sqrt{x}}dx = 2\left[x^{\frac{1}{2}}\right]_1^n$$

$$= 2(\sqrt{n}-1) < 2\sqrt{n}$$

이므로 $0 \le \dfrac{\ln n}{n} < \dfrac{2\sqrt{n}}{n}$이 성립한다. 이때

$$\lim_{n\to\infty}\frac{2\sqrt{n}}{n} = \lim_{n\to\infty}\frac{2}{\sqrt{n}} = \lim_{n\to\infty}\sqrt{\frac{4}{n}} = \sqrt{4\lim_{n\to\infty}\frac{1}{n}} = 0$$

그러므로 $\lim_{n\to\infty}\frac{\ln n}{n}=0$이다.

또한 $\lim_{n\to\infty}\frac{\ln n}{n}=\lim_{x\to\infty}\frac{\ln x}{x}$이고, 따라서 로피탈의 정리를 활용해서 계산할 수도 있다. ■

정리 8.1.4

수열 $\{a_n\}$, $\{b_n\}$은 수렴한다고 가정할 때 다음 식이 성립한다.

(1) $\lim_{n\to\infty} c\,a_n = c\lim_{n\to\infty} a_n$ (c : 상수)

(2) $\lim_{n\to\infty}(a_n \pm b_n) = \lim_{n\to\infty} a_n \pm \lim_{n\to\infty} b_n$

(3) $\lim_{n\to\infty}(a_n \cdot b_n) = \lim_{n\to\infty} a_n \cdot \lim_{n\to\infty} b_n$

(4) $\lim_{n\to\infty}\left(\frac{b_n}{a_n}\right)=\frac{\lim_{n\to\infty} b_n}{\lim_{n\to\infty} a_n}$ ($a_n \neq 0$)

예제 4

$\lim_{n\to\infty}\left(\frac{2}{n}-3\right)$을 구하여라.

풀이

$$\lim_{n\to\infty}\left(\frac{2}{n}-3\right)=\lim_{n\to\infty}\left(\frac{2}{n}\right)-\lim_{n\to\infty}3=2\lim_{n\to\infty}\frac{1}{n}-3=-3.$$

■

예제 5

$\lim_{n\to\infty}\frac{1}{n^2}=0$ 임을 보여라.

풀이

$$\lim_{n\to\infty}\frac{1}{n^2}=\lim_{n\to\infty}\left(\frac{1}{n}\cdot\frac{1}{n}\right)=\lim_{n\to\infty}\left(\frac{1}{n}\right)\cdot\lim_{n\to\infty}\left(\frac{1}{n}\right)=0.$$

■

예제 6

$\lim_{n\to\infty}\frac{1-3n}{2n+1}$ 을 구하여라.

풀이

분모, 분자를 동시에 n 으로 나누면, 즉

$$\lim_{n\to\infty}\frac{1-3n}{2n+1}=\lim_{n\to\infty}\frac{\frac{1}{n}-3}{2+\frac{1}{n}}$$

이면

$$\lim_{n\to\infty}\left(\frac{1}{n}-3\right)=-3,\ \lim_{n\to\infty}\left(2+\frac{1}{n}\right)=2$$

이므로 $\lim_{n\to\infty}\frac{1-3n}{2n+1}=-\frac{3}{2}$ 이다. ■

정의 8.1.5

모든 자연수 n 에 대하여 $|a_n|\le M$ 을 만족하는 상수 M 이 존재할 때 수열 $\{a_n\}$ 은 **유계**(bounded)라고 한다.

정의 8.1.6

수열 $\{a_n\}$ 이 주어졌을 때 모든 n 에 대하여 $a_n\le a_{n+1}$ 을 만족하면 **단조증가수열**(monotone increasing sequence)이라고 하고, $a_n\ge a_{n+1}$ 을 만족하면 수열 $\{a_n\}$ 은 **단조감소수열**(monotone decreasing sequence)이라고 한다.

예를 들면, $a_n=(-1)^n$ 인 경우에 $|(-1)^n|\le M$ 을 만족하는 상수 M 이 존재하므로 수열 $\{(-1)^n\}$ 은 유계이다. 그러나 $(-1)^{2k}=1$ 이고 $(-1)^{2k+1}=-1$ 이므로 단조증가수열도 단조감소수열도 아니다.

예제 7

수열 $\left\{\frac{1}{n+1}\right\}$은 유계이며 단조감소수열임을 보여라.

풀이 $0 \le \frac{1}{n+1} \le \frac{1}{2}$이므로 $\left|\frac{1}{n+1}\right| \le \frac{1}{2}$을 만족한다. $a_n = \frac{1}{n+1}$이라 하자. 모든 자연수 n에 대하여

$$n+1 < n+2 \Rightarrow \frac{1}{n+1} > \frac{1}{n+2}$$

이 성립하여, 즉 $a_n > a_{n+1}$이므로 단조감소수열이다. ■

정리 8.1.7

수열 $\{a_n\}$이 수렴하면 유계이다.

이 정리의 역은 성립하지 않는다. 즉 수열 $\{a_n\}$이 유계이면서 수렴하지 않는 예를 쉽게 찾을 수 있다. 만일 $a_n = (-1)^n$이라면 $|a_n| \le M$을 만족하는 M이 존재하여 유계인 수열이 된다. 그러나 n의 값에 따라서 ± 1의 값을 가지므로 $\lim_{n \to \infty} a_n$은 존재하지 않는다.

정리 8.1.8

수열 $\{a_n\}$이 유계이고 단조증가 또는 단조감소이면 수렴한다.

예제 8

수열 $\left\{\frac{n}{n+1}\right\}$이 수렴함을 보여라.

풀이 $a_n = \frac{n}{n+1}$이라 하자. 모든 자연수 n에 대하여 $\left|\frac{n}{n+1}\right| < 1$이므로 유계인 수열이다. 또한

$$\frac{a_{n+1}}{a_n}=\frac{(n+1)^2}{n(n+2)}=\frac{n^2+2n+1}{n^2+2n}=1+\frac{1}{n^2+2n}>1$$

이므로 $a_{n+1}>a_n$이 성립하므로 단조증가수열이다. 그러므로 $\left\{\frac{n}{n+1}\right\}$은 수렴한다. 사실

$$\lim_{n\to\infty}\frac{n}{n+1}=\lim_{n\to\infty}\frac{1}{1+\frac{1}{n}}=1$$

이다. ■

정리 8.1.9

(1) $|r|<1$ 이면 $\lim_{n\to\infty} r^n=0$이고,

(2) $|r|>1$ 이면 $\lim_{n\to\infty} r^n$은 존재하지 않는다.

예제 9

$\lim_{n\to\infty}\frac{1}{3^n}=0$

풀이 생략 ■

연습문제 EXERCISES

01. 다음 극한값을 구하여라.

(1) $\lim_{n\to\infty}\left(2+\frac{1}{n}\right)$

(2) $\lim_{n\to\infty}(0.5)^n$

(3) $\lim_{n\to\infty}\sqrt{\frac{n+1}{n}}$

(4) $\lim_{n\to\infty}\frac{1}{(n+1)!}$

(5) $\lim_{n\to\infty}e^{\frac{1}{n}}$

(6) $\lim_{n\to\infty}\frac{3n^2+2}{1-2n^2}$

(7) $\lim_{k\to\infty}\left(1+\frac{1}{2k}\right)^k$

(8) $\lim_{n\to\infty}\left(\frac{n}{n+1}\right)^n$

(9) $\lim_{n\to\infty}\frac{1}{n(n+1)}$

(10) $\lim_{n\to\infty}\frac{n+5}{n^{\frac{1}{2}}+1}$

(11) $\lim_{a\to\infty}tan^{-1}(a)$

(12) $\lim_{n\to\infty}\int_{-\frac{1}{n}}^{\frac{1}{n}}e^x\,dx$

CALCULUS

8.2 급 수

수열 $\{a_n\}$에 대하여 n항까지의 합을 S_n이라 놓으면

$$S_n = a_1 + a_2 + \cdots + a_n = \sum_{k=1}^{n} a_k$$

으로 나타내어지며 이때 S_n을 n항까지의 **부분합**(partial sum)이라 한다. $\{S_n\}$ 역시 수열이므로 수렴성에 대하여 말할 수 있고 $\lim_{n\to\infty} S_n = S$인 유한확정값 S가 존재하면 **수렴한다**고 말하고 그런 S가 존재하지 않으면 **발산한다**고 한다. $\lim_{n\to\infty} S_n = \lim_{n\to\infty} \sum_{k=1}^{n} a_k = \sum_{n=1}^{\infty} a_n$이므로 무한개의 항을 합한 값을 **무한급수** 또는 간단히 **급수**(series)라고 하겠다.

급수 $\sum_{n=1}^{\infty} ar^{n-1}$ $(a \neq 0)$의 수렴성을 조사해 보자.

$$S_n = a + ar + ar^2 + \cdots + ar^{n-1}$$
$$r S_n = ar + ar^2 + + ar^3 + \cdots + ar^{n-1} + ar^n$$

식 (1)과 식 (2)의 차를 구하면

$$(1-r)S_n = a - ar^n = a(1-r^n)$$

이므로 $r \neq 1$일 때 $S_n = \dfrac{a(1-r^n)}{1-r}$을 얻는다. 여기서 $r = -1$인 경우

$$S_n = \begin{cases} 0, & n : \text{짝수} \\ a, & n : \text{홀수} \end{cases}$$

이므로 $\{S_n\}$은 발산한다. $r = 1$이면 $S_n = na$이므로 $\lim_{n\to\infty} S_n$은 존재하지 않는다. 만일 $|r| > 1$이면, $\lim_{n\to\infty} r^n$은 존재하지 않으므로 $\{S_n\}$은 발산한다. 마지막으로 $|r| < 1$인 경우는 $\lim_{n\to\infty} r^n = 0$이므로

$$\lim_{n\to\infty} S_n = \lim_{n\to\infty} \frac{a(1-r^n)}{1-r} = \frac{a}{1-r}$$

이다. 그러므로 기하급수에 대한 다음 정리를 얻을 수 있다.

정리 8.2.1

$a \neq 0$ 이라 가정할 때

(1) $|r| < 1$ 이면 $\sum_{n=1}^{\infty} ar^{n-1}$ 은 $\frac{a}{1-r}$ 로 수렴하고

(2) $|r| \geq 1$ 이면 $\sum_{n=1}^{\infty} ar^{n-1}$ 은 발산한다.

예제 1

$\sum_{n=1}^{\infty} \left(\frac{2}{3}\right)^n$ 을 구하여라.

풀이

급수 $\sum_{n=1}^{\infty} \left(\frac{2}{3}\right)^n$ 은 $r = \frac{2}{3} < 1$ 인 기하급수이므로 $\sum_{n=1}^{\infty} \left(\frac{2}{3}\right)^n = \dfrac{\frac{2}{3}}{1-\frac{2}{3}} = 2$ 이다.

예제 2

$\sum_{n=1}^{\infty} (-1)^n$ 을 구하여라.

풀이

$S_{2n} = \overbrace{-1+1-1+\cdots+1}^{2n} = 0$ 이고 $S_{2n+1} = S_{2n} - 1 = -1$ 이므로 $\lim_{n\to\infty} S_n$ 은 존재하지 않는다.

예제 3

순환소수 $0.1\dot{2}$ 를 분수로 표시하여라.

풀이

$$0.1\dot{2} = 0.1222\cdots = 0.1 + 0.02 + 0.002 + \cdots$$
$$= 0.1 + 2\left(\frac{1}{10}\right)^2 + 2\left(\frac{1}{10}\right)^3 + \cdots = 0.1 + 2\left\{\left(\frac{1}{10}\right)^2 + \left(\frac{1}{10}\right)^3 + \cdots\right\}$$
$$= 0.1 + 2 \cdot \frac{\frac{1}{100}}{1 - \frac{1}{10}} = \frac{1}{10} + \frac{2}{90} = \frac{11}{90}.$$

■

그러므로 순환소수는 분수로 표현할 수 있으므로 유리수이다.

예제 4

$\displaystyle\sum_{n=1}^{\infty} \frac{1}{n(n+1)}$ 을 구하여라.

풀이

$\dfrac{1}{n(n+1)} = \dfrac{1}{n} - \dfrac{1}{n+1}$ 인 부분분수로 표현되므로

$$S_n = \sum_{k=1}^{n} \frac{1}{k(k+1)} = \sum_{k=1}^{n}\left(\frac{1}{k} - \frac{1}{k+1}\right)$$
$$= \left(1 - \frac{1}{2}\right) + \left(\frac{1}{2} - \frac{1}{3}\right) + \left(\frac{1}{3} - \frac{1}{4}\right) + \cdots + \left(\frac{1}{n} - \frac{1}{n+1}\right)$$
$$= 1 - \frac{1}{n+1}$$

이다. $\displaystyle\lim_{n\to\infty} S_n = \lim_{n\to\infty}\left(1 - \frac{1}{n+1}\right)$에서, $\displaystyle\lim_{n\to\infty}\frac{1}{n+1} = 0$ 이므로 $\displaystyle\lim_{n\to\infty} S_n = 1$ 이다.

■

정리 8.2.2

(1) $\displaystyle\sum_{n=1}^{\infty} a_n$이 수렴하면 $\displaystyle\lim_{n\to\infty} a_n = 0$이고,

(2) $\displaystyle\lim_{n\to\infty} a_n \neq 0$ 이면 $\displaystyle\sum_{n=1}^{\infty} a_n$ 은 발산한다.

증명

(1) $\displaystyle\sum_{n=1}^{\infty} a_n$ 이 수렴하고 그 값이 S라고 하자. $n \geq 2$ 이면 $a_n = S_n - S_{n-1}$이므로

$$\begin{aligned}\lim_{n\to\infty} a_n &= \lim_{n\to\infty}(S_n - S_{n-1}) \\ &= \lim_{n\to\infty} S_n - \lim_{n\to\infty} S_{n-1} \\ &= S - S = 0\end{aligned}$$

이다.

(2)는 (1)의 대우명제이므로 성립한다. □

예제 5

$\displaystyle\sum_{n=1}^{\infty} \frac{n^2+2}{2n^2+n+1}$ 이 발산함을 보여라.

풀이 $a_n = \dfrac{n^2+2}{2n^2+n+1}$ 라고 하자.

$$\lim_{n\to\infty} a_n = \lim_{n\to\infty} \frac{1+\frac{2}{n^2}}{2+\frac{1}{n}+\frac{1}{n^2}} = \frac{\lim_{n\to\infty}\left(1+\frac{2}{n^2}\right)}{\lim_{n\to\infty}\left(2+\frac{1}{n}+\frac{1}{n^2}\right)} = \frac{1}{2}$$

즉 $\lim_{n\to\infty} a_n \neq 0$ 이므로 정리 8.2.2에 의해 $\displaystyle\sum_{n=1}^{\infty} a_n$ 은 발산한다. ■

급수의 수렴·발산에 관심을 기울이면 위 정리의 두 번째를 유용하게 사용할 수 있을 것이다. 다음은 $\lim_{n\to\infty} a_n = 0$ 이지만 급수 $\displaystyle\sum_{n=1}^{\infty} a_n$ 이 발산하는 경우를 예로 들어 설명하겠다.

예제 6

조화급수 $\displaystyle\sum_{n=1}^{\infty} \frac{1}{n}$ 이 발산함을 보여라.

풀이 $a_n = \dfrac{1}{n}$ 이라 하면, $S_2 = a_1 + a_2 = 1 + \dfrac{1}{2}$,

$$\begin{aligned}S_{2^2} &= 1 + \frac{1}{2} + \left(\frac{1}{3}+\frac{1}{4}\right) > 1 + \frac{1}{2} + \left(\frac{1}{4}+\frac{1}{4}\right) \\ &= 1 + \frac{2}{2},\end{aligned}$$

$$\begin{aligned} S_{2^3} &= 1+\frac{1}{2}+\left(\frac{1}{3}+\frac{1}{4}\right)+\left(\frac{1}{5}+\frac{1}{6}+\frac{1}{7}+\frac{1}{8}\right) \\ &> 1+\frac{1}{2}+\left(\frac{1}{4}+\frac{1}{4}\right)+\left(\frac{1}{8}+\frac{1}{8}+\frac{1}{8}+\frac{1}{8}\right) \\ &= 1+\frac{3}{2} \\ &\ \ \vdots \end{aligned}$$

일반적으로 $S_{2^n} > 1+\frac{n}{2}$ 이므로 $\lim_{n\to\infty} S_{2^n}$ 은 존재하지 않게 된다. 그러므로 $\sum_{n=1}^{\infty}\frac{1}{n}$ 은 발산한다. ■

예제 7

$\sum_{n=1}^{\infty}\frac{1}{n!}$ 의 수렴성을 조사하여라.

풀이

모든 자연수 n 에 대하여 $a_n = \frac{1}{n!}$ 은 양수이므로 $S_n = \sum_{k=1}^{n}\frac{1}{k!}$ 은 단조증가 수열이 된다. 그러므로 $\{S_n\}$이 유계임을 보이면 급수는 수렴한다.

$$\begin{aligned} \frac{1}{2!} &= \frac{1}{2} \\ \frac{1}{3!} &= \frac{1}{3\cdot 2} < \frac{1}{2^2} \\ \frac{1}{4!} &= \frac{1}{4\cdot 3\cdot 2} < \frac{1}{2^3} \\ &\ \ \vdots \\ \frac{1}{n!} &< \frac{1}{2^{n-1}} \end{aligned}$$

이므로

$$\begin{aligned} S_n &= \sum_{k=1}^{n}\frac{1}{k!} < 1+\frac{1}{2}+\frac{1}{2^2}+\cdots+\frac{1}{2^{n-1}} \\ &= \frac{1-\left(\frac{1}{2}\right)^n}{1-\frac{1}{2}} = 2\left\{1-\left(\frac{1}{2}\right)^n\right\} \end{aligned}$$

이 성립한다. 그러므로 $0 < S_n < 2$ 이므로 수열 $\{S_n\}$은 유계이다. ■

정리 8.2.3

$\sum_{n=1}^{\infty} a_n$ 과 $\sum_{n=1}^{\infty} b_n$ 이 수렴할 때

(1) $\sum_{n=1}^{\infty} c a_n = c \sum_{n=1}^{\infty} a_n$ (c : 상수)

(2) $\sum_{n=1}^{\infty} (a_n \pm b_n) = \sum_{n=1}^{\infty} a_n \pm \sum_{n=1}^{\infty} b_n$

증명 (1) $\sum_{k=1}^{n} c a_k = c a_1 + c a_2 + \cdots + c a_n = c(a_1 + \cdots + a_n) = c \sum_{k=1}^{n} a_k$

이므로

$$\sum_{n=1}^{\infty} c a_n = \lim_{n \to \infty} \sum_{k=1}^{n} c a_k = \lim_{n \to \infty} c \sum_{k=1}^{n} a_k$$
$$= c \lim_{n \to \infty} \sum_{k=1}^{n} a_k = c \sum_{n=1}^{\infty} a_n.$$

(2) $\sum_{k=1}^{n} (a_k \pm b_k) = (a_1 \pm b_1) + \cdots + (a_n \pm b_n)$

$= (a_1 + \cdots + a_n) + (b_1 + \cdots + b_n)$

이므로

$$\lim_{n \to \infty} \sum_{k=1}^{n} (a_k \pm b_k) = \lim_{n \to \infty} \sum_{k=1}^{n} a_k \pm \lim_{n \to \infty} \sum_{k=1}^{n} b_k$$

이고

$$\sum_{n=1}^{\infty} (a_n \pm b_n) = \sum_{n=1}^{\infty} a_n \pm \sum_{n=1}^{\infty} b_n$$

이다. □

예제 8

$\sum_{n=1}^{\infty} \left(\frac{1}{10^n} - \frac{2}{5^n} \right)$ 를 구하여라.

풀이

$$\sum_{n=1}^{\infty}\left(\frac{1}{10^n}-\frac{2}{5^n}\right)=\sum_{n=1}^{\infty}\frac{1}{10^n}-2\sum_{n=1}^{\infty}\frac{1}{5^n}$$

$$=\frac{\frac{1}{10}}{1-\frac{1}{10}}-2\cdot\frac{\frac{1}{5}}{1-\frac{1}{5}}$$

$$=\frac{1}{9}-\frac{1}{2}=-\frac{7}{18}.$$

■

연습문제 EXERCISES

01. 다음 급수의 수렴성을 조사하여라.

(1) $\sum_{n=1}^{\infty} \frac{n}{2n-1}$　　(2) $\sum_{n=1}^{\infty} (-1)^{n-1}\left(\frac{n+1}{3n}\right)$

(3) $\sum_{n=1}^{\infty} \left(1+\frac{1}{n}\right)$　　(4) $\sum_{n=1}^{\infty} \left(\frac{1}{n}-\frac{1}{n+1}\right)$

(5) $\sum_{n=1}^{\infty} \left(\frac{1}{5}\right)^n$　　(6) $\sum_{n=1}^{\infty} \left(\frac{1}{(n+1)^2}-\frac{1}{n^2}\right)$

(7) $\sum_{n=1}^{\infty} \{n^3-(n+1)^3\}$　　(8) $\sum_{n=1}^{\infty} \frac{2^{n+3}}{5^{n-1}}$

02. 다음 순환소수를 분수로 고쳐라.

(1) $0.111\cdots$　　(2) $0.4999\cdots$

(3) $0.02424\cdots$　　(4) $0.123232\cdots$

CALCULUS

8.3 여러 가지 판정법

이 절에서는 급수의 수렴성을 판단할 수 있는 몇 가지 방법에 대해서 소개하겠다. 주어진 급수 $\sum_{n=1}^{\infty} a_n$에서 모든 항 a_n이 양수인 급수를 **양항급수**라고 한다. 즉 $0 \le S_1 \le S_2 \le \cdots$을 만족하므로 수열 $\{S_n\}$은 증가수열이 된다.

정리 8.3.1

양항급수 $\sum_{n=1}^{\infty} a_n$이 수렴하기 위한 필요충분조건은 수열 $\{S_n\}$이 유계인 경우이다.

정리 8.3.2 적분판정법

함수 $f(x)$가 $x \ge 1$인 구간에서 양의 값을 가지는 연속인 감소함수로 $f(n) = a_n$으로 정의될 때 $\sum_{n=1}^{\infty} a_n$이 수렴할 필요충분조건은 특이적분 $\int_1^{\infty} f(x)dx$가 수렴하는 것이다.

예제 1

$\sum_{n=1}^{\infty} \frac{1}{\sqrt{n+5}}$의 수렴성을 조사하여라.

풀이 $x \ge 1$에 대하여 $f(x) = \frac{1}{\sqrt{x+5}}$은 양의 값의 연속인 감소함수이므로 적분판정법을 이용하여 수렴성을 보일 수 있다.

$$\int_1^\infty \frac{1}{\sqrt{x+5}}dx = \lim_{t\to\infty}\int_1^t \frac{1}{\sqrt{x+5}}dx = \lim_{t\to\infty} 2\left[(x+5)^{\frac{1}{2}}\right]_1^t$$
$$= 2\lim_{t\to\infty}\left\{(t+5)^{\frac{1}{2}} - 6^{\frac{1}{2}}\right\}$$
$$= \infty$$

이므로 $\sum_{n=1}^{\infty}\frac{1}{\sqrt{x+5}}$ 은 발산한다. ■

예제 2

$\sum_{n=1}^{\infty}\frac{1}{n}$이 발산함을 적분판정법을 이용하여 보여라.

풀이 $f(x) = \frac{1}{x}$ 은 구간 $[1, \infty)$에서 적분판정법 조건을 모두 만족한다.

$$\int_1^\infty \frac{1}{x}dx = \lim_{t\to\infty}\int_1^t \frac{1}{x}dx = \lim_{t\to\infty}[\ln x]_1^t$$
$$= \lim_{t\to\infty}\ln t = \infty$$

이므로 $\sum_{n=1}^{\infty}\frac{1}{n}$은 발산한다. ■

정리 8.3.3 비교판정법

$\sum_{n=1}^{\infty}a_n$, $\sum_{n=1}^{\infty}b_n$ 은 양항급수이고 $a_n \le b_n$이면

(1) $\sum_{n=1}^{\infty}b_n$이 수렴하면 $\sum_{n=1}^{\infty}a_n$도 수렴하고

(2) $\sum_{n=1}^{\infty}a_n$이 발산하면 $\sum_{n=1}^{\infty}b_n$도 발산한다.

증명 (1) $\sum_{n=1}^{\infty}b_n$ 이 수렴한다고 가정하자. 즉 $\sum_{n=1}^{\infty}b_n = L$을 만족하는 L값이 존재한다.

$S_n = \sum_{k=1}^{n}a_k$이라고 하면 수열 $\{S_n\}$은 단조증가수열이고

$$0 \le S_n \le \sum_{k=1}^{n} b_k \le \sum_{n=1}^{\infty} b_n = L$$

로부터 수열 $\{S_n\}$이 유계이므로 S_n은 수렴한다.

(2)는 (1)의 대우명제이므로 성립한다. □

정리 8.3.4 p-급수 판정법

$\sum_{n=1}^{\infty} \frac{1}{n^p}$에 대하여, $p > 1$이면 수렴하고 $p \le 1$이면 발산한다.

증명 $p > 1$이면 적분판정법을 이용할 수 있어서

$$\int_1^{\infty} \frac{1}{x^p} dx = \lim_{t \to \infty} \int_1^t \frac{1}{x^p} dx = \lim_{t \to \infty} \left[\frac{x^{1-p}}{1-p} \right]_1^t$$
$$= \lim_{t \to \infty} \frac{1}{1-p} (t^{1-p} - 1) = \frac{1}{p-1}$$

이므로 수렴한다. $p < 1$이면 $n^p \le n$이고 $\sum_{n=1}^{\infty} \frac{1}{n} \le \sum_{n=1}^{\infty} \frac{1}{n^p}$이므로 $\sum_{n=1}^{\infty} \frac{1}{n}$은 발산하고 $\sum_{n=1}^{\infty} \frac{1}{n^p}$도 발산한다. $p = 1$인 경우는 $\sum_{n=1}^{\infty} \frac{1}{n}$이므로 발산한다. □

예제 3

$\sum_{n=1}^{\infty} \frac{1}{n(n+2)}$의 수렴성을 조사하여라.

풀이 $n+2 > n$이므로 $\frac{1}{n+2} < \frac{1}{n}$이다. 그래서

$$\sum_{n=1}^{\infty} \frac{1}{n(n+2)} < \sum_{n=1}^{\infty} \frac{1}{n^2}$$

이 성립하고 $\sum_{n=1}^{\infty} \frac{1}{n^2}$은 p-급수 판정법에 의해서 수렴하므로 $\sum_{n=1}^{\infty} \frac{1}{n(n+2)}$은 수렴한다. ■

예제 4

$\sum_{n=1}^{\infty}\frac{1}{n!}$ 이 수렴함을 보여라.

풀이

$$\sum_{n=1}^{\infty}\frac{1}{n!}=1+\frac{1}{2}+\frac{1}{3\cdot 2}+\frac{1}{4\cdot 3\cdot 2}+\cdots$$
$$<1+\frac{1}{2}+\frac{1}{2^2}+\frac{1}{2^3}+\cdots=\sum_{n=1}^{\infty}\left(\frac{1}{2}\right)^{n-1}$$

이고 기하급수 $\sum_{n=1}^{\infty}\left(\frac{1}{2}\right)^{n-1}$ 은 2로 수렴하므로 $\sum_{n=1}^{\infty}\frac{1}{n!}$ 도 수렴한다. ■

예제 5

$\sum_{n=1}^{\infty}\frac{\ln n}{n}$ 이 발산함을 보여라.

풀이

$2<e<3$ 이므로 $n\geq 3$ 인 경우에 $\ln n>1$을 만족한다.

그래서 $\sum_{n=3}^{\infty}\frac{1}{n}<\sum_{n=3}^{\infty}\frac{\ln n}{n}$ 이 성립하고 $\sum_{n=3}^{\infty}\frac{1}{n}$ 은 발산하므로 $\sum_{n=3}^{\infty}\frac{\ln n}{n}$ 도 발산한다. 그러므로 $\sum_{n=1}^{\infty}\frac{\ln n}{n}$ 은 발산한다. ■

정리 8.3.5 비율판정법

$\sum_{n=1}^{\infty}a_n$ 이 양항급수이고 $\lim_{n\to\infty}\frac{a_{n+1}}{a_n}=r$ 이라 할 때

(1) $r<1$ 이면 $\sum_{n=1}^{\infty}a_n$ 은 수렴하고

(2) $r>1$ 이면 $\sum_{n=1}^{\infty}a_n$ 은 발산한다.

(3) $r=1$ 이면 수렴·발산을 판정할 수 없다.

예제 6

$\sum_{n=1}^{\infty} \frac{n^2}{3^n}$ 의 수렴성을 조사하여라.

풀이 $a_n = \frac{n^2}{3^n}$ 이라면

$$\begin{aligned}\lim_{n\to\infty} \frac{a_{n+1}}{a_n} &= \lim_{n\to\infty} \frac{3^n (n+1)^2}{3^{n+1} \cdot n^2} \\ &= \frac{1}{3} \lim_{n\to\infty} \left(1 + \frac{1}{n}\right)^2 = \frac{1}{3} < 1\end{aligned}$$

이므로 $\sum_{n=1}^{\infty} \frac{n^2}{3^n}$ 은 수렴한다. ■

예제 7

$\sum_{n=1}^{\infty} \frac{n^n}{n!}$ 이 발산함을 보여라.

풀이 $a_n = \frac{n^n}{n!}$ 이라면

$$\begin{aligned}\lim_{n\to\infty} \frac{a_{n+1}}{a_n} &= \lim_{n\to\infty} \frac{(n+1)^{n+1} n!}{n^n (n+1)!} = \lim_{n\to\infty} \frac{1}{n+1} \cdot \frac{(n+1)^{n+1}}{n^n} \\ &= \lim_{n\to\infty} \left(1 + \frac{1}{n}\right)^n = e > 1\end{aligned}$$

이므로 $\sum_{n=1}^{\infty} \frac{n^n}{n!}$ 은 발산한다. ■

정리 8.3.6 근호판정법

$\sum_{n=1}^{\infty} a_n$ 이 양항급수이며 $r = \lim_{n\to\infty} (a_n)^{\frac{1}{n}}$ 이라 할 때

(1) $r < 1$ 이면 $\sum_{n=1}^{\infty} a_n$ 은 수렴하고

(2) $r > 1$ 이면 $\sum_{n=1}^{\infty} a_n$ 은 발산하며

(3) $r = 1$ 이면 수렴·발산을 판정할 수 없다.

예제 8

$\sum_{n=1}^{\infty}\left(\frac{1}{2n+1}\right)^n$ 의 수렴성을 조사하여라.

풀이 $a_n = \left(\frac{1}{2n+1}\right)^n$ 이라면 $\lim_{n\to\infty}(a_n)^{\frac{1}{n}} = \lim_{n\to\infty}\frac{1}{2n+1} = 0$ 이므로 근호판정법에 의하여 급수 $\sum_{n=1}^{\infty}\left(\frac{1}{2n+1}\right)^n$ 은 수렴한다. ■

예제 9

$\sum_{n=1}^{\infty}\left(\frac{4n+3}{3n-1}\right)^n$ 이 발산함을 보여라.

풀이 $a_n = \left(\frac{4n+3}{3n-1}\right)^n$ 이라면

$$\lim_{n\to\infty}(a_n)^{\frac{1}{n}} = \lim_{n\to\infty}\left\{\left(\frac{4n+3}{3n-1}\right)^n\right\}^{\frac{1}{n}} = \lim_{n\to\infty}\frac{4n+3}{3n-1}$$

$$= \lim_{n\to\infty}\frac{4+\frac{3}{n}}{3-\frac{1}{n}} = \frac{4}{3} > 1$$

이므로 급수는 발산한다. ■

주어진 급수에서 연속된 항들의 부호가 교대로 양·음으로 나타나는 급수를 **교대급수**(alternating series)라 한다. 예를 들어, $\sum_{n=1}^{\infty}(-1)^n a_n$ 또는 $\sum_{n=1}^{\infty}(-1)^{n+1}a_n$ 인 형태를 갖는다.

정리 8.3.7

교대급수 $\sum_{n=1}^{\infty}(-1)^{n+1}a_n$에서 다음 조건들을 만족하면 그 급수는 수렴한다.

(1) 수열 $\{a_n\}$은 단조감소수열

(2) $\lim_{n\to\infty} a_n = 0$

증명 먼저 짝수항까지의 부분합을 살펴보자.

$$S_{2m} = (a_1 - a_2) + (a_3 - a_4) + \cdots + (a_{2m-1} - a_{2m})$$

이므로 수열 $\{S_{2m}\}$은 단조증가수열이고

$$S_{2m} = a_1 - (a_2 - a_3) - (a_4 - a_5) - \cdots - (a_{2m-2} - a_{2m-1}) - a_{2m} < a_1$$

이므로 수열 $\{S_{2m}\}$은 유계이다. 그래서 수열 $\{S_{2m}\}$은 수렴한다. 이때 $\lim_{m\to\infty} S_{2m} = S$ 라 놓자. 또한 $S_{2m+1} = S_{2m} + a_{2m+1}$이므로 $\lim_{n\to\infty} a_n = 0$을 이용하면

$$\lim_{m\to\infty} S_{2m+1} = \lim_{m\to\infty} S_{2m} + \lim_{m\to\infty} a_{2m+1} = S$$

이다. 그러므로 $\lim_{n\to\infty} S_n = S$. □

예제 10

$\sum_{n=1}^{\infty}\frac{(-1)^{n+1}}{3n+1}$의 수렴성을 조사하여라.

풀이 $a_n = \frac{1}{3n+1}$이라 놓자. 이때 $a_n > a_{n+1}$이고

$$\lim_{n\to\infty} a_n = \lim_{n\to\infty}\frac{1}{3n+1} = 0$$

이므로 교대급수 $\sum_{n=1}^{\infty}(-1)^{n+1}a_n$은 수렴한다. ■

예제 11

$\sum_{n=1}^{\infty}(-1)^n\frac{n}{n^2+1}$의 수렴성을 조사하여라.

풀이 $a_n=\frac{n}{n^2+1}$이라 놓자.

$$\frac{a_{n+1}}{a_n}=\frac{(n+1)/\{(\mathrm{n}+1)^2+1\}}{n/(n^2+1)}=\frac{(n+1)(n^2+1)}{n\{(\mathrm{n}+1)^2+1\}}$$

$$=\frac{n^3+n^2+n+1}{n^3+2n^2+2n}$$

$$=\frac{n^3+n^2+n+1}{(n^3+n^2+n+1)+(n^2+n-1)}$$

에서 모든 자연수 n에 대하여 $n^2+n-1\geq 1$이므로 $\frac{a_{n+1}}{a_n}<1$이다. 그러므로 $a_{n+1}<a_n$을 만족하는 $\{a_n\}$은 단조감소수열이다. 또한

$$\lim_{n\to\infty}a_n=\lim_{n\to\infty}\frac{n}{n^2+1}=\lim_{n\to\infty}\frac{\frac{1}{n}}{1+\frac{1}{n^2}}=0$$

이므로 교대급수 $\sum_{n=1}^{\infty}(-1)^n a_n$은 수렴한다. ■

$\sum_{n=1}^{\infty}|a_n|$이 수렴할 때 $\sum_{n=1}^{\infty}a_n$은 **절대수렴**(absolutely converge)한다고 한다. 그리고 $\sum_{n=1}^{\infty}a_n$은 수렴하지만 $\sum_{n=1}^{\infty}|a_n|$이 수렴하지 않을 때, 즉 절대수렴하지 않을 때 **조건부수렴**(conditionally converge)한다고 한다.

정리 8.3.8

$\sum_{n=1}^{\infty}|a_n|$이 수렴하면 $\sum_{n=1}^{\infty}a_n$은 수렴한다.

증명 $\sum_{n=1}^{\infty} a_n$ 이 절대수렴한다고 하면 $\sum_{n=1}^{\infty} |a_n|$ 은 수렴한다. $b_n = a_n + |a_n|$ 이라고 놓으면 $0 \le b_n \le 2|a_n|$ 이므로 비교판정법에 의하여 $\sum_{n=1}^{\infty} b_n$ 은 수렴한다. 이때

$$\sum_{n=1}^{\infty} a_n = \sum_{n=1}^{\infty} (b_n - |a_n|) = \sum_{n=1}^{\infty} b_n - \sum_{n=1}^{\infty} |a_n|$$

이고 우변의 두 급수가 모두 수렴하므로 $\sum_{n=1}^{\infty} a_n$ 도 수렴한다. □

예제 12

$\sum_{n=1}^{\infty} (-1)^{n+1} \dfrac{2^n}{n!}$ 이 절대수렴함을 보여라.

풀이 $\sum_{n=1}^{\infty} \dfrac{2^n}{n!}$ 이 수렴함을 보이면 된다. 그래서 비율판정법을 이용하면

$$\lim_{n \to \infty} \frac{2^{n+1}/(n+1)!}{2^n/n!} = \lim_{n \to \infty} \frac{2^{n+1} n!}{2^n (n+1)!} = \lim_{n \to \infty} \frac{2}{n+1} = 0$$

이므로 $\sum_{n=1}^{\infty} \dfrac{2^n}{n!}$ 은 수렴한다. 또한 정리 8.3.8에 의하여 $\sum_{n=1}^{\infty} (-1)^{n+1} \cdot \dfrac{2}{n!}$ 도 수렴한다. ■

예제 13

$\sum_{n=1}^{\infty} (-1)^{n+1} \dfrac{1}{n}$ 이 조건부수렴함을 보여라.

풀이 이 급수는 교대급수의 수렴조건을 만족하므로 수렴한다. 그러나 $\sum_{n=1}^{\infty} \dfrac{1}{n}$ 이 발산하므로 $\sum_{n=1}^{\infty} (-1)^{n+1} \dfrac{1}{n}$ 은 절대수렴하지 않는다. ■

어떤 급수가 절대수렴하면 그 급수가 수렴함을 정리 8.3.8에 의하여 보였다. 그러므로 $a_n \ge 0$ $(n \ge 1)$이란 조건이 없을 때에도 급수의 수렴판정법을 이용할 수 있다.

정리 8.3.9 일반적인 수렴판정법

주어진 급수 $\sum_{n=1}^{\infty} a_n$에 대하여

(1) 비교판정법: 만일 $|a_n| \le |b_n|$일 때 $\sum_{n=1}^{\infty} |b_n|$이 수렴하면 $\sum_{n=1}^{\infty} a_n$은 (절대) 수렴한다.

(2) 비율판정법: $a_n \ne 0$이고 $r = \lim \left| \frac{a_{n+1}}{a_n} \right|$이라 하자.

(i) $r < 1$이면 $\sum_{n=1}^{\infty} a_n$은 (절대)수렴하고

(ii) $r > 1$이면 $\sum_{n=1}^{\infty} |a_n|$은 발산하며

(iii) $r = 1$이면 급수의 수렴·발산을 판정할 수 없다.

(3) 근호판정법: $r = \lim_{n\to\infty} |a_n|^{\frac{1}{n}}$이라 하자.

(i) $r < 1$이면 $\sum_{n=1}^{\infty} a_n$은 (절대)수렴하고

(ii) $r > 1$이면 $\sum_{n=1}^{\infty} |a_n|$은 발산하며

(iii) $r = 1$이면 급수의 수렴·발산을 판정할 수 없다.

만일 $\sum_{n=1}^{\infty} a_n$이 수렴하면 $\lim_{n\to\infty} a_n = 0$이므로 다음의 따름정리를 얻을 수 있다.

따름정리 8.3.10

$\{a_n\}$이 수열일 때 $r = \lim_{n\to\infty} \left| \frac{a_{n+1}}{a_n} \right| < 1$이거나 $r = \lim_{n\to\infty} |a_n|^{\frac{1}{n}} < 1$이면 $\lim_{n\to\infty} a_n = 0$이다.

예제 14

모든 x에 대하여 $\lim_{n\to\infty} \frac{x^n}{n!} = 0$임을 보여라.

풀이

$x=0$ 이면 $\lim_{n\to\infty} 0 = 0$ 이 된다. $x \neq 0$ 일 때 비율판정법을 이용하면

$$\lim_{n\to\infty}\left|\frac{x^{n+1}/(n+1)!}{x^n/n!}\right| = \lim_{n\to\infty}\left|\frac{n!}{(n+1)!}x\right|$$

$$= \lim_{n\to\infty}\left|\frac{1}{n+1}\cdot x\right| < 1$$

이 성립한다. 그러므로 $\lim_{n\to\infty}\frac{x^n}{n!}=0$ 이다. ■

연습문제 EXERCISES

01. 다음 급수를 적분판정법을 이용하여 수렴성을 판정하여라.

(1) $\sum_{n=1}^{\infty} \frac{1}{n+2}$

(2) $\sum_{n=1}^{\infty} \frac{n}{1+n^2}$

(3) $\sum_{n=1}^{\infty} \frac{1}{\sqrt{n+3}}$

(4) $\sum_{n=1}^{\infty} \frac{1}{10n+1}$

(5) $\sum_{n=1}^{\infty} ne^{-n^2}$

(6) $\sum_{n=1}^{\infty} \frac{1}{1+9n^2}$

02. 다음 급수를 비교판정법을 이용하여 수렴성을 판정하여라.

(1) $\sum_{n=1}^{\infty} \frac{n}{n^2+2n+3}$

(2) $\sum_{n=1}^{\infty} \frac{1}{2^n+3}$

(3) $\sum_{n=1}^{\infty} \frac{n+1}{n^3}$

(4) $\sum_{n=1}^{\infty} \frac{1}{n\sqrt{n+1}}$

(5) $1+\frac{1}{\ln 2}+\frac{1}{\ln 3}+\frac{1}{\ln 4}+\cdots$

(6) $\frac{1}{\sqrt{2\cdot 3}}+\frac{1}{\sqrt{3\cdot 4}}+\frac{1}{\sqrt{4\cdot 5}}+\cdots$

03. 다음 급수를 비율판정법을 이용하여 수렴성을 판정하여라.

(1) $2+\frac{3}{2}\cdot\frac{1}{4}+\frac{4}{3}\cdot\frac{1}{4^2}+\cdots$

(2) $\frac{1!}{2}+\frac{2!}{2^3}+\frac{3!}{2^5}+\cdots$

(3) $\sum_{n=1}^{\infty} \frac{2^n}{n!}$

(4) $\sum_{n=1}^{\infty} \frac{n^3}{(3n)!}$

(5) $\sum_{n=1}^{\infty} \frac{n}{3^n}$

(6) $\sum_{n=1}^{\infty} \frac{n!3^n}{10^n}$

(7) $\sum_{n=1}^{\infty} \frac{n!}{(3n)!}$

(8) $\sum_{n=1}^{\infty} \frac{n+2}{3^n}$

04. 다음 급수를 근호판정법을 이용하여 수렴성을 판정하여라.

(1) $\displaystyle\sum_{n=2}^{\infty}\frac{1}{(\ln n)^n}$

(2) $\displaystyle\sum_{n=1}^{\infty}n\left(\frac{\pi}{4}\right)^n$

(3) $\displaystyle\sum_{n=2}^{\infty}\left(\frac{n!}{n^n}\right)^n$

(4) $\displaystyle\sum_{n=1}^{\infty}\frac{n}{2^n}$

05. 다음 급수의 수렴성을 판정하여라.

(1) $\displaystyle\sum_{n=1}^{\infty}(-1)^{n+1}\frac{1}{3n+2}$

(2) $\displaystyle\sum_{n=2}^{\infty}(-1)^{n+1}\frac{1}{\ln n}$

(3) $\displaystyle\sum_{n=1}^{\infty}\frac{(-1)^n 3n}{4n-1}$

(4) $\displaystyle\sum_{n=1}^{\infty}(-1)^n\frac{1}{n^{\frac{1}{n}}}$

(5) $\displaystyle\sum_{n=1}^{\infty}(-1)^{n+1}\frac{1}{\sqrt{n}}$

(6) $\displaystyle\sum_{n=1}^{\infty}(-1)^{n+1}\frac{n^2}{2n+1}$

CALCULUS

8.4 멱급수

정리 8.4.1

수열 $\{a_n\}$과 상수 c에 대하여 다음과 같은 형태의 무한급수 $\sum_{n=0}^{\infty} a_n x^n$를 x에 관한, $\sum_{n=0}^{\infty} a_n (x-c)^n$는 $(x-c)$에 관한 **멱급수**(power series)라 한다.

예제 1

$\sum_{n=0}^{\infty} n!\, x^n$이 $x=0$에서만 수렴함을 보여라.

풀이 만일 $x \neq 0$이라면 비율판정법에 의하여

$$\lim_{n\to\infty}\left|\frac{(n+1)!x^{n+1}}{n!\,x^n}\right| = \lim_{n\to\infty}|(n+1)x| = \infty$$

이므로 발산한다. 그러므로 $x=0$이면 $\lim_{n\to\infty}\left|\frac{a_{n+1}}{a_n}\right| < 1$이 되므로 $\sum_{n=0}^{\infty} n!\, x^n$은 수렴한다.

예제 2

$\sum_{n=0}^{\infty} \frac{x^n}{n!}$이 모든 x에 대하여 수렴함을 보여라.

풀이 $x \neq 0$일 때

$$\lim_{n\to\infty}\left|\frac{x^{n+1}/(n+1)!}{x^n/n!}\right| = \lim_{n\to\infty}\left|\frac{n!\,x^{n+1}}{(n+1)!\,x^n}\right|$$
$$= \lim_{n\to\infty}\left|\frac{x}{n+1}\right| = 0 < 1$$

이므로, 모든 x 에 대하여 $\displaystyle\sum_{n=0}^{\infty}\frac{x^n}{n!}$ 은 수렴한다. ■

정리 8.4.2

멱급수 $\displaystyle\sum_{n=0}^{\infty}a_n(x-c)^n$은 다음 세 가지 중 어느 한 조건을 만족한다.

(1) $x=c$ 일 때만 수렴한다.

(2) 모든 x에 대하여 수렴한다.

(3) 적당한 양수 R이 존재하여 $|x-c|<R$이면 수렴하고 $|x-c|>R$이면 발산한다.

이때 양수 R를 멱급수 $\displaystyle\sum_{n=0}^{\infty}a_n(x-c)^n$ 의 **수렴반경**(radius of convergence)이라 하며, $\displaystyle\sum_{n=0}^{\infty}a_n(x-c)^n$ 이 수렴하는 x 의 범위를 **수렴구간**(interval of convergence)이라 한다. 정리 8.4.2의 조건 (1)을 만족하면 $R=0$ 이라 하고, 조건 (2)를 만족하면 $R=\infty$ 라 한다. 수렴반경을 구하기 위하여 비율판정법 또는 근호판정법을 활용하면 다음과 같음을 알 수 있다.

$$R=\frac{1}{\displaystyle\lim_{n\to\infty}\left|\frac{a_n+1}{a_n}\right|},\quad R=\frac{1}{\displaystyle\lim_{n\to\infty}\sqrt[n]{|a_n|}}.$$

여기서, 만약 $\displaystyle\lim_{n\to\infty}\left|\frac{a_{n+1}}{a_n}\right|=0$ 또는 $\displaystyle\lim_{n\to\infty}\sqrt[n]{|a_n|}=0$이면, $R=\infty$ 이다.

예제 3

$\displaystyle\sum_{n=0}^{\infty}x^n$ 의 수렴반경과 수렴구간을 구하여라.

풀이 $\displaystyle\lim_{n\to\infty}\left|\frac{x^{n+1}}{x^n}\right|=\lim_{n\to\infty}|x|<1$ 이면 $\displaystyle\sum_{n=0}^{\infty}x^n$ 이 수렴하므로 수렴구간은 $-1<x<1$ 이고 수렴반경 $R=1$ 이다. ■

예제 4

$\sum_{n=1}^{\infty} \frac{x^n}{n}$ 의 수렴구간을 구하여라.

풀이

$$\lim_{n\to\infty}\left|\frac{x^{n+1}/(n+1)}{x^n/n}\right| = \lim_{n\to\infty}\left|\frac{n}{n+1}\cdot x\right| < 1$$

일 때 $\sum_{n=1}^{\infty} \frac{x^n}{n}$ 이 수렴하므로 $|x|<1$일 때 수렴한다. 그리고 만일 $x=-1$이면 $\sum_{n=1}^{\infty} \frac{(-1)^n}{n}$ 이므로 교대급수의 수렴조건을 만족해서 수렴한다. $x=1$일 때, 즉 $\sum_{n=1}^{\infty} \frac{1}{n}$ 은 발산한다. 그러므로 수렴구간은 $-1 \le x < 1$이다. ■

예제 5

$\sum_{n=0}^{\infty} (-1)^n \frac{(x-1)^n}{n+1}$ 의 수렴구간을 구하여라.

풀이

$$\lim_{n\to\infty}\left|\frac{\dfrac{(-1)^{n+1}(x-1)^{n+1}}{n+2}}{\dfrac{(-1)^n(x-1)^n}{n+1}}\right| = \lim_{n\to\infty}\left|\frac{(n+1)(x-1)^{n+1}}{(n+2)(x-1)^n}\right|$$

$$= \lim_{n\to\infty}|x-1| < 1$$

이면 멱급수가 수렴한다. 그래서 $|x-1|<1$, 즉 $0<x<2$일 때 수렴한다. 또한 $x=0$일 때인 $\sum_{n=0}^{\infty} \frac{1}{n+1}$ 은 발산하고, $x=2$일 때인 $\sum_{n=0}^{\infty} \frac{(-1)^n}{n+1}$ 은 수렴한다. 그러므로 수렴구간은 $0<x\le 2$이다. ■

정리 8.4.3

멱급수 $\sum_{n=0}^{\infty} a_n(x-c)^n$ 이 수렴반경 R을 갖는다면, 멱급수 $\sum_{n=1}^{\infty} na_n(x-c)^{n-1}$ 도 수렴반경 R을 가지며, $-R<x-c<R$에 대하여

$$\left(\sum_{n=0}^{\infty} a_n x^n\right)' = \sum_{n=1}^{\infty} (a_n x^n)'$$

이 성립한다.

예제 6

모든 x 에 대하여 $\left(\sum_{n=0}^{\infty} \frac{x^n}{n!}\right)' = \sum_{n=0}^{\infty} \frac{x^n}{n!}$ 임을 보여라.

풀이 $\sum_{n=0}^{\infty} \frac{x^n}{n!}$ 의 수렴구간을 구하기 위하여 비율판정법을 이용하자.

$$\lim_{n\to\infty}\left|\frac{x^{n+1}/(n+1)!}{x^n/n!}\right| = \lim_{n\to\infty}\left|\frac{1}{n+1}\cdot x\right| = 0 < 1$$

이므로 모든 x 에 대하여 멱급수는 수렴한다. 그리고

$$\left(\sum_{n=0}^{\infty} \frac{x^n}{n!}\right)' = \sum_{n=1}^{\infty}\left(\frac{x^n}{n!}\right)' = \sum_{n=1}^{\infty} \frac{x^{n-1}}{(n-1)!} = \sum_{n=0}^{\infty} \frac{x^n}{n!}$$

■

정리 8.4.4

멱급수 $\sum_{n=0}^{\infty} a_n x^n$ 이 수렴반경 R을 가질 때 멱급수 $\sum_{n=0}^{\infty} \frac{a_n}{n+1} x^{n+1}$ 도 같은 수렴반경을 가지며, $-R < x < R$에 대하여

$$\int_0^x \left(\sum_{n=0}^{\infty} a_n t^n\right) dt = \sum_{n=0}^{\infty}\left(\int_0^x a_n t^n dt\right)$$

가 성립한다.

예제 7

$-1 < x < 1$에 대하여, $\ln(1+x) = \sum_{n=0}^{\infty} \frac{(-1)^n}{n+1} x^{n+1}$ 임을 보여라.

풀이 $\ln(1+x)=\int_0^x \frac{1}{1+t}dt$ 이고, $-1<t<1$에 대하여

$$\frac{1}{1+t}=\frac{1}{1-(-t)}=\sum_{n=0}^{\infty}(-1)^n t^n$$

이므로

$$\ln(1+x)=\int_0^x\left(\sum_{n=0}^{\infty}(-1)^n t^n\right)dt=\sum_{n=0}^{\infty}\left(\int_0^x(-1)^n t^n\,dt\right)$$
$$=\sum_{n=0}^{\infty}\frac{(-1)^n}{n+1}x^{n+1}\ (-1<x<1).$$

함수 $f(x)$가 주어졌을 때 이 함수를 다항식 형태로 표현할 수 있으면 다항식 계산이 더 쉬우므로 함수값에 대한 근사값을 구할 수 있을 것이다. 그러므로 함수 $f(x)$를 멱급수로 표시하는 방법을 생각해 보겠다.

함수 $f(x)$가 다음 멱급수 형태로 표현되며 수렴구간 $(-R, R)$에서 모든 차수의 도함수가 존재한다고 가정하자.

$$f(x)=\sum_{n=0}^{\infty}a_n x^n=a_0+a_1x+a_2x^2+\cdots+a_nx^n+\cdots.$$

그러면 $f(0)=a_0$이고,

$$f'(x)=a_1+2a_2x+\cdots,\quad f'(0)=a_1$$
$$f''(x)=1\cdot 2a_2+1\cdot 2\cdot 3a_3x+\cdots,\quad f''(0)=2!\,a_2$$
$$f^{(3)}(x)=1\cdot 2\cdot 3a_3+1\cdot 2\cdot 3\cdot 4a_4x+\cdots,\quad f^{(3)}(0)=3!\,a_3$$
$$\vdots$$
$$f^{(n)}(x)=n!\,a_n+(n+1)!\,a_{n+1}x+\cdots,\quad f^{(n)}(0)=n!\,a_n$$

이다. 그러므로

$$f(x)=f(0)+f'(0)x+\frac{f''(0)}{2!}x^2+\cdots+\frac{f^{(n)}(0)}{n!}x^n+\cdots$$
$$=\sum_{n=0}^{\infty}\frac{f^{(n)}(0)}{n!}x^n$$

을 얻을 수 있다. 이 급수를 $x=0$에 관한 $f(x)$의 **멱급수전개** 또는 Maclaurin **급수**라 한다.

예제 8

e^x 의 Maclaurin 급수를 구하여라.

풀이

함수 $f(x)=e^x$ 은 모든 차수의 도함수가 존재하며 $x=0$ 일 때 $f^{(n)}(0)=1$ 이므로, Maclaurin 급수로 전개하면

$$f(x)=\sum_{n=0}^{\infty}\frac{f^{(n)}(0)}{n!}x^n=\sum_{n=0}^{\infty}\frac{x^n}{n!}$$

이다. ■

예제 9

$\frac{1}{1-x}$ 의 Maclaurin 급수를 구하여라.

풀이

기하급수 $\sum_{n=0}^{\infty}x^n$ 는 $|x|<1$ 일 때 $\frac{1}{1-x}$ 이므로

$$\frac{1}{1-x}=\sum_{n=0}^{\infty}x^n \quad (-1<x<1)$$

이다. ■

예제 10

$\sin x$ 의 Maclaurin 급수를 구하여라.

풀이

$f(x)=\sin x$ 라 하자.

$$f'(x)=\cos x,\ f''(x)=-\sin x,\ f'''(x)=-\cos x\ ,$$

$f^{(4)}(x)=\sin x$ 이므로 $f^{(2n)}(0)=(-1)^n\sin 0=0$,

$$f^{(2n+1)}(0)=(-1)^n\cos 0=(-1)^n$$

을 얻는다. 그러므로

$$f(x)=\sum_{n=0}^{\infty}\frac{f^{(n)}(0)}{n!}x^n=x-\frac{x^3}{3!}+\frac{x^5}{5!}+\cdots$$
$$=\sum_{n=0}^{\infty}\frac{(-1)^n x^{2n+1}}{(2n+1)!}$$

이다. 또한

$$\lim_{n\to\infty}\left|\frac{x^{2n+3}/(2n+3)!}{x^{2n+1}/(2n+1)!}\right| = \lim_{n\to\infty}\left|\frac{x^2}{(2n+2)(2n+3)}\right| = 0$$

이므로 x 값에 상관없이 멱급수는 수렴한다. 그러므로 수렴구간은 실수전체이다.

■

예제 11

$\dfrac{1}{(1-x)^2} = \sum_{n=0}^{\infty}(n+1)x^n$ 임을 보여라.

풀이 $\left(\dfrac{1}{1-x}\right)' = \dfrac{1}{(1-x)^2}$ 이고 $\dfrac{1}{1-x} = \sum_{n=0}^{\infty} x^n$ 이라는 사실을 알고 있으므로

$$\begin{aligned}\frac{1}{(1-x)^2} &= \left(\frac{1}{1-x}\right)' = \left(\sum_{n=0}^{\infty} x^n\right)' \\ &= \sum_{n=1}^{\infty}(x^n)' = \sum_{n=1}^{\infty} nx^{n-1} = \sum_{n=0}^{\infty}(n+1)x^n\end{aligned}$$

이다. 또한

$$\lim_{n\to\infty}\left|\frac{(n+2)x^{n+1}}{(n+1)x^n}\right| = \lim_{n\to\infty}\left|\frac{n+2}{n+1}\cdot x\right| = |x| < 1$$

을 만족하는 x 구간에서 멱급수 $\sum_{n=0}^{\infty}(n+1)x^n$은 수렴한다. 즉 수렴구간은 $-1 < x < 1$ 이다. □

일반적으로 $\sum_{n=0}^{\infty} a_n(x-c)^n$ 형태의 멱급수로 표현되는 함수에 대하여 알아보자.

$f(x) = \sum_{n=0}^{\infty} a_n(x-c)^n$ 에서 상수 c를 **멱급수의 중심**이라 하며 Maclaurin 급수에서와 같은 방법으로 계수 $a_i\ (i \ge 0)$를 구하면 다음과 같다.

$$\begin{aligned}f(x) &= f(c) + f'(c)(x-c) + \frac{f''(c)}{2!}(x-c)^2 + \cdots \\ &= \sum_{n=0}^{\infty}\frac{f^{(n)}(c)}{n!}(x-c)^n\end{aligned}$$

이 급수를 $(x-c)$에 관한 f의 **테일러 급수**(Taylor series)라 한다. 이때 함수 $f(x)$는 $x=c$에서

모든 차수의 도함수가 존재해야 하며, 함수 $f(x)$는 멱급수의 수렴구간에서만 테일러 급수로 표현됨을 주의하기 바란다.

예제 12

$f(x)=x^4-3x^3+5x^2+2$ 를 $(x-1)$ 에 관한 다항식으로 표현하여라.

풀이

$f(x)$를 $(x-1)$에 관한 테일러 급수를 구하면 된다. 즉

$$f(x)=\sum_{n=0}^{\infty}\frac{f^{(n)}(1)}{n!}(x-1)^n$$

이다.

$$\begin{aligned}
&f(x)=x^4-3x^3+5x^2+2\,,\ f(1)=5\\
&f'(x)=4x^3-9x^2+10x\,,\ f'(1)=5\\
&f''(x)=12x^2-18x+10\,,\ f''(1)=4\\
&f'''(x)=24x-18\,,\ f'''(1)=6\\
&f^{(4)}(x)=24\,,\ f^{(4)}(1)=24\\
&f^{(5)}(x)=0\text{이므로 } f^{(5)}(1)=f^{(6)}(1)=\cdots=0
\end{aligned}$$

이다. 그러므로

$$\begin{aligned}
f(x)&=5+5(x-1)+\frac{4}{2!}(x-1)^2+\frac{6}{3!}(x-1)^3+\frac{24}{4!}(x-1)^4\\
&=5+5(x-1)+2(x-1)^2+(x-1)^3+(x-1)^4
\end{aligned}$$

이다. ■

예제 13

$\int_1^2 \cos x\,dx$ 의 근사값을 구하여라.

풀이

$$\sin x=x-\frac{x^3}{3!}+\frac{x^5}{5!}-\frac{x^7}{7!}+\cdots$$

임을 알고 있으며 $\cos x=(\sin x)'$ 이므로 $\cos x$ 의 Maclaurin 급수는 다음과 같이 얻을 수 있다.

$$\cos x=1-\frac{x^2}{2!}+\frac{x^4}{4!}-\frac{x^6}{6!}+\cdots$$

그러므로

$$\begin{aligned}\int_1^2 \cos x\, dx &= \int_1^2 \left(1-\frac{x^2}{2!}+\frac{x^4}{4!}-\frac{x^6}{6!}+\cdots\right)dx \\ &\doteq \left[x-\frac{1}{6}x^3+\frac{1}{120}x^5\right]_1^2 \\ &= \frac{11}{120}\end{aligned}$$

이다.

정의 8.4.5

차수가 n 인 다항식

$$p_n(x)=f(c)+f'(c)(x-c)+\frac{f''(c)}{2!}(x-c)^2+\cdots+\frac{f^{(n)}(c)}{n!}(x-c)^n$$

을 $x=c$에서 함수 f의 n차 **테일러 다항식**(Taylor polynomial)이라 한다. 즉 f의 테일러 다항식은 테일러 급수의 부분합이다.

정리 8.4.6 테일러 정리

$n \geq 0$ 인 정수이고, c를 포함하는 열린구간의 모든 x에 대하여 $f^{(n+1)}(x)$가 존재할 때

$$f(x)=f(c)+f'(c)(x-c)+\cdots+\frac{f^{(n)}(c)}{n!}(x-c)^n+\frac{f^{(n+1)}(\xi)}{(n+1)!}(x-c)^{n+1}$$

을 만족하는 ξ가 c와 x 사이에 존재한다. 이때

$$r_n(x)=\frac{f^{(n+1)}(\xi)}{(n+1)!}(x-c)^{n+1}$$

을 **라그랑주 나머지 항**(Lagrange remainder term)이라 한다.

사실 f의 테일러 급수가 $f(x)$로 수렴하기 위해서는 $\lim_{n\to\infty} r_n(x)=0$이 됨을 보여야 한다. 여기에서 $|f^{(n+1)}(\xi)| \leq M$을 만족하는 M을 찾을 수 있게 되면 **오차의 한계** $|r_n(x)| \leq \dfrac{M \cdot |x-c|^{n+1}}{(n+1)!}$을 구할 수 있어서 허용오차 내에서의 근사값을 구할 수 있게 된다.

예제 14

모든 x에 대하여 $\sin x = \sum_{n=0}^{\infty} \frac{(-1)^n}{(2n+1)!} x^{2n+1}$ 임을 보여라.

풀이

$f(x) = \sin x$ 라 하자. $c = 0$ 에 대한 f 의 테일러 급수가

$$\sum_{n=0}^{\infty} \frac{(-1)^n}{(2n+1)!} x^{2n+1}$$

임을 이전 예제에서 살펴보았다. 그러므로 테일러 급수가 모든 x에 대하여 $\sin x$ 로 수렴함을 증명하기 위하여, 모든 x에 대하여 $\lim_{n\to\infty} r_n(x) = 0$이 됨을 보이면 된다. $f^{(2n)}(x) = (-1)^n \sin x$이고 $f^{(2n+1)}(x) = (-1)^n \cos x$이기 때문에 $|f^{(n+1)}(\xi)| \le 1$, $0 < \xi < x$ 을 만족하여

$$\lim_{n\to\infty} |r_n(x)| \le \lim_{n\to\infty} \frac{|x|^{n+1}}{(n+1)!} = \lim_{n\to\infty} \frac{|x|^n}{n!} = 0$$

이 된다. 그러므로 $\lim_{n\to\infty} r_n(x) = 0$ 이 됨을 보였다. ■

연습문제 EXERCISES

01. 다음 멱급수의 수렴구간을 구하여라.

(1) $\sum_{n=0}^{\infty} \frac{x^n}{3^n}$

(2) $\sum_{n=1}^{\infty} \frac{x^n}{\sqrt{n}}$

(3) $\sum_{n=1}^{\infty} \frac{3^n x^n}{n^2}$

(4) $\sum_{n=0}^{\infty} \frac{(-3)^n x^n}{\sqrt{n+1}}$

(5) $\sum_{n=2}^{\infty} \frac{\ln n}{n} x^n$

(6) $\sum_{n=0}^{\infty} \frac{n}{4^n} x^n$

(7) $\sum_{n=0}^{\infty} \frac{n(x+2)^n}{3^{n+1}}$

(8) $\sum_{n=1}^{\infty} \frac{(2x-4)^n}{n^2}$

02. 다음 멱급수의 수렴반경을 구하여라.

(1) $\sum_{n=1}^{\infty} n! x^n$

(2) $\sum_{n=1}^{\infty} \frac{n^n}{n!} x^n$

9장 벡터

우리는 보통 단지 크기만을 가지고 있는 양을 숫자(number)로 표현한다. 예를 들어, 질량(mass), 비용(cost), 이윤(profit), 속력(speed), 넓이(area), 길이(length), 부피(volume) 등이 여기에 속한다. 그러나 크기와 방향을 동시에 갖는 것도 있다. 가장 잘 알려진 예로 크기를 나타내는 사물의 속력뿐만 아니라 사물의 운동방향도 포함하는 속도(velocity)가 그것이다. 크기와 방향을 가지는 양을 수학적으로 벡터(vectors)라고 한다.

CALCULUS

9.1 공간에서의 벡터

먼저 평면에서와 같이 공간(space)에서도 좌표계를 새로 만들어야 한다. 새 좌표계를 이용하여 벡터의 개념을 정의하고 벡터의 여러 기본적 성질들을 소개하겠다.

원점 O를 지나는 세 개의 직선이 있어서 그것들이 서로 직각으로 만난다고 하자(그림 9.1.1). 그 세 개의 직선을 x 축, y 축, z 축이라 하겠다.

이러한 축들의 각 각은 축 위의 점들과 실수인 집합 사이의 대응관계로 만들 수 있다. 예를 들어, 원점 O는 숫자 0에 대응되게 한다. 만일 점 P가 공간 상의 한 점이라면, 그 때 세 축과 직각이며 점 P를 통과하는 세 개의 평면은 각 각 숫자 x, y, z에 대응하는 점에서 x 축, y 축, z 축과 만난다(그림 9.1.2)

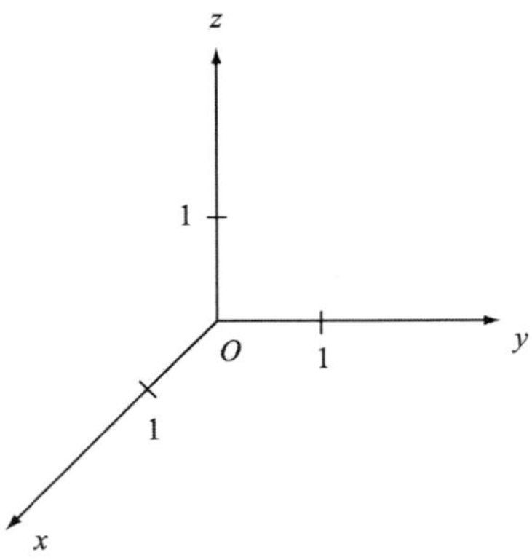

그림 9.1.1

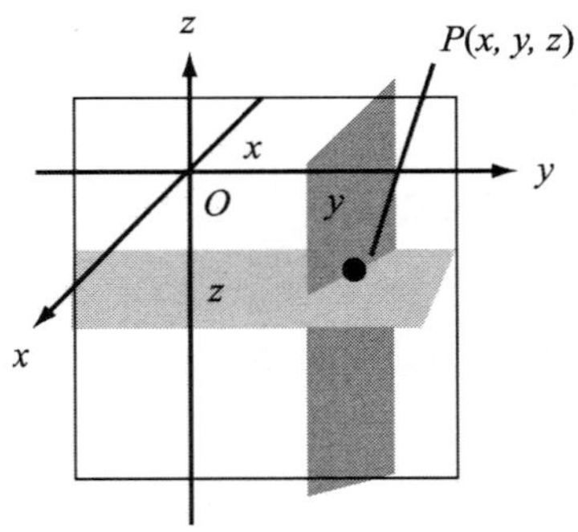

그림 9.1.2

그러므로 P를 세 숫자들의 **3중 순서쌍** (x, y, z)으로 나타내며, (x, y, z)를 P의 **직교좌표**(rectangular coordinates) 또는 **카르테시안 좌표**(cartesian coordinates)라고 한다. 그림 9.1.3은 공간상의 몇 개의 점을 직교좌표로 나타낸 것이다.

이와 같이 공간상의 모든 점은 세 숫자들의 3중 순서쌍(ordered triple)과 일치하며, 반대로 모든 3중 순서쌍은 좌표가 (x, y, z)인 한 점과 일치된다. 더욱이 이 공간상의 모든 점은 세 개의 좌표를 가지고 있기 때문에 이 공간을 **3차원 공간**(three-dimensional space)이라고 하며 $\mathbb{R}^3$라 표현한다. 3차원 공간에서는 세 개의 좌표평면(coordinate planes)이 있다. 즉, xy-평면, xz-평면, 그리고 yz

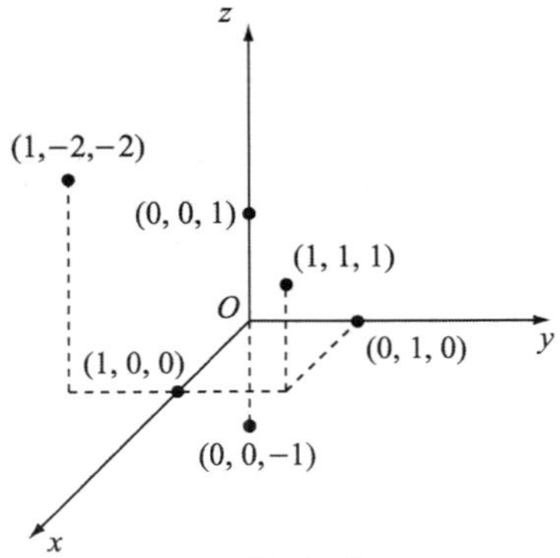

그림 9.1.3

-평면이 그것이다.

평면 위의 점들과 마찬가지로, 공간상의 두 점 $P=(x_0, y_0, z_0)$와 $Q=(x_1, y_1, z_1)$ 사이의 거리 $|PQ|$는 다음과 같이 정의된다.

$$|PQ|=\sqrt{(x_1-x_0)^2+(y_1-y_0)^2+(z_1-z_0)^2}$$

만일 $Q=0$이면, 그 때 위의 식은 다음과 같다.

$$|PO|=|OP|=\sqrt{x_0^2+y_0^2+z_0^2}$$

예제 1

$P=(-1, 2, 3)$이고 $Q=(2, 0, 1)$일 때, $|PQ|$, $|PO|$, $|OQ|$를 구하여라.

풀이 정의로부터 다음을 계산할 수 있다.

$$|PQ|=\sqrt{(2-(-1))^2+(0-2)^2+(1-3)^2}=\sqrt{17},$$
$$|PO|=\sqrt{(-1)^2+2^2+3^2}=\sqrt{14},$$
$$|OQ|=\sqrt{2^2+0^2+1^2}=\sqrt{5}.$$

공간상의 두 점 P와 Q가 있어서 이들 사이의 거리는 다음 기본적인 세 개의 법칙을 만족한다.

(1) $|PQ|=0 \leftrightarrow P=Q$

(2) $|PQ|=|QP|$

(3) 임의의 점 S에 대해, $|PQ|\le|PS|+|SQ|$

반지름이 a 이고 중심이 $P_0 = (x_0, y_0, z_0)$ 인 **구**(sphere)는 다음 아래 조건을 만족하는 모든 점 P 들의 집합이다(그림 9.1.4).

$$|P_0 P| = a$$

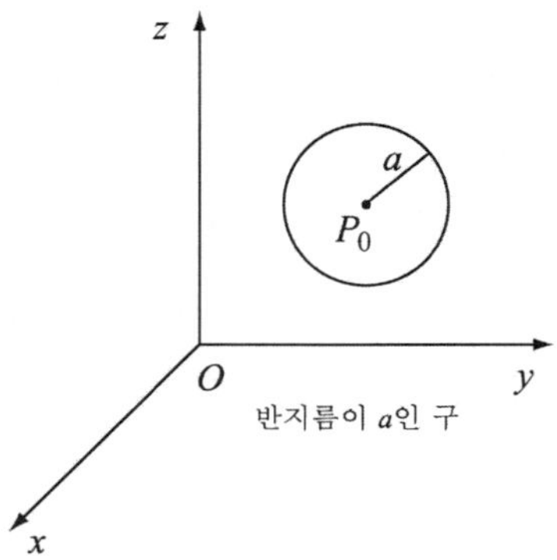

그림 9.1.4

그래서 점 $P = (x, y, z)$가 구 위에 놓여 있기 위한 필요충분조건은

$$\sqrt{(x - x_0)^2 + (y - y_0)^2 + (z - z_0)^2} = a$$

또는

$$(x - x_0)^2 + (y - y_0)^2 + (z - z_0)^2 = a^2$$

이며, 이것을 공간상의 구(sphere)의 방정식이라 한다.

예제 2

방정식 $x^2 + y^2 + z^2 = 2x + 4y - 6z$ 이 구의 방정식임을 보이고 반지름과 중심을 구하여라.

풀이 식의 오른쪽 항을 왼쪽으로 이항시키고 완전제곱 형태로 변형시키면 다음 식을 얻게 된다.

$$(x^2 - 2x + 1) + (y^2 - 4y + 4) + (z^2 + 6z + 9) = 14$$
$$(x - 1)^2 + (y - 2)^2 + (z + 3)^2 = 14$$

그러므로 이 식은 반지름이 $\sqrt{14}$ 이고 중심이 $(1, 2, -3)$인 구의 방정식이다. ■

❖ 벡터

직관적으로 벡터는 화살표로 표현되며 공간상에서 방향을 가진 선분으로 나타내어진다(그림 9.1.5). 벡터를 나타내는 방법으로 방향을 가진 선분의 시작점과 종점의 좌표를 준다. 그림 9.1.6에 나타낸 벡터는 양의 x 방향으로 2단위, 음의 y 방향으로 1단위, 그리고 양의 z 방향으로 3단위만큼 변화한 것을 표현한 것이다.

이러한 세 숫자들은 벡터의 길이와 방향에 대해 알게 한다. 그래서 벡터는 3중 순서쌍$(2, -1, 3)$과 동일시된다. 일반적으로, 방향을 가진 선분이 시작점 (x_0, y_0, z_0)와 종점 (x_1, y_1, z_1)을 가진다면 그 때 대응되는 벡터는 양의 x 방향으로 $x_1 - x_0$ 단위, 양의 y 방향으로 $y_1 - y_0$, 그리고 양의 z 방향으로 $z_1 - z_0$ 단위만큼 변화한 것을 나타낸다. 그리고 세 개의 차를 3중 순서쌍 $(x_1 - x_0, y_1 - y_0, z_1 - z_0)$으로 묶어서 벡터로 나타낸다.

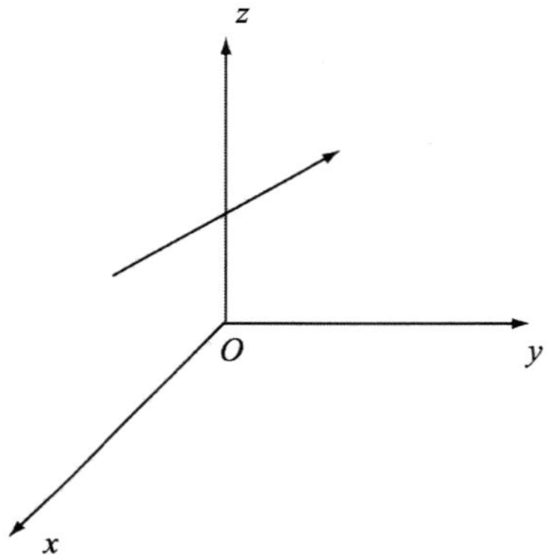

그림 9.1.5

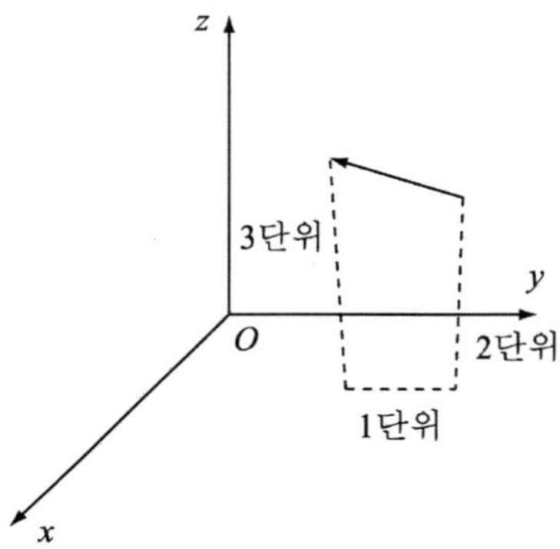

그림 9.1.6

정의 9.1.1

벡터는 3중 순서쌍 (a_1, a_2, a_3), $\forall a_i \in \mathbb{R}$이다. 숫자 a_1, a_2, a_3를 벡터의 성분(components)이라 한다. 또한 벡터는 시작점 $P = (x_0, y_0, z_0)$와 종점 $Q = (x_1, y_1, z_1)$을 가지는 **방향선분**(directed line segment), $\overrightarrow{PQ}$로 나타낼 수 있어서 $\overrightarrow{PQ} = (x_1 - x_0, y_1 - y_0, z_1 - z_0)$가 된다.

두 벡터 (a_1, a_2, a_3)와 (b_1, b_2, b_3)가 동치이기 위한 필요충분조건은 모든 성분들이 같을 때이다. 즉,

$$a_1 = b_1, \quad a_2 = b_2, \quad a_3 = b_3.$$

또한 $\overrightarrow{PQ} = \overrightarrow{RS}$이기 위한 필요충분조건은 $\overrightarrow{PQ}$와 $\overrightarrow{RS}$가 같은 3중 순서쌍을 갖는 것이다.

예제 3

$P=(2, 3, 8)$, $Q=(-1, 0, 7)$, $R=(1, -1, -2)$, $S=(-2, -4, -3)$이라 하자. 이 때 $\overrightarrow{PQ}=\overrightarrow{RS}$ 임을 보여라.

풀이 위의 정의를 이용하면

$$\overrightarrow{PQ}=(-3, -3, -1)=\overrightarrow{RS}$$

이 된다. ■

보통 책에서 벡터를 표시할 때는 항상 굵은 문자를 사용하여 **스칼라**(scalar)로 불리는 숫자와 구별한다.

$$\boldsymbol{a}, \boldsymbol{b}, \boldsymbol{c}, \cdots \ : \text{벡터}$$
$$a, b, c, \cdots \ : \text{스칼라}$$

3차원 공간에서의 영벡터 $(0, 0, 0)$은 $\mathbf{0}$으로 표시한다. 벡터를 굵은 문자로 표시하기 어려울 수도 있기 때문에 문자 위에 화살표를 사용하여 벡터를 표시하기도 한다. 즉, $\boldsymbol{a}=\vec{a}$.

모든 벡터 $\boldsymbol{a}=(a_1, a_2, a_3)$는 임의의 시작점 P를 가지는 방향을 가진 선분으로 나타낼 수 있으며, 공간상에서 같은 벡터이지만 다른 종점들로 표현될 수 있다. 예를 들어, 벡터 $\boldsymbol{a}=(1, 2, 3)$을 표현하는 방법으로 시작점 P를 $(-1, 0, 1)$로 잡으면 종점 Q는 $(0, 2, 4)$이 되고, 시작점 R을 $(3, 1, 2)$로 잡으면 종점 S는 $(4, 3, 5)$가 된다. 물론 $\overrightarrow{PQ}=\boldsymbol{a}=\overrightarrow{RS}$ 이다.

정의 9.1.2

벡터 $\boldsymbol{a}=(a_1, a_2, a_3)$의 **길이**(length)는 $\|\boldsymbol{a}\|$로 표시하고 다음과 같이 정의된다.

$$\|\boldsymbol{a}\|=\sqrt{a_1^2+a_2^2+a_3^2}$$

단위벡터(unit vector)는 길이가 1인 벡터이다. 때로는 길이를 norm이라고도 한다. 예를 들어, $\boldsymbol{a}=(-1, 3, 2)$이면, $\boldsymbol{a}$의 길이는

$$\|\boldsymbol{a}\|=\sqrt{(-1)^2+3^2+2^2}=\sqrt{14}$$

이것은 점 $(-1, 3, 6)$과 원점 사이의 거리와 같은 수이다. 그러므로 벡터 $\overrightarrow{PQ}$ 의 길이 $\|\overrightarrow{PQ}\|$는 점 P와 점 Q 사이의 거리인 $|PQ|$와 같음을 알 수 있다.

정의 9.1.3

$\boldsymbol{a}=(a_1, a_2, a_3)$와 $\boldsymbol{b}=(b_1, b_2, b_3)$는 벡터이고 c 는 스칼라이다. 그 때 두 벡터의 합 $\boldsymbol{a}+\boldsymbol{b}$, 차 $\boldsymbol{a}-\boldsymbol{b}$, 그리고 c 에 의한 스칼라 곱 $c\boldsymbol{a}$은 다음과 같이 정의된다.

$$\boldsymbol{a}+\boldsymbol{b}=(a_1+b_1, a_2+b_2, a_3+b_3)$$
$$\boldsymbol{a}-\boldsymbol{b}=(a_1-b_1, a_2-b_2, a_3-b_3)$$
$$c\boldsymbol{a}=(ca_1, ca_2, ca_3)$$

때때로, $\left(\frac{1}{c}\right)\boldsymbol{a}$를 $\frac{\boldsymbol{a}}{c}$로 표현한다.

벡터들의 곱(내적과 외적)이 다음 절에 정의되겠지만 벡터들의 나눗셈은 정의되지 않는다.

❖ **벡터의 성질**

(1) $\mathbf{0}+\boldsymbol{a}=\boldsymbol{a}+\mathbf{0}=\boldsymbol{a}$ (2) $\boldsymbol{a}+\boldsymbol{b}=\boldsymbol{b}+\boldsymbol{a}$

(3) $\boldsymbol{a}-\boldsymbol{b}=\boldsymbol{a}+(-1)\boldsymbol{b}$ (4) $c(\boldsymbol{a}+\boldsymbol{b})=c\boldsymbol{a}+c\boldsymbol{b}$

(5) $0\boldsymbol{a}=\mathbf{0}$ (6) $1\boldsymbol{a}=\boldsymbol{a}$

(7) $\boldsymbol{a}+(\boldsymbol{b}+\boldsymbol{c})=(\boldsymbol{a}+\boldsymbol{b})+\boldsymbol{c}$

예제 4

$\boldsymbol{a}=(1, -3, 2)$이고, $\boldsymbol{b}=(-3, -2, 1)$일 때 $\boldsymbol{a}+\boldsymbol{b}$, $\boldsymbol{a}-\boldsymbol{b}$, 그리고 $-\frac{1}{2}\boldsymbol{a}$를 구하여라.

풀이 위의 정의로부터 다음을 계산할 수 있다.

$$\boldsymbol{a}+\boldsymbol{b}=(1+(-3)), -3+(-2), 2+1)=(-2, -5, 3),$$
$$\boldsymbol{a}-\boldsymbol{b}=(1-(-3), -3-(-2), 2-1)=(4, -1, 1),$$
$$-\frac{1}{2}\boldsymbol{a}=\left(-\frac{1}{2}, \frac{3}{2}, -1\right).$$

□

❖ **벡터연산의 기하학적 의미**

두 벡터의 합을 기하학적으로 이해하기 위하여 $\boldsymbol{a}=(a_1, a_2, a_3)$와 $\boldsymbol{b}=(b_1, b_2, b_3)$를 가지고 시작하겠다. 그 때 $\boldsymbol{a}, \boldsymbol{b}, \boldsymbol{a}+\boldsymbol{b}$를 각각 원점에서 종점 $P=(a_1, a_2, a_3)$, $Q=(b_1, b_2, b_3)$, $R=(a_1+b_1, a_2+b_2, a_3+b_3)$을 가지는 방향선분으로 생각할 수 있다(그림 9.1.7). 만일 $\boldsymbol{b}$ 를 나타내는

방향선분의 시작점이 P 라면, 그 때 $\boldsymbol{b}$ 의 종점은 R 이 될 것이다. 그래서 벡터 $\boldsymbol{a}+\boldsymbol{b}$ 는 $\boldsymbol{a}$의 종점에 $\boldsymbol{b}$ 의 시작점을 연결하여 얻을 수 있다. 그림 9.1.7에서 볼 수 있듯이 $\boldsymbol{a}$ 와 $\boldsymbol{b}$ 를 표현한 두 방향선분은 평행사변형을 만들며, 이 평행사변형의 대각선이 $\boldsymbol{a}+\boldsymbol{b}$ 가 된다.

다음은 벡터의 **스칼라곱**에 대해 살펴보겠다. 벡터 $\boldsymbol{a}=(a_1,\ a_2,\ a_3)$이고 c 는 실수(스칼라)라 하자. 이 때 길이의 정의로부터 다음을 얻을 수 있다.

$$\| c\boldsymbol{a} \| = |c| \, \| \boldsymbol{a} \|$$

$\boldsymbol{a}$ 가 양수 c 에 의해 곱해졌을 때, 그것의 길이는 c 에 의해 곱해진 값이며 방향은 변하지 않는다(그림 9.1.8). 벡터 $-\boldsymbol{a}$ 는 $\boldsymbol{a}$ 와 같은 길이를 갖지만 방향은 $\boldsymbol{a}$ 와 반대이다(그림 8.1.8). 그래서 $\boldsymbol{a}$ 에 음수 c 가 곱해진다면, 길이는 $|c|$ 만큼 곱해지며 방향은 반대가 된다. $\mathbf{0}$ 벡터가 아닌 두 벡터가 있어서 그들 벡터의 시점이 원점이라 하자. 만일 두 벡터가 원점을 지나는 같은 직선 위에 놓여 있다면, 이 두 벡터는 평행하다고 생각할 수 있다. 뿐만 아니라 이 두 벡터의 하나는 다른 것의 스칼라곱이 된다.

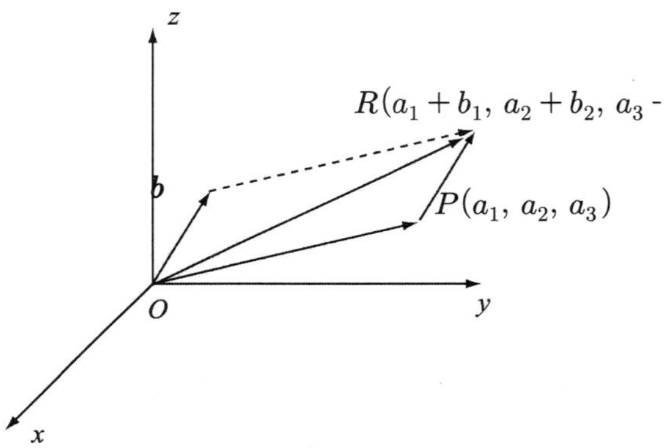

그림 9.1.7

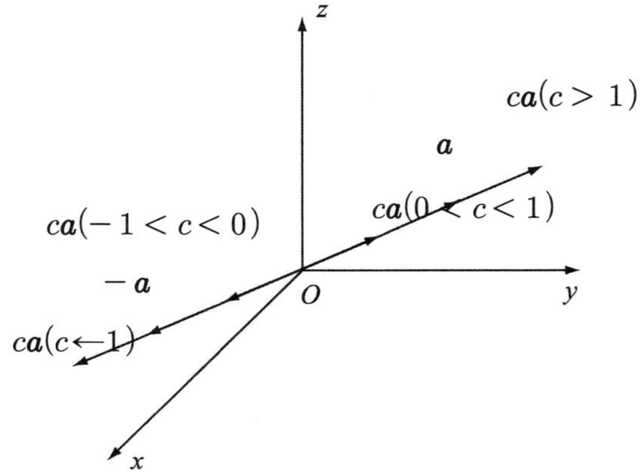

그림 9.1.8

정의 9.1.4

$\boldsymbol{a}, \boldsymbol{b} \neq 0$이라 하자.

두 벡터 $\boldsymbol{a}$와 $\boldsymbol{b}$가 평행할 필요충분조건은 $\boldsymbol{b} = c\boldsymbol{a}$를 만족하는 실수 c가 존재하는 것이다.

예제 5

$\boldsymbol{a} = (6, -2, 4)$이고 $\boldsymbol{b} = (-3, 1, -2)$일 때 두 벡터는 평행하다고 말할 수 있는가?

풀이 $\boldsymbol{b} = -\dfrac{1}{2}\boldsymbol{a}$ 이므로 $\boldsymbol{a}$와 $\boldsymbol{b}$는 평행하다. ■

연습문제 EXERCISES

01. P와 Q 사이의 거리를 찾고 벡터 $\overrightarrow{PQ}$를 $a\boldsymbol{i}+b\boldsymbol{j}+c\boldsymbol{k}$ 형태로 표현하여라($\boldsymbol{i}$, $\boldsymbol{j}$, $\boldsymbol{k}$의 정의는 § 9.3 참조).

(1) $P=(0,\ 0,\ 0)$, $Q=(3,\ -4,\ 10)$

(2) $P=(1,\ -3,\ 2)$, $Q=(3,\ -1,\ 3)$

(3) $P=(2,\ 1,\ 1)$, $Q=(2,\ 1+\sqrt{2},\ 1+\sqrt{3})$

02. $\boldsymbol{a}+\boldsymbol{b}$, $\boldsymbol{a}-\boldsymbol{b}$, $c\boldsymbol{a}$를 계산하여라.

(1) $\boldsymbol{a}=2\boldsymbol{i}-5\boldsymbol{j}+10\boldsymbol{k}$, $\boldsymbol{b}=-\boldsymbol{i}+2\boldsymbol{j}-9\boldsymbol{k}$, $c=2$

(2) $\boldsymbol{a}=(1,\ 1,\ -3)$, $\boldsymbol{b}=\left(\frac{1}{2},\ -\frac{1}{2},\ -3\right)$, $c=-1$

(3) $\boldsymbol{a}=2\boldsymbol{i}$, $\boldsymbol{b}=\boldsymbol{j}+\boldsymbol{k}$, $c=\frac{1}{3}$

(4) $\boldsymbol{a}(1,\ 2,\ 0)$, $\boldsymbol{b}=(0,\ -2,\ 1)$, $c=\pi$

03. 다음 벡터의 길이를 구하여라.

(1) $\boldsymbol{a}=\boldsymbol{i}-\boldsymbol{j}+\boldsymbol{k}$

(2) $\boldsymbol{b}=-3\boldsymbol{i}+4\boldsymbol{j}-12\boldsymbol{k}$

(3) $\boldsymbol{c}=\sqrt{2}\,\boldsymbol{i}-\boldsymbol{j}+\boldsymbol{k}$

04. 중심이 $(2,\ 1,\ -7)$, 반지름이 5인 구의 방정식을 구하여라.

05. $x^2+y^2+z^2+6x+8y-4z+4=0$은 구의 방정식임을 보이고 구의 반지름과 중심을 구하여라.

CALCULUS

9.2 내 적

두 벡터의 덧셈과 뺄셈에 대해 정의하였다. 그래서 두 벡터의 곱(product)이 가능한지를 생각해 볼 수 있겠다. 덧셈과 뺄셈에서 두 벡터의 성분끼리 연산했던 것과 같이, 벡터의 구성원끼리 곱하는 곱셈연산을 생각할 수 있다. 벡터들의 곱셈방법 중 하나인 **내적**(dot product)을 소개하겠다.

정의 9.2.1

$\boldsymbol{a}=(a_1, a_2, a_3)$와 $\boldsymbol{b}=(b_1, b_2, b_3)$는 두 벡터이고, $\boldsymbol{a}$와 $\boldsymbol{b}$의 내적(또는 **스칼라적**)은 스칼라인 $\boldsymbol{a}\cdot\boldsymbol{b}$로 표시하며 다음과 같이 정의된다.

$$\boldsymbol{a}\cdot\boldsymbol{b}=a_1b_1+a_2b_2+a_3b_3$$

예제 1

$\boldsymbol{a}=(3, -1, -2)$이고 $\boldsymbol{b}=\left(2, -3, \frac{1}{2}\right)$일 때 $\boldsymbol{a}\cdot\boldsymbol{b}$를 구하여라.

풀이

$$\boldsymbol{a}\cdot\boldsymbol{b}=3(2)+(-1)\cdot(-3)+(-2)\left(\frac{1}{2}\right)=8$$ □

❖ **내적의 성질**

(1) $\boldsymbol{a}\cdot\boldsymbol{b}=\boldsymbol{b}\cdot\boldsymbol{a}$

(2) $(c\boldsymbol{a})\cdot\boldsymbol{b}=c(\boldsymbol{a}\cdot\boldsymbol{b})=\boldsymbol{a}\cdot(c\boldsymbol{b})$

(3) $\boldsymbol{a}\cdot(\boldsymbol{b}+\boldsymbol{c})=\boldsymbol{a}\cdot\boldsymbol{b}+\boldsymbol{a}\cdot\boldsymbol{c}$

(4) $(\boldsymbol{a}+\boldsymbol{b})\cdot\boldsymbol{c}=\boldsymbol{a}\cdot\boldsymbol{c}+\boldsymbol{b}\cdot\boldsymbol{c}$

$\mathbf{0}$이 아닌 두 벡터 $\boldsymbol{a}$와 $\boldsymbol{b}$ 사이의 각을 $\theta(0 \le \theta \le \pi)$라 할 때, θ는 시작점이 원점을 지나는 두 방향선분에 의해 이루어진다(그림 9.2.1).

이 때 두 벡터의 내적과 각 사이의 관계를 다음 정리에서 소개하겠다.

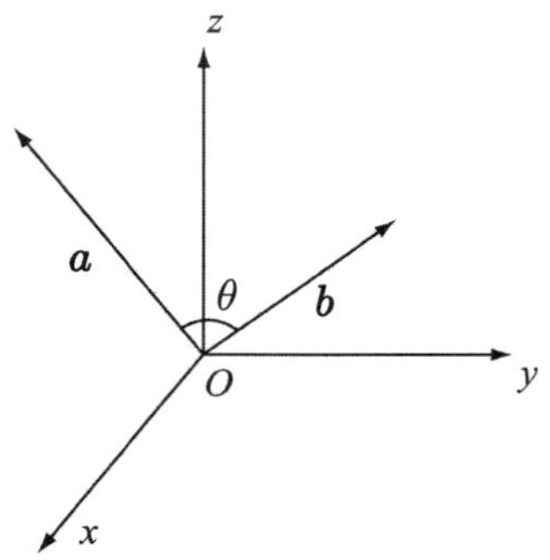

그림 9.2.1

정리 9.2.2

$\boldsymbol{a} = (a, a_2, a_3)$, $\boldsymbol{b} = (b_1, b_2, b_3)$인 $\mathbf{0}$이 아닌 벡터이고 θ를 두 벡터 $\boldsymbol{a}$와 $\boldsymbol{b}$ 사이의 각이라 하자. 그 때

$$\boldsymbol{a} \cdot \boldsymbol{b} = \|\boldsymbol{a}\| \|\boldsymbol{b}\| \cos\theta$$

위의 정리를 이용하면 다음 두 가지 사실을 얻을 수 있다.

(1) $\boldsymbol{a}$, $\boldsymbol{b} \neq \mathbf{0}$일 때

$$\boldsymbol{a} \perp \boldsymbol{b} \quad \Leftrightarrow \quad \boldsymbol{a} \cdot \boldsymbol{b} = 0$$

(2) $\boldsymbol{a} \cdot \boldsymbol{a} = \|\boldsymbol{a}\|^2$

예제 2

두 벡터 $\boldsymbol{a} = (-4, 5, 7)$와 $\boldsymbol{b} = (1, -2, 2)$가 서로 수직임을 보여라.

풀이

$\boldsymbol{a} \cdot \boldsymbol{b} = (-4)(1) + (5)(-2) + (7)(2) = 0$이므로 위의 정리 (1)을 이용하면 $\boldsymbol{a} \perp \boldsymbol{b}$임을 알 수 있다. ■

예제 3

두 벡터 $\boldsymbol{a}=(2,\,-1,\,2)$와 $\boldsymbol{b}=(1,\,-1,\,0)$ 사이의 각을 계산하여라.

풀이

$$\|\boldsymbol{a}\|=\sqrt{2^2+(-1)^2+2^2}=3,\quad \|\boldsymbol{b}\|=\sqrt{1^2+(-1)^2+0^2}=\sqrt{2}$$

이고 $\boldsymbol{a}\cdot\boldsymbol{b}=2(1)+(-1)(-1)+2(0)=3$이므로 $\boldsymbol{a}\cdot\boldsymbol{b}=\|\boldsymbol{a}\|\,\|\boldsymbol{b}\|\cos\theta$에 대입하면 $\cos\theta=\dfrac{3}{3\sqrt{2}}=\dfrac{1}{\sqrt{2}}$을 얻는다. 그러므로 $\theta=\dfrac{\pi}{4}$이다. ■

연습문제 EXERCISES

01. 내적 $\boldsymbol{a}\cdot\boldsymbol{b}$ 와 $\boldsymbol{a}$ 와 $\boldsymbol{b}$ 사이의 각인 θ 에 대한 cosine 값을 구하여라.

(1) $\boldsymbol{a}=(1, 1, -1)$, $\boldsymbol{b}=(2, -3, 4)$

(2) $\boldsymbol{a}=\left(\frac{1}{2}, \frac{1}{3}, -2\right)$, $\boldsymbol{b}=(2, -2, 1)$

(3) $\boldsymbol{a}=2\boldsymbol{i}+3\boldsymbol{j}-\boldsymbol{k}$, $\boldsymbol{b}=\boldsymbol{a}$

(4) $\boldsymbol{a}=\sqrt{2}\,\boldsymbol{i}+4\boldsymbol{j}+\sqrt{3}\,\boldsymbol{k}$, $\boldsymbol{b}=-\sqrt{2}\,\boldsymbol{i}-\sqrt{3}\,\boldsymbol{j}+2\boldsymbol{k}$

02. $\boldsymbol{a}$와 $\boldsymbol{b}$가 서로 수직인지 아닌지를 보여라.

(1) $\boldsymbol{a}=\boldsymbol{i}$, $\boldsymbol{b}=\boldsymbol{j}$

(2) $\boldsymbol{a}=\boldsymbol{i}-\boldsymbol{j}$, $\boldsymbol{b}=\boldsymbol{i}+\boldsymbol{j}$

(3) $\boldsymbol{a}=-4\boldsymbol{i}+2\boldsymbol{j}-5\boldsymbol{k}$, $\boldsymbol{b}=\frac{1}{2}\boldsymbol{i}+6\boldsymbol{j}+2\boldsymbol{k}$

(4) $\boldsymbol{a}=\sqrt{2}\,\boldsymbol{i}+3\boldsymbol{j}+\boldsymbol{k}$, $\boldsymbol{b}=-\boldsymbol{i}+\sqrt{2}\,\boldsymbol{j}+5\boldsymbol{k}$

CALCULUS

9.3 외 적

다음은 벡터의 곱에 대한 두 번째 형태인 외적에 대해 설명하겠다. 두 벡터의 내적은 결과값이 실수(스칼라)이지만, 두 벡터의 외적은 벡터가 된다.

외적을 정의하기 전에 세 단위벡터들을 소개하겠다(그림 9.3.1). 이 특별한 단위벡터들을 이용하면 벡터들의 연산이나 표현을 간단하게 나타낼 수 있다.

$$\boldsymbol{i} = (1,\ 0,\ 0),\ \ \boldsymbol{j} = (0,\ 1,\ 0),\ \ \boldsymbol{k} = (0,\ 0,\ 1)$$

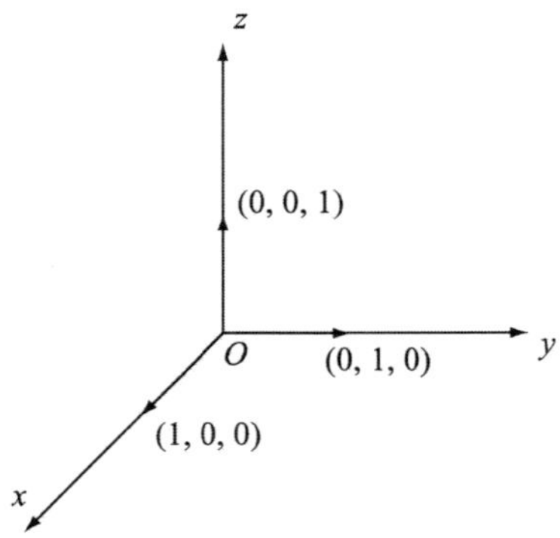

그림 9.3.1

예제 1

$\boldsymbol{a}= (-1,\ 3,\ 4)$와 $\boldsymbol{b} = (0,\ -1,\ 2)$를 단위벡터 $\boldsymbol{i}$, $\boldsymbol{j}$, $\boldsymbol{k}$를 이용하여 표현하여라.

풀이

$$\begin{aligned}\boldsymbol{a} &= (-1,\ 0,\ 0) + (0,\ 3,\ 0) + (0,\ 0,\ 4)\\ &= (-1)(1,\ 0,\ 0) + 3(0,\ 1,\ 0) + 4(0,\ 0,\ 1)\\ &= -\boldsymbol{i} + 3\boldsymbol{j} + 4\boldsymbol{k}\end{aligned}$$

$$\begin{aligned}\boldsymbol{b} &= (0,\ 0,\ 0) + (0,\ -1,\ 0) + (0,\ 0,\ 2)\\ &= 0(1,\ 0,\ 0) + (-1)(0,\ 1,\ 0) + 2(0,\ 0,\ 1)\\ &= 0\boldsymbol{i} - \boldsymbol{j} + 2\boldsymbol{k} = -\boldsymbol{j} + 2\boldsymbol{k}\end{aligned}$$

정의 9.3.1

두 벡터 $\boldsymbol{a}=a_1\boldsymbol{i}+a_2\boldsymbol{j}+a_3\boldsymbol{k}$, $\boldsymbol{b}=b_1\boldsymbol{i}+b_2\boldsymbol{j}+b_3\boldsymbol{k}$가 주어졌을 때, 두 벡터의 **외적**(cross product), $\boldsymbol{a}\times\boldsymbol{b}$은 다음과 같이 정의된다.

$$\boldsymbol{a}\times\boldsymbol{b}=(a_2b_3-a_3b_2)\boldsymbol{i}+(a_3b_1-a_1b_3)\boldsymbol{j}+(a_1b_2-a_2b_1)\boldsymbol{k}$$

위의 외적을 정의한 식을 쉽게 얻기 위하여 다음과 같은 행렬식(determinant)을 이용할 수 있다. 행렬식 계산은 다음 10장에서 자세히 다루겠다.

$$\begin{vmatrix} \boldsymbol{i} & \boldsymbol{j} & \boldsymbol{k} \\ a_1 & a_2 & a_3 \\ b_1 & b_2 & b_3 \end{vmatrix}$$

이 행렬식 계산은 왼쪽에서 오른쪽방향으로 곱한 수에서 오른쪽에서 왼쪽방향으로 곱한 수를 빼면 된다. 즉,

예제 2

$\boldsymbol{a}=2\boldsymbol{i}-\boldsymbol{j}+3\boldsymbol{k}$, $\boldsymbol{b}=-\boldsymbol{i}-2\boldsymbol{j}+4\boldsymbol{k}$일 때 $\boldsymbol{a}\times\boldsymbol{b}$와 $\boldsymbol{b}\times\boldsymbol{a}$를 계산하여라.

풀이

$$\begin{aligned}\boldsymbol{a}\times\boldsymbol{b}&=\begin{vmatrix} \boldsymbol{i} & \boldsymbol{j} & \boldsymbol{k} \\ 2 & -1 & 3 \\ -1 & -2 & 4 \end{vmatrix}\\ &=\{(-1)(4)-(3)(-2)\}\boldsymbol{i}+\{(3)(-1)-(2)(4)\}\boldsymbol{j}+\{(2)(-2)-(-1)(-1)\}\boldsymbol{k}\\ &=2\boldsymbol{i}-11\boldsymbol{j}-5\boldsymbol{k}\end{aligned}$$

$$\begin{aligned}\boldsymbol{b}\times\boldsymbol{a}&=\begin{vmatrix} \boldsymbol{i} & \boldsymbol{j} & \boldsymbol{k} \\ -1 & -2 & 4 \\ 2 & -1 & 3 \end{vmatrix}\\ &=\{(-2)(3)-(4)(-1)\}\boldsymbol{i}+\{(4)(2)-(-1)(3)\}\boldsymbol{j}+\{(-1)(-1)-(-2)(2)\}\boldsymbol{k}\\ &=-2\boldsymbol{i}+11\boldsymbol{j}+5\boldsymbol{k}\end{aligned}$$

위의 예제로부터, $\boldsymbol{a}\times\boldsymbol{b}=-(\boldsymbol{b}\times\boldsymbol{a})$임을 알 수 있다.

예제 3

다음을 보여라.

(1) $\boldsymbol{i} \times \boldsymbol{j} = \boldsymbol{k}$ (2) $\boldsymbol{j} \times \boldsymbol{k} = \boldsymbol{i}$ (3) $\boldsymbol{k} \times \boldsymbol{i} = \boldsymbol{j}$

풀이

(1) $\boldsymbol{i} \times \boldsymbol{j} = \begin{vmatrix} \boldsymbol{i} & \boldsymbol{j} & \boldsymbol{k} \\ 1 & 0 & 0 \\ 0 & 1 & 0 \end{vmatrix} = (0 \cdot 0 - 0 \cdot 1)\boldsymbol{i} + (0 \cdot 0 - 1 \cdot 0)\boldsymbol{j} + (1 \cdot 1 - 0 \cdot 0)\boldsymbol{k} = \boldsymbol{k}$

(2) $\boldsymbol{j} \times \boldsymbol{k} = \begin{vmatrix} \boldsymbol{i} & \boldsymbol{j} & \boldsymbol{k} \\ 0 & 1 & 0 \\ 0 & 0 & 1 \end{vmatrix} = (1 \cdot 1 - 0 \cdot 0)\boldsymbol{i} + (0 \cdot 0 - 0 \cdot 1)\boldsymbol{j} + (0 \cdot 0 - 1 \cdot 0)\boldsymbol{k} = \boldsymbol{i}$

(3) $\boldsymbol{k} \times \boldsymbol{i} = \begin{vmatrix} \boldsymbol{i} & \boldsymbol{j} & \boldsymbol{k} \\ 0 & 0 & 1 \\ 1 & 0 & 0 \end{vmatrix} = (0 \cdot 0 - 1 \cdot 0)\boldsymbol{i} + (1 \cdot 1 - 0 \cdot 0)\boldsymbol{j} + (0 \cdot 0 - 0 \cdot 1)\boldsymbol{k} = \boldsymbol{j}$

□

정의로부터 외적에 대한 다른 성질들을 유도할 수 있다.

$$\boldsymbol{a} \times \boldsymbol{a} = \boldsymbol{0} \quad \boldsymbol{a} \times (\boldsymbol{b} + \boldsymbol{c}) = (\boldsymbol{a} \times \boldsymbol{b}) + (\boldsymbol{a} \times \boldsymbol{c})$$
$$(c\boldsymbol{a}) \times \boldsymbol{b} = c(\boldsymbol{a} \times \boldsymbol{b}) = \boldsymbol{a} \times (c\boldsymbol{b})$$
$$(\boldsymbol{a} + \boldsymbol{b}) \times \boldsymbol{c} = (\boldsymbol{a} \times \boldsymbol{c}) + (\boldsymbol{b} \times \boldsymbol{c})$$

정리 9.3.2

벡터 $\boldsymbol{a}$와 $\boldsymbol{b}$는 영벡터가 아니다. 이때

(1) $\boldsymbol{a} \cdot (\boldsymbol{a} \times \boldsymbol{b}) = 0, \quad \boldsymbol{b} \cdot (\boldsymbol{a} \times \boldsymbol{b}) = 0$

결국, $\boldsymbol{a} \times \boldsymbol{b} \neq 0$일 때 $\boldsymbol{a} \times \boldsymbol{b}$는 $\boldsymbol{a}$와 $\boldsymbol{b}$에 수직이다.

(2) θ가 $\boldsymbol{a}$와 $\boldsymbol{b}$ 사이의 각 $(0 \le \theta \le \pi)$이라 할 때

$$\|\boldsymbol{a} \times \boldsymbol{b}\| = \|\boldsymbol{a}\| \|\boldsymbol{b}\| \sin\theta$$

증명

(1) $\boldsymbol{a} \cdot (\boldsymbol{a} \times \boldsymbol{b}) = a_1(a_2b_3 - a_3b_2) + a_2(a_3b_1 - a_1b_3) + a_3(a_1b_2 - a_2b_1) = 0$

$\boldsymbol{b} \cdot (\boldsymbol{a} \times \boldsymbol{b})$도 비슷한 방법으로 계산하면 0이 된다.

(2)
$$\begin{aligned} \|\boldsymbol{a} \times \boldsymbol{b}\|^2 &= (a_2b_3 - a_3b_2)^2 + (a_3b_1 - a_1b_3)^2 + (a_1b_2 - a_2b_1)^2 \\ &= (a_1^2 + a_2^2 + a_3^2)(b_1^2 + b_2^2 + b_3^2) - (a_1b_1 + a_2b_2 + a_3b_3)^2 \\ &= \|\boldsymbol{a}\|^2 \|\boldsymbol{b}\|^2 - (\boldsymbol{a} \cdot \boldsymbol{b})^2 \\ &= \|\boldsymbol{a}\|^2 \|\boldsymbol{b}\|^2 - (\|\boldsymbol{a}\| \|\boldsymbol{b}\| \cos\theta)^2 \end{aligned}$$

$$= \|\boldsymbol{a}\|^2 \|\boldsymbol{b}\|^2 (1-\cos^2\theta)$$
$$= \|\boldsymbol{a}\|^2 \|\boldsymbol{b}\|^2 \sin^2\theta$$

여기서, $0 \le \theta \le \pi$ 범위에서 $\sin\theta \ge 0$이므로, $\|\boldsymbol{a}\times\boldsymbol{b}\| = \|\boldsymbol{a}\|\,\|\boldsymbol{b}\|\sin\theta$를 만족한다. □

위의 정리로부터 다음 성질을 유도할 수 있다. $\boldsymbol{a}, \boldsymbol{b} \neq \boldsymbol{0}$일 때

$$\boldsymbol{a} /\!/ \boldsymbol{b} \quad \Leftrightarrow \quad \boldsymbol{a}\times\boldsymbol{b} = \boldsymbol{0}$$

($\boldsymbol{a} /\!/ \boldsymbol{b}$는 두 벡터가 평행하다는 기호이다.)

예제 4

$\boldsymbol{a} = 4\boldsymbol{i} - \boldsymbol{j} + 3\boldsymbol{k}$, $\boldsymbol{b} = 2\boldsymbol{i} + 3\boldsymbol{j} - \boldsymbol{k}$일 때 두 벡터에 수직인 벡터를 찾아라.

풀이 위의 정리를 이용하면, 벡터 $\boldsymbol{a}\times\boldsymbol{b}$는 $\boldsymbol{a}$와 $\boldsymbol{b}$에 수직이다. 그러므로

$$\boldsymbol{a}\times\boldsymbol{b} = \begin{vmatrix} \boldsymbol{i} & \boldsymbol{j} & \boldsymbol{k} \\ 4 & -1 & 3 \\ 2 & 3 & -1 \end{vmatrix} = (1-a)\boldsymbol{i} + (6+4)\boldsymbol{j} + (12+2)\boldsymbol{k}$$
$$= -8\boldsymbol{i} + 10\boldsymbol{j} + 14\boldsymbol{k}$$

■

연습문제 EXERCISES

01. $\boldsymbol{a} \times \boldsymbol{b}$ 와 $\boldsymbol{c} \cdot (\boldsymbol{a} \times \boldsymbol{b})$를 계산하여라.

(1) $\boldsymbol{a} = \boldsymbol{i} + \boldsymbol{j}$, $\boldsymbol{b} = \boldsymbol{j} + \boldsymbol{k}$, $\boldsymbol{c} = -\boldsymbol{i} - 3\boldsymbol{j} + 4\boldsymbol{k}$

(2) $\boldsymbol{a} = \boldsymbol{i} + \boldsymbol{j} + \boldsymbol{k}$, $\boldsymbol{b} = \boldsymbol{i} - \boldsymbol{k}$, $\boldsymbol{c} = \boldsymbol{i} + \boldsymbol{j} - \boldsymbol{k}$

(3) $\boldsymbol{a} = (2, 3, -1)$, $\boldsymbol{b} = (-1, 4, 5)$, $\boldsymbol{c} = (2, 3, 4)$

02. $\boldsymbol{i} - 3\boldsymbol{j} + 2\boldsymbol{k}$ 와 $-2\boldsymbol{i} + \boldsymbol{j} - 5\boldsymbol{k}$ 에 수직인 벡터를 찾아라.

10장 행렬

이 장에서는 행렬에 대해 공부를 할 것이며 행렬과 행렬식을 이용하여 일차연립방정식의 해를 구하는 방법을 소개하겠다.

CALCULUS

10.1 행렬의 정의

m 개의 행(가로줄)과 n 개의 열(세로줄)에 mn 개의 수가 직사각형 모양으로 배열된 것을 $m\times n$ **행렬**(matrix)이라 한다. 이때 $m\times n$ 을 이 **행렬의 크기**라 한다.

일반적으로 행렬을 알파벳의 대문자 A, B, C 등으로 나타내며, 행렬의 i 번째 행과 j 번째 열에 해당하는 수를 (i, j)-성분(component)이라고 한다. $m\times n$ 행렬을 기호로 표시하면 다음과 같다.

$$A=\begin{pmatrix} a_{11} & a_{12} & \cdots & a_{1n} \\ a_{21} & a_{22} & \cdots & a_{2n} \\ \vdots & \vdots & & \vdots \\ a_{m1} & a_{m2} & \cdots & a_{mn} \end{pmatrix}=(a_{ij})_{m\times n}$$

예제 1

다음 행렬들의 크기를 구하여라.

$$A=\begin{pmatrix} 1 & 2 & 3 \\ 0 & 1 & -2 \end{pmatrix},\ B=\begin{pmatrix} -1 & 0 \\ 2 & 3 \\ 1 & 1 \end{pmatrix},\ C=(1\ \ 2\ \ 3),\ D=\begin{pmatrix} 0 \\ 1 \\ 3 \end{pmatrix},\ E=(2)$$

풀이 A는 2×3, B는 3×2, C는 1×3, D는 3×1, E는 1×1이고 여기서 1×1행렬 E는 $(2)=2$로 표현한다.

정의 10.1.1

A가 $m\times n$ 행렬이고 $m=n$ 인 경우 A를 n차 **정방행렬**(square matrix)이라고 한다.

예를 들면

$$\begin{pmatrix} 1 & 2 \\ 2 & 3 \end{pmatrix}, \quad \begin{pmatrix} -1 & 0 & 1 \\ 2 & 1 & 0 \\ 0 & 2 & 3 \end{pmatrix}$$

은 각각 2차, 3차 정방행렬이다.

정의 10.1.2

$m \times n$ 행렬에서 모든 성분이 0인 경우, 즉

$$\begin{pmatrix} 0 & 0 & \cdots & 0 \\ 0 & 0 & \cdots & 0 \\ \vdots & \vdots & & \vdots \\ 0 & 0 & \cdots & 0 \end{pmatrix}$$

을 **영행렬**(zero matrix)이라 하고 간단히 **0**으로 표시한다.

n차 정방행렬 $A = (a_{ij})$에서 대각선상에 배열된 성분 $a_{11}, a_{22}, a_{33}, \cdots, a_{nn}$을 **대각성분**(diagonal components)이라고 한다. 이때 정방행렬이 아닌 행렬에서는 대각성분을 정의할 수 없다.

예제 2

다음 행렬 A의 대각성분을 구하여라.

$$A = \begin{pmatrix} 1 & 3 \\ -2 & 0 \end{pmatrix}$$

풀이 A의 대각성분은 두 개로 1과 0이다. ■

정의 10.1.3

n차 정방행렬 (a_{ij})에서

(1) $a_{ii} \neq 0\ (i = 1, 2, \cdots, n)$인 i가 존재하고, 모든 $a_{ij} = 0\ (i \neq j)$이면 이 행렬을 **대각행렬**(diagonal matrix)이라고 한다.

(2) 대각행렬이며 대각성분이 모두 1인 행렬을 n차 **단위행렬**(identity matrix)이라고 하고 기호 I_n으로 나타낸다.

예를 들면

$$I_2 = \begin{pmatrix} 1 & 0 \\ 0 & 1 \end{pmatrix}, \ I_3 = \begin{pmatrix} 1 & 0 & 0 \\ 0 & 1 & 0 \\ 0 & 0 & 1 \end{pmatrix}, \ I_4 = \begin{pmatrix} 1 & 0 & 0 & 0 \\ 0 & 1 & 0 & 0 \\ 0 & 0 & 1 & 0 \\ 0 & 0 & 0 & 1 \end{pmatrix}$$

정의 10.1.4

행렬 $A = (a_{ij})_{m \times n}$의 **전치행렬**(transpose matrix)은 A^t로 표현하며

$$A^t = (b_{ij})_{n \times m}, \quad b_{ij} = a_{ji}$$

로 정의한다.

예를 들면 $A = \begin{pmatrix} 1 & 2 \\ 0 & 3 \end{pmatrix}$일 때 $A^t = \begin{pmatrix} 1 & 0 \\ 2 & 3 \end{pmatrix}$이다. 만일 $B = \begin{pmatrix} 3 & 1 & 0 \\ -1 & 2 & 1 \\ 0 & 1 & 1 \end{pmatrix}$이면 $B^t = \begin{pmatrix} 3 & -1 & 0 \\ 1 & 2 & 1 \\ 0 & 1 & 1 \end{pmatrix}$이 된다.

정의 10.1.5

A가 정방행렬일 때

(1) $A = A^t$이면, A를 **대칭행렬**(symmetric matrix)이라고 한다.

(2) $A = -A^t$이면, A를 **반대칭행렬**(skew-symmetric matrix)이라고 한다.

예를 들면

$$A = \begin{pmatrix} 1 & -1 & 5 \\ -1 & 2 & 3 \\ 5 & 3 & 0 \end{pmatrix}, \quad B = \begin{pmatrix} 0 & 1 & 3 \\ -1 & 0 & 2 \\ -3 & -2 & 0 \end{pmatrix}$$

에서 행렬 A는 대칭행렬이고, 행렬 B는 반대칭행렬이다. 즉, 대칭행렬은 대각성분을 중심으로 대칭되는 성분들이 같아야 하며 반대칭행렬은 대각성분이 모두 0이고 대칭되는 성분들의 부호는 반대인 행렬이다.

01. 다음 행렬을 대칭행렬과 반대칭행렬의 합으로 나타내어라.

$$\begin{pmatrix} 2 & 4 & 4 \\ -2 & 1 & 4 \\ 6 & 4 & 5 \end{pmatrix}$$

02. $A=\begin{pmatrix} 3 & 1 & 2 \\ -1 & 0 & 3 \\ 2 & 5 & 1 \end{pmatrix}$, $B=\begin{pmatrix} 1 & 0 & -3 \\ 2 & 1 & 1 \\ -1 & 0 & 5 \end{pmatrix}$일 때 다음을 구하여라.

(1) A^t (2) B^t

CALCULUS

10.2 행렬의 연산

1 행렬의 상등

두 개의 행렬 A와 B의 크기가 같고, $A=(a_{ij})$, $B=(b_{ij})$일 때 $a_{ij}=b_{ij}$를 만족하는 행렬 A, B는 상등이다. 기호로는 $A=B$로 나타낸다.

예제 1

다음을 만족하는 a, b, c, d를 구하여라.

$$\begin{pmatrix} a+b & c-2d \\ a-2b & 2c+d \end{pmatrix} = \begin{pmatrix} 2 & 1 \\ 0 & 3 \end{pmatrix}$$

풀이 두 행렬이 상등이므로 각각의 성분들이 서로 같아야 한다. 그러므로 다음 식을 구할 수 있다.

$$a+b=2, \quad a-2b=0, \quad c-2d=1, \quad 2c+d=3.$$

이 연립방정식을 풀면

$$a=\frac{4}{3}, \ b=\frac{2}{3}, \ c=\frac{7}{5}, \ d=\frac{1}{5}.$$

2 행렬의 덧셈

크기가 같은 두 행렬 $A=(a_{ij})_{m\times n}$, $B=(b_{ij})_{m\times n}$에 대하여 두 행렬의 덧셈 $A+B$는 $(a_{ij}+b_{ij})_{m\times n}$로 정의한다. 즉,

$$A+B=\begin{pmatrix} a_{11}+b_{11} & a_{12}+b_{12} & \cdots & a_{1n}+b_{1n} \\ a_{21}+b_{21} & a_{22}+b_{22} & \cdots & a_{2n}+b_{2n} \\ \vdots & \vdots & & \vdots \\ a_{m1}+b_{m1} & a_{m2}+b_{m2} & \cdots & a_{mn}+b_{mn} \end{pmatrix}$$

예를 들면

$$\begin{pmatrix} 1 & 3 \\ 0 & -1 \end{pmatrix}+\begin{pmatrix} -1 & 2 \\ 4 & 6 \end{pmatrix}=\begin{pmatrix} 1+(-1) & 3+2 \\ 0+4 & -1+6 \end{pmatrix}=\begin{pmatrix} 0 & 5 \\ 4 & 5 \end{pmatrix}.$$

3 행렬의 상수곱

실수 k와 행렬 A에 대하여, 행렬 A에 k를 곱한 행렬 kA는 A의 모든 원소에 k를 곱한 것을 원소로 갖는 행렬이다. 즉, $A=(a_{ij})$일 때 $kA=(ka_{ij})$로 나타낸다. 예를 들면

$$2\begin{pmatrix} 1 & 3 \\ 4 & 1 \end{pmatrix}=\begin{pmatrix} 2\cdot 1 & 2\cdot 3 \\ 2\cdot 4 & 2\cdot 1 \end{pmatrix}=\begin{pmatrix} 2 & 6 \\ 8 & 2 \end{pmatrix}.$$

4 행렬의 뺄셈

크기가 같은 두 행렬 $A=(a_{ij})$, $B=(b_{ij})$의 뺄셈은 $A+(-1)B$로 정의하고 간단히 $A-B$로 나타낸다. 즉 $A-B=(a_{ij}-b_{ij})$이다.

예제 2

행렬 A, B가 다음과 같을 때 $A-2B$를 구하여라.

$$A=\begin{pmatrix} -1 & 2 & 0 \\ 3 & 1 & 2 \end{pmatrix},\quad B=\begin{pmatrix} 4 & 0 & -2 \\ 1 & -1 & 6 \end{pmatrix}$$

풀이

$$2B=2\begin{pmatrix} 4 & 0 & -2 \\ 1 & -1 & 6 \end{pmatrix}=\begin{pmatrix} 8 & 0 & -4 \\ 2 & -2 & 12 \end{pmatrix}-2B=\begin{pmatrix} -8 & 0 & 4 \\ -2 & 2 & -12 \end{pmatrix}$$

$$\therefore A-2B=\begin{pmatrix} -1 & 2 & 0 \\ 3 & 1 & 2 \end{pmatrix}+\begin{pmatrix} -8 & 0 & 4 \\ -2 & 2 & -12 \end{pmatrix}$$

$$=\begin{pmatrix} -1+(-8) & 2+0 & 0+4 \\ 3+(-2) & 1+2 & 2+(-2) \end{pmatrix}=\begin{pmatrix} -9 & 2 & 4 \\ 1 & 3 & -10 \end{pmatrix}$$

5 행렬의 곱셈

$A=(a_{ik})$는 $m\times l$ 행렬, $B=(b_{kj})$는 $l\times n$ 행렬이라 하면 A와 B의 행렬의 곱셈은 AB로 나타내고 다음과 같이 정의한다.

$$A=(c_{ij})_{m\times n},\quad c_{ij}=\sum_{k=1}^{l}a_{ik}b_{kj}\quad (1\le i\le m,\ 1\le j\le n)$$

두 행렬 A, B의 곱셈을 잘 정의하기 위해서는 A의 열의 개수와 B의 행의 개수가 같아야만 한다.

예제 3

다음 행렬 A, B의 곱셈을 구하여라.

(1) $A=\begin{pmatrix}-1 & 2\\ 3 & 0\end{pmatrix}$, $B=\begin{pmatrix}2 & 1\\ -1 & 3\end{pmatrix}$

(2) $A=\begin{pmatrix}2\\ 4\end{pmatrix}$, $B=(-1\ \ 2)$

풀이

(1) $AB=\begin{pmatrix}-1 & 2\\ 3 & 0\end{pmatrix}\begin{pmatrix}2 & 1\\ -1 & 3\end{pmatrix}=\begin{pmatrix}(-1)\cdot 2+2\cdot(-1) & (-1)\cdot 1+2\cdot 3\\ 3\cdot 2+0\cdot(-1) & 3\cdot 1+0\cdot 3\end{pmatrix}=\begin{pmatrix}-4 & 5\\ 6 & 3\end{pmatrix}$

(2) $AB=\begin{pmatrix}2\\ 4\end{pmatrix}(-1\ \ 2)=\begin{pmatrix}2\cdot(-1) & 2\cdot 2\\ 4\cdot(-1) & 4\cdot 2\end{pmatrix}=\begin{pmatrix}-2 & 4\\ -4 & 8\end{pmatrix}$ ■

일반적으로 행렬의 곱셈에서는 $AB\neq BA$이며 또한 AB가 정의되어도 BA가 정의되지 않는 경우도 있다.

정의 10.1.6

n차 정방행렬 A에 대하여

$$AB=BA=I_n$$

을 만족하는 n차 정방행렬 B가 존재하면 A를 **정칙행렬**(regular matrix) 또는 **가역행렬**(invertible matrix)이라고 한다. 이때 B를 A의 **역행렬**(inverse matrix)이라 하고 A^{-1}로 나타낸다.

자세한 내용은 10.5절에서 다시 다루기로 하겠다.

예제 3

다음 행렬 A의 역행렬을 구하여라.

$$A=\begin{pmatrix}1 & 2\\ 4 & -3\end{pmatrix}$$

풀이

$B=\begin{pmatrix}x & y\\ z & w\end{pmatrix}$를 A의 역행렬이라 하자.

역행렬 정의에 의해서

$$AB=\begin{pmatrix}1 & 2\\ 4 & -3\end{pmatrix}\begin{pmatrix}x & y\\ z & w\end{pmatrix}=\begin{pmatrix}1 & 0\\ 0 & 1\end{pmatrix}$$

을 만족해야 하므로 이 식을 계산하면

$$\begin{pmatrix}x+2z & y+2w\\ 4x-3z & 4y-3w\end{pmatrix}=\begin{pmatrix}1 & 0\\ 0 & 1\end{pmatrix}$$

이므로 다음과 같은 연립방정식을 얻게 된다.

$$\begin{cases}x+2z=1\\ 4x-3z=0\end{cases},\quad \begin{cases}y+2w=0\\ 4y-3w=1\end{cases}$$

이 연립방정식을 풀면

$$x=\frac{3}{11},\ y=\frac{2}{11},\ z=\frac{4}{11},\ w=-\frac{1}{11}$$

이므로

$$A^{-1}=\begin{pmatrix}\frac{3}{11} & \frac{2}{11}\\ \frac{4}{11} & -\frac{1}{11}\end{pmatrix}=\frac{1}{11}\begin{pmatrix}3 & 2\\ 4 & -1\end{pmatrix}.$$

■

6 연산의 성질

A, B, C는 크기가 같은 행렬이고, h, k는 임의의 실수라고 할 때 덧셈과 곱셈에 대한 연산법칙은 다음과 같다.

정리 10.2.1 덧셈에 대한 성질

(1) $A+B=B+A$ (교환법칙)

(2) $(A+B)+C=A+(B+C)$ (결합법칙)

(3) $A+\mathbf{0}=A$

(4) $A+(-A)=\mathbf{0}$

(5) $k(A+B)=kA+kB$

(6) $(h+k)A=hA+kA$

(7) $h(kA)=(hk)A$

(8) $1\cdot A=A$

정리 10.2.2 곱셈에 대한 성질

(1) $(AB)C=A(BC)$ (결합법칙)

(2) $A(B+C)=AB+AC$ (배분법칙)

$(B+C)A=BA+CA$

연습문제 EXERCISES

01. $A=\begin{pmatrix} 2 & -4 & 1 \\ 3 & 1 & -3 \end{pmatrix}$, $B=\begin{pmatrix} 1 & 0 & -3 \\ -4 & 2 & -1 \end{pmatrix}$일 때 다음을 구하여라.

(1) $A+B$　　(2) $3B$

(3) $A-B$　　(4) $2A-3B$

02. $A=\begin{pmatrix} 1 & 2 \\ 3 & -1 \end{pmatrix}$, $B=\begin{pmatrix} -2 & 1 \\ 1 & 3 \end{pmatrix}$일 때 다음을 구하여라.

(1) AB　　(2) BA

(3) A^t　　(4) B^t

(5) A^t+B^t　　(6) $(A+B)^t$

(7) $(3A)^t$　　(8) $3A^t$

03. $A=\begin{pmatrix} 0 & 2 \\ 0 & 0 \end{pmatrix}$일 때 A^3을 구하여라.

04. $A=\begin{pmatrix} 1 & 2 \\ -1 & 3 \end{pmatrix}$, $B=\begin{pmatrix} 1 & 0 & -2 \\ 3 & 1 & 4 \end{pmatrix}$, $C=\begin{pmatrix} 1 & 3 \\ 2 & 1 \\ -2 & 0 \end{pmatrix}$일 때 다음을 증명하여라.

(1) $(A^t)^t=A$　　(2) $(AB)^t=B^tA^t$

05. 다음을 구하여라.

$$\begin{pmatrix} 1 & 4 \\ 3 & -2 \end{pmatrix}\begin{pmatrix} 1 & -1 \\ 2 & 3 \end{pmatrix}\begin{pmatrix} 1 & 3 \\ 4 & 1 \end{pmatrix}\begin{pmatrix} -2 & 1 \\ 3 & 4 \end{pmatrix}$$

06. 다음 행렬 A의 역행렬을 구하여라.

$$A=\begin{pmatrix} 1 & 3 \\ 2 & -1 \end{pmatrix}$$

07. 행렬 A는 정칙행렬이고 역행렬이 $\begin{pmatrix} 2 & -1 \\ 3 & 5 \end{pmatrix}$일 때 행렬 A를 구하여라.

CALCULUS

10.3 일차 연립방정식

이 절에서는 일차 연립방정식의 해를 구하는 데 행렬을 이용해서 해결하는 방법을 생각해 보겠다.

다음 일차 연립방정식을 행렬로 표현해 보자.

$$\begin{cases} a_{11}x_1 + a_{12}x_2 + \cdots + a_{1n}x_n = b_1 \\ a_{21}x_1 + a_{22}x_2 + \cdots + a_{2n}x_n = b_2 \\ \qquad\qquad\qquad \vdots \\ a_{m1}x_1 + a_{m2}x_2 + \cdots + a_{mn}x_n = b_m \end{cases}$$

에 대하여

$$A = \begin{pmatrix} a_{11} & a_{12} & \cdots & a_{1n} \\ a_{21} & a_{22} & \cdots & a_{2n} \\ \vdots & \vdots & & \vdots \\ a_{m1} & a_{m2} & \cdots & a_{mn} \end{pmatrix}, \quad X = \begin{pmatrix} x_1 \\ \vdots \\ x_n \end{pmatrix}, \quad B = \begin{pmatrix} b_1 \\ \vdots \\ b_m \end{pmatrix}$$

으로 놓으면, 위 식은 $AX = B$ 형태로 표현할 수 있다. 이때 행렬 A를 **계수행렬**(coefficients matrix)이라고 한다. 또한 위 방정식에서 미지수 x_i의 개수가 n개이므로 n차원 일차 연립방정식이라 한다. 특히 $B = 0$일 때 **동차**(homogeneous) **연립방정식**이라 하고 $B \neq 0$일 때 **비동차**(non-homogeneous) **연립방정식**이라 한다. 동차 연립방정식 $AX = 0$은 항상 자명한 해(trivial solution) $X = 0$을 갖는다.

행렬 방정식 $AX = B$에서 A가 정칙행렬일 때 역행렬 A^{-1}가 존재하여 이 식 양변에 A^{-1}를 취하면, 즉 $A^{-1}(AX) = A^{-1}B$, $A^{-1}A = I$이므로 유일한 해인 $X = A^{-1}B$를 얻게 된다. 그러므로 행렬 방정식 $AX = B$의 해를 계산하는 것은 A^{-1}을 찾는 것과 같다. 이러한 방법을 **크래머**(cramer) **공식**이라 하고 10.6절에서 자세히 다루도록 하겠다.

예제 1

일차 연립방정식

$$\begin{cases} x + 2y = 3 \\ 3x + 4y = 1 \end{cases}$$

을 역행렬을 이용하여 풀어라.

풀이 주어진 연립방정식을 행렬로 표현하면

$$\begin{pmatrix} 1 & 2 \\ 3 & 4 \end{pmatrix}\begin{pmatrix} x \\ y \end{pmatrix}=\begin{pmatrix} 3 \\ 1 \end{pmatrix}$$

이고, $\begin{pmatrix} 1 & 2 \\ 3 & 4 \end{pmatrix}$의 역행렬을 $\begin{pmatrix} a & b \\ c & d \end{pmatrix}$라고 하면

$$\begin{pmatrix} 1 & 2 \\ 3 & 4 \end{pmatrix}\begin{pmatrix} a & b \\ c & d \end{pmatrix}=\begin{pmatrix} 1 & 0 \\ 0 & 1 \end{pmatrix}$$

이고, 이 식을 풀면

$$\begin{pmatrix} a & b \\ c & d \end{pmatrix}=\begin{pmatrix} -2 & 1 \\ \frac{3}{2} & -\frac{1}{2} \end{pmatrix}$$

이므로

$$\begin{pmatrix} x \\ y \end{pmatrix}=\begin{pmatrix} -2 & 1 \\ \frac{3}{2} & -\frac{1}{2} \end{pmatrix}\begin{pmatrix} 3 \\ 1 \end{pmatrix}=\begin{pmatrix} -5 \\ 4 \end{pmatrix}$$

이다. 그러므로 $x=-5,\ y=4$가 해가 된다. ■

행렬 방정식의 해를 찾는 두 번째 방법으로 **가우스**(Gauss) **소거법**이 있다. 이 소거법은 한 방정식의 양변에 적당한 수$(\neq 0)$를 곱하여 이 식을 다른 방정식에 더하면서 미지수의 개수를 줄여 나가는 방법이다. 이때 두 연립방정식은 같은 해를 가지며 이러한 경우 서로 **동치**라고 한다. 예를 들면 연립방정식

$$\begin{cases} x+2y=2 & \cdots\cdots \quad (1) \\ 2x+y=3 & \cdots\cdots \quad (2) \end{cases}$$

을 생각해보자.

I. 식 (1)과 (2)를 서로 교환하면 연립방정식

$$\begin{cases} 2x+\ \ y=3 \\ \ \ x+2y=2 \end{cases}$$

는 당연히 순서만 바뀐 것이므로 두 연립방정식은 동치이다.

II. 식 (1)에 두 배를 해 보자. 그러면 연립방정식

$$\begin{cases} 2x+4y=4 \\ 2x+\ y\ =3 \end{cases}$$

은 처음 연립방정식과 같은 해를 가지게 되어 서로 동치가 된다.

III. 식 (1)에 (-2)를 곱하여 식 (2)에 더하여 얻어지는 연립방정식은

$$\begin{cases} x+2y=2 \\ \quad -3y=-1 \end{cases}$$

이다. 그러나 두 연립방정식의 해는 같으므로 서로 동치가 된다.

이와 같이 세 가지 연산을 반복적으로 시행하여 처음 연립방정식과 동치이면서 더욱 간단한 연립방정식을 얻어 해를 구하는 방법을 가우스 소거법이라고 한다.

예제 2

가우스 소거법을 이용하여 다음 연립방정식을 구하여라.

$$\begin{cases} 2x+4y+z=1 \\ x-y+z=2 \\ x+2y+3z=6 \end{cases}$$

풀이 서로 동치임을 나타내는 기호 '~'를 사용하겠다.

$$\begin{cases} 2x+4y+z=1 \\ x-y+z=2 \\ x+2y+3z=6 \end{cases} \sim \begin{cases} x-y+z=2 \\ x+2y+3z=6 \\ 2x+4y+z=1 \end{cases} \sim \begin{cases} x-y+z=2 \\ 3y+2z=4 \\ 6y-z=-3 \end{cases}$$

$$\sim \begin{cases} x-y+z=2 \\ 3y+2z=4 \\ -5z=-11 \end{cases} \sim \begin{cases} x-y+z=2 \\ 3y+2z=4 \\ z=\dfrac{11}{5} \end{cases} \sim \begin{cases} x-y=-\dfrac{1}{5} \\ 3y=-\dfrac{2}{5} \\ z=\dfrac{11}{5} \end{cases}$$

$$\sim \begin{cases} x-y=-\dfrac{1}{5} \\ y=-\dfrac{2}{15} \\ z=\dfrac{11}{5} \end{cases} \sim \begin{cases} x=-\dfrac{1}{3} \\ y=-\dfrac{2}{15} \\ z=\dfrac{11}{5} \end{cases}$$

■

정의 10.3.1

행렬 방정식 $AX=B$에서 계수행렬 A에 행렬 B를 덧붙여서 만든 행렬을 **확대행렬** (augmented coeffients matrix)이라 하고 기호는 $\widetilde{A}$로 표시하겠다. 다시 말해서 $\widetilde{A}=(A : B)$인 형태가 된다.

예를 들면, 연립방정식

$$\begin{cases} 2x - 3y + 5z + w = 2 \\ x + y - 4z - 5w = 3 \\ y + 2z + w = -5 \end{cases}$$

의 계수행렬과 확대행렬을 각각 A, $\widetilde{A}$라고 하면

$$A = \begin{pmatrix} 2 & -3 & 5 & 1 \\ 1 & 1 & -4 & -5 \\ 0 & 1 & 2 & 1 \end{pmatrix}, \quad \widetilde{A} = \begin{pmatrix} 2 & -3 & 5 & 1 & \vdots & 2 \\ 1 & 1 & -4 & -5 & \vdots & 3 \\ 0 & 1 & 2 & 1 & \vdots & -5 \end{pmatrix}.$$

지금까지는 연립방정식에 세 가지 연산을 이용한 가우스 소거법으로 해를 구하였다. 그러나 연립방정식을 반복해서 표현하는 데 많은 시간이 걸리므로 확대행렬에 같은 연산을 적용하는 방법으로 해를 구하는 방법을 소개하겠다.

정의 10.3.2

확대행렬 A에 대하여 다음 세 가지 연산을 **기본행연산**(elementary row operation)이라고 한다.

Ⅰ. 두 행을 서로 교환한다.

Ⅱ. 한 행에 0이 아닌 상수를 곱한다.

Ⅲ. 한 행에 0이 아닌 상수를 곱하여 다른 행에 더한다.

정의 10.3.3

다음 세 가지 조건을 만족하는 계수행렬 A를 **행사다리꼴**(row echelon form)이라고 한다.

(1) 모든 성분이 0인 행은 그렇지 않은 행의 아래쪽에 있게 한다.

(2) 0이 아닌 성분이 있는 행의 0이 아닌 첫 번째 성분은 1이다.

(3) 조건 (2)를 만족하는 열의 나머지 성분은 모두 0이다.

연립방정식의 확대행렬에 기본행연산을 시행하여 행사다리꼴 행렬을 얻을 수 있다. 그리고 이 행렬을 다시 연립방정식으로 환원하면 해를 얻게 된다. 예를 들면

$$A = \begin{pmatrix} 1 & 0 & 0 \\ 0 & 1 & 0 \\ 0 & 0 & 0 \end{pmatrix}, \quad B = \begin{pmatrix} 1 & 0 & 0 \\ 0 & 1 & 0 \\ 0 & 0 & 1 \end{pmatrix}, \quad C = \begin{pmatrix} 1 & 0 & 0 \\ 0 & 0 & 1 \\ 0 & 1 & 0 \end{pmatrix}$$

$$D = \begin{pmatrix} 2 & 0 & 0 \\ 0 & 1 & 0 \\ 0 & 0 & 1 \end{pmatrix}, \quad E = \begin{pmatrix} 0 & 1 & 0 \\ 1 & 0 & 0 \\ 0 & 0 & 1 \end{pmatrix}$$

위의 행렬 중에서 행사다리꼴 행렬은 A, B이고 나머지는 행사다리꼴이 아니다.

예제 3

다음 행렬을 행사다리꼴로 변형하여라.

$$\begin{pmatrix} 2 & 1 & 1 \\ 1 & 0 & -2 \\ 3 & -1 & 1 \end{pmatrix}$$

풀이 세 가지 기본행연산을 행렬에 시행해 보자.

$$\begin{pmatrix} 2 & 1 & 1 \\ 1 & 0 & -2 \\ 3 & -1 & 1 \end{pmatrix} \sim \begin{pmatrix} 1 & 0 & -2 \\ 2 & 1 & 1 \\ 3 & -1 & 1 \end{pmatrix} \sim \begin{pmatrix} 1 & 0 & -2 \\ 0 & 1 & 5 \\ 0 & -1 & 7 \end{pmatrix}$$

$$\begin{pmatrix} 1 & 0 & -2 \\ 0 & 1 & 5 \\ 0 & 0 & 12 \end{pmatrix} \sim \begin{pmatrix} 1 & 0 & -2 \\ 0 & 1 & 5 \\ 0 & 0 & 1 \end{pmatrix} \sim \begin{pmatrix} 1 & 0 & 0 \\ 0 & 1 & 0 \\ 0 & 0 & 1 \end{pmatrix}$$

■

예제 4

다음 연립방정식의 해를 구하여라.

$$\begin{cases} 2x - y + z = -2 \\ 3x + 2y - z = 3 \\ x - y + 2z = 2 \end{cases}$$

풀이 연립방정식의 확대행렬은

$$\left(\begin{array}{ccc:c} 2 & -1 & 1 & -2 \\ 3 & 2 & -1 & 3 \\ 1 & -1 & 2 & 2 \end{array}\right)$$

이다. 이 행렬에 기본행연산을 시행하면

$$\left(\begin{array}{ccc:c} 2 & -1 & 1 & -2 \\ 3 & 2 & -1 & 3 \\ 1 & -1 & 2 & 2 \end{array}\right) \sim \left(\begin{array}{ccc:c} 1 & -1 & 2 & 2 \\ 3 & 2 & -1 & 3 \\ 2 & -1 & 1 & -2 \end{array}\right)$$

$$\sim \left(\begin{array}{ccc:c} 1 & -1 & 2 & 2 \\ 0 & 5 & -7 & -3 \\ 0 & 1 & -3 & -6 \end{array}\right) \sim \left(\begin{array}{ccc:c} 1 & -1 & 2 & 2 \\ 0 & 1 & -3 & -6 \\ 0 & 5 & -7 & -3 \end{array}\right)$$

$$\sim \left(\begin{array}{ccc:c} 1 & -1 & 2 & 2 \\ 0 & 1 & -3 & -6 \\ 0 & 0 & 8 & 27 \end{array}\right) \sim \left(\begin{array}{ccc:c} 1 & -1 & 2 & 2 \\ 0 & 1 & -3 & -6 \\ 0 & 0 & 1 & \frac{27}{8} \end{array}\right)$$

$$\sim\left(\begin{array}{ccc|c}1 & 0 & -1 & -4 \\ 0 & 1 & -3 & -6 \\ 0 & 0 & 1 & \frac{27}{8}\end{array}\right)\sim\left(\begin{array}{ccc|c}1 & 0 & 0 & -\frac{5}{8} \\ 0 & 1 & 0 & \frac{33}{8} \\ 0 & 0 & 1 & \frac{27}{8}\end{array}\right)$$

$$\text{그러므로 } \begin{pmatrix}1 & 0 & 0 \\ 0 & 1 & 0 \\ 0 & 0 & 1\end{pmatrix}\begin{pmatrix}x \\ y \\ z\end{pmatrix}=\begin{pmatrix}-\frac{5}{8} \\ \frac{33}{8} \\ \frac{27}{8}\end{pmatrix}$$

이를 연립방정식으로 환원하면

$$x=-\frac{5}{8},\ y=\frac{33}{8},\ z=\frac{27}{8}$$

이다. ■

연습문제 EXERCISES

01. 다음 일차 연립방정식의 계수행렬과 확대행렬을 구하고 행렬방정식으로 나타내어라.

$$\begin{cases} 2x - 3y + z - 3w = 2 \\ x + 2y - 6z + w = 1 \end{cases}$$

02. 다음 연립방정식을 가우스 소거법을 이용하여 해를 구하여라.

(1) $\begin{cases} x + 2y = 3 \\ 3x - y = 2 \end{cases}$　　(2) $\begin{cases} x - y = 3 \\ 2x + 3y = 4 \end{cases}$

(3) $\begin{cases} 2x + 4y + 6z = 18 \\ 3x + y - 2z = 4 \\ 4x + 5y + 6z = 24 \end{cases}$　　(4) $\begin{cases} x + 2y + 3z = 5 \\ 2x + 5y + 3z = 3 \\ x + 8z = 17 \end{cases}$

(5) $\begin{cases} x + 2y + 3z = 1 \\ 2x + 5y + 3z = 6 \\ x + 8z = -6 \end{cases}$　　(6) $\begin{cases} -y - 2z - 3w = 0 \\ x + y + 4z + 4w = 7 \\ x + 3y + 7z + 9w = 4 \\ -x - 2y - 4z - 6w = 6 \end{cases}$

03. 확대행렬이 다음과 같을 때 일차 연립방정식으로 나타내고 그 해를 구하여라.

(1) $\left(\begin{array}{ccc:c} 1 & 0 & -2 & -1 \\ 2 & 1 & 1 & 2 \\ 0 & 1 & 3 & 3 \end{array}\right)$　　(2) $\left(\begin{array}{ccc:c} -1 & 4 & 1 & -3 \\ 1 & 9 & -2 & 4 \\ 6 & 4 & -8 & -5 \end{array}\right)$

04. 다음 행렬을 행사다리꼴로 고쳐라.

$$\begin{pmatrix} 0 & 2 & 0 & 6 \\ 2 & 0 & 3 & 1 \\ 1 & 0 & 0 & 3 \\ 0 & 1 & 1 & -1 \end{pmatrix}$$

CALCULUS

10.4 행렬식

1 2차 행렬식

2차 정방행렬 $A=\begin{pmatrix} a_{11} & a_{12} \\ a_{21} & a_{22} \end{pmatrix}$에 대하여 A의 행렬식 $|A|$(또는 detA)는 $a_{11}a_{22}-a_{12}a_{21}$로 정의한다. 즉

$$|A|=\begin{vmatrix} a_{11} & a_{12} \\ a_{21} & a_{22} \end{vmatrix}=a_{11}a_{22}-a_{12}a_{21}$$

예를 들어 $A=\begin{pmatrix} 1 & 3 \\ -1 & 4 \end{pmatrix}$일 때

$$|A|=1\cdot 4-3\cdot(-1)=7.$$

2 3차 행렬식

3차 정방행렬 $A=\begin{pmatrix} a_{11} & a_{12} & a_{13} \\ a_{21} & a_{22} & a_{23} \\ a_{31} & a_{32} & a_{33} \end{pmatrix}$에 대하여

$$|A|=a_{11}\begin{vmatrix} a_{22} & a_{23} \\ a_{32} & a_{33} \end{vmatrix}-a_{12}\begin{vmatrix} a_{21} & a_{23} \\ a_{31} & a_{33} \end{vmatrix}+a_{13}\begin{vmatrix} a_{21} & a_{22} \\ a_{31} & a_{32} \end{vmatrix}$$

또는

$$|A|=a_{11}\begin{vmatrix} a_{22} & a_{23} \\ a_{32} & a_{33} \end{vmatrix}-a_{21}\begin{vmatrix} a_{12} & a_{13} \\ a_{32} & a_{33} \end{vmatrix}+a_{31}\begin{vmatrix} a_{12} & a_{13} \\ a_{22} & a_{23} \end{vmatrix}$$

로 정의한다. 여기서 a_{ij}가 포함된 행과 열을 제외한 성분들의 행렬식을 a_{ij}의 **소행렬식**(minor determinant)이라 하고 M_{ij}로 나타낸다. 즉,

$$M_{11}=\begin{vmatrix}a_{22} & a_{23}\\ a_{32} & a_{33}\end{vmatrix},\ M_{12}=\begin{vmatrix}a_{21} & a_{23}\\ a_{31} & a_{33}\end{vmatrix},\ M_{13}=\begin{vmatrix}a_{21} & a_{22}\\ a_{31} & a_{32}\end{vmatrix}$$

가 되어서 A의 행렬식 $|A|$는 다음과 같이 나타낼 수 있다.

$$|A|=a_{11}M_{11}-a_{12}M_{12}+a_{13}M_{13},$$

또는

$$|A|=a_{11}M_{11}-a_{21}M_{21}+a_{31}M_{31}.$$

또, 임의의 i 번째 행 또는 j 번째 열을 기준으로 전개한 행렬식을 계산할 수 있다. 즉

$$\begin{aligned}|A|&=\sum_{j=1}^{3}(-1)^{i+j}a_{ij}M_{ij}\\ &=(-1)^{i+1}a_{i1}M_{i1}+(-1)^{i+2}a_{i2}M_{i2}+(-1)^{i+3}a_{i3}M_{i3}\\ |A|&=\sum_{i=1}^{3}(-1)^{i+j}a_{ij}M_{ij}\\ &=(-1)^{j+1}a_{1j}M_{1j}+(-1)^{j+2}a_{2j}M_{2j}+(-1)^{j+3}a_{3j}M_{3j}\end{aligned}$$

여기서 $(-1)^{i+j}M_{ij}$를 a_{ij}의 **여인수(cofactor)**라 하며 기호로 C_{ij}라 표시한다. 위 행렬을 여인수가 포함된 식으로 간단히 쓰면

$$|A|=\sum_{i=1}^{3}a_{ij}C_{ij}\quad \text{또는}\ |A|=\sum_{j=1}^{3}a_{ij}C_{ij}\quad (i=1,2,3,\ j=1,2,3)$$

예제 1

다음 행렬 A의 행렬식을 구하여라.

$$A=\begin{pmatrix}1 & 2 & -3\\ 4 & -1 & 1\\ 2 & 3 & -2\end{pmatrix}$$

풀이

$$\begin{aligned}|A|&=a_{11}C_{11}+a_{12}C_{12}+a_{13}C_{13}\\ &=\begin{vmatrix}-1 & 1\\ 3 & -2\end{vmatrix}-2\begin{vmatrix}4 & 1\\ 2 & -2\end{vmatrix}+(-3)\begin{vmatrix}4 & -1\\ 2 & 3\end{vmatrix}\\ &=(2-3)-2(-8-2)+(-3)(12+2)\\ &=-1+20-42\\ &=-23\end{aligned}$$

예제 2

다음 행렬식을 두 번째 열을 기준으로 계산하여라.

$$\begin{vmatrix} 3 & 1 & 0 \\ -2 & -4 & 1 \\ -1 & 1 & 2 \end{vmatrix}$$

풀이

$$\begin{vmatrix} 3 & 1 & 0 \\ -2 & -4 & 1 \\ -1 & 1 & 2 \end{vmatrix} = -\begin{vmatrix} -2 & 1 \\ -1 & 2 \end{vmatrix} + (-4)\begin{vmatrix} 3 & 0 \\ -1 & 2 \end{vmatrix} - \begin{vmatrix} 3 & 0 \\ -2 & 1 \end{vmatrix}$$

$$= -(-4+1)+(-4)(6-0)-(3-0)$$

$$= 3-24-3 = -24$$

■

3 n차 행렬식

n차 정방행렬 $A=(a_{ij})$에 대하여

$$A = \begin{pmatrix} a_{11} & a_{12} \cdots & a_{1n} \\ a_{21} & a_{22} \cdots & a_{2n} \\ \vdots & \vdots & \vdots \\ a_{n1} & a_{n2} \cdots & a_{nn} \end{pmatrix}$$

의 행렬식 $|A|$는 다음과 같이 정의된다.

$$|A| = \sum_{i=1}^{n} (-1)^{i+j} a_{ij} M_{ij} \qquad (j = 1, 2, \cdots, n)$$

$$= \sum_{i=1}^{n} a_{ij} C_{ij}$$

또는

$$|A| = \sum_{j=1}^{n} (-1)^{i+j} a_{ij} M_{ij} \qquad (i = 1, 2, \cdots, n)$$

$$= \sum_{j=1}^{n} a_{ij} C_{ij}$$

예제 3

다음 행렬식을 구하여라.

$$\begin{vmatrix} -2 & 0 & 0 & 1 \\ 1 & 2 & 0 & 0 \\ 0 & 3 & 4 & -2 \\ 1 & -1 & 2 & 3 \end{vmatrix}$$

풀이

$$\begin{vmatrix} -2 & 0 & 0 & 1 \\ 1 & 2 & 0 & 0 \\ 0 & 3 & 4 & -2 \\ 1 & -1 & 2 & 3 \end{vmatrix} = (-1)^{1+1}(-2)\begin{vmatrix} 2 & 0 & 0 \\ 3 & 4 & -2 \\ -1 & 2 & 3 \end{vmatrix} + (-1)^{1+4}\begin{vmatrix} 1 & 2 & 0 \\ 0 & 3 & 4 \\ 1 & -1 & 2 \end{vmatrix}$$

$$= (-2)(2)\begin{vmatrix} 4 & -2 \\ 2 & 3 \end{vmatrix} - \left(\begin{vmatrix} 3 & 4 \\ -1 & 2 \end{vmatrix} - 2\begin{vmatrix} 0 & 4 \\ 1 & 2 \end{vmatrix} \right)$$

$$= (-2)(2)(12+4) - \{(6+4) - 2(0-4)\}$$

$$= -64 - 18 = -82$$

■

예제 4

다음 행렬에서 a_{12}의 여인수를 구하여라.

$$A = \begin{pmatrix} 1 & 0 & -1 \\ 2 & 1 & 3 \\ -5 & 2 & 4 \end{pmatrix}$$

풀이

a_{12}의 여인수 C_{12}는 $(-1)^{1+2}M_{12}$이므로

$$C_{12} = -\begin{vmatrix} 2 & 3 \\ -5 & 4 \end{vmatrix} = -(8+15) = -23.$$

■

4 행렬식의 성질

A가 정방행렬일 때, 행에 대한 행렬식과 열에 대한 행렬식 값이 같기 때문에 다음 정리 10.4.1을 얻을 수 있다.

정리 10.4.1

A가 정방행렬이면 $|A| = |A^t|$이다.

예를 들면

$$A=\begin{vmatrix}1&0&-1\\0&4&-3\\0&6&-2\end{vmatrix}$$

의 행렬식을 첫째 행을 기준으로 해서 계산하면

$$|A|=\begin{vmatrix}4&-3\\6&-2\end{vmatrix}+(-1)\begin{vmatrix}0&4\\0&6\end{vmatrix}=(-8+18)+(-1)(0-0)=10$$

$A^t=\begin{pmatrix}1&0&0\\0&4&6\\-1&-3&-2\end{pmatrix}$의 첫 번째 행을 기준으로 행렬식 $|A^t|$를 계산하면

$$|A^t|=\begin{vmatrix}4&6\\-3&-2\end{vmatrix}=(-8+18)=10.$$

그러므로 $|A|=|A^t|$임을 알 수 있다.

정리 10.4.2

k는 임의의 상수이고 A는 n차 정방행렬일 때

$$|kA|=k^n|A|.$$

예제 5

$A=\begin{pmatrix}3&1\\2&4\end{pmatrix}$이고 $k=2$일 때 위 정리가 성립함을 보여라.

풀이

$$2A=\begin{pmatrix}6&2\\4&8\end{pmatrix},\quad |A|=\begin{pmatrix}3&1\\2&4\end{pmatrix}=12-2=10,$$

$$|2A|=\begin{vmatrix}6&2\\4&8\end{vmatrix}=48-8=40$$

이므로

$$2^2|A|=|2A|$$

가 성립한다.

A와 B가 n차 정방행렬일 때, 일반적으로

$$|A+B| \neq |A|+|B|$$

임을 다음 예를 통해서 알아보겠다.

$A=\begin{pmatrix}1&1\\2&5\end{pmatrix}$, $B=\begin{pmatrix}3&1\\1&3\end{pmatrix}$일 때

$$A+B=\begin{pmatrix}1&1\\2&5\end{pmatrix}+\begin{pmatrix}3&1\\1&3\end{pmatrix}=\begin{pmatrix}4&3\\3&8\end{pmatrix}$$

$$|A+B|=\begin{vmatrix}4&3\\3&8\end{vmatrix}=32-9=23$$

이다. 한편

$$|A|+|B|=\begin{vmatrix}1&1\\2&5\end{vmatrix}+\begin{vmatrix}3&1\\1&3\end{vmatrix}=(5-2)+(9-1)$$
$$=3+8=11$$

그러므로 $|A+B| \neq |A|+|B|$이다.

정리 10.4.3

A와 B가 같은 크기를 갖는 정방행렬이라고 하면

$$|AB|=|A||B|.$$

증명 증명은 매우 복잡하므로 여기에서는 생략하기로 하겠다. □

예제 6

$A=\begin{pmatrix}3&1\\1&2\end{pmatrix}$, $B=\begin{pmatrix}-2&3\\1&4\end{pmatrix}$일 때, 다음을 증명하여라.

$$|AB|=|A||B|$$

풀이

$$|A|=\begin{vmatrix}3&1\\1&2\end{vmatrix}=6-1=5$$

$$|B|=\begin{vmatrix}-2&3\\1&4\end{vmatrix}=-8-3=-11$$

$$AB=\begin{pmatrix}3&1\\1&2\end{pmatrix}\begin{pmatrix}-2&3\\1&4\end{pmatrix}=\begin{pmatrix}-5&13\\0&11\end{pmatrix}$$

이므로

$$|AB| = \begin{vmatrix} -5 & 13 \\ 0 & 11 \end{vmatrix} = -55$$

이다. 그러므로 $|AB| = |A||B|$가 성립한다. ■

정리 10.4.4

A는 정방행렬이고 A'은 A로부터 두 행(또는 두 열)을 교환하여 얻은 행렬이라 할 때, 다음이 성립한다.

$$|A'| = -|A|$$

예제 7

다음이 성립함을 보여라.

$$\begin{vmatrix} 2 & 6 & 4 \\ 1 & 3 & 0 \\ -1 & 0 & 2 \end{vmatrix} = -\begin{vmatrix} 2 & 6 & 4 \\ -1 & 0 & 2 \\ 1 & 3 & 0 \end{vmatrix}$$

풀이

$$\begin{vmatrix} 2 & 6 & 4 \\ 1 & 3 & 0 \\ -1 & 0 & 2 \end{vmatrix} = 2\begin{vmatrix} 3 & 0 \\ 0 & 2 \end{vmatrix} - 6\begin{vmatrix} 1 & 0 \\ -1 & 2 \end{vmatrix} + 4\begin{vmatrix} 1 & 3 \\ -1 & 0 \end{vmatrix}$$

$$= 2(6-0) - 6(2+0) + 4(0+3) = 12$$

$$\begin{vmatrix} 2 & 6 & 4 \\ -1 & 0 & 2 \\ 1 & 3 & 0 \end{vmatrix} = 2\begin{vmatrix} 0 & 2 \\ 3 & 0 \end{vmatrix} - 6\begin{vmatrix} -1 & 2 \\ 1 & 0 \end{vmatrix} + 4\begin{vmatrix} -1 & 0 \\ 1 & 3 \end{vmatrix}$$

$$= 2(0-6) - 6(0-2) + 4(-3-0) = -12$$

■

정리 10.4.5

행렬 A의 두 행(또는 두 열)의 원소가 서로 같으면 $|A| = 0$이다.

예제 8

다음이 성립함을 보여라.

$$\begin{vmatrix} 1 & -1 & 3 \\ 0 & 1 & 2 \\ -1 & 1 & -3 \end{vmatrix} = 0$$

풀이

$$\begin{vmatrix} 1 & -1 & 3 \\ 0 & 1 & 2 \\ -1 & 1 & -3 \end{vmatrix} = -\begin{vmatrix} 1 & -1 & 3 \\ 0 & 1 & 2 \\ 1 & -1 & 3 \end{vmatrix} = -\left(\begin{vmatrix} 1 & 2 \\ -1 & 3 \end{vmatrix} - 0\begin{vmatrix} -1 & 3 \\ -1 & 3 \end{vmatrix} + \begin{vmatrix} -1 & 3 \\ 1 & 2 \end{vmatrix}\right)$$

$$= -\{(3+2)+(-2-3)\} = 0.$$

■

정리 10.4.6

한 행(또는 열)의 공통인수는 행렬식 밖으로 꺼낼 수 있다.

$$\begin{vmatrix} a_{11} & a_{12} & \cdots & a_{1n} \\ \vdots & \vdots & & \vdots \\ ka_{\alpha 1} & ka_{\alpha 2} & \cdots & ka_{\alpha n} \\ \vdots & \vdots & & \vdots \\ a_{n1} & a_{n2} & & a_{nn} \end{vmatrix} = k \begin{vmatrix} a_{11} & a_{12} & \cdots & a_{1n} \\ \vdots & \vdots & & \vdots \\ a_{\alpha 1} & a_{\alpha 2} & \cdots & a_{\alpha n} \\ \vdots & \vdots & & \vdots \\ a_{n1} & a_{n2} & & a_{nn} \end{vmatrix}$$

예제 9

다음 식이 성립함을 보여라.

$$\begin{vmatrix} -1 & 3 & 1 \\ 2 & 4 & -2 \\ 1 & 1 & 0 \end{vmatrix} = 2\begin{vmatrix} -1 & 3 & 1 \\ 1 & 2 & -1 \\ 1 & 1 & 0 \end{vmatrix}$$

풀이

$$\begin{vmatrix} -1 & 3 & 1 \\ 2 & 4 & -2 \\ 1 & 1 & 0 \end{vmatrix} = (-1)\begin{vmatrix} 4 & -2 \\ 1 & 0 \end{vmatrix} - 3\begin{vmatrix} 2 & -2 \\ 1 & 0 \end{vmatrix} + \begin{vmatrix} 2 & 4 \\ 1 & 1 \end{vmatrix}$$

$$= (-1)(0+2) - 3(0+2) + (2-4) = -10$$

$$\begin{vmatrix} -1 & 3 & 1 \\ 1 & 2 & -1 \\ 1 & 1 & 0 \end{vmatrix} = (-1)\begin{vmatrix} 2 & -1 \\ 1 & 0 \end{vmatrix} - 3\begin{vmatrix} 1 & -1 \\ 1 & 0 \end{vmatrix} + \begin{vmatrix} 1 & 2 \\ 1 & 1 \end{vmatrix}$$

$$= (-1)(0+1) - 3(0+1) + (1-2) = -5$$

■

정리 10.4.7

k는 임의의 상수이고, 행렬식에서 어떤 행(또는 열)에 다른 행(또는 열)의 k배를 해서 더하여도 행렬식의 값은 같다. 즉,

$$\begin{vmatrix} a_{11} & a_{12} & \cdots & a_{1n} \\ \vdots & \vdots & & \vdots \\ a_{\alpha 1}+k a_{\beta 1} & a_{\alpha 2}+k a_{\beta 2} & \cdots & a_{\alpha n}+k a_{\beta n} \\ \vdots & \vdots & & \vdots \\ a_{\beta 1} & a_{\beta 2} & \cdots & a_{\beta n} \\ \vdots & \vdots & & \vdots \\ a_{n1} & a_{n2} & & a_{nn} \end{vmatrix} = \begin{vmatrix} a_{11} & a_{12} & \cdots & a_{1n} \\ \vdots & \vdots & & \vdots \\ a_{\alpha 1} & a_{\alpha 2} & \cdots & a_{\alpha n} \\ \vdots & \vdots & & \vdots \\ a_{\beta 1} & a_{\beta 2} & \cdots & a_{\beta n} \\ \vdots & \vdots & & \vdots \\ a_{n1} & a_{n2} & & a_{nn} \end{vmatrix}$$

예제 10

정리 10.4.6과 10.4.7을 이용하여 다음 값을 구하여라.

$$\begin{vmatrix} 6 & 2 & 4 \\ 3 & -1 & 0 \\ 6 & 1 & 5 \end{vmatrix}$$

풀이

$$\begin{vmatrix} 6 & 2 & 4 \\ 3 & -1 & 0 \\ 6 & 1 & 5 \end{vmatrix} = 2\begin{vmatrix} 3 & 1 & 2 \\ 3 & -1 & 0 \\ 6 & 1 & 5 \end{vmatrix} = 2 \cdot 3\begin{vmatrix} 1 & 1 & 2 \\ 1 & -1 & 0 \\ 2 & 1 & 5 \end{vmatrix}$$

$$= 6\begin{vmatrix} 0 & 2 & 2 \\ 1 & -1 & 0 \\ 2 & 1 & 5 \end{vmatrix} = 6\begin{vmatrix} 0 & 2 & 2 \\ 1 & -1 & 0 \\ 0 & 3 & 5 \end{vmatrix}$$

$$= 6 \cdot (-1)\begin{vmatrix} 2 & 2 \\ 3 & 5 \end{vmatrix} = -6(10-6) = -24$$

■

정리 10.4.8

$|A| \neq 0$이면 다음 식이 성립한다.

$$|A^{-1}| = \frac{1}{|A|}$$

증명 $A^{-1}A = I$이므로 $|A^{-1}A| = |I|$이고 $|A^{-1}||A| = 1$을 얻는다. 여기서 $|A| \neq 0$이므로 $|A^{-1}| = \dfrac{1}{|A|}$이 된다. □

연습문제 EXERCISES

01. $A=\begin{pmatrix} 1 & 2 & -1 \\ 4 & 3 & 1 \\ -2 & 1 & 5 \end{pmatrix}$에서 a_{12}와 a_{23}의 여인수를 구하여라.

02. 다음 행렬의 행렬식을 구하여라.

(1) $\begin{pmatrix} 1 & -3 & 4 & 8 \\ 2 & 1 & 0 & -3 \\ 0 & 1 & 0 & 2 \\ 3 & 0 & 0 & 5 \end{pmatrix}$　　(2) $\begin{pmatrix} 1 & 0 & 0 & 0 \\ 0 & 3 & 0 & 0 \\ 0 & 0 & -4 & 0 \\ 0 & 0 & 0 & 7 \end{pmatrix}$

(3) $\begin{pmatrix} 1 & 1 & -1 & 1 \\ 1 & 0 & -1 & 0 \\ 0 & 1 & 1 & -1 \\ 2 & 0 & -1 & -3 \end{pmatrix}$　　(4) $\begin{pmatrix} 2 & 0 & -4 & 6 \\ 4 & 5 & 1 & 0 \\ 0 & 2 & 6 & 1 \\ -3 & 8 & 9 & 1 \end{pmatrix}$

03. 다음을 만족하는 x를 구하여라.

(1) $\begin{vmatrix} 1 & 1 & 1 \\ 1 & x & 2 \\ 1 & x^2 & 4 \end{vmatrix}=0$　　(2) $\begin{vmatrix} x-4 & 0 & 0 \\ 0 & x & 2 \\ 0 & 3 & x-1 \end{vmatrix}=0$

04. 다음 식이 성립함을 보여라.

$$\begin{vmatrix} 1 & 1 & 1 \\ a & b & c \\ a^2 & b^2 & c^2 \end{vmatrix}=(b-a)(c-a)(c-b)$$

05. $\begin{vmatrix} a & b & c \\ d & e & f \\ g & h & i \end{vmatrix}=-3$일 때 다음 행렬식의 값을 구하여라.

(1) $\begin{vmatrix} d & e & f \\ g & h & i \\ a & b & c \end{vmatrix}$　　(2) $\begin{vmatrix} 3a & 3b & 3c \\ -d & -e & -f \\ 4g & 4h & 4i \end{vmatrix}$

(3) $\begin{vmatrix} a+g & b+h & c+i \\ d & e & f \\ g & h & i \end{vmatrix}$　　(4) $\begin{vmatrix} -3a & -3b & -3c \\ d & e & f \\ g-4d & h-4e & i-4f \end{vmatrix}$

06. $A=\begin{pmatrix} a & b & c \\ d & e & f \\ g & h & i \end{pmatrix}$이고 $|A|=-2$일 때 다음을 구하여라.

(1) $|3A|$

(2) $|2A^{-1}|$

(3) $|(2A)^{-1}|$

(4) $\begin{vmatrix} a & g & d \\ b & h & e \\ c & i & f \end{vmatrix}$

CALCULUS

10.5 역행렬의 계산

1 가우스 소거법의 이용

가우스 소거법에 의하여 **역행렬**을 구하는 방법을 생각해 보겠다. 행렬 A에 기본행연산을 시행하여 단위행렬 I로 만드는 과정을 단위행렬 I에 동일하게 적용하면 $A^{-1}I=A^{-1}$이므로 역행렬을 얻게 된다.

$A=\begin{pmatrix} 1 & 2 & -1 \\ 3 & 1 & -2 \\ -1 & 2 & 3 \end{pmatrix}$일 때 A^{-1}을 구하는 예를 들어 보겠다.

$$(A \,\vdots\, I_3)=\left(\begin{array}{ccc:ccc} 1 & 2 & -1 & 1 & 0 & 0 \\ 3 & 1 & -2 & 0 & 1 & 0 \\ -1 & 2 & 3 & 0 & 0 & 1 \end{array}\right)$$

$$\to\left(\begin{array}{ccc:ccc} 1 & 2 & -1 & 1 & 0 & 0 \\ 0 & -5 & 1 & -3 & 1 & 0 \\ 0 & 4 & 2 & 1 & 0 & 1 \end{array}\right)\to\left(\begin{array}{ccc:ccc} 1 & 2 & -1 & 1 & 0 & 0 \\ 0 & -5 & 1 & -3 & 1 & 0 \\ 0 & 1 & \frac{1}{2} & \frac{1}{4} & 0 & \frac{1}{4} \end{array}\right)$$

$$\to\left(\begin{array}{ccc:ccc} 1 & 2 & -1 & 1 & 0 & 0 \\ 0 & 1 & \frac{1}{2} & \frac{1}{4} & 0 & \frac{1}{4} \\ 0 & -5 & 1 & -3 & 1 & 0 \end{array}\right)\to\left(\begin{array}{ccc:ccc} 1 & 0 & -2 & \frac{1}{2} & 0 & -\frac{1}{2} \\ 0 & 1 & \frac{1}{2} & \frac{1}{4} & 0 & \frac{1}{4} \\ 0 & 0 & \frac{7}{2} & -\frac{7}{4} & 1 & \frac{5}{4} \end{array}\right)$$

$$\to\left(\begin{array}{ccc:ccc} 1 & 0 & -2 & \frac{1}{2} & 0 & -\frac{1}{2} \\ 0 & 1 & \frac{1}{2} & \frac{1}{4} & 0 & \frac{1}{4} \\ 0 & 0 & 1 & -\frac{1}{2} & \frac{2}{7} & \frac{5}{14} \end{array}\right)\to\left(\begin{array}{ccc:ccc} 1 & 0 & 0 & -\frac{1}{2} & \frac{4}{7} & \frac{3}{14} \\ 0 & 1 & 0 & \frac{1}{2} & -\frac{1}{7} & \frac{1}{14} \\ 0 & 0 & 1 & -\frac{1}{2} & \frac{2}{7} & \frac{5}{14} \end{array}\right)$$

그러므로

$$A^{-1}=\begin{pmatrix} -\frac{1}{2} & \frac{4}{7} & \frac{3}{14} \\ \frac{1}{2} & -\frac{1}{7} & \frac{1}{14} \\ \frac{1}{2} & \frac{2}{7} & \frac{5}{14} \end{pmatrix}=\frac{1}{14}\begin{pmatrix} -7 & 8 & 3 \\ 7 & -2 & 1 \\ -7 & 4 & 5 \end{pmatrix}$$

이다. 따라서 $AA^{-1}=A^{-1}A=I$가 됨을 확인할 수 있다.

예제 1

$A=\begin{pmatrix} 2 & 1 & 1 \\ 1 & -1 & 1 \\ 2 & -2 & 3 \end{pmatrix}$일 때 A^{-1}을 구하여라.

풀이

$$(A\ \vdots\ I)=\left(\begin{array}{ccc|ccc} 2 & 1 & 1 & 1 & 0 & 0 \\ 1 & -1 & 1 & 0 & 1 & 0 \\ 2 & -2 & 3 & 0 & 0 & 1 \end{array}\right)\to\left(\begin{array}{ccc|ccc} 1 & -1 & 1 & 0 & 1 & 0 \\ 2 & 1 & 1 & 1 & 0 & 0 \\ 2 & -2 & 3 & 0 & 0 & 1 \end{array}\right)$$

$$\to\left(\begin{array}{ccc|ccc} 1 & -1 & 1 & 0 & 1 & 0 \\ 0 & 3 & -1 & 1 & -2 & 0 \\ 0 & 0 & 1 & 0 & -2 & 1 \end{array}\right)\to\left(\begin{array}{ccc|ccc} 1 & -1 & 1 & 0 & 1 & 0 \\ 0 & 1 & -\frac{1}{3} & \frac{1}{3} & -\frac{2}{3} & 0 \\ 0 & 0 & 1 & 0 & -2 & 1 \end{array}\right)$$

$$\to\left(\begin{array}{ccc|ccc} 1 & -1 & 0 & 0 & 3 & -1 \\ 0 & 1 & 0 & \frac{1}{3} & -\frac{4}{3} & \frac{1}{3} \\ 0 & 0 & 1 & 0 & -2 & 1 \end{array}\right)\to\left(\begin{array}{ccc|ccc} 1 & 0 & 0 & \frac{1}{3} & \frac{5}{3} & -\frac{2}{3} \\ 0 & 1 & 0 & \frac{1}{3} & -\frac{4}{3} & \frac{1}{3} \\ 0 & 0 & 1 & 0 & -2 & 1 \end{array}\right)$$

그러므로 $A^{-1}=\begin{pmatrix} \frac{1}{3} & \frac{5}{3} & -\frac{2}{3} \\ \frac{1}{3} & -\frac{4}{3} & \frac{1}{3} \\ 0 & -2 & 1 \end{pmatrix}$이다. ■

2 행렬식의 이용

행렬 A의 역행렬을 구하기 위하여 먼저 A가 정칙행렬임을 알아야 한다. 다음 정리는 A의 행렬식을 이용하여 A^{-1}의 존재여부를 알게 해준다.

정리 10.5.1

정방행렬 A가 정칙이기 위한 필요충분조건은 $|A|\neq 0$이다.

예제 2

행렬 $A = \begin{pmatrix} 1 & -1 & 0 \\ 0 & 1 & 2 \\ -1 & 3 & 1 \end{pmatrix}$의 역행렬이 존재하는지 알아보아라.

풀이

$$\begin{vmatrix} 1 & -1 & 0 \\ 0 & 1 & 2 \\ -1 & 3 & 1 \end{vmatrix} = \begin{vmatrix} 1 & 2 \\ 3 & 1 \end{vmatrix} - (-1)\begin{vmatrix} 0 & 2 \\ -1 & 1 \end{vmatrix}$$
$$= (1-6) + (0+2) = -3 \neq 0$$

그러므로 행렬 A의 역행렬은 존재한다. ■

역행렬 A^{-1}는 행렬식과 여인수에 의해서 계산할 수 있다. 즉,

$$A^{-1} = \frac{1}{|A|}\begin{pmatrix} C_{11} & C_{21} & \cdots & C_{n1} \\ C_{12} & C_{22} & \cdots & C_{n2} \\ \vdots & \vdots & & \vdots \\ C_{1n} & C_{2n} & \cdots & C_{nn} \end{pmatrix}$$

이다. 여기에서 C_{ij}는 a_{ij}의 여인수이다.

예제 3

$A = \begin{pmatrix} 1 & 2 & -1 \\ 0 & 1 & 1 \\ 0 & 2 & 7 \end{pmatrix}$의 역행렬을 구하여라.

풀이

$|A| = \begin{vmatrix} 1 & 1 \\ 2 & 7 \end{vmatrix} = 7 - 2 = 5 \neq 0$이므로 역행렬이 존재한다. 행렬 A의 여인수를 구하면

$$C_{11} = (-1)^{1+1}\begin{vmatrix} 1 & 1 \\ 2 & 7 \end{vmatrix} = 5, \qquad C_{12} = (-1)^{1+2}\begin{vmatrix} 0 & 1 \\ 0 & 7 \end{vmatrix} = 0,$$

$$C_{13} = (-1)^{1+3}\begin{vmatrix} 0 & 1 \\ 0 & 2 \end{vmatrix} = 0, \qquad C_{21} = (-1)^{2+1}\begin{vmatrix} 2 & -1 \\ 2 & 7 \end{vmatrix} = -16,$$

$$C_{22} = (-1)^{2+2}\begin{vmatrix} 1 & -1 \\ 0 & 7 \end{vmatrix} = 7, \qquad C_{23} = (-1)^{2+3}\begin{vmatrix} 1 & 2 \\ 0 & 2 \end{vmatrix} = -2,$$

$$C_{31} = (-1)^{3+1}\begin{vmatrix} 2 & -1 \\ 1 & 1 \end{vmatrix} = 3, \qquad C_{32} = (-1)^{3+2}\begin{vmatrix} 1 & -1 \\ 0 & 1 \end{vmatrix} = -1,$$

$$C_{33} = (-1)^{3+3}\begin{vmatrix} 1 & 2 \\ 0 & 1 \end{vmatrix} = 1.$$

그러므로

$$A^{-1} = \frac{1}{|A|}\begin{pmatrix} C_{11} & C_{21} & C_{31} \\ C_{12} & C_{22} & C_{32} \\ C_{13} & C_{23} & C_{33} \end{pmatrix} = \frac{1}{5}\begin{pmatrix} 5 & -16 & 3 \\ 0 & 7 & -1 \\ 0 & -2 & 1 \end{pmatrix}$$ ■

연습문제 EXERCISES

01. $A=\begin{pmatrix} 1 & -2 & 3 \\ 6 & 7 & -1 \\ -3 & 1 & 4 \end{pmatrix}$일 때, 다음을 구하여라.

(1) 모든 성분의 여인수　　(2) $|A|$　　(3) A^{-1}

02. 가우스 소거법을 이용하여 다음 행렬의 역행렬을 구하여라.

(1) $\begin{pmatrix} -3 & 0 & 7 \\ 2 & 5 & 1 \\ -1 & 0 & 5 \end{pmatrix}$　　(2) $\begin{pmatrix} 3 & 3 & 1 \\ 1 & 0 & -4 \\ 1 & -3 & 5 \end{pmatrix}$

(3) $\begin{pmatrix} 3 & 3 & 0 & 5 \\ 2 & 2 & 0 & -2 \\ 4 & 1 & -3 & 0 \\ 2 & 1 & 3 & 2 \end{pmatrix}$　　(4) $\begin{pmatrix} 4 & 0 & 0 & 1 & 0 \\ 3 & 3 & 3 & -1 & 0 \\ 1 & 2 & 4 & 2 & 3 \\ 9 & 4 & 6 & 2 & 3 \\ 2 & 2 & 4 & 2 & 3 \end{pmatrix}$

03. 행렬식을 이용하여 다음 행렬의 역행렬을 구하여라.

(1) $\begin{pmatrix} 2 & 5 & 5 \\ -1 & -1 & 0 \\ 2 & 4 & 3 \end{pmatrix}$　　(2) $\begin{pmatrix} 2 & 0 & 3 \\ 0 & 3 & 2 \\ -2 & 0 & -4 \end{pmatrix}$

(3) $\begin{pmatrix} 2 & -3 & 5 \\ 0 & 1 & -3 \\ 0 & 0 & 2 \end{pmatrix}$　　(4) $\begin{pmatrix} 2 & 0 & 0 \\ 8 & 1 & 0 \\ -5 & 3 & 6 \end{pmatrix}$

CALCULUS

10.6 크래머 공식

미지수의 개수와 방정식의 개수가 같은 일차 연립방정식

$$\begin{cases} a_{11}x_1 + a_{12}x_2 + \cdots + a_{1n}x_n = b_1 \\ a_{21}x_1 + a_{22}x_2 + \cdots + a_{2n}x_n = b_2 \\ \qquad\qquad\vdots \\ a_{n1}x_1 + a_{n2}x_2 + \cdots + a_{nn}x_n = b_n \end{cases}$$

의 해를 크래머(Cramer) 공식을 이용하여 구해 보겠다.

위 식을 행렬 방정식 $AX = B$라 하고 $|A| \neq 0$이라 하면, A의 역행렬이 존재하여 $X = A^{-1}B$라는 방정식의 유일한 해가 존재한다. n개의 새로운 행렬을 다음과 같이 정의하겠다.

$$A_i = \begin{pmatrix} a_{11} \cdots a_{1(i-1)} & b_1 & a_{1(i+1)} \cdots a_{1n} \\ \vdots \qquad \vdots & \vdots & \vdots \qquad \vdots \\ a_{n1} \cdots a_{n(i-1)} & b_n & a_{n(i+1)} \cdots a_{nn} \end{pmatrix}, \ (i = 1, 2, \cdots, n)$$

즉, A_i는 A의 i번째 열을 B로 대체한 행렬이다.

정리 10.6.1 크래머 공식

A는 n차 정방행렬이고 $|A| \neq 0$이라 하면, 연립방정식 $AX = B$는 유일한 해를 가지며 그 해는 다음과 같다.

$$X = \left(\frac{|A_1|}{|A|}, \frac{|A_2|}{|A|}, \cdots, \frac{|A_n|}{|A|} \right)$$

증명 $|A| \neq 0$이므로 A는 정칙행렬이고 역행렬 A^{-1}가 존재한다. 그래서 $AX = B$의 해는 $X = A^{-1}B$이다. 그러므로 10.5절에서 언급한 A^{-1}을 이용하면

$$X = A^{-1}B = \frac{1}{|A|} \begin{pmatrix} C_{11} & C_{21} & \cdots & C_{n1} \\ C_{12} & C_{22} & \cdots & C_{n2} \\ \vdots & \vdots & & \vdots \\ C_{1n} & C_{2n} & \cdots & C_{nn} \end{pmatrix} \begin{pmatrix} b_1 \\ b_2 \\ \vdots \\ b_n \end{pmatrix}$$

$$= \frac{1}{|A|}\begin{pmatrix} b_1C_{11}+b_2C_{21}+\cdots+b_nC_{n1} \\ b_1C_{12}+b_2C_{22}+\cdots+b_nC_{n2} \\ \vdots \qquad \vdots \qquad \vdots \\ b_1C_{1n}+b_2C_{2n}+\cdots+b_nC_{nn} \end{pmatrix}$$

을 얻게 된다. 여기서 X의 j번째 행의 성분은

$$x_j = \frac{b_1C_{1j}+b_2C_{2j}+\cdots+b_nC_{nj}}{|A|}$$

이 된다. 이때 j번째 열을 기준으로 $|A_j|$를 구하면, 즉

$$|A_j| = b_1C_{1j}+b_2C_{2j}+\cdots+b_nC_{nj}$$

이 된다. 그러므로

$$x_j = \frac{|A_j|}{|A|}, \quad (j = 1, 2, \cdots, n)$$

이고

$$X = \left(\frac{|A_1|}{|A|}, \frac{|A_2|}{|A|}, \cdots, \frac{|A_n|}{|A|}\right)$$

는 유일한 해가 된다. □

예제 1

크래머 공식을 이용하여 다음 연립방정식을 풀어라.

$$\begin{cases} x_1 \qquad\quad + 2x_3 = 6 \\ -3x_1 + 4x_2 + 6x_3 = 30 \\ -x_1 - 2x_2 + 3x_3 = 8 \end{cases}$$

풀이

$$A = \begin{pmatrix} 1 & 0 & 2 \\ -3 & 4 & 6 \\ -1 & -2 & 3 \end{pmatrix}, \quad B = \begin{pmatrix} 6 \\ 30 \\ 8 \end{pmatrix}$$

$$A_1 = \begin{pmatrix} 6 & 0 & 2 \\ 30 & 4 & 6 \\ 8 & -2 & 3 \end{pmatrix}, \quad A_2 = \begin{pmatrix} 1 & 6 & 2 \\ -3 & 30 & 6 \\ -1 & 8 & 3 \end{pmatrix}, \quad A_3 = \begin{pmatrix} 1 & 0 & 6 \\ -3 & 4 & 30 \\ -1 & -2 & 8 \end{pmatrix}$$

이므로

$$x_1 = \frac{1}{|A|}\begin{vmatrix} 6 & 0 & 2 \\ 30 & 4 & 6 \\ 8 & -2 & 3 \end{vmatrix} = -\frac{40}{44} = -\frac{10}{11},$$

$$x_2 = \frac{1}{|A|}\begin{vmatrix} 1 & 6 & 2 \\ -3 & 30 & 6 \\ -1 & 8 & 3 \end{vmatrix} = \frac{72}{44} = \frac{18}{11},$$

$$x_3 = \frac{1}{|A|}\begin{vmatrix} 1 & 0 & 6 \\ -3 & 4 & 30 \\ -1 & -2 & 8 \end{vmatrix} = \frac{152}{44} = \frac{38}{11}.$$

■

연습문제 EXERCISES

01. 크래머 공식을 이용하여 다음 일차 연립방정식의 해를 구하여라.

(1) $\begin{cases} 7x-2y=3 \\ 4x+2y=6 \end{cases}$

(2) $\begin{cases} 4x+5y =2 \\ 11x+\ y+2z=3 \\ x+5y+2z=1 \end{cases}$

(3) $\begin{cases} 3x-\ y+\ z=4 \\ -x+\ y-2z=2 \\ 2x+6y-\ z=3 \end{cases}$

(4) $\begin{cases} 4x+\ y+\ z+\ w=6 \\ 3x+7y-\ z+\ w=3 \\ x+\ y-3z-2w=1 \\ -x+\ y+\ z+3w=5 \end{cases}$

02. 다음 일차 연립방정식이 유일한 해를 가지기 위한 a, b, c의 조건을 구하여라.

$\begin{cases} ax +3z=2 \\ by-2z=1 \\ x +cz=2 \end{cases}$

11장 미분방정식

자연현상 또는 경제현상 등 변화하는 대부분의 현상은 미분방정식으로 표현된다. 따라서 미분방정식은 변화하는 현상을 분석하는 매우 강력한 도구 역할을 하게 된다. 이 장에서는 미분방정식의 기본개념과 풀이를 공부하기로 한다.

CALCULUS

11.1 미분방정식의 기초

정의 11.1.1 미분방정식

독립변수에 대하여 그에 따른 종속변수와 종속변수의 도함수 또는 편도함수들을 포함하는 방정식을 **미분방정식**이라 한다.

예제 1

(1) $y = e^{3x}$ 이면 $y' = 3e^{3x}$ 이므로 $y' = 3y$ 인 미분방정식을 갖게 된다.

(2) $y = \cos x$ 이면 $y'' = -\cos x$ 이므로 $y'' + y = 0$ 인 미분방정식을 갖게 된다.

예제 2

$u = e^x \cos y$ 라 하자. 그러면 $\dfrac{\partial^2 u}{\partial x^2} = e^x \cos y$ 이고, $\dfrac{\partial^2 u}{\partial y^2} = -e^x \cos y$ 이므로 $\dfrac{\partial^2 u}{\partial x^2} + \dfrac{\partial^2 u}{\partial y^2} = 0$ 인 미분방정식을 얻게 된다.

정의 11.1.2 미분방정식의 종류

(1) 미분방정식이 한 개의 독립변수에 의한 종속변수의 도함수로 주어진 미분방정식을 **상미분방정식**(ordinary differential equation)이라 하고, 독립변수가 두 개 이상인 종속변수의 편도함수들로 주어진 미분방정식을 **편미분방정식**(partial differential equation)이라 한다.

(2) 미분방정식에 포함된 도함수의 최고계수를 그 **미분방정식의 계수**(order)라 하고, 최고계수의 도함수의 차수를 **미분방정식의 차수**(degree)라 한다.

(3) 종속변수와 종속변수의 도함수들에 대하여 차수가 1인 미분방정식을 **선형미분방정식**

(linear differential equation)이라 하고 그렇지 않은 경우 **비선형미분방정식**(non-linear differential equation)이라 한다.

(4) 선형미분방정식에서 독립변수로만 구성된 항이 없을 경우 그 미분방정식을 **제차 선형미분방정식**(homogeneous linear differential equation)이라 하며, 그렇지 않은 경우 **비제차 선형미분방정식**(non-homogeneous linear differential equation)이라 한다.

위의 정의에 따르면, 예제 1에서 얻은 미분방정식은 제차 선형상미분방정식이고 예제 2에서 얻은 미분방정식은 제차 선형편미분방정식이다. 이제부터 특별한 언급이 없으면, 미분방정식은 상미분방정식을 지칭하기로 한다.

예제 3

다음 미분방정식의 차수와 계수는 얼마인가? 또한 선형인지 그리고 제차인지 판별하여라.

(1) $y''' + 2y' + y = x^3$: 3계 1차, 선형, 비제차

(2) $x^2y'' - 2xy' + 2y = 0$: 2계 1차, 선형, 제차

(3) $(y''')^2 + 2y''y + 4x^2(y')^3 = 0$: 3계 2차, 비선형

정의 11.1.3 미분방정식의 해

n 계 미분방정식에 대하여 n 개의 (독립적인) 임의의 상수를 포함하는 해를 그 미분방정식의 **일반해**(general solution)라 하고, 해의 n 개의 임의의 상수에 특별한 값을 대입한 해를 **특수해**(particular solution)라 한다. 또한 일반해에 포함되지 않은 해가 있을 때, 이를 **특이해**(singular solution)라 한다.

예제 4

다음 방정식의 일반해를 구하여라.

(1) $y' = 4x$ (2) $y' = 3y$

풀이

(1) $y' = 4x \Leftrightarrow \int 4x dx = 2x^2 + C,\ C$: 임의상수; 일반해

(2) $y = Ke^{3x}$ 는 $y' = 3y$를 만족하므로 해가 되며 임의의 상수 K를 포함하고 있으므로 1계 미분방정식 $y' = 3y$ 의 일반해가 된다. ■

예제 5

$$y=K_1\cos x+K_2\sin x,\ (K_1,\ K_2:\ \text{임의의 상수})$$

가 미분방정식 $y''+y=0$ 의 일반해가 됨을 보여라.

증명 $y=K_1\cos x+K_2\sin x$, K_1, K_2 를 임의의 상수라 하자. $y'=-K_1\sin x+K_2\cos x$ 이고 $y''=-K_1\cos x-K_2\sin x$ 가 된다. 그러므로 $y''+y=0$ 을 만족한다. 따라서 주어진 미분방정식의 해가 되고 임의의 상수가 두 개 포함되어 있으므로 2계 미분방정식 $y''+y=0$ 의 일반해가 된다. □

정의 11.1.4 초기조건, 초기값 문제

n 계 미분방정식 $F(x, y, y', \cdots, y^{(n)})=0$에 특정한 $x=x_0$에 대하여 $y(x_0)=y_0$, $y'(x_0)=y_1, \cdots, y^{(n-1)}(x_0)=y_{n-1}$ 값의 조건이 주어졌을 때, 이 조건을 **초기값**(initial value)이라 하고 이와 같은 미분방정식을 **초기값 문제**(initial value problem)라 한다.

예제 6

$y'=2x$, $y(0)=1$인 초기값 문제의 해는 일반해 $y=x^2+C$ 중에 존재한다. $y(0)=1$ 이므로 $y=x^2+1$ 이 주어진 초기값 문제의 유일한 해이다.

연습문제 EXERCISES

01. 다음 미분방정식의 계수를 구하고, 선형성을 밝히고 제차인지 판별하여라.

(1) $xy' + 2y = 0$

(2) $(2+x)y'' + xy' + 5y = e^x$

(3) $y' + xy^4 = \cos x$

(4) $(y''')^2 + 3x^3y^4 = 0$

02. (1) $y = C_1e^{-x} + C_2e^x$, C_1, C_2 : 임의의 상수

이면 y는 미분방정식 $y'' - y = 0$의 일반해가 됨을 증명하여라.

(2) 초기값 문제 $y'' - y = 0$, $y(0) = 0$, $y'(0) = 2$의 해를 구하여라.

03. $y = e^{ax}$가 $y'' + 3y' + 2y = 0$의 해가 되는 a 값을 구하여라.

CALCULUS

11.2 1계 미분방정식

1 변수분리형 미분방정식

정의 12.2.1 변수분리형 미분방정식

1계 미분방정식으로써

$$f(y)y' + g(x) = 0$$

형태로 쓰여질 수 있는 미분방정식을 변수분리형(variable separation)이라 한다. 식 ①의 양변을 x에 대하여 적분하면 치환적분법 $\left(\int f(y)y'dx = \int f(y)dy\right)$에 의하여

$$\int f(y)dy + \int g(x)dx = K,\ K : \text{임의의 상수}$$

가 되며 이는 미분방정식 ①의 일반해가 된다. 이는 미분방정식 $f(y)\dfrac{dy}{dx} + g(x) = 0$을 변수분리형태 $f(y)dy + g(x)dx = 0$ 으로 하고 양변에 적분을 취한 것으로 볼 수 있다.

예제 1

미분방정식 $yy' - x = 0$ 을 풀어라.

풀이

$yy' - x = 0$ 을 $y\dfrac{dy}{dx} - x = 0$ 으로 표현하면 $ydy - xdx = 0$ 으로 변수분리를 한다. 따라서 일반해는

$$\int ydy - \int xdx = K_1,\ K_1 : \text{임의의 상수}$$

그러므로

$$\frac{y^2}{2} - \frac{x^2}{2} = K_1, \ K_1 : \text{임의의 상수}$$

가 일반해가 된다. 양변에 2를 곱하고 $-2K_1 = K$라 놓으면

$$x^2 - y^2 = K, \ K : \text{임의의 상수}$$

와 같이 간단한 형태로 주어진다. ■

예제 2

미분방정식 $y^2 y' = \cos x$를 풀어라.

풀이 $y^2 y' = \cos x$를 $y^2 \dfrac{dy}{dx} = \cos x$로 표현하면 $y^2 dy = \cos x \, dx$ 변수분리를 할 수 있다. 그러면

$$\int y^2 dy = \int \cos x dx + K_1, \ K_1 : \text{임의의 상수}$$

이고 따라서

$$\frac{y^3}{3} = \sin x + K_1, \ K_1 : \text{임의의 상수}$$

가 일반해가 된다. 그런데 양변에 3을 곱하고 $3K_1 = K$라 놓으면 일반해는

$$y^3 = 3\sin x + K, \ K : \text{임의의 상수}$$

의 형태로 더 간단히 표현할 수 있다. ■

2 동차형 미분방정식

정의 11.2.2 동차형 미분방정식

1계 미분방정식이

$$y' = f\left(\frac{y}{x}\right)$$

의 형태로 쓰여질 수 있을 때, 이를 **동차형**(homogeneous) **미분방정식**이라 한다.

미분방정식 ②를 풀기 위하여 $\frac{y}{x}=v$ 로 놓자. 그러면 $y=xv$ 이고 $y'=v+xv'$ 가 되므로 ②식은

$$v+xv'=f(v),\ 즉\ v+x\frac{dv}{dx}=f(v)$$

따라서

$$\frac{1}{f(v)-v}dv=\frac{1}{x}dx$$

로 변수분리가 된다. 양변에 적분을 취하면

$$\int\frac{1}{f(v)-v}dv=\int\frac{1}{x}dx+K,\ K:\ 임의의\ 상수$$

가 된다. 여기서 $v=\frac{y}{x}$ 를 대입하면 이는 미분방정식 ②의 일반해가 된다.

예제 1

미분방정식 $y'=\frac{x^2+y^2}{xy}$ 을 풀어라.

풀이 $y'=\frac{x^2+y^2}{xy}$ 는 $\frac{dy}{dx}=\frac{x^2+y^2}{xy}$ 이고 따라서 변수분리의 형태로 쓸 수 없음을 알 수 있다. 그러나 방정식의 오른편 식의 분모와 분자를 모두 x^2 으로 나누면

$$y'=\frac{1+\left(\frac{y}{x}\right)^2}{\frac{y}{x}}$$

이 되므로 동차형 미분방정식이다. 여기서 $\frac{y}{x}=v$ 로 놓으면 $y'=v+xv'$ 이 되므로 미분방정식은 $v+x\frac{dv}{dx}=\frac{1}{v}+v$ 가 된다. $vdv=\frac{1}{x}dx$ 로 변수분리가 되고, 양변에 적분을 취하여 일반해를 구하면

$$\frac{v^2}{2}=\ln|x|+K_1,\ K_1:\ 임의의\ 상수$$

가 되고, 양변에 2를 곱하고 $2K_1=K$ 라 놓으면

$$v^2=2\ln|x|+K_1=\ln x^2+K,\ K:\ 임의의\ 상수$$

이다. 다시 $v=\frac{y}{x}$를 대입하여, 일반해

$$y^2=x^2(\ln x^2+K),\ K: \text{임의의 상수}$$

가 구해진다. ■

예제 2

미분방정식 $2xy+(x^2+3y^2)y'=0$을 풀어라.

풀이 미분방정식 $2xy+(x^2+3y^2)y'=0$의 양변을 x^2으로 나누면

$$2\frac{y}{x}+\left(1+3\left(\frac{y}{x}\right)^2\right)y'=0$$

이므로 동차형이다. $\frac{y}{x}=v$로 놓으면 $y'=v+xv'$이므로

$$2v+(1+3v^2)(v+xv')=0$$

이 된다. 그러므로

$$x(1+3v^2)\frac{dv}{dx}=-3v^3-3v$$

가 되고

$$-\frac{1}{3}\frac{1+3v^2}{v+v^3}dv=\frac{1}{x}dx$$

로 변수분리가 된다. 따라서

$$-\frac{1}{3}\int\frac{1+3v^2}{v+v^3}dv=\int\frac{1}{x}dx+K_1,\ K_1: \text{임의의 상수}$$

여기서 적분을 풀면

$$-\frac{1}{3}\ln|v+v^3|=\ln|x|+K_1,\ K_1: \text{임의의 상수}$$

$v=\frac{y}{x}$를 대입하면, 주어진 식은

$$-\frac{1}{3}\ln\left|\frac{x^2y+y^3}{x^3}\right|=\ln|x|+K_1,\ K_1: \text{임의의 상수}$$

이다. 여기서

$$\ln\left|\frac{x^2y+y^3}{x^3}\right| = \ln|x^2y+y^3| - \ln|x^3| = \ln|x^2y+y^3| - 3\ln|x|$$

이므로, 이 결과를 이용하면

$$-\frac{1}{3}\ln|x^2y+y^3| = K_1,\ K_1 : \text{임의의 상수}$$

가 일반해가 된다. 그런데 양변에 -3을 곱하고 $-3K_1 = K_2$로 놓으면

$$\ln|x^2y+y^3| = K_2,\ K_2 : \text{임의의 상수}$$

가 되고, 다시 지수함수(exponential function)를 취하면

$$x^2y+y^3 = \pm e^{K_2},\ K_2 : \text{임의의 상수}$$

이고 $\pm e^{K_2} = K$로 놓으면 일반해는

$$x^2y+y^3 = K,\ K : \text{임의의 상수}$$

간단한 형태로 표현할 수 있다. ■

3 1계 선형미분방정식

정의 11.2.3 1계 선형미분방정식

1계 미분방정식이

$$y' + P(x)y = Q(x)$$

의 형태로 쓰여질 수 있을 때, 이를 **1계 선형미분방정식**이라 하고 $Q(x) = 0$이면 제차 선형미분방정식이라 한다. y'의 계수가 1인 방정식 ①의 형태를 1계 선형미분방정식의 기본꼴이라 한다.

(가) 1계 제차 선형미분방정식($Q(x) = 0$)

1계 제차 선형미분방정식

$$y' = -P(x)y$$

은 변수분리를 하면 $\frac{1}{y}dy = -P(x)dx$ 이다. 따라서 미분방정식 ②의 일반해는

$$\ln|y| = -\int P(x)dx + K_1,\ K_1:\ \text{임의의 상수}$$

이고, 양변에 지수함수를 취하면

$$y = \pm e^{-\int P(x)dx + K_1} = \pm e^{K_1} \cdot e^{-\int P(x)dx}$$

이다. 여기서 $\pm e^{K_1} = K$ 라 놓으면

$$y = Ke^{-\int P(x)dx},\quad K:\ \text{임의의 상수}$$

가 방정식 ②의 일반해가 된다.

예제 3

미분방정식 $xy' + 2y = 0$ 을 풀어라. $(x > 0)$

풀이 $xy' + 2y = 0$ 을 기본꼴로 고치면 $y' + \frac{2}{x}y = 0$ 이 된다. 따라서 $Q(x) = 0$ 이고 $P(x) = \frac{2}{x}$ 이다. 예제 2에서와 같이 $x > 0$ 이므로

$$\int P(x)dx = \int \frac{2}{x}dx = 2\ln x$$

가 된다. 공식 ③에서 나오는 $e^{-\int P(x)dx} = e^{-2\ln x}$ 를 계산하는 데, 지수함수와 로그함수의 역함수관계를 이용하기 위하여

$$-2\ln x = \ln x^{-2} = \ln\frac{1}{x^2}$$

로 고쳐주면

$$e^{-\int P(x)dx} = e^{\ln\frac{1}{x^2}} = \frac{1}{x^2}$$

이 된다. 따라서 주어진 미분방정식의 일반해는

$$y = K\frac{1}{x^2},\quad K:\ \text{임의의 상수}$$

이다. ■

예제 4

미분방정식 $y' = -2y$를 풀어라.

풀이 $y' = -2y$는 1계 제차 선형미분방정식이고, 기본꼴 $y' + 2y = 0$에서 $P(x) = 2$이므로 $\int P(x)dx = \int 2dx = 2x$이다. 따라서 일반해는

$$y = Ke^{-2x}, \quad K: \text{임의의 상수}$$

이다. ■

예제 5

미분방정식 $xy' + y = 0$, $x > 0$을 풀어라.

풀이 $xy' + y = 0$은 1계 선형미분방정식이고, 기본꼴로 고치면 $y' + \frac{1}{x}y = 0$으로 한다. 따라서 제차이고 $P(x) = \frac{1}{x}$임을 알 수 있다. $x > 0$이므로

$$\int P(x)dx = \int \frac{1}{x}dx = \ln|x| = \ln x$$

이다. 공식에 의하여 일반해는

$$y = Ke^{\ln x}, \quad K: \text{임의의 상수}$$

이다. 그런데 지수함수와 로그함수는 역함수 관계이므로 $e^{\ln x} = x$가 된다. 따라서 일반해는

$$y = Kx, \quad K: \text{임의의 상수}$$

가 됨을 알 수 있다. ■

예제 6

미분방정식 $y' + (\cos x)y = 0$을 풀어라.

풀이 $y' + (\cos x)y = 0$은 1계 선형미분방정식의 기본꼴로 표현되어 있으므로, $P(x) = \cos x$, $Q(x) = 0$임을 볼 수 있다. 따라서

$$e^{-\int P(x)dx} = e^{-\int \cos x\, dx} = e^{-\sin x}$$

이므로, 공식에 대입하여 일반해는

$$y = Ke^{-\sin x},\ K:\text{ 임의의 상수}$$

이다. ■

(나) 1계 비제차 선형미분방정식

$$y' + P(x)y = Q(x),\ Q(x) \neq 0$$

1계 비제차 선형미분방정식 ④를 풀기 위해, 제차 선형미분방정식 $y' + P(x)y = 0$ 의 해를

$$y_h = e^{-\int P(x)dx}$$

라 놓자. 그리고 비제차 선형미분방정식 ④의 해를

$$y = u(x)y_h$$

라 놓고 $u(x)$를 구해보기로 한다. $y = u(x)y_h$가 미분방정식 ④의 해라 했으므로 방정식 ④에 대입했을 때 등식을 만족해야 할 것이다.

방정식 ④에 대입하기 위하여 y'을 계산하여 보면, 곱의 미분공식 ($(f \cdot g)' = f'g + fg'$)을 사용하여

$$y' = u'(x)y_h + u(x)y'_h$$

이 된다. 이를 방정식 ④에 대입하여

$$\begin{aligned}(u'(x)y_h + u(x)y'_h) + P(x)u(x)y_h &= u'(x)y_h + u(x)(y_h' + P(x)y_h)\\ &= Q(x)\end{aligned}$$

가 성립하여야 한다. 그런데 y_h는 제차 미분방정식의 해이므로 $y'_h + P(x)y_h = 0$이다. 따라서

$$u'(x)y_h = Q(x),\ \text{즉 } u'(x) = \frac{1}{y_h}Q(x)$$

가 되므로

$$u(x) = \int \frac{1}{y_h}Q(x)dx + K,\ K:\text{ 임의의 상수}$$

가 된다. 그런데

$$\frac{1}{y_h} = \frac{1}{e^{-\int P(x)dx}} = e^{\int P(x)dx}$$

이므로

$$u(x) = \int e^{\int P(x)dx} Q(x)dx + K$$

가 된다. 따라서 1계 비제차 선형미분방정식 ④의 일반해는

$$y = e^{-\int P(x)dx}\left(\int e^{\int P(x)dx} Q(x)dx + K\right), \quad K : \text{임의의 상수}$$

가 된다.

정리 11.2.4　1계 선형 비제차 미분방정식의 해

미분방정식 $y' + P(x)y = Q(x)$ 의 일반해는

$$y = e^{-\int P(x)dx}\left(\int e^{\int P(x)dx} Q(x)dx + K\right), \quad K : \text{임의의 상수}$$

이다.

예제 7

미분방정식 $y' + 3y = 1$ 을 풀어라.

풀이

위의 미분방정식은 기본꼴이므로 $P(x) = 3$, $Q(x) = 1$ 이다. 따라서 일반해는 정리 11.2.4에 의하여

$$y = e^{-\int 3dx}\left(\int \left(e^{\int 3dx} \cdot 1\right)dx + K\right), \; K : \text{임의의 상수}$$

이다. 그런데 $\int 3dx = 3x$ 이므로

$$y = e^{-3x}\left(\int e^{3x}dx + K\right) = e^{-3x}\left(\frac{1}{3}e^{3x} + K\right)$$
$$= Ke^{-3x} + \frac{1}{3}$$

따라서 일반해는 $y = Ke^{-3x} + \frac{1}{3}$, K : 임의의 상수이다.

예제 8

미분방정식 $xy' - y = x^3,\ x > 0$을 풀어라.

풀이 위의 미분방정식을 기본꼴로 고치면 $y' - \frac{1}{x}y = x^2$이 된다. 따라서 정리 11.2.4에 의하여 $P(x) = -\frac{1}{x}$, $Q(x) = x^2$이다. 우선 다음 식을 계산하여 보면 $e^{-\int P(x)dx} = e^{\int \frac{1}{x}dx} = e^{\ln x}$. 그런데 로그함수와 지수함수는 역함수관계이고, $(f^{-1} \circ f)(x) = x$임을 알고 있다. 따라서 $e^{-\int P(x)dx} = e^{\ln x} = x$이다. 그리고

$$e^{\int P(x)dx} = e^{\int -\frac{1}{x}dx} = e^{-\ln x} = e^{\ln x^{-1}} = \frac{1}{x}$$

이다. 정리 11.2.4에 이 결과들을 대입하면

$$\begin{aligned} y &= e^{-\int P(x)dx}\left(\int e^{\int P(x)dx} Q(x)dx + K\right) \\ &= x\left(\int \frac{1}{x}x^2 dx + K\right) = x\left(\int x\,dx + K\right) \\ &= x\left(\frac{x^2}{2} + K\right) \end{aligned}$$

따라서 일반해는

$$y = \frac{x^3}{2} + Kx,\ \ K: \text{임의의 상수}$$

이다. ■

예제 9

초기값 문제 $y' + 3y = 1,\ y(0) = 1$을 풀어라.

풀이 예제 7에서 $y' + 3y = 1$의 일반해는

$$y = Ke^{-3x} + \frac{1}{3},\ \ K: \text{임의의 상수}$$

가 되었다. 따라서 초기조건 $y(0) = 0$을 만족하려면

$$1 = y(0) = Ke^0 + \frac{1}{3} = K + \frac{1}{3}$$

이다. 그러므로 $K = \frac{2}{3}$ 가 되어 주어진 초기값 문제의 해는

$$y = \frac{2}{3}e^{-3x} + \frac{1}{3}$$

이 된다. ■

연습문제 EXERCISES

01. 다음 미분방정식을 풀어라. (변수분리형, 동치형)

(1) $yy' + 3x = 0$ (2) $y' + xy^2 = 0$

(3) $y' + xe^x = 0$ (4) $y' = \left(\dfrac{y}{x}\right)^2$

(5) $\cos y dy + x^2 dx = 0$ (6) $(x+y)dx + (x-y)dy = 0$

(7) $y' = \dfrac{xy + x^2}{x^2}$ (8) $(y+1)dy + (x-2)dx = 0$

02. 다음 미분방정식을 풀어라.

(1) $y' = 6y$ (2) $y' + 2xy = 0$

(3) $y' + (\cos x)y = 0$ (4) $y' + \dfrac{y}{x} = 0$

(5) $y' - 6xy = e^{3x^2}$ (6) $y' + \dfrac{1}{x}y = x^3 + 1$

(7) $y' + (\sin x)y = e^{\cos x}$ (8) $\dfrac{di}{dt} + 5i = 3$

03. 다음 초기값 문제를 풀어라.

(1) $y' + 3y = e^{-x}$, $y(0) = 0$

(2) $i' + 3i = 5$, $i(0) = 0$

(3) $y' + y = e^x + e^{-x}$, $y(0) = 1$

CALCULUS

11.3 상수계수의 고계 선형미분방정식

정의 11.3.1 **n계 선형미분방정식**

n계 미분방정식이 미지함수 y와 y의 도함수들에 관하여 1차 방정식일 때 선형미분방정식이라 한다. 선형미분방정식은 다음과 같이 쓰여질 수 있다.

$$y^{(n)} + a_{n-1}(x)y^{(n-1)} + \cdots + a_2(x)y'' + a_1(x)y' + a_0(x)y = Q(x) \qquad \cdots ①$$

미분방정식 ①에서 $Q(x) = 0$인 경우 **제차**(homogeneous)라 하며, $Q(x) \neq 0$인 경우 **비제차**(non-homogeneous)라 한다. 그리고 $a_k(x)\,(k = 0, 1, \cdots, n-1)$을 선형미분방정식 ①의 **계수함수**(coefficient function)라 한다.

정의 11.3.2 **상수계수의 n계 선형미분방정식**

n계 선형미분방정식을 식 ①과 같이 기본꼴로 표현하였을 때, 모든 계수함수 $a_k(x)$들이 상수일 때, **상수계수의 n계 선형미분방정식**이라 한다.

우선, n계 제차 선형미분방정식

$$y^{(n)} + a_{n-1}(x)y^{(n-1)} + \cdots + a_2(x)y'' + a_1(x)y' + a_0(x)y = 0 \qquad \cdots ②$$

의 해의 특성을 살펴보기로 한다.

정리 11.3.3

y_1과 y_2가 제차 선형미분방정식 ②의 해이면, 모든 상수 K_1, K_2에 대하여 $y = K_1y_1 + K_2y_2$도 방정식 ②의 해가 된다.

증명 y_1과 y_2가 식 ②의 해이므로

$$y_1^{(n)}+a_{n-1}(x)y_1^{(n-1)}+\cdots+a_1(x)y_1{}'+a_0(x)y_1=0 \qquad \cdots ③$$

이고

$$y_2^{(n)}+a_{n-1}(x)y_2^{(n-1)}+\cdots+a_1(x)y_2{}'+a_0(x)y_2=0 \qquad \cdots ④$$

이 된다. 임의의 상수 K_1과 K_2에 대하여 $K_1\cdot$③$+K_2\cdot$④를 하면

$$(K_1y_1+K_2y_2)^{(n)}+a_{n-1}(x)(K_1y_1+K_2y_2)^{(n-1)}+\cdots$$
$$+a_1(x)(K_1y_1+K_2y_2)+a_0(x)(K_1y_1+K_2y_2)=0$$

을 만족한다. 따라서 $y=K_1y_1+K_2y_2$도 제차 미분방정식의 해가 된다. □

정의 11.3.4

n개의 함수 $y_1, y_2, \cdots, y_n$이 **일차독립**(linearly independent)이라 함은 만약 $c_1y_1+c_2y_2+\cdots+c_ny_n=0$이면 반드시 모든 k에 대하여 $c_k=0$이 될 때를 말한다. (즉, 어떤 y_k도 나머지 다른 $(n-1)$개의 y_i의 상수배의 합으로 표현될 수 없음을 말한다.) 그 n개의 함수가 일차독립이 되지 못하면, **일차종속**(linearly dependent)이라 한다.

예제 1

세 개의 함수 $y_1=x$, $y_2=x^2$, $y_3=3x^2+2x$는 일차종속이다. 왜냐하면 $y_3=3y_2+2y_1$이기 때문이다.

예제 2

n개 함수 $e^{\lambda_1x}, e^{\lambda_2x}, \cdots, e^{\lambda_nx}$가 모든 $i\neq j$에 대하여 $\lambda_i\neq\lambda_j$인 조건을 만족한다면, 이들은 일차독립이다.

증명 생략 □

정리 11.3.5

n개의 함수 $y_1, y_2, \cdots, y_n$이 일차독립이며 이들이 모두 n계 제차 선형미분방정식 ②의 해가 된다고 하자. 그러면

$$y = K_1 y_1 + K_2 y_2 + \cdots + K_n y_n,\ \ K_1,\ K_2, \cdots,\ K_n:\ \text{임의의 상수}$$

는 n계 제차 선형미분방정식 ②의 일반해이다.

증명 정리 11.3.3에 의하여 y는 제차 미분방정식 ②의 해가 되며, 일차독립인 n개의 상수를 포함하므로 n계 미분방정식 ②의 일반해이다. □

예제 3

$y'' + y = 0$의 일반해를 구하여라.

풀이 $y'' = -y$이므로 $y_1 = \cos x,\ y_2 = \sin x$가 해가 됨을 알 수 있고 일차독립이다. 그런데 $y'' + y = 0$은 2계 선형제차이므로

$$y = K_1 \cos x + K_2 \sin x,\ \ K_1,\ K_2:\ \text{임의의 상수}$$

가 일반해가 된다. ■

정의 11.3.6 해의 기본계

n계 제차 선형미분방정식 ②의 일차독립인 n개의 해 $y_1, \cdots, y_n$을 **해의 기본계**(basis)라 한다.

1 상수계수의 2계 제차 선형미분방정식

상수계수의 2계 제차 선형미분방정식

$$y'' + ay' + by = 0 \qquad \cdots ⑤$$

과 같이 기본꼴로 표현되었다고 하자. 미분방정식 ⑤를

$$by = -y'' - ay'$$

으로 써보면, y 의 도함수들의 상수배의 합에 의하여 원함수 y 가 만들어지는 조건이 된다. 따라서 상수계수의 제차 미분방정식 ⑤해의 후보를

$$y = e^{\lambda x}$$

로 놓아 보자. $y = e^{\lambda x}$ 가 방정식 ⑤의 해이기 위하여는 대입했을 때 등식을 만족하여야 한다. 따라서

$$y' = \lambda e^{\lambda x},\ y'' = \lambda^2 e^{\lambda x}$$

를 대입하면,

$$\lambda^2 e^{\lambda x} + a\lambda e^{\lambda x} + b e^{\lambda x} = 0$$

이 된다. 그러므로 λ 에 관한 2차방정식

$$\lambda^2 + a\lambda + b = 0 \qquad \cdots ⑥$$

을 얻게 된다. 이를 상수계수의 2계 제차 선형미분방정식 ⑤의 **특성방정식**(characteristic equation) 또는 **특성다항식**(characteristic polynomial)이라 한다. 만약 특성방정식 ⑥이 서로 다른 두 개의 실근 $\lambda_1,\ \lambda_2$ 가 구해지면 $e^{\lambda_1 x}$ 와 $e^{\lambda_2 x}$ 는 일차독립인 두 개의 해가 되어, 정리 11.3.5에 의하여

$$y = K_1 e^{\lambda_1 x} + K_2 e^{\lambda_2 x},\ K_1,\ K_2 : \text{임의의 상수}$$

가 일반해가 된다.

(가) 특성방정식 ⑥이 서로 다른 실근 $\lambda_1,\ \lambda_2$ 를 갖는 경우

위에서 기술하였듯이 상수계수 2계 제차 선형미분방정식 ⑤의 일반해는

$$y = K_1 e^{\lambda_1 x} + K_1 e^{\lambda_2 x},\ \ K_1,\ K_2 : \text{임의의 상수}$$

이다.

예제 4

미분방정식 $y'' + 3y' + 2y = 0$ 을 풀어라.

풀이 주어진 미분방정식은 상수계수의 제차 선형이므로 해를 $y = e^{\lambda x}$ 라 하자. 그러면, 특성방정식 $\lambda^2 + 3\lambda + 2 = 0$ 을 얻게 되고,

$$\lambda^2+3\lambda+2=(\lambda+2)(\lambda+1)=0$$

이므로 $\lambda=-2$ 또는 -1 이다. 따라서

$$y=K_1e^{-2x}+K_2e^{-x},\ K_1,\ K_2: \text{임의의 상수}$$

가 일반해가 된다. ■

예제 5

초기값 문제 $\dfrac{d^2i}{dt^2}+5\dfrac{di}{dt}+6i=0,\ i(0)=0,\ i'(0)=1$ 을 풀어라.

풀이 상수계수의 제차 선형미분방정식이므로, 해를 $i=e^{\lambda t}$라 하자. 그러면 특성방정식

$$\lambda^2+5\lambda+6=(\lambda+2)(\lambda+3)=0$$

을 얻는다. 따라서 주어진 초기값 문제의 해는

$$i(t)=K_1e^{-2t}+K_2e^{-3t}$$

이고,

$$i(0)=K_1+K_2=0$$

이고,

$$i'(0)=-2K_1-3K_2=1$$

을 만족해야 한다. 따라서 $K_1=1$이고 $K_2=-1$이므로 주어진 초기값 문제의 해는

$$i(t)=e^{-2t}-e^{-3t}$$

이다. ■

(나) 특성방정식 ⑥이 중근 $\lambda_1=\lambda_2$를 갖는 경우

일단 미분방정식 ⑥의 해 중 $y_1=e^{\lambda_1 x}$를 가짐을 알 수 있으므로 이와 일차독립인 또 다른 해 하나 y_2를 찾으면 정리 11.3.5에 의하여 일반해는

$$y=K_1y_1+K_2y_2,\ K_1,\ K_2: \text{임의의 상수}$$

로 주어진다. 그런데 또 다른 해의 후보를 $y_2=u(x)y_1$이라 놓고 미분방정식 ⑤에 대입하여 방정

식이 성립할 조건을 찾으면, $u(x)$가 일차함수일 조건이 나온다. 그런데, $y_1 = e^{\lambda_1 x}$와 일차독립인 해 하나만 찾으면 주어진 두 개의 제차 선형미분방정식의 해가 찾아지므로 $y_2 = xe^{\lambda_1 x}$라고 하면 된다.

따라서 상수 계수의 2계 제차 선형미분방정식의 특성방정식이 중근 $\lambda = \lambda_1$을 가질 경우

$$y = K_1 e^{\lambda_1 x} + K_2 x e^{\lambda_1 x} = (K_1 + K_2 x)e^{\lambda_1 x},\ K_1,\ K_2 : \text{임의의 상수}$$

가 일반해가 된다.

예제 6

미분방정식 $y'' + 4y' + 4y = 0$을 풀어라.

풀이 주어진 미분방정식의 특성방정식을 구하면

$$\lambda^2 + 4\lambda + 4 = (\lambda + 2)^2 = 0$$

이고, 중근 $\lambda = -2$를 갖게 된다. 따라서 일반해는

$$y = (K_1 + K_2 x)e^{-2x},\ K_1,\ K_2 : \text{임의의 상수}$$

가 된다. ■

예제 7

미분방정식 $\dfrac{d^2y}{dx^2} + 8\dfrac{dy}{dx} + 16y = 0$을 풀어라.

풀이 주어진 미분방정식의 특성방정식을 구하면

$$\lambda^2 + 8\lambda + 16 = (\lambda + 4)^2 = 0$$

이 된다. 따라서 $\lambda = -4$를 중근으로 갖게 되므로 일반해는

$$y = (K_1 + K_2 x)e^{-4x},\ K_1,\ K_2 : \text{임의의 상수}$$

가 된다. ■

(다) 특성방정식 ⑥이 복소근 $\lambda = \alpha \pm i\beta$를 갖는 경우

복소수의 오일러 공식

$$e^{i\theta} = \cos\theta + i\sin\theta$$

에 의하여

$$e^{i\beta x} = \cos\beta x + i\sin\beta x$$

이고

$$e^{(\alpha+i\beta)x} = e^{(\alpha x + i\beta x)} = e^{\alpha x}e^{i\beta x}$$

이다. 따라서

$$\tilde{y}_1 = e^{\alpha x}e^{i\beta x} = e^{\alpha x}(\cos\beta x + i\sin\beta x),$$
$$\tilde{y}_2 = e^{\alpha x}e^{-i\beta x} = e^{\alpha x}(\cos\beta x - i\sin\beta x)$$

가 미분방정식 ⑤를 만족한다. 우리는 미분방정식 ⑤를 만족하는 실수값을 갖는 함수를 찾는 것이 목표이다. 따라서 $\tilde{y}_1$나 $\tilde{y}_2$는 복소수값을 취하는 함수이므로 우리가 찾고자 하는 해는 아니다. 그런데 정리 11.3.3에 의해 $y_1 = \dfrac{\tilde{y}_1 + \tilde{y}_2}{2} = e^{\alpha x}\cos\beta x$ 와 $y_2 = (-i)\dfrac{\tilde{y}_1 - \tilde{y}_2}{2} = e^{\alpha x}\sin\beta x$ 가 2계 제차 선형미분방정식 ⑤의 해가 되므로

$$y = K_1 e^{\alpha x}\cos\beta x + K_2 e^{\alpha x}\sin\beta x = e^{\alpha x}(K_1\cos\beta x + K_2\sin\beta x),\ \ K_1,\ K_2 : \text{임의의 상수}$$

가 일반해가 된다.

예제 8

미분방정식 $y'' + y = 0$ 을 풀어라.

풀이

주어진 미분방정식의 특성방정식은 $\lambda^2 + 1 = 0$ 이 되므로 복소근 $\lambda = \pm i$ 를 갖게 된다. 따라서 복소근을 갖고 $\alpha = 0,\ \beta = 1$ 인 경우이므로 일반해는

$$y = K_1\cos x + K_2\sin x,\ \ K_1,\ K_2 : \text{임의의 상수}$$

가 된다.

예제 9

미분방정식 $y'' + 4y' + 5y = 0$ 을 풀어라.

풀이 주어진 미분방정식의 특성방정식은 $\lambda^2 + 4\lambda + 5 = (\lambda + 2)^2 + 1 = 0$ 이다. 따라서 $\lambda + 2 = \pm i$ 이므로 $\lambda = -2 \pm i$, 즉 $\alpha = -2$ 이고, $\beta = 1$ 인 복소근을 갖는다. 따라서 일반해는

$$y = e^{-2x}(K_1 \cos x + K_2 \sin x),\ K_1,\ K_2 : \text{임의의 상수}$$

가 된다. ■

2 상수계수의 고계 제차 선형미분방정식

상수계수의 n 계 제차 선형미분방정식은

$$y^{(n)} + a_{n-1}y^{(n-1)} + \cdots + a_2 y'' + a_1 y' + a_0 y = 0 \qquad \cdots ⑦$$

로 표현된다. 상수계수의 2계 제차 선형미분방정식과 같은 방법으로 해의 후보를 $y = e^{\lambda x}$ 로 놓을 수 있다. 따라서 $y = e^{\lambda x}$ 를 미분방정식 ⑦에 대입하여 등식이 성립하기 위하여는

$$\frac{d^k}{dx^k}(e^{\lambda x}) = \lambda^k e^{\lambda x}$$

이므로 방정식

$$\lambda^n + a_{n-1}\lambda^{n-1} + \cdots + a_2\lambda^2 + a_1\lambda + a_0 = 0 \qquad \cdots ⑧$$

을 얻게 된다. 이를 n 계 제차선형미분방정식의 **특성방정식**(characteristic equation) 또는 **특성다항식**(characteristic polynomial)이라 한다. 미분작용소 D 를 사용하여 미분방정식 ⑦을 표현해 보면

$$(D^n + a_{n-1}D^{n-1} + \cdots + a_2 D^2 + a_1 D + a_0)y = 0 \qquad \cdots ⑨$$

이 된다. 따라서 $y \neq 0$ 인, 즉 자명하지 않은 해를 구하므로 미분방정식 ⑦의 특성방정식은 D 대신 λ 를 대입하여 얻은 방정식으로 볼 수 있다.

(가) 특성방정식 ⑧이 서로 다른 n 개의 실근 $\lambda_1, \lambda_2, \cdots, \lambda_n$ 을 갖는 경우

이때

$$y_1 = e^{\lambda_1 x},\ y_2 = e^{\lambda_2 x},\ \cdots,\ y_n = e^{\lambda_n x}$$

가 미분방정식 ⑦의 해의 기본계가 되므로 정리 11.3.5에 의하여

$$y = K_1 e^{\lambda_1 x} + K_2 e^{\lambda_2 x} + \cdots + K_n e^{\lambda_n x},\ K_1, K_2, \ldots, K_n \ : \text{임의의 상수}$$

가 일반해가 된다.

예제 10

미분방정식 $y''' - 4y'' + 3y' = 0$ 을 풀어라.

풀이 주어진 미분방정식의 특성방정식은

$$\lambda^3 - 4\lambda^2 + 3\lambda = \lambda(\lambda - 1)(a - 3) = 0$$

이 되어, $a = 0$ 또는 $\lambda = 1$ 또는 $\lambda = 3$ 이다. 따라서 일반해는

$$y = K_1 + K_2 e^x + K_3 e^{3x},\ K_1,\ K_2,\ K_3 : \text{임의의 상수}$$

이다. ■

예제 11

미분방정식 $(D+1)(D+2)(D+3)y = 0$ 을 풀어라.

풀이 주어진 미분방정식의 특성방정식은 $(\lambda+1)(\lambda+2)(\lambda+3) = 0$ 이고, 따라서 $\lambda = -1, -2, -3$ 이다. 그러므로 일반해는

$$y = K_1 e^{-x} + K_2 e^{-2x} + K_3 e^{-3x},\ K_1,\ K_2,\ K_3 : \text{임의의 상수}$$

이다. ■

(나) 특성방정식의 해 중에서 실근 $\lambda = \lambda_1$ 이 m 중복근이 되는 경우

특성방정식 ⑧은

$$(\lambda - \lambda_1)^m \cdot Q(\lambda) = 0,\ \ Q(\lambda) : (n - m)\text{차 다항식}$$

이므로 m 중복근 $\lambda=\lambda_1$에 대하여 일차독립인 m개의 해를 찾고 나머지 $Q(\lambda)=0$에 의하여 나머지 $(n-m)$개의 일차독립인 해를 찾으면, 정리에 의하여 일반해 y가 구해진다. 따라서 m 중복근 $\lambda=\lambda_1$에 대한 m개의 해를 찾아보면(증명 생략)

$$y_1 = e^{\lambda_1 x},\ \ y_2 = xe^{\lambda_1 x},\ \cdots,\ \ y_m = x^{m-1}e^{\lambda_1 x}$$

가 된다.

예제 12

미분방정식 $y''' + 3y'' + 3y' + y = 0$을 풀어라.

풀이 주어진 미분방정식의 특성방정식은

$$\lambda^3 + 3\lambda^2 + 3\lambda + 1 = (\lambda+1)^3 = 0$$

가 되므로, $\lambda=-1$이 특성방정식의 3중근이 된다. 따라서 주어진 3계 제차 선형 미분방정식의 해의 기본계는

$$y_1 = e^{-x},\ y_2 = xe^{-x},\ y_3 = x^2e^{-x}$$

가 되어 일반해는

$$\begin{aligned} y &= K_1e^{-x} + K_2xe^{-x} + K_3x^2e^{-x} \\ &= (K_1 + K_2x + K_3x^2)e^{-x},\ K_1,\ K_2,\ K_3 : \text{임의의 상수} \end{aligned}$$

가 된다. ■

예제 13

다음 미분방정식 $D^3(D+1)(D^2+4)y=0$을 풀어라.

풀이 주어진 미분방정식의 특성방정식은

$$\lambda^3(\lambda+1)(\lambda^2+4)=0$$

이므로, 해는 $\lambda=0$ (3중근), $\lambda=-1$, $\lambda=\pm 2i$이다. 따라서 일반해는

$$y = K_1 + K_2 x + K_3 x^2 + K_4 e^{-x} + K_5 \cos 2x + K_6 \sin 2x,$$
$$K_1, \cdots, K_6 : \text{임의의 상수}$$

이다. ■

(다) 특성방정 ⑧의 해 중 서 $\lambda = \alpha \pm \beta i$ 가 m 중복근이 되는 경

실근이 m 중복근이 되는 경우 (나)에서와 마찬가지로 m 중복근 $\lambda = \alpha \pm \beta i$ 에 대응되는 $2m$ 개의 일차독립인 해는

$$y_1 = e^{ax}\cos\beta x,\ y_2 = xe^{ax}\cos\beta x, \cdots,\ y_m = x^{m-1}e^{ax}\cos\beta x,$$
$$y_{m+1} = e^{ax}\sin\beta x,\ y_{m+2} = xe^{ax}\sin\beta x, \cdots,\ y_{2m} = x^{m-1}e^{ax}\sin\beta x$$

가 된다.

예제 14

미분방정식 $(D+1)(D-1)^3(D^2+2D+5)^2 y = 0$ 을 풀어라.

풀이 주어진 미분방정식의 특성방정식은

$$(\lambda+1)(\lambda-1)^3(\lambda^2+2\lambda+5)^2 = 0$$

이 된다. 한편 $(\lambda^2+2\lambda+5) = (\lambda+1)^2 + 2^2$ 이므로, 특성방정식의 근은 $\lambda = -1$, $\lambda = 1$ (3중근), $\lambda = -1 \pm 2i$ (2중근)이다. 따라서 해의 기본계는

$$y_1 = e^{-x},\ y_2 = e^x,\ y_3 = xe^x,\ y_4 = x^2 e^x,$$
$$y_5 = e^{-x}\cos 2x,\ y_6 = xe^{-x}\cos 2x,$$
$$y_7 = e^{-x}\sin 2x,\ y_8 = xe^{-x}\sin 2x$$

이므로 일반해는

$$y = K_1 e^{-x} + (K_2 + K_3 x + K_4 x^2)e^x + e^{-x}$$
$$(K_5 \cos 2x + K_6 x \cos 2x + K_7 \sin 2x + K_8 x \sin 2x)$$
$$K_1, \cdots, K_8 : \text{임의의 상수}$$

이다. ■

3 상수계수의 비제차 선형미분방정식

n 계 비제차 선형미분방정식

$$y^{(n)} + a_{n-1}(x)y^{(n-1)} + \cdots + a_2(x)y'' + a_1(x)y' + a_0(x)y = Q(x) \qquad \cdots ⑩$$

의 해의 특성을 살펴보기로 한다.

정리 11.3.7 비제차 선형미분방정식 ⑩에 대응하는 제차 선형미분방정식

$y^{(n)} + a_{n-1}(x)y^{(n-1)} + \cdots + a_2(x)y'' + a_1(x)y' + a_0(x)y = 0$의 일반해를 y_h라 하자. 그리고 비제차 선형미분방정식 ⑩의 **특수해** y_p가 있다고 하자. 그러면 $y = y_h + y_p$ 는 비제차 선형미분방정식 ⑨의 일반해가 된다.

증명 우선 $y = y_h + y_p$가 미분방정식 ⑩의 해이기 위하여는 대입하여 등식을 만족함을 보여야 한다. 그런데 미분의 선형성에 의하여 모든 k에 대하여 $y^{(k)} = {y_h}^{(k)} + {y_p}^{(k)}$이다. 그러므로 미분방정식 ⑩에 대입하면

$$\begin{aligned}
&({y_h}^{(n)} + {y_p}^{(n)}) + a_{n-1}(x)({y_h}^{(n-1)} + {y_p}^{(n-1)}) + \cdots \\
&\quad + a_2(x)({y_h}'' + {y_p}'') + a_1(x)({y_h}' + {y_p}') + a_0(x)(y_h + y_p) \\
&= ({y_h}^{(n)} + a_{n-1}(x){y_h}^{(n-1)} + \cdots + a_2(x){y_h}'' + a_1(x){y_h}' + a_0(x)y_h) \\
&\quad + ({y_p}^{(n)} + a_{n-1}(x){y_p}^{(n-1)} + \cdots + a_2(x){y_p}'' + a_1(x){y_p}' + a_0(x)y_p) \\
&= Q(x)
\end{aligned}$$

를 만족한다. 따라서 $y = y_h + y_p$는 비제차 선형미분방정식 ⑩의 해가 되고 또한 y_h에 일차독립인 n개의 임의의 상수가 포함되어 있으므로 일반해가 된다. □

그러나 상수 계수가 아닌 선형미분방정식은 제차인 경우의 해 y_h도 아직 구하지 못하므로, 이 장에서는 상수계수의 비제차 선형미분방정식

$$y^{(n)} + a_{n-1}y^{(n-1)} + \cdots + a_2y'' + a_1y' + a_0y = Q(x), \quad a_k : \text{상수}$$

만을 다루기로 한다.

예제 15

미분방정식 $y'' + 4y' + 3y = 5$ 을 풀어라.

풀이 주어진 미분방정식에 대응하는 제차 미분방정식

$$y'' + 4y' + 3y = 0$$

의 특성방정식은 $\lambda^2 + 4\lambda + 3 = (\lambda+3)(\lambda+1) = 0$ 이므로

$$y_h = K_1 e^{-x} + K_2 e^{-3x},\ K_1,\ K_2 : \text{임의의 상수}$$

이다. 또한 주어진 비제차 미분방정식의 특수해로써 $y_p = \frac{5}{3}$를 직관적으로 찾을 수 있다. 따라서

$$y = y_h + y_p = K_1 e^{-x} + K_2 e^{-3x} + \frac{5}{3},\ K_1,\ K_2 : \text{임의의 상수}$$

가 일반해가 된다. ■

위의 예제에서 대응하는 상수 계수의 제차 선형미분방정식의 해는 특성방정식에 의하여 찾아낼 수 있으나, 상수계수의 비제차 선형미분방정식의 특수해를 찾는 것은 위와 같은 특수한 경우가 아니면 직관적으로 찾지는 못할 것이다. 상수 계수의 비제차 선형미분방정식 ⑪에서 특수해를 찾는 가장 일반적인 방법은 다음에서 제시하는 미정계수법이다.

표 11.3.1 미정계수법

($Q(x)$의 항이 보조해 y_h에 포함되어 있지 않는 경우임)

	$Q(x)$	y_p
1	n차 다항함수	$a_n x^n + \cdots + a_1 x + a_0$
2	Ce^{ax}	Ae^{ax}
3	$C\sin ax,\ C\cos ax$	$A\cos ax + B\sin ax$
4	$Cx^n e^{ax}$	$(a_n x^n + \cdots + a_1 x + a_0)e^{ax}$
5	$Cx^n \sin ax,\ Cx^n \cos ax$	$(a_n x^n + \cdots + a_1 x + a_0)\cos ax$ $+ (b_n x^n + \cdots + b_1 x + b_0)\sin ax$

위의 **미정계수법**을 살펴보면, 특수해 y_p는 $Q(x)$와 $Q(x)$의 도함수들의 상수배의 합으로 구성됨을 알 수 있다. 또한 $Q(x)$의 항이 보조해 y_h에 포함되어 있는 경우에는 y_p는 표 11.3.1의 오른편 식에 x^m을 곱하는 형태를 취하고 y_h에 나타나는 항은 제외한다. 여기서 m은 오른편 식에 x^m을 곱하면 보조해 y_h로 구성되어 있지만 오른편 식에 x^m을 곱할 경우에는 보조해 y_h에 있지 않은 항들

이 나타나게 되는 수를 말한다.

예제 16

미분방정식 $y''-2y'-3y=x+1$ 을 풀어라.

풀이 우선 보조해 y_h 를 구하기 위하여 $y''-2y'-3y=0$ 의 특성방정식

$$\lambda^2-2\lambda-3=(\lambda-3)(\lambda+1)=0$$

을 풀면 $\lambda=-1, 3$ 이 된다. 따라서 보조해는

$$y_h=K_1e^{-x}+K_2e^{3x},\ K_1,\ K_2:\text{ 임의의 상수}$$

가 된다. 또한 미정계수법에 의하여 특수해 $y_p=Ax+B$ 로 놓을 수 있으며, 이를 주어진 미분방정식에 대입하여 등식이 성립하여야 한다. 그런데 $y_p'=A$, $y_p''=0$이므로

$$y_p''-2y_p'-3y=-2A-3(Ax+B)=x+1$$

즉, $-3Ax+(-3B-2A)=x+1$이다. 따라서 $-3A=1$, $-3B-2A=1$이므로 $A=-\frac{1}{3}$, $B=-\frac{1}{9}$ 가 되어 $y_p=-\frac{1}{3}x-\frac{1}{9}$이다. 그러므로 일반해는

$$y=y_h+y_p=K_1e^{-x}+K_2e^{3x}-\frac{1}{3}x-\frac{1}{9},\ K_1,\ K_2:\text{ 임의의 상수}$$

가 된다. ■

예제 17

미분방정식 $y''+3y'+2y=3e^{-3x}$ 를 풀어라.

풀이 $y''+3y'+2y=0$ 의 특성방정식이

$$\lambda^2+3\lambda+2=(\lambda+2)(\lambda+1)=0$$

이므로 보조해는

$$y_h=K_1e^{-x}+K_2e^{-2x},\ K_1,\ K_2:\text{ 임의의 상수}$$

가 된다. 또한 미정계수법에 의하여 $y_p=Ae^{-3x}$라 하면 $y_p'=-3Ae^{-3x}$, $y_p''=$

$9Ae^{-3x}$ 이고 이를 방정식에 대입해서

$$9Ae^{-3x} - 9Ae^{-3x} + 2Ae^{-3x} = 3e^{-3x}$$

를 얻는다. 따라서 $A = \frac{3}{2}$, 즉 $y_p = \frac{3}{2}e^{-3x}$ 이다. 그러므로

$$y = y_h + y_p = K_1e^{-x} + K_2e^{-2x} + \frac{3}{2}e^{-3x}, \quad K_1, K_2 : \text{임의의 상수}$$

가 일반해가 된다. ■

예제 18

미분방정식 $y'' + 5y' + 4y = 2e^{-x}$ 를 풀어라.

풀이 $y'' + 5y' + 4y = 0$ 의 특성방정식은

$$\lambda^2 + 5\lambda + 4 = (\lambda + 1)(\lambda + 4) = 0$$

이므로 보조해는

$$y_h = K_1e^{-x} + K_2e^{-4x}, \quad K_1, K_2 : \text{임의의 상수}$$

이다. 그런데 $Q(x) = 2e^{-x}$ 가 보조해 y_h 에 포함되므로($K_1 = 2$ 이고 $K_2 = 0$ 인 경우) 특수해는 $y_p = Axe^{-x}$ 로 놓는다. 그러면 곱의 미분공식 $(fg)' = f'g + fg'$ 에 의하여

$$y_p{}' = Ae^{-x} - Axe^{-x}$$
$$y_p{}'' = -Ae^{-x} - Ae^{-x} + Axe^{-x} = -2Ae^{-x} + Axe^{-x}$$

이다. 이를 미분방정식의 좌변에 대입하면

$$\begin{aligned} y_p{}'' + 5y_p{}' + 4y_p &= -2Ae^{-x} + Axe^{-x} + 5Ae^{-x} - 5Axe^{-x} + 4Axe^{-x} \\ &= 3Ae^{-x} \end{aligned}$$

가 된다. 그런데 $y_p{}'' + 5y_p{}' + 4y_p = 2e^{-x}$ 이므로 $3A = 2$, 즉 $A = \frac{2}{3}$ 가 된다. 그러므로

$$y = y_h + y_p = K_1e^{-x} + K_2e^{-4x} + \frac{2}{3}xe^{-x}, \quad K_1, K_2 : \text{임의의 상수}$$

는 일반해이다. ■

예제 19

미분방정식 $y''+6y'+8y=5\cos t$ 를 풀어라.

풀이

$y''+6y'+8y=0$ 의 특성방정식은

$$\lambda^2+6\lambda+8=(\lambda+2)(\lambda+4)=0$$

이고, 독립변수가 t 이므로 보조해는

$$y_h=K_1e^{-2t}+K_2e^{-4t},\ K_1,\ K_2 : \text{임의의 상수}$$

이다. 그리고 미정계수법에 의하여 $y_p=A\cos t+B\sin t$ 이고

$y_p'=-A\sin t+B\cos t$

$$y_p''=-A\cos t-B\sin t$$

가 된다. 이 결과들을 미분방정식에 대입하면

$$\begin{aligned} y_p''+6y_p'+8y_p &= -A\cos t-B\sin t-6A\sin t+6B\cos t+8A\cos t+8B\sin t \\ &= (7A+6B)\cos t+(-6A+7B)\sin t=5\cos t \end{aligned}$$

이다. 따라서 $7A+6B=5$ 이고, $-6A+7B=0$ 이다. 연립방정식을 풀면 $A=\frac{7}{17}$, $B=\frac{6}{17}$ 이 된다. 따라서

$$y_p=\frac{1}{17}(7\cos t+6\sin t)$$

이고, 일반해는

$$y=y_h+y_p=K_1e^{-2t}+K_2e^{-4t}+\frac{1}{17}(7\cos t+6\sin t)$$

$$K_1, K_2 : \text{임의의 상수}$$

가 된다.

연습문제 EXERCISES

01. 다음 제차 선형미분방정식을 풀어라.

(1) $y'' + 8y' + 12y = 0$

(2) $y'' - 3y' = 0$

(3) $y'' + 7y' + 12y = 0$

(4) $y'' + 9y = 0$

(5) $y'' + 6y' + 10y = 0$

(6) $y'' + 4y' + 13y = 0$

(7) $y'' - 6y' + 9y = 0$

(8) $y'' + 10y' + 25y = 0$

(9) $(D-1)^3(D^2+2D+5)y = 0$

(10) $(D+1)^2(D^2+6D+13)y = 0$

02. 다음 비제차 선형미분방정식을 풀어라.

(1) $y'' + 4y' + 5y = 3$

(2) $y'' - 4y' - 5y = 3e^{2x}$

(3) $y'' + 6y' + 5y = 2x + 1$

(4) $y'' - 2y' + y = 4e^{3x}$

(5) $y'' + 3y' - 4y = \sin 2x$

(6) $y'' - 2y' - 8y = e^{-2x}$

03. 다음 초기값 문제를 풀어라.

(1) $y'' + 5y' + 6y = 0,\ y(0) = 0,\ y'(0) = 1$

(2) $y'' + 4y' + 3y = 0,\ y(0) = 1,\ y'(0) = 1$

(3) $y'' - 3y' - 10y = e^t,\ y(0) = 0,\ y'(0) = 0$

(4) $y'' + 2y' + 2y = 0,\ y(0) = 0,\ y'(0) = 0$

12장 라플라스 변환

이 장에서는 라플라스 변환의 정의와 기본 성질에 대해 우선 다룰 것이며, 이에 따른 여러 함수의 라플라스 변환을 표로 정리하여 놓았다. 또한 도함수의 라플라스 변환을 이용하여 미분방정식 중 초기값 문제를 해결할 수 있고, 계단함수, 충격함수, 주기함수 등에 대한 라플라스 변화도 공부한다. 마지막으로 합성곱의 라플라스 변환도 알아볼 것이다.

CALCULUS

12.1 정의와 기본 성질

초기 조건이 주어진 선형미분방정식의 해를 구하기 위한 가장 효과적인 방법 중의 하나는 라플라스 변환을 이용하는 것이다. 라플라스 변환이 좋은 점은 미분방정식을 대수방정식으로 바꾸어 그 해를 구한 후 다시 그 해를 역변환함으로써 미분방정식의 해를 구할 수 있음에 있다.

정의 12.1.1

함수 $f(t)$가 $t \ge 0$에 대하여 정의된 함수라 하자. $\int_0^\infty e^{-st} f(t)dt$이 수렴하면 그 수렴 결과인 s의 함수를 함수 f의 **라플라스 변환**이라 하며, 이를 $F(s)$ 또는 $\mathcal{L}(f(t))$라 표현한다. 원래의 함수 $f(t)$는 $F(s)$의 **역변환**이라 하고 $f = \mathcal{L}^{-1}(F)$로 나타낸다. 만일 $F(s) = \mathcal{L}(f(t))$이면 $\mathcal{L}^{-1}(F(s)) = f(t)$이다.

예제 1

a가 상수이며 함수 $f(t) = e^{at}$라 하자. 그러면

$$\mathcal{L}(e^{at}) = \int_0^\infty e^{-st} e^{at} dt = \left. \frac{e^{-(s-a)t}}{a-s} \right|_0^\infty$$

이고, 이것은 $s-a>0$이면 $\mathcal{L}(e^{at}) = \dfrac{1}{s-a}$에 수렴한다. 따라서 $\mathcal{L}^{-1}(\mathcal{L}(e^{at})) = \mathcal{L}^{-1}\left(\dfrac{1}{s-a}\right) = e^{at}$이다.

예제 2

함수 $f(t)=\frac{1}{t}$에 대해 생각해 보자. 그러면

$$\int_{0}^{\infty}\frac{e^{-st}}{t}dt=\int_{0}^{1}\frac{e^{-st}}{t}dt+\int_{1}^{\infty}\frac{e^{-st}}{t}dt$$

이다. 그런데 $s>0$일 때 $0\le t\le 1$인 t에 대해 $e^{-st}\ge e^{-s}$이므로

$$\int_{0}^{\infty}\frac{e^{-st}}{t}dt\ge e^{-s}\int_{0}^{1}\frac{1}{t}dt+\int_{1}^{\infty}\frac{e^{-st}}{t}dt$$

이다. 그러나

$$\int_{0}^{1}\frac{1}{t}dt=\lim_{A\to 0}\int_{A}^{1}\frac{1}{t}dt=\lim_{A\to 0}\ln t\Big|_{A}^{1}=\lim_{A\to 0}(\ln 1-\ln A)=\lim_{A\to 0}(-\ln A)=\infty$$

이므로 위의 적분은 발산하고 함수의 라플라스 변환은 존재하지 않는다.

정의 12.1.2

함수 f가 한 점 t^{*}에서 좌극한과 우극한 값이 유한하며 다를 때, 또는 좌우 극한값은 같으나 점 t^{*}에서의 함수값과 다를 때 f는 t^{*}에서 **도약연속**이라고 한다.

정의 12.1.3

구간 $(0,\infty)$에서 정의된 함수 $f(t)$가 있다. 이 함수가 구간 $0\le t\le b$에서 도약연속인 유한개의 점을 제외한 나머지 부분에서 연속일 때 함수 $f(t)$가 **조각마다 연속**이라고 한다.

정리 12.1.4 존재정리

함수 $f(t)$가 $t\ge 0$인 구간에서 조각마다 연속이고, 음이 아닌 상수 a, M, T가 있어 $t\ge T$에 대하여 $|f(t)|\le Me^{at}$라 하자. 그러면 $s>a$인 모든 s에 대해 $\mathcal{L}(f(t))(s)$가 존재한다.

증명 함수 $f(t)$가 조각마다 연속이므로 $t \geq 0$인 어떤 유한구간에서도 $e^{-st}f(t)$가 유한적분값을 가지고

$$|\mathcal{L}(f(t))| = \left| \int_0^\infty e^{-st} f(t) dt \right| \leq \left| \int_0^T e^{-st} f(t) dt \right| + \int_T^\infty e^{-st} |f(t)| dt$$

이다. 우변의 첫째 적분식은 존재하며, 또한

$$\int_T^\infty e^{-st} |f(t)| dt \leq M \int_T^\infty e^{-(s-a)t} dt = \left. \frac{Me^{-(s-a)t}}{a-s} \right|_T^\infty$$

가 되어 $s > a$일 때 $t \to \infty$이면

$$\frac{Me^{-(s-a)T}}{s-a}$$

로 수렴하게 된다. □

정리 12.1.5

만일 $\mathcal{L}(f(t))$와 $\mathcal{L}(g(t))$가 존재하면, $\mathcal{L}(af(t)+bg(t))$도 존재하고

$$\mathcal{L}(af(t)+bf(t)) = a\mathcal{L}(f(t)) + b\mathcal{L}(g(t))$$

이다.

증명 정의에 의하여

$$\begin{aligned} \mathcal{L}(af(t)+bg(t)) &= \int_0^\infty e^{-st}[af(t)+bg(t)]dt \\ &= a\int_0^\infty e^{-st} f(t) dt + b\int_0^\infty e^{-st} g(t) dt \\ &= a\mathcal{L}(f(t)) + b\mathcal{L}(g(t)) \end{aligned}$$

□

따름정리 12.1.6

만일 $\mathcal{L}^{-1}(F(s))$와 $\mathcal{L}^{-1}(G(s))$가 존재하면,

$$\mathcal{L}^{-1}(a\mathcal{L}(f(t)) + b\mathcal{L}(g(t))) = a\mathcal{L}^{-1}(\mathcal{L}(f(t))) + b\mathcal{L}^{-1}(\mathcal{L}(g(t))).$$

증명 연습문제로 남긴다. □

많은 함수들의 라플라스 변환을 생각하기 전에 우선 표에 일곱 개 기본함수들의 라플라스 변환을 적어놓았다. 표 12.1의 첫째 식은 이미 예제 3에서 구했고 다른 여섯 개의 변환을 구하도록 하자.

표 12.1

$f(t)$	$\mathcal{L}(f(t))$	정의역
e^{at}	$\dfrac{1}{s-a}$	$s > a$
c (상수)	$\dfrac{c}{s}$	$s > 0$
$t^n\ (n \ge 0)$	$\dfrac{n!}{s^{n+1}}$	$s > 0$
$\sin at$	$\dfrac{a}{s^2+a^2}$	$s > 0$
$\cos at$	$\dfrac{s}{s^2+a^2}$	$s > 0$
$\sinh at$	$\dfrac{a}{s^2-a^2}$	$s > \lvert a\rvert$
$\cosh at$	$\dfrac{s}{s^2-a^2}$	$s > \lvert a\rvert$

예제 3

$$\mathcal{L}(c) = \int_0^\infty e^{-st} c\,dt = \left.\frac{ce^{-st}}{-s}\right|_0^\infty = \frac{c}{s},\ s > 0$$

예제 4

$$\mathcal{L}(t^n) = \frac{n!}{s^{n+1}},\ s > 0$$

풀이

n 을 양의 정수라 하자.

$$\mathcal{L}(t^n) = \int_0^\infty e^{-st} t^n\,dt = \left.\frac{-e^{-st}t^n}{s}\right|_0^\infty + \frac{n}{s}\int_0^\infty e^{-st} t^{n-1}\,dt$$

$$= \frac{n}{s}\mathcal{L}(t^{n-1}),\ s > 0$$

왜냐하면 $u = t^n$, $dv = e^{-st}dt$ 로 놓고 부분적분을 하면 두 번째 등식을 얻을 수 있고 로피탈 정리를 n 번 적용하면 $\lim_{t\to\infty} \dfrac{e^{-st}t^n}{s} = 0$, $s > 0$이고 세 번째 등식을 얻을 수 있다. 따라서

$$\mathcal{L}(t^n) = \frac{n}{s}\mathcal{L}(t^{n-1}) = \frac{n(n-1)}{s^2}\mathcal{L}(t^{n-2}) = \cdots = \frac{n!}{s^n}\mathcal{L}(t^0)$$

가 되어

$$\mathcal{L}(t^n) = \frac{n!}{s^n}\mathcal{L}(1) = \frac{n!}{s^{n+1}}$$

이 된다. ■

예제 5

$$\mathcal{L}(\sin at) = \frac{a}{s^2+a^2},\ s > 0$$

$$\mathcal{L}(\cos at) = \frac{s}{s^2+a^2},\ s > 0$$

풀이 $u = \sin at,\ dv = e^{-st}dt$ 라 놓으면 $du = a\cos at dt,\ v = -\dfrac{e^{-st}}{s}$ 가 되어 부분적분을 하면

$$\begin{aligned}\mathcal{L}(\sin at) &= \int_0^\infty e^{-st}\sin at\,dt = \left.\frac{-e^{-st}\sin at}{s}\right|_0^\infty + \frac{a}{s}\int_0^\infty e^{-st}\cos at\,dt \\ &= \frac{a}{s}\int_0^\infty e^{-st}\cos at\,dt \\ &= \frac{a}{s}\left(\left.\frac{-e^{-st}\cos at}{s}\right|_0^\infty - \frac{a}{s}\int_0^\infty e^{-st}\sin at\,dt\right) \\ &= \frac{a}{s^2} - \frac{a^2}{s^2}\mathcal{L}(\sin at)\end{aligned}$$

우변의 마지막 항을 좌변으로 옮기면

$$\left(1+\frac{a^2}{s^2}\right)\mathcal{L}(\sin at) = \frac{a}{s^2} \quad \text{혹은} \quad \frac{s^2+a^2}{s^2}\mathcal{L}(\sin at) = \frac{a}{s^2}$$

가 되고 양변을 $\dfrac{s^2}{s^2+a^2}$ 로 나누면

$$\mathcal{L}(\sin at) = \frac{a}{s^2+a^2}$$

를 얻게 된다. 같은 방법으로

$$\mathcal{L}(\cos at) = \frac{s}{a}\mathcal{L}(\sin at) = \frac{s}{s^2+a^2}$$

이 계산은 $s > 0$ 일 때만 성립한다. ■

예제 6

$$\mathcal{L}(\sinh at) = \frac{a}{s^2-a^2}, \quad s > |a|$$

$$\mathcal{L}(\cosh at) = \frac{s}{s^2-a^2}, \quad s > |a|$$

풀이

$$\sinh at = \frac{e^{at}-e^{-at}}{2}, \quad \cosh at = \frac{e^{at}+e^{-at}}{2}$$

인 것을 이용하여 다음 계산을 할 수 있다.

$$\begin{aligned}\mathcal{L}\{\sinh at\} &= \mathcal{L}\left(\frac{e^{at}-e^{-at}}{2}\right) = \frac{1}{2}(\mathcal{L}(e^{at}) - \mathcal{L}(e^{-at})) \\ &= \frac{1}{2}\left(\frac{1}{s-a} - \frac{1}{s+a}\right) = \frac{a}{s^2-a^2} \\ \mathcal{L}\{\cosh at\} &= \mathcal{L}\left(\frac{e^{at}+e^{-at}}{2}\right) = \frac{1}{2}(\mathcal{L}(e^{at}) + \mathcal{L}(e^{-at})) \\ &= \frac{1}{2}\left(\frac{1}{s-a} + \frac{1}{s+a}\right) = \frac{s}{s^2-a^2}\end{aligned}$$

■

정리 12.1.7 라플라스 변환의 제 1이동정리

$s > b$ 인 s 에 대하여 $\mathcal{L}(f(t)) = F(s)$가 존재한다고 가정하자. a가 실수일 때

$$\mathcal{L}(e^{at}f(t)) = F(s-a), \quad s > a+b$$

이다. 역 라플라스 변환을 이용하여 표현하면

$$\mathcal{L}^{-1}(F(s-a)) = e^{at}f(t)$$

이다.

증명 정의에 의해 $s-a>b$ (혹은 $s>a+b$)라면

$$\mathcal{L}(e^{at}f(t)) = \int_0^\infty e^{-st}e^{at}f(t)dt = \int_0^\infty e^{-(s-a)t}f(t)dt$$
$$= F(s-a)$$

□

예제 7

$$\mathcal{L}(e^{2t}\cos 3t) = \mathcal{L}(\cos 3t)|_{s-2} = \frac{s-2}{(s-2)^2+9}, \quad s>2$$

정리 12.1.7을 표 12.1에 적용하여 표 12.2의 결과를 얻을 수 있다.

표 12.2

$f(t)$	$\mathcal{L}(f(t))$	정의역
$e^{at}t^n$	$\frac{n!}{(s-a)^{n+1}}$	$s>a$
$e^{at}\sin bt$	$\frac{b}{(s-a)^2+b^2}$	$s>a$
$e^{at}\cos bt$	$\frac{s-a}{(s-a)^2+b^2}$	$s>a$
$e^{at}\sinh bt$	$\frac{b}{(s-a)^2-b^2}$	$s>a+\|b\|$
$e^{at}\cosh bt$	$\frac{s-a}{(s-a)^2-b^2}$	$s>a+\|b\|$

예제 8

$\mathcal{L}^{-1}\left(\frac{s+9}{s^2+6s+13}\right)$를 구하여라.

풀이 먼저 분모를 표준형태로 고쳐보면

$$\frac{s+9}{s^2+6s+13} = \frac{s+9}{(s+3)^2+4} = \frac{(s+3)+6}{(s+3)^2+2^2}$$

이다. 역 라플라스 변환의 선형성에 의해

$$\mathcal{L}^{-1}\left(\frac{(s+3)+6}{(s+3)^2+2^2}\right)=\mathcal{L}^{-1}\left(\frac{(s+3)}{(s+3)^2+2^2}\right)+3\mathcal{L}^{-1}\left(\frac{2}{(s+3)^2+2^2}\right)$$

$$=e^{-3t}\cos 2t+3e^{-3t}\sin 2t$$

$$=e^{-3t}(\cos 2t+3\sin 2t)$$

가 된다. ■

연습문제 EXERCISES

01. 다음 함수들의 라플라스 변환을 구하여라.

(1) $f(t) = 2t + 1$

(2) $f(t) = t^2 - 1$

(3) $f(t) = t^3 - 2t^2 + 1$

(4) $f(t) = \dfrac{t^3}{2} + \dfrac{t^2}{2} + \dfrac{t}{2} + 1$

(5) $f(t) = e^{2t+1}$

(6) $f(t) = \sin(2t)$

(7) $f(t) = \cos\left(-\dfrac{t}{2}\right)$

02. $\mathcal{L}(f(t))$가 다음과 같이 주어졌을 때 $f(t)$를 구하여라.

(1) $\dfrac{2}{s^3} + \dfrac{3}{s}$

(2) $\dfrac{1}{(s-2)^2}$

(3) $\dfrac{4}{s^2 + 2s + 3}$

(4) $\dfrac{s-1}{s^2 + 2s + 5}$

03. 다음 함수들의 라플라스 변환을 구하여라.

(1) $\cosh at$

(2) $\sinh at \sin at$

(3) $\cosh at \cos at$

(4) $\sinh at \cos at$

(5) $\cosh at \cosh bt$

(6) $\sinh at \sinh bt$

04. 따름정리 11.1.6을 증명하여라.

CALCULUS

12.2 초기값 문제

정리 12.2.1 도함수의 라플라스 변환

함수 f가 음이 아닌 상수 a, M, T에 대해 $t \geq T$일 때 $|f(t)| \leq Me^{at}$를 만족한다고 하자. 또 $f'(t)$가 $t \geq 0$인 구간에서 조각마다 연속이라고 가정하자. 그러면 $s > a$인 모든 s에 대해 $f'(t)$의 라플라스 변환이 존재하고

$$\mathcal{L}(f'(t)) = s\,\mathcal{L}(f(t)) - f(0)$$

이 된다.

증명 f가 미분가능하므로 연속이다. 또 정리 11.1.4의 조건을 만족하므로 라플라스 변환이 존재한다. 우선 $t \geq 0$일 때 $f'(t)$가 연속이라고 가정하자. 그러면 $\mathcal{L}\{f'(t)\}$를 구하기 위해 $u = e^{-st}$, $dv = f'(t)dt$로 놓고 부분적분하면

$$\begin{aligned}\mathcal{L}(f'(t)) &= \int_0^\infty e^{-st}f'(t)dt = e^{-st}f(t)\Big|_0^\infty + s\int_0^\infty e^{-st}f(t)dt \\ &= s\,\mathcal{L}(f(t)) - f(0)\end{aligned}$$

이다. 만일 $f'(t)$가 조각마다 연속일 때라도 비슷한 방법으로 증명할 수 있다.

□

따름정리 12.2.1

$f^{(k)}$가 $k = 0, 1, \cdots, n-1$에 대해 정리 12.2.1의 조건을 만족하고 $f^{(n)}$가 $t \geq 0$인 구간에서 조각마다 연속이라고 가정하자. 그러면 $\mathcal{L}(f^{(n)}(t))$가 존재하고

$$\mathcal{L}(f^{(n)}(t)) = s^n\,\mathcal{L}(f(t)) - s^{n-1}f(0) - s^{n-2}f'(0) - \cdots - f^{(n-1)}(0)$$

증명 정리 12.2.1의 결과를 계속 적용하여 고차도함수 라플라스 변환을 구할 수 있다.

$$\begin{aligned}\mathcal{L}(f''(t)) &= s\,\mathcal{L}(f'(t)) - f'(0)\\ &= s[s\,\mathcal{L}(f(t)) - f(0)] - f'(0)\\ &= s^2\,\mathcal{L}(f(t)) - s\,f(0) - f'(0)\end{aligned}$$

마찬가지로

$$\mathcal{L}(f'''(t)) = s^3\,\mathcal{L}(f(t)) - s^2 f(0) - sf'(0) - f''(0)$$

이어서, 귀납법을 적용하면 원하는 결과를 얻을 수 있다. □

예제 1

$\mathcal{L}(\sin^2 at)$를 구하여라.

풀이 $f(t) = \sin^2 at$ 라 놓으면 $f'(t) = 2a\sin at\cos at = a\sin 2at$ 이다. 그래서

$$\frac{2a^2}{s^2+4a^2} = \mathcal{L}(f(t)) = s\,\mathcal{L}(f(t)) - f(0) = s\,\mathcal{L}(f(t))$$

이므로

$$\mathcal{L}(\sin^2 at) = \frac{2a^2}{s(s^2+4a^2)}, \quad s > 0$$

이다. ■

예제 2

$\mathcal{L}(t\sin at)$를 구하여라.

풀이 $f(t) = t\sin at$ 라 놓으면

$$f'(t) = \sin at + at\cos at, \quad f''(t) = 2a\cos at - a^2 t\sin at$$

이며, $f(0) = f'(0) = 0$ 이므로

$$2a\,\mathcal{L}(\cos at) - a^2\,\mathcal{L}(f(t)) = \mathcal{L}(f''(t)) = s^2\,\mathcal{L}(f(t))$$

가 되어

$$(s^2+a^2)\,\mathcal{L}\,(f(t)) = 2a\mathcal{L}\,(\cos at) = \frac{2as}{s^2+a^2}$$

혹은

$$\mathcal{L}\,(f(t)) = \frac{2as}{(s^2+a^2)^2},\quad s>0$$

이다. ■

예제 3

다음 초기값 문제를 풀어라.

$$y''-4y=0,\quad y(0)=1,\quad y'(0)=2$$

풀이 미분방정식의 양변에 라플라스 변환을 취하고 미분성질을 이용하여 다음과 같은 대수방정식을 얻을 수 있다.

$$[s^2\mathcal{L}\,(y)-sy(0)-y'(0)]-4\mathcal{L}\,(y)=[s^2\mathcal{L}\,(y)-s-2]-4\mathcal{L}\,(y)=0$$

그래서 $(s^2-4)\mathcal{L}\,(y)=s+2$가 되어 따라서 표 10.1로부터 미분방정식을 만족하는 해 $y(t)=e^{2t}$를 얻는다. ■

예제 4

다음 초기값 문제를 풀어라.

$$y''-5y'+4y=e^{2t},\quad y(0)=1,\quad y'(0)=0$$

풀이 앞의 정리들과 표 10.1을 이용하면 다음을 얻을 수 있다.

$$\begin{aligned}&[s^2\mathcal{L}\,(y)-sy(0)-y'(0)]-5[s\mathcal{L}\,(y)-y(0)]+4\mathcal{L}\,(y)\\&\quad=[s^2\mathcal{L}\,(y)-s]-5[s\mathcal{L}\,(y)-1]+4\mathcal{L}\,(y)\\&\quad=(s^2-5s+4)\,\mathcal{L}\,(y)-s+5\\&\quad=\frac{1}{s-2}\end{aligned}$$

따라서

$$(s^2-5s+4)\mathcal{L}(y)=s-5+\frac{1}{s-2}=\frac{s^2-7s+11}{s-2}$$

그러므로 부분분수로 분해하면

$$\begin{aligned}\mathcal{L}(y)&=\frac{s^2-7s+11}{(s-2)(s^2-5s+4)}=\frac{s^2-7s+11}{(s-2)(s-1)(s-4)}\\&=-\frac{1}{2}\frac{1}{s-2}+\frac{5}{3}\frac{1}{s-1}-\frac{1}{6}\frac{1}{s-4}\end{aligned}$$

그래서

$$y(t)=-\frac{e^{2t}}{2}+\frac{5e^t}{3}-\frac{e^{4t}}{6}$$

이다. ■

정리 12.2.3

만일 $\mathcal{L}(f(t))$가 $s>a$인 s값에 대하여 존재하면 $\mathcal{L}(tf(t))$도 $s>a$에서 존재하고 $\mathcal{L}(tf(t))=-\frac{d}{ds}\mathcal{L}(f(t))$이다.

증명

$$\begin{aligned}\frac{d}{ds}\mathcal{L}(f(t))=\frac{d}{ds}\int_0^\infty e^{-st}f(t)dt&=\int_0^\infty\frac{d}{ds}e^{-st}f(t)\,dt\\&=\int_0^\infty -te^{-st}f(t)\,dt=-\mathcal{L}(tf(t))\end{aligned}$$

□

위의 정리를 계속 적용하여

$$\begin{aligned}\mathcal{L}(t^nf(t))&=-\frac{d}{ds}\mathcal{L}(t^{n-1}f(t))\\&=(-1)^2\frac{d^2}{ds^2}\mathcal{L}(t^{n-2}f(t))\\&=\cdots=(-1)^n\frac{d^n}{ds^n}\mathcal{L}(f(t))\end{aligned}$$

을 얻는다.

예제 5

다음 변수계수의 미분방정식을 풀어라.

$$ty''-ty'-y=0,\ \ y(0)=0,\ \ y'(0)=3$$

풀이

미분방정식의 양변에 라플라스 변환을 취하면

$$\begin{aligned}
\mathcal{L}(ty''-ty'-y) &= \mathcal{L}(ty'')-\mathcal{L}(ty')-\mathcal{L}(y)\\
&=-\frac{d}{ds}\mathcal{L}(y'')-\left[-\frac{d}{ds}\mathcal{L}(y')\right]-\mathcal{L}(y)\\
&=-\frac{d}{ds}\{s^2\mathcal{L}(y)-sy(0)-y'(0)\}\\
&\quad+\frac{d}{ds}\{s\mathcal{L}(y)-y(0)\}-\mathcal{L}(y)\\
&=\left[-s^2\frac{d}{ds}\mathcal{L}(y)-2s\mathcal{L}(y)\right]+\left[s\frac{d}{ds}\mathcal{L}(y)+\mathcal{L}(y)\right]-\mathcal{L}(y)\\
&=0
\end{aligned}$$

이 되고, 정리하면

$$(s^2-s)\frac{d}{ds}\mathcal{L}(y)+2s\mathcal{L}(y)=0$$

이다. 양변을 $s^2-s=s(s-1)$로 나누면

$$\frac{d}{ds}\mathcal{L}(y)+\frac{2}{s-1}\mathcal{L}(y)=0$$

이 되어 변수분리를 하면

$$\frac{d\mathcal{L}(y)}{\mathcal{L}(y)}=-\frac{2}{s-1}ds$$

이므로 적분을 통해 $\ln|\mathcal{L}(y)|=-2\ln|s-1|+c$를 얻는다. 즉

$$\mathcal{L}(y)=\frac{c}{(s-1)^2}$$

이다. 그러므로 표 12.2로부터 $y(t)=cte^t$가 된다. 계수 c를 구하기 위해 한 번 미분하고 주어진 둘째 조건을 이용하면

$$3=y'(0)=c(t+1)e^t\big|_{t=0}=c$$

가 되어 이 초기값 문제의 유일해 $y(t)=3te^t$를 구할 수 있다. ■

연습문제 EXERCISES

01. 다음 초기값 문제를 풀어라.

(1) $y'' + y = 0$, $y(0) = 1, y'(0) = 0$

(2) $y'' - 4y + 2 = 0$, $y(0) = y'(0) = 1$

(3) $y'' - 4y = t$, $y(0) = 1$, $y'(0) = 2$

(4) $y'' + y = \sin t$, $y(0) = y'(0) = 1$

02. 다음 함수들의 라플라스 변환을 구하여라.

(1) $\cos^2 t$

(2) $t\cos t$

(3) $t^2 \sin t$

(4) $t^2 \cos^2 t$

03. $\tan^{-1}\dfrac{1}{s}$ 의 역 라플라스 변환을 구하여라.

CALCULUS

12.3 계단함수, 충격함수, 주기함수

앞 절에서 우리는 $f(t)$가 연속함수인 경우에 어떻게 선형미분방정식을 푸는가에 대하여 살펴보았다. 그러나 실제응용에 나타나는 많은 함수들은 계단함수나 충격함수와 같은 비연속함수들이다. 이 절에서는 이와 같은 함수들의 라플라스 변환을 구하는 방법을 배우고, 다음 절에서는 비연속함수가 포함된 미분방정식을 풀어볼 것이다.

1 단위계단함수

정의 12.3.1

실생활에 있어 매우 중요한 함수는 **단위계단함수** 혹은 Heaviside **함수**로 알려져 있는 다음 함수이다.

$$H(t) = \begin{cases} 0, & t < 0 \\ 1, & t > 0 \end{cases}$$

특별히 a가 상수일 때 Heaviside 함수를 다음과 같이 정의하므로 a 만큼 움직일 수 있다.

$$H(t-a) = \begin{cases} 0, & t < a \\ 1, & t > a \end{cases}$$

그러면 $H(t-a)$는 $t=a$에서 불연속이다. $H(t-a)$는 $t=a$에서 정의되지 않았음에 유의하라. 이러한 함수의 실제모델은 $t=a$시간에 켜진 전등과 같은 것이다. $a \geq 0$이고 $s > 0$일 때 다음과 같은 식을 얻는다.

$$\mathcal{L}(H(t-a)) = \int_0^\infty e^{-st} H(t-a)\, dt = \int_a^\infty e^{-st}\, dt = \frac{e^{-as}}{s}$$

정리 12.3.2 라플라스 변환의 제2 이동정리

$a>0$이라 하면 $\mathcal{L}(f(t-a)H(t-a))=e^{-as}\mathcal{L}(f(t))$.

증명 정의를 이용하고 $x=t-a$로 치환하면

$$\begin{aligned}\mathcal{L}(f(t-a)H(t-a)) &= \int_0^\infty e^{-st}f(t-a)H(t-a)dt\\ &= \int_a^\infty e^{-st}f(t-a)dt = \int_0^\infty e^{-s(x+a)}f(x)dx\\ &= e^{-as}\mathcal{L}(f(t))\end{aligned}$$

이다. 여기서 $x=t-a$, $dx=dt$ 이다. □

예제 1

$$\mathcal{L}(\sin a(t-b)H(t-b))=e^{-bs}\mathcal{L}(\sin at)=\frac{ae^{-bs}}{s^2+a^2}$$

예제 2

함수 $f(t)$가 다음과 같을 때 $\mathcal{L}(f(t))$를 구하여라.

$$f(t)=\begin{cases} e^t, & 0\le t<2\pi \\ e^t+\cos t, & t>2\pi\end{cases}$$

풀이 함수 $f(t)$가 $t=2\pi$ 에서 불연속이다.

$$H(t-2\pi)\cos(t-2\pi)=\begin{cases}0, \ t<2\pi \\ \cos(t-2\pi)=\cos t, \ t>2\pi\end{cases}$$

이므로

$$f(t)=e^t+H(t-2\pi)\cos(t-2\pi)$$

이다. 따라서 정리 12.3.2에 의해 다음과 같이 구할 수 있다.

$$\mathcal{L}(f(t)) = \mathcal{L}(e^t) + e^{-2\pi s}\mathcal{L}(\cos t) = \frac{1}{s-1} + \frac{s e^{-2\pi s}}{1+s^2}$$

예제 3

$$\mathcal{L}^{-1}\left(\frac{1-e^{-\frac{\pi s}{2}}}{1+s^2}\right) = \mathcal{L}^{-1}\left(\frac{1}{1+s^2}\right) - \mathcal{L}^{-1}\left(\frac{e^{-\frac{\pi s}{2}}}{1+s^2}\right)$$
$$= \sin t - H\left(t-\frac{\pi}{2}\right)\sin\left(t-\frac{\pi}{2}\right)$$
$$= \sin t + H\left(t-\frac{\pi}{2}\right)\cos t$$

단위계단함수는 다른 함수를 만드는 기본형태로 쓸 수 있다. 예를 들면

$$f_1(t) = H(t-a) - H(t-b),\ \ a < b$$

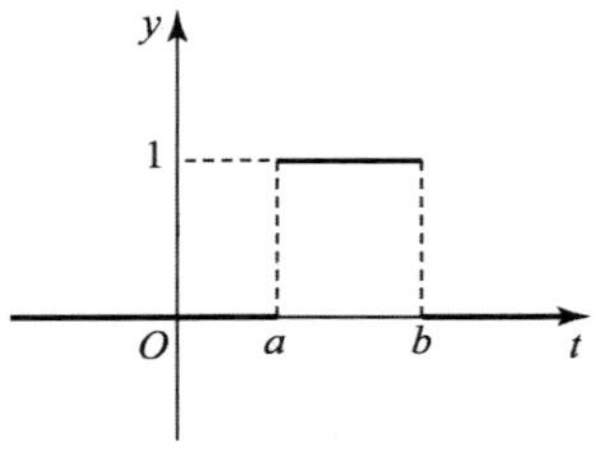

그림 12.3.1

은 a 와 b 사이의 사각 파동식이고

$$f_2(t) = H(t-a) + H(t-2a) + H(t-3a),\ \ a > 0$$

은 3단계 계단식이다. 라플라스 변환의 선형성에 의해

$$\mathcal{L}(f_1(t)) = \frac{1}{s}(e^{-as} - e^{-bs}),$$
$$\mathcal{L}(f_2(t)) = \frac{1}{s}(e^{-as} + e^{-2as} + e^{-3as})$$

를 얻을 수 있다.

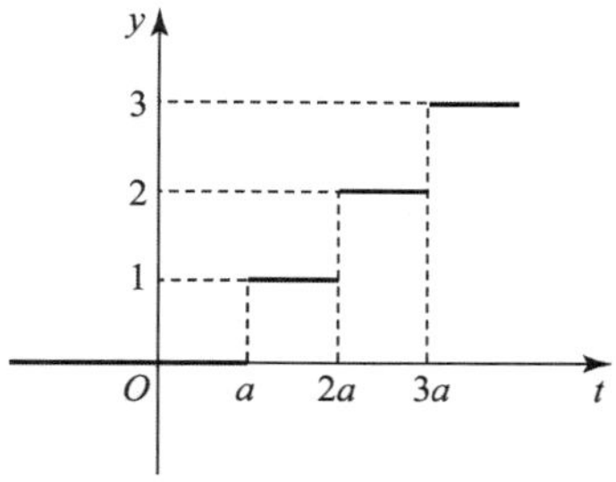

그림 12.3.2

예제 4

무한 계단식 함수

$$f(t) = H(t) + H(t-a) + H(t-2a) + \cdots, \quad a > 0$$

의 라플라스 변환을 구하여라.

풀이

$$\begin{aligned}
\mathcal{L}(f(t)) &= \mathcal{L}(H(t) + H(t-a) + H(t-2a) + \cdots) \\
&= \mathcal{L}(H(t)) + \mathcal{L}(H(t-a)) + \mathcal{L}(H(t-2a)) + \cdots \\
&= \frac{1}{s} + \frac{e^{-as}}{s} + \frac{e^{-2as}}{s} + \cdots \\
&= \frac{1}{s}(1 + e^{-as} + e^{-2as} + \cdots) \\
&= \frac{1}{s(1-e^{-as})}
\end{aligned}$$

예제 5

주기사각파동식 함수

$$f(t) = H(t) - 2H(t-a) + 2H(t-2a) - 2H(t-3a) + \cdots$$

의 라플라스 변환을 구하여라.

풀이

$$\begin{aligned}
\mathcal{L}(f(t)) &= \mathcal{L}(H(t) - 2H(t-a) + 2H(t-2a) - 2H(t-3a) + \cdots) \\
&= \mathcal{L}(H(t)) - 2\mathcal{L}(H(t-a)) + 2\mathcal{L}(H(t-2a)) - 2\mathcal{L}(H(t-3a)) + \cdots \\
&= \frac{1}{s} - 2\frac{e^{-as}}{s} + 2\frac{e^{-2as}}{s} - 2\frac{e^{-3as}}{s} + \cdots
\end{aligned}$$

$$= \frac{1}{s}(1 - 2e^{-as} + 2e^{-2as} - 2e^{-3as} + \cdots)$$

$$= \frac{1}{s}[2(1 - e^{-as} + e^{-2as} - e^{-3as} + \cdots) - 1]$$

$$= \frac{1}{s}\left(\frac{2}{1+e^{-as}} - 1\right) = \frac{1-e^{-as}}{s(1+e^{-as})} = \frac{1}{s}\tanh\left(\frac{1}{2}as\right)$$

■

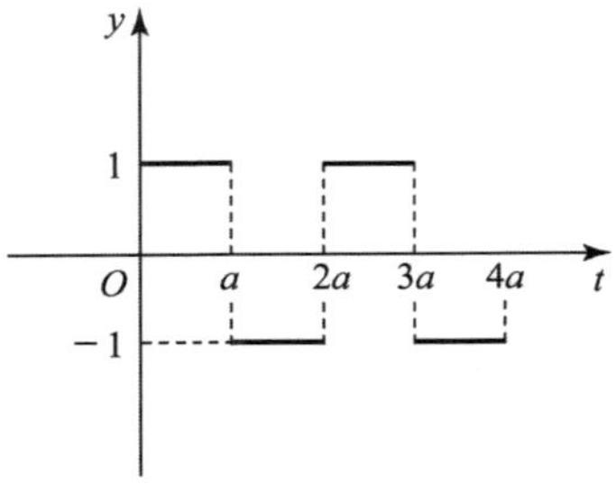

그림 12.3.3

2 단위충격함수

단위충격함수(또는 **Dirac 델타함수**) $\delta(t-a)$는 $t=a$를 제외한 거의 모든 점에서 0이고 다음과 같은 성질을 가지는 함수라고 말할 수 있다.

$$\int_{-\infty}^{\infty} \delta(t-a)dt = 1$$

예를 들어, $a=0$일 때 Dirac 델타함수를 구해보자. 임의의 수 $\epsilon > 0$에 대해 근사적인 델타함수를 생각해 보면

$$\delta_\epsilon(t) = \begin{cases} \frac{1}{2\epsilon}, & -\epsilon < t < \epsilon \\ 0, & |t| > \epsilon \end{cases}$$

이다. 함수 $\delta_\epsilon(t)$가 조각마다 연속이고

$$\int_{-\infty}^{\infty} \delta_\epsilon(t)dt = \int_{-\epsilon}^{\epsilon} \frac{1}{2\epsilon}dt = 1$$

이다. 따라서

$$\delta(t) := \lim_{\epsilon \to 0} \delta_\epsilon(t)$$

와 같이 정의할 수 있다. 물론 $\delta(t)$는 함수가 아니지만 함수인 것처럼 취급할 것이다. 함수 $\delta(t-a)$는 $t=a$에 집중되어 있으므로

$$H(t-a)=\int_{-\infty}^{t}\delta(u-a)du$$

이다. 적분성질에 의해 $a \geq 0$일 때

$$\frac{1}{s}\mathcal{L}(\delta(t-a))=\mathcal{L}\left(\int_{0}^{t}\delta(u-a)du\right)=\mathcal{L}(H(t-a))=\frac{e^{-as}}{s}$$

이다. 따라서 $\mathcal{L}(\delta(t-a))=e^{-as},\ a\geq 0,\ s>0$.

예제 6

다음 초기값 문제를 풀어라.

$$y''+y=f(t)=\begin{cases}1, & 0\leq t<1\\ 0, & t>1\end{cases},\quad y(0)=y'(0)=0$$

풀이

Heaviside 함수를 이용하여 $f(t)$를 쓰면

$$f(t)=H(t)-H(t-1)$$

이고, 라플라스 변환을 취하면 다음과 같다.

$$s^2\mathcal{L}(y)+\mathcal{L}(y)=\frac{1}{s}-\frac{e^{-s}}{s}$$

$$(s^2+1)\mathcal{L}(y)=\frac{1-e^{-s}}{s}$$

따라서

$$\mathcal{L}(y)=\frac{1-e^{-s}}{s(s^2+1)}=\frac{1-e^{-s}}{s}-\frac{s(1-e^{-s})}{s^2+1}$$

$$=\frac{1}{s}-\frac{s}{s^2+1}-\frac{e^{-s}}{s}+\frac{se^{-s}}{s^2+1}$$

이다. 그러므로 정리 12.3.2에 의하여

$$y(t)=1-\cos t-H(t-1)+H(t-1)\cos(t-1)$$

$$=1-\cos t-H(t-1)[1-\cos(t-1)]$$

이다. ■

3 주기함수들의 라플라스 변환

정리 12.3.3 라플라스 변환의 주기성

함수 $f(t)$를 $[0, w]$에서 연속이고 주기가 w인 주기함수라 하자. 즉 $t \geq 0$일 때 $f(t+w)=f(t)$이다. 그러면 $f(t)$의 라플라스 변환은 $s>0$일 때

$$\mathcal{L}(f(t)) = \frac{\int_0^w e^{-st} f(t)dt}{1-e^{-ws}}$$

가 된다.

증명

$$\begin{aligned}
\mathcal{L}(f(t)) &= \int_0^\infty e^{-st} f(t)dt \\
&= \int_0^w e^{-st} f(t)dt + \int_w^{2w} e^{-st} f(t)dt + \cdots \\
&= \sum_{k=0}^{\infty} \int_{kw}^{(k+1)w} e^{-st} f(t)dt \\
&= \sum_{k=0}^{\infty} \int_0^w e^{-s(u+kw)} f(u+kw)du \ (\because t = u+kw) \\
&= \sum_{k=0}^{\infty} e^{-skw} \int_0^w e^{-su} f(u)du \ (\because f(u+kw) = f(u)) \\
&= \left[\int_0^w e^{-su} f(u)du\right] \sum_{k=0}^{\infty} (e^{-ws})^k = \frac{\int_0^w e^{-st} f(t)dt}{1-e^{-ws}}
\end{aligned}$$

□

예제 7

함수

$$g(t) = \begin{cases} \dfrac{t}{a}, & 0 \leq t \leq a \\ 2-\dfrac{t}{a}, & a \leq t \leq 2a \end{cases}, \quad g(t+2a) = g(t), \quad \forall\, t \in \mathbb{R}$$

에 대하여 $\mathcal{L}(g(t))$를 구하여라.

풀이

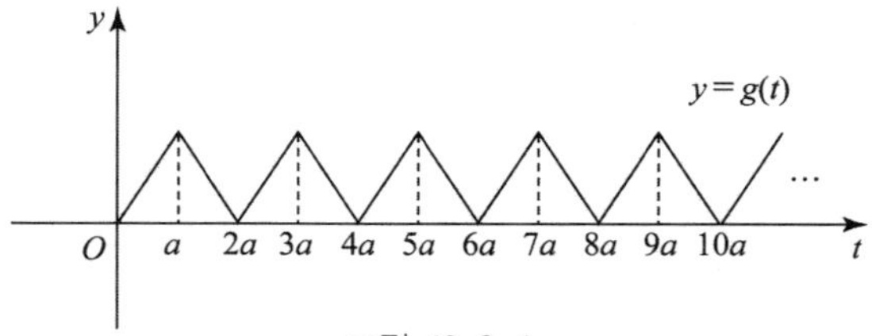

그림 12.3.4

정리 12.3.3으로부터

$$\mathcal{L}(g(t)) = \frac{\int_0^{2a} e^{-st} g(t)dt}{1-e^{-2as}}$$

을 얻는다. 그러므로

$$\begin{aligned}\mathcal{L}(g(t)) &= \frac{\int_0^{2a} e^{-st} g(t)dt}{1-e^{-2as}} \\ &= \frac{\frac{1}{a}\int_0^{a} te^{-st}dt + \frac{1}{a}\int_a^{2a}(2a-t)e^{-st}dt}{1-e^{-2as}} \\ &= \frac{\frac{1}{a}\left[\frac{e^{-st}}{-s}\left(t+\frac{1}{s}\right)\right]\Bigg|_{t=0}^{t=a} + \frac{1}{a}\left[\frac{e^{-st}}{-s}\left(2a-t-\frac{1}{s}\right)\right]\Bigg|_{t=a}^{t=2a}}{1-e^{-2as}} \\ &= \frac{\frac{1}{as^2}(1-2e^{-as}+e^{-2as})}{1-e^{-2as}} \\ &= \frac{1}{as^2}\tanh\frac{as}{2}\end{aligned}$$

을 얻는다.

연습문제 EXERCISES

01. 다음 초기값 문제를 풀어라.

(1) $y'' - y = f(t)$, $y(0) = y'(0) = 0$. 이때 $f(t) = \begin{cases} t, & 0 < t < \pi \\ 0, & t > \pi \end{cases}$ 이다.

(2) $y'' - 3y + 2y = f(t)$, $y(0) = y'(0) = 0$. 이때 $f(t) = \begin{cases} 1, & 0 < t < 2 \\ 0, & t > 2 \end{cases}$ 이다.

(3) $y'' - 5y + 6 = H(t-1)$, $y(0) = y'(0) = 0$

(4) $y'' - 2y' - 3y = \delta(t-1)$, $y(0) = y'(0) = 2$

02. 함수 $f(t) = \begin{cases} \sin t, & t < 2\pi \\ \cos t, & t > 2\pi \end{cases}$ 의 라플라스 변환을 구하여라.

03. 주어진 함수들의 역 라플라스 변환을 구하여라.

(1) $\dfrac{e^{-\pi s}}{s^2 + 5}$　　(2) $\dfrac{2e^{-s} + 5e^{-3s}}{1 - e^{-4s}}$

CALCULUS

12.4 합성곱의 변환

정의 12.4.1

두 함수 f와 g가 조각마다 연속함수일 때, 두 함수 f와 g의 **합성곱**(convolution) $f*g$는 다음과 같이 정의된다.

$$(f*g)(t)=\int_0^t f(t-u)g(u)du$$

변수변환 $v=t-u$를 이용하면

$$(f*g)(t)=\int_0^t f(t-u)g(u)du=-\int_t^0 f(v)g(t-v)dv$$
$$=\int_0^t g(t-v)f(v)dv=(g*f)(t)$$

가 되어 $f*g=g*f$이다. 따라서, 두 함수의 합성곱은 어떤 순서로 취해도 똑같은 결과를 가진다.

참고 $\mathcal{L}(f(t))=\frac{1}{s}$, $\mathcal{L}(g(t))=\frac{1}{s^2}$ 이면 $\mathcal{L}(f(t))\mathcal{L}(g(t))=\frac{1}{s^3}$ 이지만

$\mathcal{L}^{-1}(\mathcal{L}(f(t))\mathcal{L}(g(t)))=\mathcal{L}^{-1}\left(\frac{1}{s^3}\right)=\frac{t^2}{2}$

$\mathcal{L}^{-1}(\mathcal{L}(f(t)))=\mathcal{L}^{-1}\left(\frac{1}{s}\right)=1$, $\mathcal{L}^{-1}(\mathcal{L}(g(t)))=\mathcal{L}^{-1}\left(\frac{1}{s^2}\right)=t$ 이므로

$\mathcal{L}^{-1}(\mathcal{L}(f(t))\mathcal{L}(g(t)))\neq\mathcal{L}^{-1}(\mathcal{L}(f(t))\mathcal{L}^{-1}(\mathcal{L}(g(t))))$임이 명백하다.

정리 12.4.2

두 함수 f와 g가 조각마다 연속함수일 때

$$\mathcal{L}((f*g)(t))=\mathcal{L}(f(t))\mathcal{L}(g(t))$$

증명 정의에 의해

$$\mathcal{L}(f(t))\mathcal{L}(g(t)) = \left(\int_0^\infty e^{-su} f(u)du\right)\left(\int_0^\infty e^{-sv} g(v)dv\right)$$
$$= \int_0^\infty \int_0^\infty e^{-s(u+v)} f(u)g(v)dvdu$$

u를 고정하고 $t=u+v$로 변수변환하면, 위 식은

$$\mathcal{L}(f(t))\mathcal{L}(g(t)) = \int_0^\infty \int_u^\infty e^{-st} f(u)g(t-u)dt\,du$$

가 된다. 적분의 순서를 바꾸면[1)]

$$\mathcal{L}(f(t))\mathcal{L}(g(t)) = \int_0^\infty \int_0^t e^{-st} f(u)g(t-u)du\,dt$$
$$= \int_0^\infty e^{-st}\left[\int_0^t f(u)g(t-u)du\right]dt$$
$$= \int_0^\infty e^{-st}(g*f)(t)dt = \int_0^\infty e^{-st}(f*g)(t)dt$$
$$= \mathcal{L}(((f*g)(t))$$

가 된다. □

따름정리 12.4.3

$$\mathcal{L}^{-1}(\mathcal{L}(f(t))\mathcal{L}(g(t))) = (f*g)(t)$$

예제 1

$\mathcal{L}^{-1}\left(\dfrac{s}{(s^2+1)^2}\right)$을 구하여라.

풀이

$$\mathcal{L}(\cos t) = \frac{s}{s^2+1} \text{과 } \mathcal{L}(\sin t) = \frac{1}{s^2+1}$$

이므로 다음 식을 얻는다.

1) 이것은 항상 가능한 것은 아니다. 적분의 순서를 바꿀 수 있는 조건은 해석학을 참조하면 알 수 있다.

$$\mathcal{L}^{-1}\left(\frac{s}{(s^2+1)^2}\right)=\mathcal{L}^{-1}\left(\frac{s}{s^2+1}\cdot\frac{1}{s^2+1}\right)$$

정리 12.4.2에 의해 이것은 $\sin t$와 $\cos t$의 합성곱이다. 그런데

$$\begin{aligned}
\sin t*\cos t &= \int_0^t \sin(t-u)\cos u\,du \\
&= \int_0^t (\sin t\cos u-\cos t\sin u)\cos u\,du \\
&= \sin t\int_0^t \cos^2 u\,du-\cos t\int_0^t \sin u\cos u\,du \\
&= \left[\sin t\left(\frac{\sin u\cos u+u}{2}\right)-\cos t\frac{\sin^2 u}{2}\right]_{u=0}^{u=t}=\frac{t\sin t}{2}
\end{aligned}$$

가 되므로

$$\mathcal{L}^{-1}\left(\frac{s}{(s^2+1)^2}\right)=\frac{t\sin t}{2}$$

이다. ■

예제 2

$n\geq 1$인 정수이고 a가 양의 실수일 때, $\mathcal{L}^{-1}\left(\frac{e^{-as}}{s^{n+1}}\right)$을 구하여라.

풀이

$$\frac{e^{-as}}{s^{n+1}}=\frac{1}{s^n}\frac{e^{-as}}{s}=\mathcal{L}\left(\frac{t^{n-1}}{(n-1)!}\right)\mathcal{L}(H(t-a))$$

이므로

$$\mathcal{L}^{-1}\left(\frac{e^{-as}}{s^{n+1}}\right)=\frac{t^{n-1}}{(n-1)!}*H(t-a)=\int_0^t\frac{(t-u)^{n-1}}{(n-1)!}H(u-a)du$$

이다. $t<a$일 때 $H(u-a)=0$이므로, $t>a$일 때

$$\begin{aligned}
\int_0^t\frac{(t-u)^{n-1}}{(n-1)!}H(u-a)du &= \int_a^t\frac{(t-u)^{n-1}}{(n-1)!}du \\
&= -\left.\frac{(t-u)^n}{n!}\right|_a^t=\frac{(t-a)^n}{n!}
\end{aligned}$$

이 되어

$$\mathcal{L}^{-1}\left(\frac{1}{s^{n+1}}e^{-as}\right)=\begin{cases}0, & t<a \\ \dfrac{(t-a)^n}{n!}, & t>a\end{cases}=\frac{(t-a)^n}{n!}H(t-a)$$

■

연습문제 EXERCISES

01. 다음 합성곱을 구하여라.

(1) $1*1$

(2) $1*\sin t$

(3) $t*t^2$

(4) e^t*e^{2t}

(5) $t*e^t$

02. 주어진 함수들의 역 라플라스 변환을 구하여라.

(1) $\dfrac{3}{s(s+2)}$

(2) $\dfrac{1}{(s-1)^2}$

(3) $\dfrac{e^{-2s}}{s(s-1)}$

(4) $\dfrac{1}{(s+1)(s-2)}$

03. 따름정리 12.4.3을 증명하여라.

대학
수학

부록

도함수 공식

도함수 공식

(1) $\frac{d}{dx}x^a = ax^{a-1}$, a : 실수

(2) $\frac{d}{dx}a^x = a^x \ln a$, a : 양의 실수

(3) $\frac{d}{dx}e^x = e^x$

(4) $\frac{d}{dx}\log_a x = \frac{1}{x}\log_a e$, $a \neq 1$인 실수

(5) $\frac{d}{dx}\ln x = \frac{1}{x}$

(6) $\frac{d}{dx}\sin x = \cos x$

(7) $\frac{d}{dx}\cos x = -\sin x$

(8) $\frac{d}{dx}\tan x = \sec^2 x$

(9) $\frac{d}{dx}\sec x = \sec x \tan x$

(10) $\frac{d}{dx}\cot x = -\csc^2 x$

(11) $\frac{d}{dx}\csc x = -\csc x \cot x$

(12) $\frac{d}{dx}\sin^{-1}x = \frac{1}{\sqrt{1-x^2}}$, $-1 < x < 1$

(13) $\frac{d}{dx}\cos^{-1}x = -\frac{1}{\sqrt{1-x^2}}$, $-1 < x < 1$

(14) $\frac{d}{dx}\tan^{-1}x = \frac{1}{1+x^2}$

(15) $\frac{d}{dx}\cot^{-1}x = -\frac{1}{1+x^2}$

(16) $\frac{d}{dx}\sec^{-1}x = \frac{1}{|x|\sqrt{x^2-1}}$, $|x| > 1$

(17) $\frac{d}{dx}\csc^{-1}x = -\frac{1}{|x|\sqrt{x^2-1}}$, $|x| > 1$

대학
수학

연습문제

해답

ANSWER

1장 함수

1.1 함수의 정의

1. (1) $\{x \mid x \in \mathbb{R}\}$ (2) $\mathbb{R}$

(3) $\{x \in \mathbb{R} \mid x \neq -1\}$ (4) $\mathbb{R}$

(5) $\left\{x \in \mathbb{R} \mid x \geq \dfrac{3}{2}\right\}$ (6) $\{x \in \mathbb{R} \mid x \neq 1, 3\}$

2. (1) $\mathbb{R}$ (2) $\{y \in \mathbb{R} \mid y \geq 3\}$

(3) $\{y \in \mathbb{R} \mid y \leq 1\}$ (4) $\{y \in \mathbb{R} \mid 0 < y \leq 1\}$

(5) $\{y \in \mathbb{R} \mid y \geq 4\}$ (6) $\mathbb{R}$

3. (1) (기함수) (2) (우함수) (3) (×)

(4) (우함수) (5) (기함수) (6) (우함수)

4. 우함수, 주기$=2$

5. $\{x \mid x \in \mathbb{R}\}$, $\{y \mid y = 0, 1\}$

1.2 전단사함수와 역함수

1. (1) 만약 $3x_1 + 1 = 3x_2 + 1$이면, $x_1 = x_2$이므로 단사함수이다.

(2) $f(-x) = f(x)$이므로 단사함수가 아니다.

(3) 단사함수 (4) 단사함수

2. (1) 임의의 $y \in \mathbb{R}$에 대하여, 실수값 $x = \dfrac{1}{2}(y+3)$가 $y = 2x - 3$을 만족하므로 전사함수이고, $y = 2x - 3$은 일차함수이므로 단사함수이다.

(2) 전사함수가 아니므로 일대일 대응함수가 아니다 (단, 여기서 공변역을 실수전체 집합으로 이해한 것이다).

(3) 아니다. (4) 맞다.

3. (1) $x = y^{\frac{1}{2}}$ (2) $x = y^2 + 1 \ (y \geq 0)$ (3) $x = \dfrac{1}{y} \ (y \neq 0)$

(4) $y = \sqrt{\left(1 + \dfrac{x}{3}\right)\left(1 - \dfrac{x}{3}\right)}$, $(0 \leq y \leq 1)$

1.3 함수의 합성

1. (1) $(g \circ f)(x) = x^2 + 4 + \dfrac{1}{x^2 + 4}$ (2) $(g \circ f)(x) = x\sqrt{x} + \sqrt{x}$

(3) $(g \circ f)(x) = \dfrac{1}{(2x+3)^4}$

2. $(h \circ g \circ f)(x) = \dfrac{1}{(x+1)^3}$

1.4 삼각함수

1. (1) $\dfrac{\sqrt{2}}{2}$ (2) 0 (3) $-\dfrac{\sqrt{3}}{2}$ (4) 0

(5) $\sqrt{3}$ (6) $\dfrac{\sqrt{3}}{3}$ (7) $\dfrac{2+\sqrt{2}}{4}$ (8) $\dfrac{1}{4}$

2. (1) $\cos\theta = \dfrac{1}{2}$, $0 < \theta < \pi$이므로 θ는 I사분면의 각이다.

그러므로 $\theta = \dfrac{\pi}{3}$이다.

(2) $\theta = -\dfrac{\pi}{6}$ (3) $\theta = \dfrac{\pi}{4}$ (4) $\theta = \dfrac{\pi}{3}$

1.5 삼각함수의 역함수

1. (1) $-\dfrac{\pi}{2}$ (2) $-\dfrac{\pi}{3}$ (3) π (4) $\dfrac{\pi}{4}$

(5) $\dfrac{\pi}{6}$ (6) $-\dfrac{\pi}{4}$

2. $\cos\alpha = \dfrac{5}{13}$, $\tan\alpha = \dfrac{12}{5}$

1.6 지수함수와 로그함수

1. (1) 3 (2) 2 (3) -5 (4) 6

(5) 6 (6) -6 (7) -2 (8) 2

3. (1) 1 (2) 0

(3) $\cosh^2 x - \sinh^2 x = \dfrac{1}{4}(e^{2x} + 2 + e^{-2x} - e^{2x} + 2 - e^{-2x}) = 1$

2장 미분

2.1 함수의 극한과 연속

1. (1) 8 (2) 1 (3) 0 (4) 0

(5) $\pm\infty$ (6) $\dfrac{3}{4}$ (7) 0 (8) 1

2. (1) 연속 (2) 연속 (3) 연속

2.2 변화율

1. (1) 2 (2) 1 (3) $\dfrac{1}{2\sqrt{3}}$

2. (1) $f'(x)=\lim\limits_{h\to 0}\dfrac{f(x+h)-f(x)}{h}=\lim\limits_{h\to 0}\dfrac{2(x+h)+5-2x-5}{h}=2$

(2) $f'(x)=\lim\limits_{h\to 0}\dfrac{f(x+h)-f(x)}{h}=\lim\limits_{h\to 0}\dfrac{(x+h)^2-1-(x^2-1)}{h}$

$=\lim\limits_{h\to 0}\dfrac{2xh+h^2}{h}=2x$

(3) $f'(x)=\lim\limits_{h\to 0}\dfrac{f(x+h)-f(x)}{h}=\lim\limits_{h\to 0}\dfrac{\sqrt{x+1+h}-\sqrt{x+1}}{h}$

$=\lim\limits_{h\to 0}\dfrac{h}{h(\sqrt{x+1+h}+\sqrt{x+1})}=\dfrac{1}{2\sqrt{x+1}}$

(4) $f'(x)=\lim\limits_{h\to 0}\dfrac{\dfrac{1}{(x+h)^2}-\dfrac{1}{x^2}}{h}=\lim\limits_{h\to 0}\dfrac{x^2-(x+h)^2}{hx^2(x+h)^2}=-\dfrac{2}{x^3}$

3. (1) $f'(2)=4$, 접선의 방정식: $y-4=4(x-2)$

$\therefore y=4x-4$

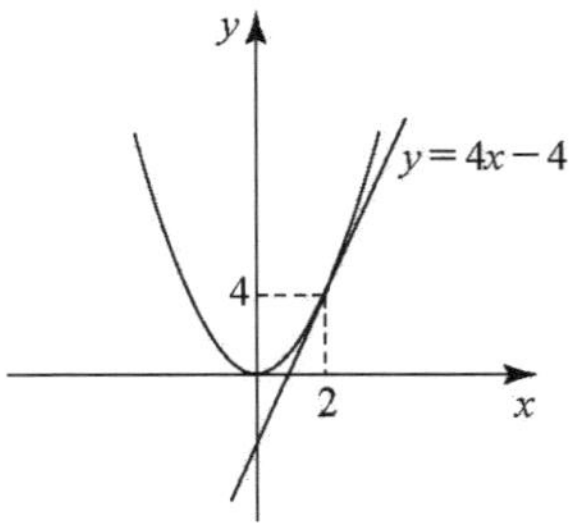

(2) $y=3x-3$ (3) $y=\dfrac{1}{4}x+1$

4. (1) $v(0)=100, v(1)=68, v(4)=-28$ (2) $h(t)=0$, $t=6.25$

(3) $v(t)=0$일 때, $t=\dfrac{100}{32}=3.125$

5. (1) $v=f'(t)=9.8t$

$t=7$; $v=9.8\times 7=68.6$

(2) $f(t)=900$, $900=4.9t^2$, $t\fallingdotseq 13.55$ 그러므로 $v\fallingdotseq 9.8\times 13.55$

6. (1) $-\dfrac{1}{(a+2)^2}$ (2) (a) -1 (b) $-\dfrac{1}{4}$ (c) $-\dfrac{1}{9}$

7. 220 m/s

2.3 도함수 공식

1. (1) 2 (2) $20x^9$ (3) $12x^2+12x+12$ (4) $8x^3+15x+4$

(5) $-\dfrac{3}{x^4}$ (6) $\dfrac{10}{(x+5)^2}$ (7) $-\dfrac{4x}{(1+x^2)^2}$

2. (1) $2002x^{2001}$ (2) $4\pi r^2$ (3) $2t-\dfrac{s}{2}$

(4) $\dfrac{1}{3(\sqrt[3]{x})^2}+\dfrac{1}{4(\sqrt[4]{x})^3}$ (5) 2π (6) $\dfrac{1-x^2}{(x^2+1)^2}$

3. (1) $y=5x+\dfrac{37}{4}$ (2) $y=3x-4$ (3) $y=\dfrac{1}{2}(x-1)$, $y=\dfrac{1}{2}x+\dfrac{7}{2}$

4. (1) $30x^4-60x^3+30x^2-74x$ (2) $-\dfrac{2(x^3-3x^2+1)}{(x-2)^2}$

5. (1) $x=\{0,\ -2\}$ (2) $x=\{1,\ -1\}$

2.4 삼각함수의 도함수

1. (1) 3 (2) 0 (3) 0 (4) 9 (5) 1

2. (1) $2\cos x+3\cos x$ (2) $2\sec^2 x-\sin x$

(3) $\sin x+x\cos x$ (4) $\cos x$

(5) $\dfrac{\sec^2 x}{x}-\dfrac{\tan x}{x^2}$ (6) $\dfrac{(x\tan x-1)\sec x}{x^2}$

(7) $\dfrac{2}{(\sin x+\cos x)^2}$ (8) $\dfrac{2\sec^{2x}}{(1-\tan x)^2}$

(9) $\cos x+\cos^2 x-\sin^2 x$ (10) $\dfrac{\sin x-\cos x}{(\cos x+\sin x)^2}$

3. (1) $f'(0)=1$

접선의 방정식: $y-0=1(x-0)\quad \therefore y=x$

(2) $f'\left(\dfrac{\pi}{3}\right)=-\dfrac{\sqrt{3}}{2}$

접선의 방정식: $y-\dfrac{1}{2}=-\dfrac{\sqrt{3}}{2}\left(x-\dfrac{\pi}{3}\right)\quad \therefore y=-\dfrac{\sqrt{3}}{2}x+\dfrac{\sqrt{3}\pi+3}{6}$

(3) $y=2\left(x-\dfrac{\pi}{4}\right)+1$

(4) $f'(-\dfrac{\pi}{4})=\sqrt{2}$

접선의 방정식: $y=\sqrt{2}(x+\dfrac{\pi}{4})$

6. $f(1)=\lim\limits_{x\to1}f(x)=\lim\limits_{x\to1}\dfrac{\sin(\pi x)}{x(1-x)}=\pi$

$f(0)=\lim\limits_{x\to0}f(x)=\lim\limits_{x\to0}\dfrac{\sin(\pi x)}{x(1-x)}=\pi$

7. 0

8. $y' = x(2\cos x - x\sin x)$

9. $\dfrac{\sec x(\tan^2 x + \tan x - \sec^2 x)}{(1+\tan x)^2}$

2.5 연쇄법칙

1. (1) $y' = -4004x(1-x^2)^{2001}$

(2) $y' = \dfrac{-10(x+1)^4}{(x-1)^6}$

(3) $y' = \dfrac{1}{\sqrt{2x+1}}$

(4) $y' = 5(\cos(5x) - \sin(5x))$

(5) $y' = 6\sec^2 3x + 3\sec 3x \tan 3x$

(6) $y' = \sin^2(2x) + 4x\sin(2x) \cdot \cos(2x)$

(7) $y' = -\sin(\tan x) \cdot \sec^2 x$

(8) $y' = \sin\dfrac{1}{x} - \dfrac{1}{x}\cos\dfrac{1}{x}$

2. (1) $\dfrac{dy}{dx} = 6x(x^2+1)^2$

(2) $\dfrac{dy}{dx} = \dfrac{3x^2}{(x^3+1)^2}$

(3) $\dfrac{dy}{dx} = \left(1 - \dfrac{1}{2x+1}\right)\dfrac{1}{\sqrt{2x+1}}$

(4) $\dfrac{dy}{dx} = \dfrac{2x}{\sqrt{x^2+1}\,(\sqrt{x^2+1}+1)^2}$

(5) $\dfrac{dy}{dx} = 6\tan^2(2x) \cdot \sec^2(2x)$

3. $h'(1) = -6$

2.6 음함수와 역함수의 미분법

1. (1) $y' = -\dfrac{x}{y}$

(2) $y' = -\dfrac{(4x+y)}{x-y}$

(3) $y' = -\dfrac{y^2}{x^2}$

(4) $y' = \dfrac{y}{x}$

(5) $y' = -\dfrac{y(1+\cos(xy))}{x(1+\cos(xy))} = -\dfrac{y}{x}$

(6) $y' = \dfrac{\sin y}{1 - x\cos y}$

(7) $y' = \dfrac{\cos(x+y) + \sin(x-y)}{1 + \sin(x-y) - \cos(x+y)}$

(8) $y' = -\dfrac{\cos(x+y) + y\sin x}{\cos(x+y) - \cos x}$

2. (1) 접선의 기울기: $\dfrac{dy}{dx} = -\dfrac{1}{3}$, $y = -\dfrac{1}{3}x + \dfrac{10}{3}$

(2) 접선의 기울기: $\dfrac{dy}{dx} = 4$, $y = 4x - 15$

(3) 접선의 기울기: $\dfrac{dy}{dx} = -\dfrac{1}{4}$, $y = -\dfrac{1}{4}x + 1$

3. $(0, 0)$

5. $\dfrac{-1}{\sqrt{x}(x+1)}$

6. (1) $y=\tan^{-1}(2x)$라고 하면, $y'=\dfrac{2}{1+4x^2}$

(2) $y=\sin^{-1}\left(\dfrac{1}{2}x\right)$라고 하면, $y'=\dfrac{1}{\sqrt{4-x^2}}$

(3) $\dfrac{1}{\sqrt{2x-x^2}}$ (4) $\dfrac{3}{x\sqrt{x^2-9}}$

(5) $y=\sin^{-1}(\cos x)$라고 하면, $y'=-1$ (6) 0

2.7 지수함수와 로그함수의 미분법

1. (1) $\dfrac{dy}{dx}=6e^{3x}$ (2) $\dfrac{dy}{dx}=e^{-3x}\left(\dfrac{1}{x}-3\ln 2x\right)$

(3) $\dfrac{dy}{dx}=-2xe^{-x^2}$ (4) $\dfrac{dy}{dx}=x(1+2\ln x)$

(5) $\dfrac{dy}{dx}=e^x\cdot y\cdot \ln y$ (6) $\dfrac{dy}{dx}=\dfrac{\sin y}{1-x\cos y}$

(7) $\dfrac{dy}{dx}=x^{\frac{1}{x}-2}(1-\ln x)$ (8) $\dfrac{dy}{dx}=\cos(2^x)\cdot 2^x\ln 2$

(9) $\dfrac{dy}{dx}=\sin x^{\cos x}\left(\dfrac{\cos^2 x}{\sin x}-\sin x\ln(\sin x)\right)$

(10) $\dfrac{dy}{dx}=2x^{\ln x-1}\cdot \ln x$

2. $y=x$

3. $y=\dfrac{1}{e}x-1$

4. (1) $\dfrac{dy}{dx}=\dfrac{-\left(\dfrac{y}{x}+\ln y\right)}{\dfrac{x}{y}+\ln x}$ (2) $\dfrac{dy}{dx}=-\dfrac{x^2-2x+y^2}{x^2-2y+y^2}$

(3) $\dfrac{dy}{dx}=\dfrac{y}{x}$ (4) $\dfrac{dy}{dx}=\dfrac{-2x+x^2-y^2}{x^2-y(2+y)}$

2.8 고계도함수

1. (1) $12x^2-24x+12$ (2) $36e^{-6x}$ (3) $-2\sin 2x$

(4) $2\tan x\sec^2 x$ (5) $e^{\cos x}(\sin^2 x-\cos x)$ (6) $-\dfrac{2(x^2-1)}{(x^2+1)^2}$

(7) $\dfrac{16x^2}{(1+x^2)^3}-\dfrac{4}{(1+x^2)^2}$

2. $f(x)=\begin{cases} 2^n\cos(2x), & n=4k \\ -2^n\sin(2x), & n=4k+1 \\ -2^n\cos(2x), & n=4k+2 \\ 2^n\sin(2x), & n=4k+3 \end{cases}, \quad k\in Z_{\geq 0}$

3. $y'=2e^{2x},\ -2e^{-2x}$

$y''=4e^{2x},\ 4e^{-2x}$

$\therefore y''=4y$

4. (1) $x'(t)=e^t\cos(e^t),\ x''(t)=e^t(\cos(e^t)-e^t\sin(e^t))$

(2) $t=\ln(\frac{\pi}{2})$ (3) $\frac{\pi}{2}(\cos\frac{\pi}{2}-\frac{\pi}{2}\sin\frac{\pi}{2})$

3장 미분의 응용

3.1 미분의 응용

1. (1) $f(x)\approx 2x-3$ (2) $\rho(x)\approx -1$

(3) $f(x)\approx \frac{1}{4}x+1$ (4) $f(x)\approx \frac{\sqrt{3}}{2}x+\frac{6-\sqrt{3}\pi}{12}$

2. (1) $\sqrt{123}\approx 11+\frac{1}{11}=\frac{122}{11}$ (2) $\sqrt{15}\approx \frac{31}{8}$

(3) $\sin 31°\approx \sin\left(\frac{\pi}{6}+\frac{\pi}{180}\right)\approx \frac{1}{2}+\frac{\sqrt{3}\pi}{360}$ (4) $\sqrt{0.98}\approx 1-0.01=0.99$

(5) $\sqrt[3]{28}\approx 3+\frac{1}{27}$

3. $f(x)=x^3,\ |\Delta f|\approx|f'(a)\Delta x|=3a^2(0.02)=0.06a^2$

3.2 최대값과 최소값

1. (1) 임계점 $x=2$ (2) 임계점 $x=-1$ (3) 임계점 $x=0$

(4) 임계점 $x=0,\ \frac{8}{5},\ 2$ (5) 임계점 없음 (6) 임계점 $x=\frac{(n-1)\pi}{4}$

(7) 임계점 $x=\frac{3}{7},\ 1,\ -3$

2. (1) 최소값: -4, 최대값: 5 (2) 최소값: -11, 최대값: 4

(3) 최소값: -44, 최대값: 4 (4) 최소값: $1-\tan 2$, 최대값: $1-\tan(-2)$

(5) 최소값: $\frac{4}{15}$, 최대값: $\frac{2}{3}$ (6) 최소값: $\frac{5\pi}{12}-\frac{\sqrt{3}}{2}$, 최대값: $\frac{\pi}{12}+\frac{\sqrt{3}}{2}$

(7) 최소값: -9, 최대값: $36^3\sqrt{2}$ (8) 최소값: 2, 최대값: 9

(9) 최소값: 0, 최대값: 8

3. $6x^2+2$

5. 최대값: $\sqrt{10}+1$, 최소값: $\sqrt{5}$

3.3 평균값 정리

1. (1) $f(2)=-4$ (극소값) (2) $f(\frac{\sqrt{3}}{3})=-\frac{2\sqrt{3}}{9}$, $f(-\frac{\sqrt{3}}{3})=\frac{2\sqrt{3}}{9}$

(3) $f(0)=-3$ (극소값) (4) $f(\frac{\pi}{4})=1$, $f(\frac{3\pi}{4})=-1$

(5) $f\left(\frac{\pi}{4}\right)=\sqrt{2}$, $f\left(\frac{5\pi}{4}\right)=-\sqrt{2}$

2. (1) $c=\frac{1}{2}$ (2) $c=1$ (3) $c=\sqrt[3]{\frac{7}{4}}$ (4) $c=1$ (5) $c=\sqrt[3]{\frac{14}{9}}$

3.4 증가함수와 감소함수

1. (1) 증가구간은 $[1, \infty)$, 감소구간은 $(-\infty, 1]$, 극소점은 $(1, -3)$이다.

(2) 증가구간은 $(-\infty, 0]$, $[4, \infty)$, 감소구간은 $[0, 4]$, 극대점은 $(0, 2)$, 극소점은 $(4, -30)$이다.

(3) 모든 구간에서 증가한다.

(4) 증가구간은 $\left[-\frac{1}{8}, 0\right)$, $(0, \infty)$, 감소구간은 $\left(-\infty, -\frac{1}{8}\right]$, 극소점은 $\left(-\frac{1}{8}, -\frac{1}{4}\right)$이다.

(5) 증가구간은 $\left(n\pi-\frac{\pi}{4}, n\pi+\frac{\pi}{4}\right)$, 감소구간은 $\left(n\pi+\frac{\pi}{4}, n\pi+\frac{3\pi}{4}\right)$, 극소점은 $\left(n\pi+\frac{\pi}{4}, -1\right)$, 극대점은 $\left(n\pi+\frac{3\pi}{4}, 1\right)$

3. 입자가 오른쪽으로 움직이는 시간대: $t<\frac{-c-\sqrt{c^2+27}}{3}$ 또는 $t>\frac{-c+\sqrt{c^2+27}}{3}$

입자가 왼쪽으로 움직이는 시간대: $\frac{-c-\sqrt{c^2+27}}{3}<t<\frac{-c+\sqrt{c^2+27}}{3}$

4. $\frac{135}{32}$

3.5 오목성

1. (1) 모든 구간에서 f는 아래로 볼록하다.

(2) $[0, \infty)$에서 f는 아래로 볼록이고, $(-\infty, 0]$에서 f는 위로 볼록하다. 그러므로 변곡점은 $(0, 0)$이다.

(3) $(-\infty, 0]$, $[2, \infty)$에서 f는 아래로 볼록하고, $[0, 2]$에서 f는 위로 볼록하다. 따라서 변곡점은 $(0, 5)$, $(2, -11)$이다.

(4) $(-\infty, 1]$에서 f는 위로 볼록하다.

(5) $(0, \infty)$에서 f는 아래로 볼록하고, $(-\infty, 0)$에서 f는 위로 볼록하다.
그러나 $(0, f(0))$은 변곡점이 될 수 없다($\because f(0)$가 정의가 안 됨).

(6) $(-\infty, 0)$, $(0, \infty)$ 구간에서 f는 아래로 볼록하다.

2. (1) 극대점 $(-5, -25)$, 극소점 $\left(-\frac{5}{3}, -\frac{1175}{27}\right)$, 변곡점 $\left(-\frac{10}{3}, -\frac{925}{27}\right)$

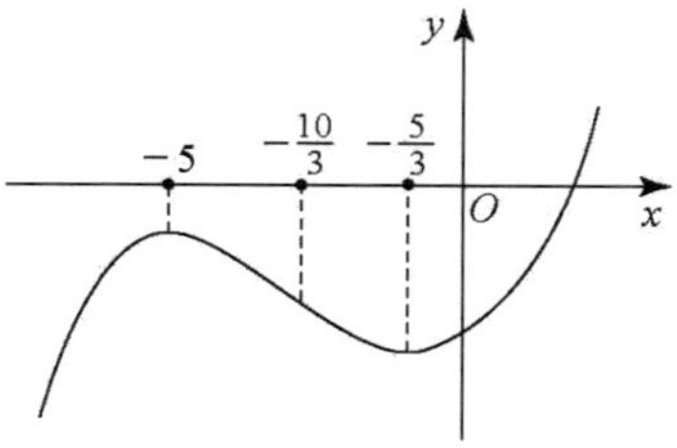

(2) 극대점 $\left(-\frac{2}{\sqrt{3}}, \frac{16\sqrt{3}}{9}\right)$, 극소점 $\left(\frac{2}{\sqrt{3}}, -\frac{16\sqrt{3}}{9}\right)$, 변곡점 $(0, 0)$

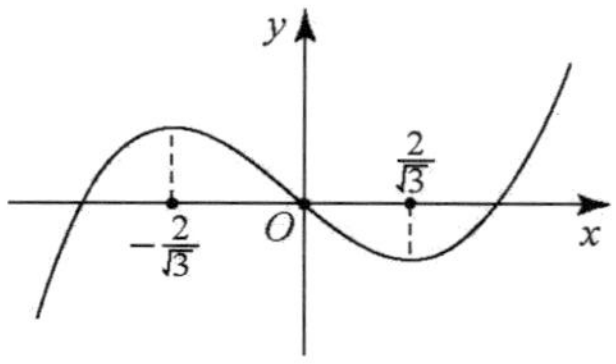

(3) 극소점은 $(1, -3)$, 극대값과 변곡점은 없다.

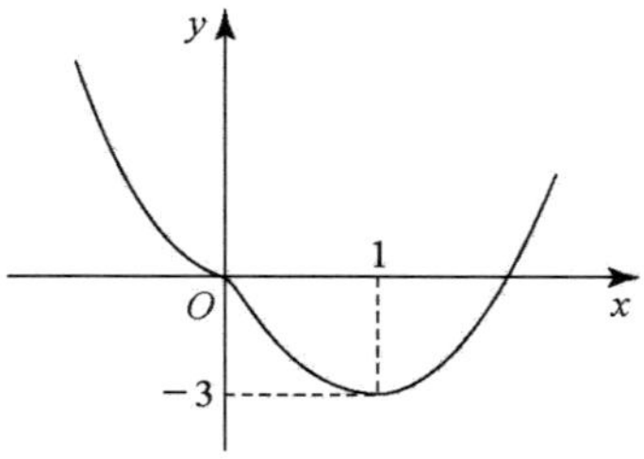

(5) $f(x) = x\sqrt{x+1}$

x	$x<-1$	$-1<x<-\frac{2}{3}$	$-\frac{2}{3}$	$-\frac{2}{3}<x$
$f'(x)$	×	−	0	+
$f''(x)$	×	+	+	+
$f(x)$	0	↘, ◡	$-\frac{2}{3\sqrt{3}}$	↗, ◡

3. -2

3.6 극대값, 극소값의 응용

1. $8\,\text{km}^2$

2. 최대면적: 200

3. 최대부피: 2418.4

4. $\frac{10}{3}$

5. 밑면의 한 변의 길이: 12.6, 높이: 6.3

6. 50, 50

7. $\left(\frac{3}{2}, \frac{7}{2}\right)$

3.7 부정형과 로피탈의 법칙

1. (1) $-\frac{3}{2}$ (2) 7 (3) 1 (4) 0

(5) 0 (6) 1 (7) -1 (8) -1

(9) e (10) e

2. $\frac{0}{0}$ 부정형이므로 로피탈의 정리를 이용한다.

$$\lim_{x\to\infty}\frac{x^n}{e^x}=\lim_{x\to\infty}\frac{nx^{n-1}}{e^x}=\cdots=\lim_{x\to\infty}\frac{n!}{e^x}=0$$

4장 적분

4.1 부정적분

1. (1) $\frac{2}{3}x^3+C$ (2) $-\sin x+C$ (3) $3\tan x-x+C$ (4) $-2\sqrt{x}+C$

(5) $e^x+\frac{2^x}{\ln 2}+C$ (6) $\frac{1}{3}x^3+2x-\frac{1}{x}+C$ (7) $-4\cos x+C$

(8) $$\int\frac{\sin^2 x}{2\cos^2 x}dx=\frac{1}{2}\int\frac{\sin^2 x}{\cos^2 x}dx=\frac{1}{2}\int\tan^2 x\,dx$$
$$=\frac{1}{2}\int(\sec^2 x-1)dx=\frac{1}{2}\tan x-\frac{1}{2}x+C$$

(9) $\frac{3^x}{\ln^3}+C$ (10) $\sin^{-1}x+C$

4.2 정적분

1. (1) $P=\left\{0, \frac{1}{n}, \frac{2}{n}, \cdots, \frac{n-1}{n}, 1\right\}$

$$\lim_{n\to\infty} L(f,\ P)=\lim_{n\to\infty}\left\{0^3\cdot\frac{1}{n}+\left(\frac{1}{n}\right)^3\cdot\frac{1}{n}+\cdots+\left(\frac{n-1}{n}\right)^3\cdot\left(\frac{1}{n}\right)\right\}$$

$$=\lim_{n\to\infty}\frac{1}{n^4}\{1^3+2^3+\cdots+(n-1)^3\}$$

$$=\lim_{n\to\infty}\frac{1}{n^4}\cdot\left\{\frac{n(n-1)}{2}\right\}^2=\frac{1}{4}$$

$$\lim_{n\to\infty} U(f,\ P)=\lim_{n\to\infty}\left\{\left(\frac{1}{n}\right)^3\cdot\frac{1}{n}+\left(\frac{2}{n}\right)^3\cdot\frac{1}{n}+\cdots+1^3\cdot\frac{1}{n}\right\}$$

$$=\lim_{n\to\infty}\frac{1}{n^4}\{1^3+2^3+\cdots+n^3\}$$

$$=\lim_{n\to\infty}\frac{1}{n^4}\cdot\left\{\frac{n(n+1)}{2}\right\}^2=\frac{1}{4}$$

$$\therefore\ \lim_{n\to\infty} U(f,\ P)=\lim_{n\to\infty} L(f,\ P)=\frac{1}{4}=\int_0^1 x^3dx$$

(2) $\dfrac{4}{3}$

2. (1) $L(f,\ P)=-1,\ U(f,\ P)=4$ (2) $L(f,\ P)=\dfrac{7}{4},\ U(f,\ P)=\dfrac{29}{8}$

(3) $L(f,\ P)=\dfrac{\pi}{4\sqrt{2}},\ U(f,\ P)=\dfrac{\sqrt{2}\pi+2\pi}{8}$

3. (1) $\displaystyle\int_0^1\sqrt{x}\ dx$ (2) $\displaystyle\int_0^1\sqrt{1+x}\ dx$ (3) $\displaystyle\int_0^1\cos(xt)\,dx$

4.3 정적분의 성질과 기본정리

1. (1) 3 (2) 4 (3) 0 (4) $6\sqrt{3}-2$

(5) $\displaystyle\int_{-1}^1|x|\,dx=\int_{-1}^0(-x)\,dx+\int_0^1x\,dx=-\frac{1}{2}\Big[x^2\Big]_{-1}^0+\frac{1}{2}\Big[x^2\Big]_0^1$

$$=-\frac{1}{2}(0-1)+\frac{1}{2}(1-0)=1$$

(6) $\displaystyle\int_{-3}^{-1}|x+2|\,dx=\int_{-3}^{-2}(-x-2)\,dx+\int_{-2}^{-1}(x+2)\,dx$

2. (1) $\displaystyle\int_{-2}^1 x\,dx$

(2) $\displaystyle\int_6^1 x^2\,dx+\int_3^6 x^2dx=\int_3^6 x^2\,dx+\int_6^1 x^2\,dx=\int_3^1 x^2\,dx=-\int_1^3 x^2\,dx$

(3) $\displaystyle\int_1^5 f(x)\,dx+\int_5^3 f(x)\,dx=\int_1^3 f(x)\,dx$

3. (1) $\frac{d}{dx}f(x)=(x^2+1)^3$ (2) $\frac{d}{dx}f(x)=\frac{5}{(5x+1)^2-5}$

4.4 여러가지 적분법

1. (1) $\frac{1}{9}(x^3+1)^3+C$ (2) $\frac{1}{6}(2x^3+1)\sqrt{2x^3+1}+C$ (3) $\frac{1}{6}(4x+1)^{\frac{3}{2}}+C$

(4) $\frac{8^x}{\ln 8}+C$ (5) $\sqrt{1+x^2}+C$ (6) $\frac{1}{2}(\ln x)^2+C$

(7) $\frac{e^{2x}}{2}\left(x-\frac{1}{2}\right)+C$ (8) $\frac{1}{2}e^{2x}\left(x^2-x+\frac{1}{2}\right)+C$ (9) $\frac{x\sin 2x}{2}+\frac{\cos 2x}{4}+C$

(10) $2^x\left(\frac{x}{\ln 2}-\frac{1}{(\ln 2)^2}\right)+C$

2. (1) $x\cdot\sin^{-1}x+\sqrt{1-x^2}+C$ (2) $\frac{\sqrt{13}}{13}e^{2x}\sin(3x+0.588)+C$

(3) $\frac{1}{4}\sin^4 x-\frac{1}{6}\sec^3 x+C$ (4) $\frac{1}{2}x+\frac{1}{4}\sin(2x)+C$

(5) $\frac{1}{5}\sec^5 x-\frac{1}{3}\sec^3 x+C$ (6) $\frac{1}{5}\cos^5 x-\frac{1}{3}\cos^3 x+C$

(7) $\frac{1}{3}\tan^3 x-\tan x+x+C$ (8) $\frac{1}{15}\sec^5(3x)-\frac{1}{9}\sec^3(3x)+C$

(9) $\sin x-\frac{1}{3}\sin^3 x+C$ (10) $\frac{1}{2}\sec^2 x+\ln(\cos x)+C$

(11) $\frac{1}{3}\tan^3 x+C$

3. (1) $\frac{x\sqrt{3^2+x^2}}{2}+\frac{9}{2}\ln(\frac{x+\sqrt{3^2+x^2}}{3})+C$

(2) $\frac{1}{2}(x\sqrt{x^2-25})-\frac{25}{2}ln(\sqrt{x^2-25}+x)+C$

(3) $\ln(\frac{\sqrt{16+x^2}+x}{4})+C$ (4) $\sec^{-1}(\frac{x}{2})+C$

(5) $\frac{1}{2}x\sqrt{4-x^2}+2\sin^{-1}\frac{x}{2}+C$ (6) $\frac{1}{2}x\sqrt{1-x^2}+\frac{1}{2}\sin^{-1}x+C$

(7) $\frac{1}{2}\ln(x-2)-\frac{1}{2}\ln x+C$ (8) $\frac{4x+6}{(x+2)^2}+\ln(x+2)+C$

(9) $\frac{1}{4}(\ln(x^2+1)-2\ln(x+1)+2\tan^{-1}x)+C$

(10) $\frac{\sqrt{5}}{5}\tan^{-1}(\frac{x-1}{\sqrt{5}})+C$

4. (1) $\frac{1}{8}\ln\left|\frac{(x+1)(x-3)}{(x-1)^2}\right|$ (2) $\frac{1}{8}\{\ln(4-x)-\ln(x+4)\}+C$

(3) $\frac{2}{\sqrt{3}}\tan^{-1}\left(\frac{2x+1}{\sqrt{3}}\right)-\frac{1}{x+1}$ (4) $\ln\left|\tan\frac{x}{2}\right|+C$

(5) $\frac{x}{3}+C$ (6) $\ln\left(\frac{\tan^2\left(\frac{x}{2}\right)+1}{\tan^2\left(\frac{x}{2}\right)+3}\right)+C$

(7) $\frac{1}{5}\left\{\ln(3\sin(\frac{x}{2})+\cos(\frac{x}{2}))-\ln(3\cos(\frac{x}{2})-\sin(\frac{x}{2}))\right\}+C$

(8) $\ln(x+\sqrt{x-1})-\frac{2\sqrt{3}}{3}\tan^{-1}(\frac{2\sqrt{3}}{3}(\sqrt{x-1}+\frac{1}{2}))+C$

(9) $\frac{2}{3}\sqrt{x}^3-x+2\sqrt{x}-\ln(1+\sqrt{x})+C$

(10) $\frac{2}{729}(3x-2)^{\frac{9}{2}}+\frac{4}{189}(3x-2)^{\frac{7}{2}}+\frac{8}{135}(3x-2)^{\frac{5}{2}}+\frac{16}{243}(3x-2)^{\frac{3}{2}}+C$

(11) $\frac{1}{5}\sqrt{x^2+1}^5-\frac{2}{3}\sqrt{x^2+1}^3+\sqrt{x^2+1}+C$

(12) $2\sqrt{1-e^x}+\ln(\sqrt{1-e^x}-1)-\ln(\sqrt{1-e^x}+1)+C$

(13) $3x^{\frac{1}{3}}-3\tan^{-1}(x^{\frac{1}{3}})+C$

4.5 특이적분

1. (1) $\frac{\pi}{2}$ (2) 1 (3) $\frac{\ln 3}{2}$ (4) $\frac{\sin 2+\cos 2}{2e^2}$

(5) 2 (6) $-\ln 3$ (7) $-\frac{1}{4}$ (8) 발산한다.

(9) π (10) $\frac{3}{\sqrt[3]{2}}-\frac{3}{2}$

5장 정적분의 응용

5.1 평면도형의 면적

1. (1) 6 (2) $A=3\int_0^{\frac{2}{6}\pi}2\sin(3x)\,dx=6\int_0^{\frac{\pi}{3}}\sin(3x)\,dx=4$

(3) $\frac{32}{3}$ (4) $A=\int_0^6(6y-y^2)dy=36$

(5) $A = 2\int_0^1 (1-y^2)dy = \frac{4}{3}$

2. (1) $\frac{1}{24}$ (2) $A = \int_{-2}^{3} [(8-y^2)-(2-y)]dy = \frac{95}{6}$ (3) $\frac{128}{15}$

(4) $A = \int_{\frac{1}{2}}^{1} [(x-x^2)-(x^2-2x+1)]dx = \int_{\frac{1}{2}}^{1}(-2x^2+3x-1)dx = \frac{1}{24}$ (5) $\frac{9}{2}$

5.2 입체 및 회전체의 체적

1. (1) $\frac{124}{5}\pi$ (2) $V = \pi\int_{\frac{1}{2}}^{3} \frac{1}{x^4}dx = \frac{215}{81}\pi$

(3) $V = 2\pi\int_0^2 \left(9-\frac{9}{4}x^2\right)dx = 24\pi$ (4) $\frac{\pi}{2}(e^2 - \frac{1}{e^2})$

(5) $V = \pi\int_0^1 \left(y^{\frac{2}{3}} - y^4\right)dy = \frac{2}{5}\pi$ (6) $V = \pi\int_0^4 \left[\left(y^{\frac{1}{2}}\right)^2 - \frac{y^2}{4}\right]dy = \frac{8}{3}\pi$

(7) $\frac{\pi}{2}$ (8) $V = 2\pi\int_0^2 x^2 dy = 24\pi$

5.3 곡선의 길이

1. (1) $L = \int_0^2 (2x^2+1)dx = \frac{22}{3}$

(2) $L = \int_1^3 \sqrt{1+\frac{1}{4}(x^4-2+\frac{1}{x^4})},\ dx = \frac{14}{3}$

(3) $L = \frac{1}{2}\int_2^{10} \frac{1}{x^2}\sqrt{u}\ du \quad (u = 1+x^2)$

$= \frac{1}{2}\int_2^{10} \frac{\sqrt{u}}{u-1}du = \frac{1}{2}\int_{\sqrt{2}}^{\sqrt{10}} \frac{t}{t^2-1} \cdot 2t\,dt \quad (t = \sqrt{u}\,)$

$= (\sqrt{10} - \sqrt{2}) + \frac{1}{2}\ln\frac{(\sqrt{10}-1)(\sqrt{2}+1)}{(\sqrt{10}+1)(\sqrt{2}-1)}$

(4) $\frac{8}{27}\left(10^{\frac{3}{2}} - 1\right)$ (5) $6a$

(6) $\left(\sqrt{1+e^{\frac{8}{3}}} - \sqrt{1+e^{\frac{3}{2}}}\right) + \frac{1}{2}\ln\frac{\left(\sqrt{1+e^{\frac{8}{3}}}-1\right)\left(\sqrt{1+e^{\frac{3}{2}}}+1\right)}{\left(\sqrt{1+e^{\frac{8}{3}}}+1\right)\left(\sqrt{1+e^{\frac{3}{2}}}-1\right)}$

5.4 회전체의 표면적

1. (1) $S = \frac{5\sqrt{5}-1}{6}\pi$ (2) 20π (3) 4π (4) $8\pi(\sqrt{3} - \frac{1}{3})$

(5) $S = \frac{13}{3}\pi$　　(6) $S = \frac{\pi}{27}\left(10^{\frac{3}{2}} - 1\right)$　　(7) $\frac{1,057,967}{25,600}\pi$

(8) $y = \sin x$, $\left[0, \frac{\pi}{2}\right]$

$$S = 2\pi \int_0^{\frac{\pi}{2}} \sin x \sqrt{1+\cos^2 x}\, dx \quad (u = \cos x \to du = -\sin x\, dx)$$

$$S = -2\pi \int_1^0 \sqrt{1+u^2}\, du$$

$$= 2\pi \int_0^1 \sqrt{1+u^2}\, du;\ \tan\theta = 1+u^2$$

$$= 2\pi \int_0^{\frac{\pi}{4}} \sec^3\theta\, d\theta = \frac{1}{2} \cdot 2\pi \left\{(\sqrt{2}-0) + \ln(\sqrt{2}+1) - \ln 1\right\}$$

$$= \pi\left(\sqrt{2} + \ln(\sqrt{2}+1)\right)$$

6장 다변수함수의 미분

6.1 다변수함수

1. (1) 정의역$= \{(x,\ y) \in \mathbb{R}^2 \mid 25 - 4x^2 - y^2 \geq 0\}$

(2) 정의역$= \{(x, y) \in \mathbb{R}^2 \mid x^2 + y^2 \geq 16\}$

(3) 정의역$= \{(x,\ y,\ z) \in \mathbb{R}^3 \mid 1 - x^2 - y^2 - z^2 \geq 0\}$

(4) 정의역$= \{(x, y, z) \in \mathbb{R}^3 \mid xyz \neq 0\}$

6.2 다변수함수의 극한과 연속

1. (1) 4　(2) 1　(3) 0　(4) 2　(5) 0　(6) 0

2. (1) 불연속　(2) 연속　(3) 불연속

6.3 편미분계수와 편도함수

1. (1) $z_x = 4x^3 - 6xy,\ \ z_y = -3x^2 - 3y^2$

(2) $z_x = \frac{-2y}{(x+y)^2},\ \ z_y = \frac{2x}{(x+y)^2}$

(3) $z_x = (1-y)\sin(x-y) + x\cos(x-y)$

$z_y = (1-x)\cos(x-y) + y\sin(x-y)$

(4) $z_x = 6x^2y\sin(x^3y)\cdot\cos(x^3y),\ \ z_y = 2x^3\sin(x^3y)\cdot\cos(x^3y)$

(5) $z_x = yx^{y-1},\ \ z_y = x^y \ln x$

(6) $w_x = 2xy^4 - 2z^3$, $w_y = 4x^2y^3$, $w_z = -6xz^2$

(7) $w_x = \cos z\, e^y$, $w_y = x\cos z e^y$, $w_z = -x\sin z\, e^y$

2. (1) $f_x(1, 2) = \dfrac{3}{\sqrt{11}}$, $f_y(1, 2) = \dfrac{6}{\sqrt{11}}$

(2) $f_x(-1, 2, 0) = 0, f_y(-1, 2, 0) = 0, f_z(-1, 2, 0) = -8$

(3) $f_x(0, 0) = f_y(0, 0) = 0$

6.4 고계편도함수

1. (1) $z_{xx} = 6xy + y^4 e^{xy^2}$

$z_{xy} = 3x^2 + 2ye^{xy^2} + 2xy^3 e^{xy^2} = z_{yx}$

$z_{yy} = 2xe^{xy^2} + 4x^2y^2e^{xy^2}$

(2) $z_{xx} = 12x - 2\sqrt{3}\,y$, $z_{xy} = 12y^2$, $z_{yy} = -2\sqrt{3}\,x$

(3) $z_{xx} = (2x^2y - y^3)(x^2+y^2)^{-\frac{5}{2}}$

$z_{xy} = (2xy^2 - x^3)(x^2+y^2)^{-\frac{5}{2}} = z_{yx}$

$z_{yy} = -3x^2y(x^2+y^2)^{-\frac{5}{2}}$

(4) $w_{xx} = -zy^2\sin(xy)$

$w_{xy} = z\cos(xy) - zyx\sin(xy)$

$w_{xz} = y\cos(xy)$

$w_{yy} = -x^2z\sin(xy)$

$w_{yz} = x\cos(xy)$

$w_{zz} = 0$

3. (1) $f_{xy} = -xy(4 - x^2 - y^2)^{-\frac{3}{2}} = f_{yx}$

(2) $f_{xy} = -2e^{x-2y} = f_{yx}$

6.5 전미분

1. (1) $dz = (6xy^3 + y^2)dx + (9x^2y^2 + 2xy)dy$, $\nabla z = (6xy^3 + y^2,\ 9x^2y^2 + 2xy)$

(2) $dz = \dfrac{2y}{(x+y)^2}dx - \dfrac{2x}{(x+y)^2}dy$

$\nabla z = \left(\dfrac{2y}{(x+y)^2},\ -\dfrac{2x}{(x+y)^2}\right)$

(3) $dz = (3x^2\sin 3y)dx + (3x^3\cos 3y)dy$, $\nabla z = (3x^2\sin 3y,\ 3x^3\cos 3y)$

(4) $dz = (3e^{3x}\sin(x^3y) + 3x^2ye^{3x}\cos(x^3y))dx + x^3e^{3x}\cos(x^3y)dy$

$\nabla z = (3e^{3x}\sin(x^3y) + 3x^2ye^{3x}\cos(x^3y),\ x^3e^{3x}\cos(x^3y))$

(5) $dw = \dfrac{-x}{\sqrt{1-x^2-y^2-z^2}}dx - \dfrac{y}{\sqrt{1-x^2-y^2-z^2}}dy - \dfrac{z}{\sqrt{1-x^2-y^2-z^2}}dz,$

$\nabla w = \left(\dfrac{-x}{\sqrt{1-x^2-y^2-z^2}},\ \dfrac{-y}{\sqrt{1-x^2-y^2-z^2}},\ \dfrac{-z}{\sqrt{1-x^2-y^2-z^2}}\right)$

(6) $dz = -(\sin x \ln y\, y^{\cos x})dx + (y^{\cos x - 1}\cos x)dy$

$z = (-\sin x \ln y\, y^{\cos x},\ y^{\cos x - 1}\cos x)$

2. $\sqrt{137} - \dfrac{0.54}{\sqrt{137}}$

6.6 합성함수의 편미분법

1. (1) $\dfrac{dz}{dt} = 2x\dfrac{1}{2\sqrt{t}} + (-9y^2)\cdot 3e^{3t}$

(2) $\dfrac{dw}{dx} = \dfrac{\partial w}{\partial x}\cdot\dfrac{dx}{dx} + \dfrac{\partial w}{\partial y}\cdot\dfrac{dy}{dx} + \dfrac{\partial w}{\partial z}\cdot\dfrac{dz}{dx}$

$= \dfrac{2x}{x^2+y^2+z^2} + \dfrac{2y}{x^2+y^2+z^2}\times(\cos x - x\sin x)$

$+ \dfrac{2z}{x^2+y^2+z^2}(2x\sin x + x^2\cos x)$

(3) $\dfrac{\partial u}{\partial x} = \dfrac{\partial u}{\partial r}\cdot\dfrac{\partial r}{\partial x} + \dfrac{\partial u}{\partial \theta}\cdot\dfrac{\partial \theta}{\partial x} = 2r\cos(2\theta)\cdot\dfrac{x}{\sqrt{x^2+y^2}} + 2r^2\sin(2\theta)\cdot\dfrac{y}{x^2+y^2}$

$\dfrac{\partial u}{\partial y} = \dfrac{\partial u}{\partial r}\cdot\dfrac{\partial r}{\partial y} + \dfrac{\partial u}{\partial \theta}\cdot\dfrac{\partial \theta}{\partial y} = 2r\cos(2\theta)\cdot\dfrac{y}{\sqrt{x^2+y^2}} - 2r^2\sin(2\theta)\cdot\dfrac{x}{x^2+y^2}$

2. (1) $\dfrac{\partial f}{\partial x} = 4ux + 4,\ \dfrac{\partial f}{\partial y} = 4uy - 6y^2$

(2) $\dfrac{\partial f}{\partial x} = 4u - 2v,\ \dfrac{\partial f}{\partial y} = -2u + 4v$

(3) $\dfrac{\partial f}{\partial x} = (-2u)yx^{-2} + (\sin v)\cdot y,\ \dfrac{\partial f}{\partial y} = (2u)\cdot\dfrac{1}{x} + (\sin v)\cdot x$

6.7 음함수의 미분법

1. (1) $\dfrac{dy}{dx} = \dfrac{6xy - 2y^2 - 3x^2}{-4xy - 3x^2 + 9y^2}$

(2) $\dfrac{dy}{dx} = \dfrac{e^x\sin y + e^y\sin x}{e^y\cos x - e^x\cos y}$

(3) $\dfrac{dy}{dx} = -\sqrt{\dfrac{x}{y}}$

2. (1) $\dfrac{dy}{dx} = \dfrac{x+y}{x-y}\ (x - y \neq 0),\ \dfrac{d^2y}{dx^2} = \dfrac{2(x^2+y^2)}{(x-y)^3}$

(2) $\dfrac{dy}{dx} = \dfrac{y-2x}{2y-x},\ \dfrac{d^2y}{dx^2} = \dfrac{6xy - 6x^2 - 6y^2}{(2y-x)^3}$

7장 다변수함수의 적분

7.1 2차원 평면의 극좌표

1. (1) $(0, -4)$ (2) $\left(\frac{3}{2}, -\frac{3\sqrt{3}}{2}\right)$ (3) $(-1, \sqrt{3})$

2. (1) $(4, \pi)$ (2) $\left(4\sqrt{2}, \frac{3}{4}\pi\right)$ (3) $\left(8, \frac{2}{3}\pi\right)$

3. (1) $r=\sin\left(\theta+\frac{\pi}{3}\right)=\frac{\sqrt{3}}{2}\cos\theta+\frac{1}{2}\sin\theta$

$x^2+y^2=r^2=\frac{\sqrt{3}}{2}r\cos\theta+\frac{1}{2}r\sin\theta=\frac{\sqrt{3}}{2}x+\frac{1}{2}y$

그러므로 $\left(x-\frac{\sqrt{3}}{4}\right)^2+\left(y-\frac{1}{4}\right)^2=\left(\frac{1}{2}\right)^2$

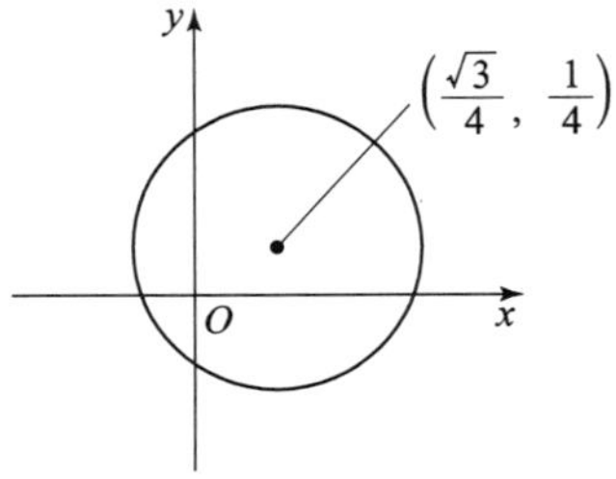

(2) $x^4+y^4+2x^2y^2-2xy=0$

4. (1) $4\int_0^{\frac{\pi}{2}}\frac{\sin^2 2\theta}{2}d\theta=\int_0^{\frac{\pi}{2}}1-\cos 4\theta d\theta=\left[\theta-\frac{\sin 4\theta}{4}\right]_0^{\frac{\pi}{2}}=\frac{\pi}{2}$

(2) $\int_{\frac{\pi}{4}}^{\frac{\pi}{2}}\frac{\theta^2}{2}d\theta=\frac{1}{6}[\theta^3]_{\frac{\pi}{4}}^{\frac{\pi}{2}}=\frac{1}{6}\cdot\frac{\pi}{2^3}\left(1-\frac{1}{2^3}\right)=\frac{7\pi}{384}$

(3) $\int_0^{2\pi}\frac{1-\sin\theta}{2}d\theta=\frac{1}{2}[\theta+\cos\theta]_0^{2\pi}=\frac{1}{2}(2\pi+1-1)=\pi$

7.2 3차원 공간 좌표계

1. (1) 원주좌표 $\left(2\sqrt{3}, -\frac{\pi}{6}, 2\right)$ 구면좌표 $\left(4, \frac{\pi}{3}, -\frac{\pi}{6}\right)$

(2) 직교좌표 $(-2, 0, -2)$ 구면좌표 $\left(2\sqrt{2}, \frac{3}{4}\pi, \pi\right)$

(3) 직교좌표 $\left(-\frac{5\sqrt{6}}{4}, \frac{5\sqrt{2}}{4}, -\frac{5\sqrt{2}}{2}\right)$

2. 생략

7.3 다중적분

1. (1) $e-1$ (2) $\frac{4}{15}$ (3) 0 (4) $\frac{1}{3}$

2. $\iint_D x+2y\,dA=\int_0^{\pi}\int_0^{\sin x}x+2y\,dy\,dx=\int_0^{\pi}x\sin x+\sin^2 x\,dx$

$=[-x\cos x]_0^{\pi}+\int_0^{\pi}\cos x\,dx+\frac{1}{2}\int_0^{\pi}1-\cos 2x\,dx=\frac{3}{2}\pi$

3. $\int_0^1 \int_y^1 3y + e^{-x^2} dx\, dy = \int_0^1 \int_0^x 3y + e^{-x^2} dy\, dx$

$$= \int_0^1 \left[\frac{3}{2}y^2 + ye^{-x^2} \right]_0^x dx = \int_0^1 \frac{3x^2}{2} + xe^{-x^2} dx$$

$$= \frac{1}{2} - \frac{1}{2}\left[e^{-x^2}\right]_0^1 = 1 - \frac{1}{2e}$$

7.4 극좌표와 이중적분

1. (1) $\iint_D x + y \;\; dA = \int_{-\frac{\pi}{2}}^{\frac{\pi}{2}} \int_0^1 r(\cos\theta + \sin\theta) r\, dr\, d\theta$

$$= \left(\int_{-\frac{\pi}{2}}^{\frac{\pi}{2}} (\cos\theta + \sin\theta) d\theta \right) \left(\int_0^1 r^2 dr \right)$$

$$= \left(2\int_0^{\frac{\pi}{2}} \cos\theta\, d\theta \right) \left(\int_0^1 r^2\, dr \right) = \frac{2}{3}$$

(2) $\iint_D \ln(x^2 + y^2)\, dA = \int_0^{2\pi} \int_1^2 r \cdot \ln(r^2) dr\, d\theta = \int_0^{2\pi} \frac{1}{2} \left[r^2 \ln(r^2) - r^2 \right]_1^2 d\theta$

$$= \pi(8 \ln 2 - 3)$$

2. $\int_0^\infty \int_0^\infty \frac{1}{(1 + x^2 + y^2)^2} dx\, dy = \int_0^{\frac{\pi}{2}} \int_0^\infty \frac{r}{(1 + r^2)^2} dr\, d\theta$

$$= \int_0^{\frac{\pi}{2}} -\frac{1}{2} \left[\frac{1}{1 + r^2} \right]_0^\infty d\theta = \int_0^{\frac{\pi}{2}} \frac{1}{2} d\theta = \frac{\pi}{4}.$$

7.5 곡면의 넓이

1. $\int_0^2 \int_0^1 \sqrt{2 + 4y^2}\, dx\, dy = \int_0^1 1\, dx \int_0^2 \sqrt{2 + 4y^2}\, dy = \int_0^{\tan^{-1} 2\sqrt{2}} \frac{\sec^3\theta}{2} d\theta$

$$= \left[\sec\theta \tan\theta + \ln|\sec\theta + \tan\theta| \right]_0^{\tan^{-1} 2\sqrt{2}}$$

$$= 6\sqrt{2} + \ln(3 + 2\sqrt{2})$$

2. $2\pi a^2$

7.6 삼중적분

1. $\iiint_R xe^{y+z} dx\, dy\, dz = \int_1^2 \int_0^2 \int_0^1 xe^y e^z\, dx\, dy\, dz = \int_0^1 x\, dx \int_0^2 e^y\, dy \int_1^2 e^z dz$

$$= \frac{1}{2}(e^2 - 1)(e^2 - e) = \frac{e(e^2 - 1)}{2}$$

2. $\iiint_R e^x \cos y\, dx\, dy\, dz = \int_0^1 \int_0^\pi \int_0^1 e^x \cos y\, dx\, dy\, dz = 0$

7.7 삼중적분과 좌표변환

1. (1) $\iiint_D z e^{x^2+y^2} dV = \int_0^3 \int_0^{2\pi} \int_0^2 z e^{r^2} r\, dr\, d\theta\, dz = \frac{9\pi}{4}(e^4 - 1)$

(2) $\int_1^3 \int_0^{\frac{\pi}{2}} \int_1^2 3r\cos\theta + r\sin\theta\; dr\, d\theta\; dz = 12$

(3)
$$\begin{aligned}\iiint_D \ln(1+x^2+y^2+z^2)dx\,dy\,dz &= \int_1^2 \int_0^\pi \int_0^{2\pi} \ln(1+\rho^2)\rho^2 \sin\phi\; d\theta\, d\phi\, d\rho \\ &= \int_0^{2\pi} 1\, d\theta \int_0^\pi \sin\phi\, d\,\phi \int_0^2 \rho^2 \ln(1+\rho^2) d\rho \\ &= (2\pi)(2)\left(\frac{2^3 \ln 5}{3} - \frac{2}{3}\int_0^2 \frac{\rho^4}{1+\rho^2} d\rho\right) \\ &= 4\pi\left(\frac{2^3 \ln 5}{3} - \frac{2}{3}\int_0^2 (\rho^2 - 1) + \frac{1}{1+\rho^2} d\rho\right) \\ &= 4\pi\left\{\frac{8\ln 5}{3} - \frac{2}{3}\left(\frac{2}{3} + \tan^{-1}2\right)\right\} \\ &= \frac{8\pi}{9}(12\ln 5 - 2 - 3\tan^{-1}2)\end{aligned}$$

8장 수열과 급수

8.1 수 열

1. (1) 2　(2) 0　(3) 1　(4) 0

(5) 1　(6) $-\frac{3}{2}$　(7) $e^{\frac{1}{2}}$　(8) $\frac{1}{e}$

(9) 0　(10) ∞　(11) 극한값은 존재하지 않는다.

(12) 0

8.2 급 수

1. (1) 발산　(2) 발산　(3) 발산　(4) 수렴

(5) 수렴　(6) 수렴　(7) 발산　(8) 수렴

2. (1) $\frac{1}{9}$　(2) $\frac{1}{2}$　(3) $\frac{24}{990}$　(4) $\frac{122}{990}$

8.3 여러 가지 판정법

1. (1) 발산 (2) 발산 (3) 발산 (4) 발산
(5) 수렴 (6) 수렴

2. (1) 발산 (2) 수렴 (3) 수렴 (4) 수렴
(5) 발산 (6) 발산

3. (1) 수렴 (2) 발산 (3) 수렴 (4) 수렴
(5) 수렴 (6) 발산 (7) 수렴 (8) 수렴

4. (1) 수렴 (2) 수렴 (3) 수렴 (4) 수렴

5. (1) 수렴 (2) 수렴 (3) 발산 (4) 발산
(5) 수렴 (6) 발산

8.4 멱급수

1. (1) $-3 \le x < 3$ (2) $-1 \le x < 1$ (3) $-\frac{1}{3} \le x \le \frac{1}{3}$ (4) $-\frac{1}{3} \le x < \frac{1}{3}$
(5) $-1 \le x < 1$ (6) $-4 \le x < 4$ (7) $-5 \le x < 1$ (8) $\frac{3}{2} \le x < \frac{5}{2}$

2. (1) $R = 0$ (2) $R = \frac{1}{e}$

9장 벡터

9.1 공간에서의 벡터

1. (1) $|PQ| = 5\sqrt{5}$, $\overrightarrow{PQ} = 3\boldsymbol{i} - 4\boldsymbol{j} + 10\boldsymbol{k}$ (2) $\|\overrightarrow{PQ}\| = 3$, $\overrightarrow{PQ} = 2\boldsymbol{i} + 2\boldsymbol{j} + \boldsymbol{k}$
(3) $|PQ| = \sqrt{5}$, $\overrightarrow{PQ} = \sqrt{2}\boldsymbol{j} + \sqrt{3}\boldsymbol{k}$

2. (1) $\boldsymbol{a} + \boldsymbol{b} = \boldsymbol{i} - 3\boldsymbol{j} + \boldsymbol{k}$
$\boldsymbol{a} - \boldsymbol{b} = 3\boldsymbol{i} - 7\boldsymbol{j} + 19\boldsymbol{k}$
$2\boldsymbol{a} = 4\boldsymbol{i} - 10\boldsymbol{j} + 20\boldsymbol{k}$

(2) $\boldsymbol{a} - \boldsymbol{b} = (\frac{3}{2}, \frac{1}{2}, -6)$
$\boldsymbol{a} - \boldsymbol{b} = (\frac{1}{2}, \frac{3}{2}, 0)$
$c\boldsymbol{a} = (-1, -1, 3)$

(3) $\boldsymbol{a} + \boldsymbol{b} = 2\boldsymbol{i} + \boldsymbol{j} + \boldsymbol{k}$
$\boldsymbol{a} - \boldsymbol{b} = 2\boldsymbol{i} - \boldsymbol{j} - \boldsymbol{k}$
$2\boldsymbol{a} = 4\boldsymbol{i}$

(4) $\boldsymbol{a} + \boldsymbol{b} = (1, 0, 1)$
$\boldsymbol{a} - \boldsymbol{b} = (1, 4, -1)$
$c\boldsymbol{a} = (\pi, 2\pi, 0)$

3. (1) $\|\boldsymbol{a}\| = \sqrt{3}$ (2) $\|\boldsymbol{b}\| = 13$ (3) $\|\boldsymbol{c}\| = 2$

4. $(x-2)^2 + (y-1)^2 + (z+7)^2 = 25$

5. $(x+3)^2+(y+4)^2+(z-2)^2=25$

구의 반지름: 5, 구의 중심: $(-3,-4,2)$

9.2 내적

1. (1) $\boldsymbol{a}\cdot\boldsymbol{b}=-5$, $\cos\theta=\dfrac{-5}{\sqrt{87}}$

(2) $\boldsymbol{a}\circ\boldsymbol{b}=-\dfrac{5}{3}$

$\cos\theta=-\dfrac{10}{3\sqrt{157}}$

(3) $\boldsymbol{a}\cdot\boldsymbol{b}=14$, $\cos\theta=1$

(4) $\boldsymbol{a}\circ\boldsymbol{b}=-2(1+\sqrt{3})$

$\cos\theta=-\dfrac{2\sqrt{21}+6\sqrt{7}}{63}$

2. (1) 수직 (2) 수직 (3) 수직 (4) 수직이 아니다.

9.3 외적

1. (1) $\boldsymbol{a}\times\boldsymbol{b}=-\boldsymbol{i}+2\boldsymbol{j}-\boldsymbol{k}$

$\boldsymbol{c}\circ(\boldsymbol{a}\times\boldsymbol{b})=2$

(2) $\boldsymbol{a}\times\boldsymbol{b}=-\boldsymbol{i}+2\boldsymbol{j}-\boldsymbol{k}$

$\boldsymbol{c}\circ(\boldsymbol{a}\times\boldsymbol{b})=2$

(3) $\boldsymbol{a}\times\boldsymbol{b}=20\boldsymbol{i}-9\boldsymbol{j}+11\boldsymbol{k}$, $\boldsymbol{c}\cdot(\boldsymbol{a}\times\boldsymbol{b})=57$

2. $13\boldsymbol{i}+\boldsymbol{j}-5\boldsymbol{k}$

10장 행렬

10.1 행렬의 정의

1. $\begin{pmatrix}2&1&5\\1&1&4\\5&4&5\end{pmatrix}+\begin{pmatrix}0&3&-1\\-3&0&0\\1&0&0\end{pmatrix}$

2. (1) $A^t=\begin{pmatrix}3&-1&2\\1&0&5\\2&3&1\end{pmatrix}$ (2) $B^t=\begin{pmatrix}1&2&-1\\0&1&0\\-3&1&5\end{pmatrix}$

3. $A^{-1}=\begin{pmatrix}\frac{1}{7}&\frac{3}{7}\\\frac{2}{7}&-\frac{1}{7}\end{pmatrix}$

4. $A=\begin{pmatrix}\frac{5}{13}&\frac{1}{13}\\\frac{3}{13}&\frac{2}{13}\end{pmatrix}$

5. $A=\begin{pmatrix}\frac{2}{7}&1\\\frac{1}{7}&\frac{3}{7}\end{pmatrix}$

10.2 행렬의 연산

1. (1) $\begin{pmatrix} 3 & -4 & -2 \\ -1 & 3 & -4 \end{pmatrix}$ (2) $3B=\begin{pmatrix} 3 & 0 & -9 \\ -12 & 6 & -3 \end{pmatrix}$ (3) $\begin{pmatrix} 1 & -4 & 4 \\ 7 & -1 & -2 \end{pmatrix}$

(4) $2A-3B=\begin{pmatrix} 1 & -8 & 11 \\ 18 & -4 & -3 \end{pmatrix}$

2. (1) $\begin{pmatrix} 0 & 7 \\ -7 & 0 \end{pmatrix}$ (2) $\begin{pmatrix} 0 & 7 \\ -7 & 0 \end{pmatrix}$ (3) $\begin{pmatrix} 1 & 3 \\ 2 & -1 \end{pmatrix}$ (4) $\begin{pmatrix} -2 & 1 \\ 1 & 3 \end{pmatrix}$

(5) $\begin{pmatrix} -1 & 4 \\ 3 & 2 \end{pmatrix}$ (6) $\begin{pmatrix} -1 & 4 \\ 3 & 2 \end{pmatrix}$ (7) $\begin{pmatrix} 3 & 9 \\ 6 & -3 \end{pmatrix}$ (8) $\begin{pmatrix} 3 & 9 \\ 6 & -3 \end{pmatrix}$

3. $\begin{pmatrix} 0 & 0 \\ 0 & 0 \end{pmatrix}$

5. $\begin{pmatrix} 8 & 205 \\ 38 & -85 \end{pmatrix}$

6. $A^{-1}=\dfrac{3}{7}\begin{pmatrix} 1 & 3 \\ 2 & -1 \end{pmatrix}$

7. $A=\dfrac{1}{13}\begin{pmatrix} 5 & 1 \\ -3 & 2 \end{pmatrix}$

10.3 일차 연립방정식

1. 계수행렬 : $\begin{pmatrix} 2 & -3 & 1 & -3 \\ 1 & 2 & -6 & 1 \end{pmatrix}$ 확대행렬 : $\left(\begin{array}{cccc:c} 2 & -3 & 1 & -3 & 2 \\ 1 & 2 & -6 & 1 & 1 \end{array}\right)$

행렬방정식: $\begin{pmatrix} 2 & -3 & 1 & -3 \\ 1 & 2 & -6 & 1 \end{pmatrix}\begin{pmatrix} x \\ y \\ z \\ w \end{pmatrix}=\begin{pmatrix} 2 \\ 1 \end{pmatrix}$

2. (1) $x=1,\ y=1$ (2) $x=\dfrac{13}{5},\ y=-\dfrac{2}{5}$

(3) $x=4,\ y=-2,\ z=3$ (4) $x=1,\ y=-1,\ z=2$

(5) $x=2,\ y=1,\ z=-1$ (6) $x=-6,\ y=1,\ z=10,\ w=-7$

3. (1) $\begin{cases} x \quad\ \ -2z=-1 \\ 2x+y-z=2 \\ \quad y+3z=3 \end{cases}$, $x=0,\ y=\dfrac{3}{2},\ z=\dfrac{1}{2}$

(2) $\begin{cases} -x+4y-z=-3 \\ x+9y-2z=4 \\ 6x+4y-8z=-5 \end{cases}$, $x=-\dfrac{421}{2},\ y=-\dfrac{25}{2},\ z=-\dfrac{327}{2}$

4. $\begin{pmatrix} 1 & 0 & 0 & 0 \\ 0 & 1 & 0 & 0 \\ 0 & 0 & 1 & 0 \\ 0 & 0 & 0 & 1 \end{pmatrix}$

10.4 행렬식

1. $C_{12}=-\begin{vmatrix} 4 & 1 \\ -2 & 5 \end{vmatrix}=-22,\quad C_{23}=-\begin{vmatrix} 1 & 2 \\ -2 & 1 \end{vmatrix}=-5$

2. (1) 100　(2) -84　(3) 1　(4) 1362

3. (1) $x=1$ 또는 $x=2$　(2) $x=-2$ 또는 $x=3$ 또는 $x=4$

5. (1) -3　(2) 36　(3) -3　(4) 9

6. (1) -54　(2) -1　(3) $-\frac{1}{16}$　(4) 2

10.5 역행렬의 계산

1. (1) $c_{11}=29$, $c_{12}=-21$, $c_{13}=27$, $c_{21}=11$, $c_{22}=13$, $c_{23}=5$, $c_{31}=-19$, $c_{32}=19$, $c_{33}=19$

(2) 152　(3) $A^{-1}=\frac{1}{152}\begin{pmatrix} 29 & 11 & -19 \\ -21 & 13 & 19 \\ 27 & 5 & 19 \end{pmatrix}$

2. (1) $A^{-1}=\begin{pmatrix} \frac{15}{8} & 0 & -\frac{7}{8} \\ 0 & 1 & 0 \\ -\frac{7}{8} & 0 & \frac{15}{8} \end{pmatrix}$　(2) $\frac{1}{66}\begin{pmatrix} 12 & 18 & 12 \\ 9 & -14 & -13 \\ 3 & -12 & 3 \end{pmatrix}$

(3) $A^{-1}=\frac{1}{192}\begin{pmatrix} -24 & -12 & 48 & 48 \\ 48 & 72 & -48 & -48 \\ -16 & 8 & -16 & 48 \\ 24 & -36 & 0 & 0 \end{pmatrix}$

(4) $\frac{1}{3652}\begin{pmatrix} -748 & -748 & -1034 & 1122 & -88 \\ 3340 & 2676 & 2503 & -2603 & -232 \\ -436 & 228 & 115 & 73 & 144 \\ 6556 & 2904 & 4444 & -4356 & -88 \\ -5664 & -3672 & -3582 & 4014 & 564 \end{pmatrix}$

3. (1) $A^{-1}=\begin{pmatrix} 3 & -5 & -5 \\ -3 & 4 & 5 \\ 2 & -2 & -3 \end{pmatrix}$　(2) $\frac{1}{15}\begin{pmatrix} 12 & 0 & 9 \\ 2 & 5 & 4 \\ -3 & 0 & -6 \end{pmatrix}$

(3) $A^{-1}=\begin{pmatrix} \frac{1}{2} & \frac{3}{2} & 1 \\ 0 & 1 & \frac{3}{2} \\ 0 & 0 & \frac{1}{2} \end{pmatrix}$　(4) $\frac{1}{12}\begin{pmatrix} 6 & 0 & 0 \\ -48 & 12 & 0 \\ 29 & -6 & 2 \end{pmatrix}$

10.6 크래머 공식

1. (1) $x=\frac{9}{11}$, $y=\frac{15}{11}$　(2) $x=\frac{3}{11}$, $y=\frac{2}{11}$, $z=-\frac{1}{11}$

(3) $x=\frac{19}{10}$, $y=-\frac{1}{2}$, $z=-\frac{11}{5}$　(4) $x=\frac{29}{19}$, $y=-\frac{79}{76}$, $z=-\frac{181}{76}$, $w=\frac{63}{19}$

2. $a=1$, $b=0$, $c=3$

11장 미분방정식

11.1 미분방정식의 기초

1. (1) 1계 선형 제차 (2) 2계 선형 비제차

(3) 1계 비선형 비제차 (4) 3계 비선형 제차

2. (2) $y=-e^{-x}+e^{x}$

3. $a=-1$ 또는 $a=-2$

11.2 1계 미분방정식

1. (1) $y^2+3x^2=K$, K : 임의의 상수 (2) $y=\dfrac{2}{x^2+K}$, K: 임의의 상수

(3) $y=e^{x}(1-x)+K$, K: 임의의 상수 (4) $y=-\dfrac{x}{Kx-1}$, K: 임의의 상수

(5) $y=\sin^{-1}\left(-\dfrac{x^3}{3}+K\right)$, K: 임의의 상수 (6) $y=\sqrt{K+2x^2}+x$, K: 임의의 상수

(7) $\ln x+\dfrac{x}{y}=K$, K: 임의의 상수

(8) $y=\sqrt{K-x^2+4x+1}-1$, K: 임의의 상수

2. (1) $y=Ke^{6x}$, K : 임의의 상수 (2) $y=Ke^{-x^2}$, K: 임의의 상수

(3) $y=Ke^{-\sin x}$, K: 임의의 상수 (4) $y=\dfrac{K}{x}$, K: 임의의 상수

(5) $y=(x+K)e^{3x^2}$, K: 임의의 상수 (6) $y=\dfrac{K}{x}+\dfrac{x^4}{5}+\dfrac{x}{2}$, K: 임의의 상수

(7) $y=xe^{\cos x}+Ke^{\cos x}$, K: 임의의 상수 (8) $i=Ke^{-5x}+\dfrac{3}{5}$, K: 임의의 상수

3. (1) $y=\dfrac{1}{2}(e^{-x}-e^{-3x})$ (2) $i=\dfrac{5}{3}(1-e^{-3x})$

(3) $y=xe^{-x}+\dfrac{1}{2}e^{x}+\dfrac{1}{2}e^{-x}$

11.3 상수계수의 고계 선형미분방정

1. (1) $y=K_1e^{-2x}+K_2e^{-6x}$, K_1, K_2: 임의의 상수

(2) $y=K_1e^{3x}+K_2$, K_1, K_2: 임의의 상수

(3) $y=K_1e^{-3x}+K_2e^{-4x}$, K_1, K_2: 임의의 상수

(4) $y=K_1\sin(3x)+K_2\cos(3x)$, K_1, K_2: 임의의 상수

(5) $y=e^{-3x}(K_1\cos x+K_2\sin x)$, K_1, K_2: 임의의 상수

(6) $y=K_1e^{-2x}\sin(3x)+K_2e^{-2x}\cos(3x)$, K_1, K_2: 임의의 상수

(7) $y=(K_1+K_2x)e^{3x}$, K_1, K_2: 임의의 상수

(8) $y=K_1e^{-5x}+K_2e^{-5x}x$, K_1, K_2: 임의의 상수

(9) $y=e^{x}(K_1+K_2x+K_3x^2)+e^{-x}(K_4\cos 2x+K_5\sin 2x)$,
K_i, $i=1,\cdots,5$: 임의의 상수

(10) $y=(K_1+K_2x)e^{-x}+e^{-3x}(K_3\cos(\sqrt{2}x)+K_4\sin(\sqrt{2}x))$
K_1, K_2, K_3, K_4: 임의의 상수

2. (1) $y=e^{-2x}(K_1\cos x+K_2\sin x)+\dfrac{3}{5}$

(2) $y=K_1e^{-x}+K_2e^{5x}-\dfrac{e^{2x}}{3}$, K_1, K_2: 임의의 상수

(3) $y=K_1e^{-5x}+K_2e^{-x}+\dfrac{2}{5}x-7$

(4) $y=(K_1+K_2x)e^{x}+e^{3x}$, K_1, K_2: 임의의 상수

(5) $y=K_1e^{-4x}+K_2e^{x}-\dfrac{1}{6}\cos 2x$

(6) $y=K_1e^{-2x}+K_2e^{4x}-\dfrac{1}{6}e^{-2x}x$, K_1, K_2: 임의의 상수

3. (1) $y(t)=e^{-2t}-e^{-3t}$　　(2) $y=2e^{-x}-e^{-3x}$

(3) $y(t)=\dfrac{e^{-2t}}{21}-\dfrac{e^{5t}}{28}-\dfrac{e^{t}}{12}$　　(4) $y=0$

12장 라플라스 변환

12.1 정의 기본 성질

1. (1) $\dfrac{s+2}{s^2}$　(2) $\dfrac{2-s^2}{s^3}$　(3) $\dfrac{6}{s^4}-\dfrac{4}{s^3}+\dfrac{1}{s}$　(4) $\dfrac{2s^3+s^2+2s+6}{2s^4}$

(5) $\dfrac{e}{s-2}$　(6) $\dfrac{2}{s^2+4}$　(7) $\dfrac{2s}{4s^2+1}$

2. (1) $\dfrac{1}{3}t^2+3$　(2) te^{2t}　(3) $2\sqrt{2}e^{-t}\sin\sqrt{2}t$

(4) $e^{-t}(\cos(2t)-\sin(2t))$

3. (1) $\frac{s}{s^2-a^2}$

(2) $\frac{1}{2}(\frac{a}{(s-a)^2+a^2}-\frac{a}{(s+a)^2+a^2})$

(3) $\frac{s-a}{2(s-a)^2+b^2}+\frac{s+a}{2(s+a)^2+b^2}$

(4) $\frac{1}{2}(\frac{s-a}{(s-a)^2+a^2}-\frac{s+a}{(s+a)^2+a^2})$

(5) $\frac{s-a}{2(s-a)^2-b^2}+\frac{s+a}{2(s+a)^2-b^2}$

(6) $\frac{2a^2}{s(s^2-4a^2)}$

12.2 초기값 문제

1. (1) $y=\cos t$

(2) $y=e^{2t}+\frac{1}{2}e^{-2t}-\frac{1}{2}$

(3) $y=\frac{1}{16}(3e^{-2t}+13e^{2t}-4t)$

(4) $y=\sin t+\cos t+\frac{1}{2}(\sin t-t\cos t)$

2. (1) $\frac{s^2+2}{s(s^2+4)}$ (2) $\frac{s^2-1}{(s^2+1)^2}$ (3) $\frac{2}{(s^2+1)^2}-\frac{8}{(s^2+1)^3}$

(4) $\frac{2(s^6+24s^2+32)}{s^3(s^2+4)^3}$

3. $\frac{\sin t}{t}$

12.3 계단함수, 충격함수, 주기함수

1. (1) $\sinh t-t+[\sinh(t-\pi)-\pi\cosh(t-\pi)+t]u(t-\pi)$

(2) $y=\frac{1}{2}-e^{-t}+\frac{1}{2}e^{-2t}+(\frac{1}{2}-e^2e^{-t}+\frac{e^4}{2}e^{-2t})H(t-2)$

(3) $\frac{1}{5}[\cosh\sqrt{5}(t-1)+1]u(t-1)-\frac{6}{5}(\cosh\sqrt{5}t-1)$

(4) $y=e^{3t}+e^{-t}+\frac{1}{4}(e^{3(t-1)}-e^{-(t-1)})H(t-1)$

2. $\frac{1}{s^2+1}(1-(1-s)e^{-2\pi s})$

3. (1) $\sin(\sqrt{5}(t-\pi))H(t-\pi)$

(2) $\mathcal{L}^{-1}(\frac{2e^{-s}+5e^{-3s}}{1-e^{-4s}})=:f(t)=\begin{cases}2\delta(t-1)+5\delta(t-3), & 0<t<4\\ f(t+4)=f(t)\end{cases}$

12.4 합성곱의 변환

1. (1) t (2) $1-\cos t$ (3) $\frac{t^4}{12}$ (4) $e^{2t}-e^t$

(5) e^t-t-1

2. (1) $\frac{3}{2}(1-e^{-2t})$ (2) te^t (3) $(e^{t-2}-1)u(t-2)$ (4) $\frac{1}{3}e^{-t}(e^{3t}-1)$

•참고문헌•

1. 미분적분과 해석기하학, Thomas and Finney(저), 고석 외 5인(역), 대영사
2. A First Course in Calculus, Serge Lang(저), Addison-Wesley Pub. Co.
3. Advanced Engineering Mathematics, Erwin Kreyszig(저).
4. 미분적분학, Stewart(저), 수학교재편찬위원회(역), 청문각
5. Calulus with Analytic Geometry, Ellis & Gulick(저), HBJ

찾아보기

ㅈ

ㅊ

ㅋ

ㅌ

제 5 판 증보

대학수학

지은이 김선자 · 김동건
펴낸이 조경희
펴낸곳 경문사
펴낸날 2002년 3월 5일 1판 1쇄
2022년 2월 28일 5판 3쇄
등 록 1979년 11월 9일 제 1979-000023호
주 소 04057, 서울특별시 마포구 와우산로 174
전 화 (02)332-2004 팩스 (02)336-5193
이메일 kyungmoon@kyungmoon.com

값 28,000원

ISBN 978-89-6105-980-0